普通高等教育"十一五"国家级规划教材

纳米材料导论（第二版）

NAMI CAILIAO DAOLUN

主　编／唐元洪

副主编／裴立宅　田　春

湖南大学出版社

·长沙·

内 容 简 介

该教材系统介绍了纳米材料的相关概念、发展历史，不同种类纳米材料的制备方法、分析测试方法的最新研究进展，还介绍了各国对纳米材料的发展规划及纳米材料产业化前景。该教材可作为材料科学与工程、物理、化学、电子、机械等相关专业的本科生、研究生教材，也可供从事纳米科学与技术的研究人员阅读参考。

图书在版编目（CIP）数据

纳米材料导论/唐元洪主编．—第 2 版．—长沙：湖南大学出版社．2022.8
ISBN 978-7-5667-2434-2

Ⅰ．①纳⋯　Ⅱ．①唐⋯　Ⅲ．①纳米材料—高等学校—教材
Ⅳ．①TB383

中国版本图书馆 CIP 数据核字（2021）第 277195 号

纳米材料导论（第二版）
NAMI CAILIAO DAOLUN（DI'ER BAN）

主　　编：唐元洪
责任编辑：严小涛
责任校对：尚楠欣
印　　装：长沙鸿和印务有限公司
开　　本：787 mm×1092 mm　1/16　　**印　　张**：21.5　　**字　　数**：520 千字
版　　次：2022 年 8 月第 1 版　　　　　　**印　　次**：2022 年 8 月第 1 次印刷
书　　号：ISBN 978-7-5667-2434-2
定　　价：68.00 元

出 版 人：李文邦
出版发行：湖南大学出版社
社　　址：湖南·长沙·岳麓山　　　　　**邮　　编**：410082
电　　话：0731-88822559（营销部），88821334（编辑室），88821006（出版部）
传　　真：0731-88822264（总编室）
网　　址：http：//www.hnupress.com
电子邮箱：yanxiaotao@hnu.cn

前　言

　　21 世纪信息、生物技术及能源、环境、先进制造技术的高速发展对材料提出了新的需求。元件的小型化、智能化、高集成、高密度存储和超快传输等对材料的尺寸要求越来越小，航空航天、新型军事装备和先进制造技术等对材料的性能要求越来越高，这必然对尺度越来越小的新型材料提出了更高的要求，以及在此基础上开发出新的产品。新产品的创新是未来对社会发展、经济振兴、国力增强最有影响力的战略研究领域，纳米材料是起着重要作用的关键材料之一。

　　0.1～100 nm 介于微观与宏观之间，科学家称之为"介观"。20 世纪 80 年代以来，这个领域吸引了一大批科学家的研究兴趣，如今已形成了新兴的科学技术，称为纳米科学技术。自然界中最小的氢原子直径为 0.08 nm，非金属原子直径为 0.08～0.2 nm，金属原子直径为 0.3～0.4 nm，所以纳米科学与技术是已深入到原子和分子级层次的科学和技术。纳米科学技术包括三个方面，即纳米材料、纳米器件和纳米测量与表征，其中纳米材料是纳米科学技术发展的基础，其重点是研究纳米材料及其衍生材料科学的、经济的、可工业化生产的工艺技术路线，纳米材料的性质与结构的关系及其应用等。从而衍生出了纳米材料学，它是关于纳米材料的合成、结构、性质、变化规律及其应用的一门学科。

　　我们曾在十年前编写出版了《纳米材料导论》作为材料科学与工程、物理、化学、电子、机械等相关专业的本科生、研究生教材，并供从事纳米材料科学与技术的研究人员阅读参考。这本《纳米材料导论》（第二版）增加了近十年来纳米材料的研究进展。由于纳米科学与技术的飞速发展，纳米科学与技术的高度交叉和综合的特性，在高等学校的学生中普及更新的纳米材料科学与技术的基本概念和知识，将会继续有利于推动我国纳米技术的研究和应用。书的内容涉及纳米材料科学与技术的主要发展历程和一些基本概念、纳米材料科技的研究方法，目的是让读者对纳米材料科学与技术这一领域有一个比较系统的了解。

本教材共分 4 章，系统介绍了纳米材料的相关概念、发展历史、不同种类纳米材料的制备方法、分析测试方法，各国对纳米材料的发展规划及纳米材料的发展前景，并综述了主要纳米材料的最新研究进展。全书由海南师范大学物理与电子工程学院教授、博士生导师、海南省高层次 D 类人才唐元洪，安徽工业大学材料科学与工程学院教授裴立宅，海南师范大学物理与电子工程学院田春撰写，并由唐元洪教授最终统稿。

本书的撰写过程中除了总结了作者的一些研究成果外，还参考了国内外一些学者的著作和文献，特向有关作者致谢，并向在本书编写、出版过程中给予帮助和支持的所有人员表示谢意。

由于作者水平有限，书中可能会存在一些不当之处，敬请同行、读者批评指正。

编　者

目　次

第1章
概　述

1.1　引　言

1.1.1　什么是纳米

　　如果将人类所研究的物质世界对象用长度单位加以描述,我们可以得到人类智力所延伸到的物质世界范围。目前,人类能够加以研究的物质世界的最大尺度是 10^{23} m(约 10 亿光年),这是我们已观测到的宇宙大致范围。人类所研究物质世界的最小尺度为 10^{-9} m。

　　"纳米"是长度单位,是 1 mm 的百万分之一,相当于 10 个氢原子一个挨一个排起来的长度。例如原子的直径为 $0.1\sim0.3$ nm,人类的遗传物质 DNA 直径小于 3 nm。研究小于 10^{-10} m 的原子内部结构属于原子核物理、粒子物理的范畴。所以纳米具有两层含义,首先纳米是空间尺度的单位,其次纳米是思考问题的方式,即由原来的从毫米、微米级尺度考虑问题过渡到从原子、分子级层次考虑问题。

1.1.2　什么是材料

1.1.2.1　材料的概念
　　材料是指可以用来制造有用的构件、器件等物品的物质。

1.1.2.2　材料的重要性
　　材料是世界的基础,是人类从事生产和生活的物质基础。材料的发展取决于社会生产力的发展和科学技术的进步,同时又推动社会经济和科学技术的发展。

1.1.2.3　材料的分类
　　(1)根据材料的组成与结构的特点,材料可以分为金属材料、无机非金属材料、有机高分子材料、复合材料等类型。

　　(2)根据材料的性能特征,材料可以分为:

　　①结构材料。

　　主要利用材料的力学性能,主要用于工程建筑、航空航天、机械装备等行业,用于制作各种构件、连接件、运动件、传动件、紧固件、工具、模具等,在受力条件下工作。力学性能主要包括强度、硬度、塑性、耐磨性和韧性等指标,是主要性能指标;有时还需要考虑环境

1

的特殊要求,如高温、低温、腐蚀介质等;另外,结构件需要有优良的可加工性能,如铸造性、冷(或热)成型性、可焊接性、可切削加工性等。

②功能材料。

主要利用材料的物理性能,即在电、磁、声、光、热等方面具有特殊的性质。可以分为:

磁性材料:包括硬磁材料、软磁材料、磁流体等。

电子材料:包括半导体材料、绝缘材料、超导材料、介电材料等。

信息记录材料:包括磁记录材料、光记录材料等。

光学材料:包括发光材料、感光材料、吸波材料、激光材料等。

敏感材料:包括压敏材料、光敏材料、热敏材料、温敏材料、气敏材料等。

能源材料:包括核燃料材料、推进剂、太阳能光电转换材料、储能材料、固体电池材料等。

除此之外,还有阻尼材料、形状记忆材料、生物材料、功能薄膜等。这些功能性材料应用于装备中具有独特功能的核心部件,在高新技术中占有重要地位。

(3)根据材料的用途,可以分为建筑材料、能源材料、航空材料、生物材料及电子材料等。

1.1.3 纳米材料的研究范围

大千世界按照空间尺度可依次分为宇观、宏观、介观、微观四个范围。纳米材料的物理、化学性质既不同于微观的原子、分子,也不同于宏观物体。纳米介于宏观世界与微观世界之间,人们称之为介观世界,其研究范围如图 1-1 所示。

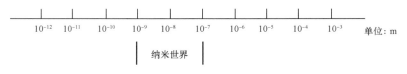

图 1-1 纳米材料研究的范围

1.1.4 纳米材料的研究目的

众所周知,物质是由原子组成的,而原子的尺寸为纳米量级,原子排列方式不同,性能差异巨大。例如由碳元素组成的同素异构体金刚石和石墨,两者虽然都是由碳元素构成,但是前者为立方金刚石结构,后者为层状石墨结构,所以其性质完全不同,其结构示意图如图 1-2 所示。而纳米材料的研究目的是控制原子的排列方式,获取我们希望得到的材料,其示意图如图 1-3 所示。目前的研究已经达到可以控制原子的排列方式,制备出具有特殊性能的新材料的层面。

纳米材料、纳米科技是 20 世纪 80 年代末期兴起的,涉及物理学、化学、材料学、生物学、电子学等多学科交叉的新的分支学科。

本教材主要介绍纳米材料、纳米科技的相关新概念、新知识、新理论、新技术、新工艺,使读者了解并掌握纳米材料学的相关基础知识、研究热点、应用及研究进展。

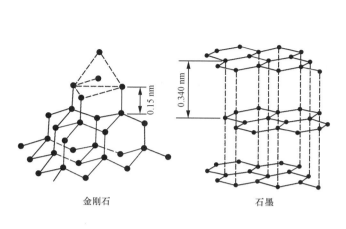

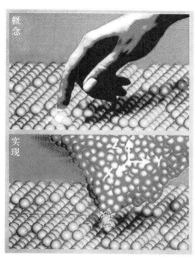

金刚石   石墨

图 1-2　由碳元素组成的同素异构体　　　　图 1-3　实现原子可控操作示意图

1.2　纳米材料的相关概念

1.2.1　纳米材料

纳米材料是指在纳米量级（1～100 nm）内调控物质结构制成具有特异功能的新材料，其三维尺寸中至少有一维小于 100 nm，且性质不同于一般的块体材料。纳米材料可分为纳米颗粒、纳米纤维、纳米薄膜、纳米碳管、纳米复合材料和纳米固体。其实纳米材料的使用古已有之，中国古代字画之所以历经千年而不褪色，是因为所用的墨是由纳米级的碳黑构成的，而中国古代铜镜表面的防锈层也被证明是由纳米氧化锡颗粒构成的。

纳米材料学家研究纳米材料不仅仅看它的尺寸，若要准确把握"纳米材料"的概念，就须注意两点：①不是什么材料到了纳米尺度都有活性，如轻质碳酸钙就没有。科学家们仅仅把那些到了纳米尺度后，性能发生了突变，对人类有应用价值的材料称为纳米材料。所以，不要一听到纳米材料，就只想到纳米尺度的材料。②现在已用纳米粉体材料合成了具有特异性能的量子点、薄膜、多层膜、颗粒膜、块体材料和一维管、棒、线材料及复合材料，这些都称为纳米材料。所以，不要一听到纳米材料，就只想到纳米粉体材料。

另外，纳米材料具有潜在的危害性。纳米材料具有反常特性，即原本物质不具有的性能。如原本不导电的物质，在颗粒变小后有可能导电；有些原来不易燃的物质在纳米尺度下也可能爆炸。2003 年，《自然》杂志发表了美国纽约罗切斯特大学研究人员在实验鼠身上完成的实验结果，直径为 35 nm 的碳纳米粒子被老鼠吸进身体后，能够迅速出现在大脑中处理嗅觉的区域内，并不断堆积起来。他们认为碳纳米粒子是同"捕捉"香味的大脑细胞一道进入大脑的。2004 年 4 月，美国化学学会在一份研究报告中指出，碳 60 会对鱼的大脑产生大范围的破坏，这是研究人员首次找到纳米微粒可能给水生物种造成毒副作用的证据。以上结果都说明纳米材料对人类健康和环境也存在危害。

目前,对纳米材料的研究主要在以下四个方面:一是对于纳米组装体系的设计;二是关于高性能纳米材料的合成;三是对纳米涂层材料的设计;四是对纳米颗粒表明的修饰。

1.2.1.1 纳米材料的特性

与常规材料相比,纳米材料具有尺寸小、比表面积大、表面能高及表面原子比例大、量子尺寸效应、表面与界面效应等特点,因此纳米材料表现出块体材料所不具有的新型特性。例如,纳米材料具有优良的光、电、磁等物理特征。

(1)小尺寸效应。

纳米材料中的微粒尺寸小到与光波波长或其他相干波长等物理特征尺寸相当或更小时,晶体周期性的边界条件被破坏,非晶态纳米微粒的颗粒表面层附近的原子密度减小,使得材料的声、光、电、磁、力学等特性出现改变而导致新的特性出现的现象,称为纳米材料的小尺寸效应。

特殊的光学性质:事实上,所有的金属在超微颗粒状态时都呈现黑色,尺寸越小,颜色越黑。由此可见,金属超微颗粒对光的反射率很低,通常低于 1%,大约几微米的厚度就能完全消光。具有此种特性的纳米材料可以作为高效率的光热、光电等转换材料。

特殊的热学性质:固态物质在其形态为大尺寸时,熔点固定,超细微化后却发现其熔点将显著降低,当颗粒小于 10 nm 量级时尤为显著。例如金的常规熔点为 1064 ℃,当颗粒尺寸减小到 10 nm 时,其熔点将降至约 327 ℃。

特殊的磁学性质:鸽子、海豚、蝴蝶、蜜蜂等生物体存在超微的磁性颗粒,从而使这些生物在地磁场导航下能辨别方向,具有回归的本领,而磁性超微颗粒实质上是一个生物磁罗盘。

特殊的力学性质:陶瓷材料通常情况下呈脆性,然而由纳米超微颗粒压制而成的纳米陶瓷却具有良好的韧性。这是因为纳米材料具有大的界面,界面的原子排列是相当混乱的,原子在外力变形的条件下很容易迁移,因此表现出甚佳的延展性。呈纳米晶粒的金属要比传统的粗晶粒金属硬 3～5 倍,而由纳米晶粒构成的铜片的塑性变形可超过 5100%,如图 1-4 所示。

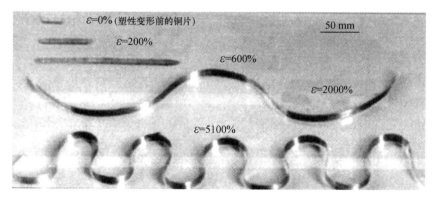

图 1-4 纳米铜的超塑延展性

小尺寸效应还表现在超导电性、介电性能、声学特性及化学性能等方面。

(2)量子尺寸效应。

纳米材料中微粒尺寸达到与光波波长或其他相干波长等物理特征尺寸相当或更小

时,金属费米能级附近的电子能级由准连续变为离散并使能隙变宽的现象,称为纳米材料的量子尺寸效应。这一现象的出现使纳米银与普通银的性质完全不同,普通银为良导体,而粒径小于 20nm 的纳米银却是绝缘体。同样,纳米材料的这一性质也可用于解释为什么二氧化硅从绝缘体变为导体。

（3）宏观量子隧道效应。

纳米材料中的粒子具有穿过势垒的能力,称为隧道效应。宏观物理量在量子相干器件中的隧道效应称为宏观隧道效应。例如具有铁磁性的磁铁,其粒子尺寸达到纳米级时,即由铁磁性变为顺磁性或软磁性。

（4）表面效应。

纳米材料由于其组成材料的纳米粒子尺寸小,微粒表面所占有的原子数目远远多于相同质量的非纳米材料粒子表面所占有的原子数目。随着微粒粒径的减小,其表面所占粒子数目呈几何级数增加。例如微粒半径从 100 nm 减小至 1 nm,其表面原子占粒子中原子总数从 20% 增加到 99%,这是由于随着粒径的减小,粒子比表面积增加,每克粒径为 1 nm 粒子的比表面积是粒径为 100 nm 粒子的比表面积的 100 倍。

单位质量粒子表面积的增大,表面原子数目骤增,使原子配位数严重不足。高表面积带来的高表面能,使粒子表面原子极其活跃,很容易与周围的气体反应,也很容易吸附气体,这一现象即被称为纳米材料的表面效应。超微颗粒的表面与大块物体的表面是十分不同的,若用高倍率电子显微镜对金超微颗粒进行观察,可实时观察到这些颗粒没有固定的形态,随着时间的变化会自动形成各种形状,如立方八面体、十面体、二十面体、多孪晶等。这既不同于一般固体,也不同于液体,是一种准固体。在电子显微镜的电子束照射下,表面原子仿佛进入了“沸腾”状态,尺寸大于 10 nm 后才看不到这种颗粒结构的不稳定性,这时微颗粒具有稳定的结构状态。利用纳米材料的这一性质,人们可以在许多方面使用纳米材料来提高材料的利用率和开发纳米材料的新用途。例如提高催化剂的效率、吸波材料的吸收率、涂料的遮盖率及杀菌剂的效率等。

（5）吸附特性。

原子氢在催化剂上的吸附方式对催化反应起着重要的作用。研究表明,氢在某些过渡金属纳米微粒上呈解离吸附,这对一些有机化合物的还原很有好处。如雷尼镍是镍铝骨架负载的高分散镍纳米微粒催化剂,对有机化合物还原的活性与选择性都很高。对于氧在纳米催化剂上的吸附就更明显,几乎所有的纳米微粒在有氧气条件下都发生氧化现象,即使是热力学上氧化不利的贵金属,经特殊处理也能氧化。

（6）体积效应。

由于纳米粒子体积极小,所包含的原子数很少。因此,许多现象如与界面状态有关的吸附、催化、扩散、烧结等物理、化学性质将显著与大颗粒传统材料的特性不同,就不能用通常有无限个原子的块状物质的性质加以说明,这种特殊的现象通常称之为体积效应。

以上几种效应体现了纳米材料的基本特征。除此之外,纳米材料还有在此基础上的其他特性,例如纳米材料的介电限域效应、表面缺陷、量子隧穿等。这些特性使纳米材料表现出许多奇异的物理、化学性质,出现很多从未出现的“反常现象”,从而引起了人们的极大兴趣。例如:一般钛酸铅、钛酸钡和钛酸银等是典型铁电体,但当尺寸进入纳米数量级就会变成顺电体;铁磁性物质进入纳米尺寸,由于多磁畴变成单磁畴显示出极高的矫顽力;当粒径为十几纳米的氮化硅微粒组成纳米陶瓷时,已不具有典型共价键特征,并且界面键结构出现部分极性,在交流电下电阻变小;金属为导体,但纳米金属微粒在低温时由于量子限域效应会呈现电绝缘性;化学惰性的金属铂制成纳米微粒后却成为活性极好的催化剂,诸多特异新颖的功能注定了纳米材料的应用前景十分广阔。

纳米材料由于尺寸变小而体现出的新特性,给广大科技工作者带来了广阔的想象空间和无限的创造世界可能。发现材料的新性能,开发材料的新功能,制备材料的新器件以及研究因纳米材料的奇异特性所带来的创造火花,将给人类文明带来新天地。

1.2.1.2 纳米材料的分类

(1)按化学组分分类。

主要包括纳米金属材料、纳米陶瓷材料、纳米高分子材料、纳米复合材料等。

(2)按材料的物性分类。

主要包括纳米半导体、纳米磁性材料、纳米铁电体、纳米超导材料、纳米热电材料等。

(3)按应用分类。

主要包括纳米电子材料、纳米光电子材料、纳米磁性材料、纳米生物医用材料、纳米敏感材料、纳米储能材料等。

(4)按空间尺度分类。

根据空间尺度分类,可以分为零维、一维、二维及三维纳米材料,其示意图如图 1-5所示。

典型的形貌结构见图 1-6。

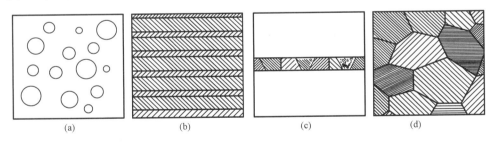

图 1-5 纳米材料示意图

(a)零维;(b)一维;(c)二维;(d)三维

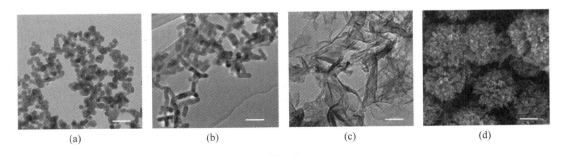

图 1-6

(a)零维纳米材料;(b)一维纳米材料;(c)二维纳米材料;(d)三维纳米材料

①零维纳米材料。

指在空间三维尺度均在纳米尺度的纳米材料,如零维原子簇或簇组装,超微粉或超细粉,如图 1-7 为铁纳米点的 TEM 图像。此种纳米材料是开发时间最长、技术最成熟,也是生产制备其他种类纳米材料的基础材料,主要用于微电子封装材料、光电子材料、高密度磁记录材料、太阳能电池材料、吸波隐身材料、高效添加剂、高韧性陶瓷材料、生物医药等。

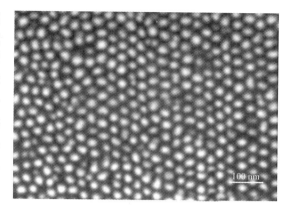

图 1-7　铁纳米点的 TEM 图像

②一维纳米材料。

指在空间有两维方向上处于纳米尺度,而第三维为宏观尺寸,如纳米线/丝、纳米棒、纳米管、纳米纤维、纳米带等。此种纳米材料的种类众多,又可以细分为一维无机纳米材料、一维有机纳米材料等。

以一维无机纳米材料为例来说明此种纳米材料的分类。一维无机纳米材料可以分为数种:一维碳纳米材料,如碳纳米管、碳纳米线及碳纳米纤维等;一维硅、锗纳米材料,如硅纳米线、硅纳米管、硅纳米带、锗纳米线等;金属及其他合金纳米线,如 Au、Ag、Cu、Ni 等及其合金纳米线、纳米管及纳米带等;一维氧化物及氢氧化物纳米材料,如氧化锌纳米线/纳米带/纳米环,二氧化硅、二氧化锗、氢氧化镁纳米线、纳米管等,如图 1-8 所示 ZnO 纳米环的 SEM 图像;一维氮化物纳米材料,如氮化硅、氮化硼、氮化铝、氮化镓纳米线、纳米管等;一维碳化物纳米材料,如碳化硅、碳化硼纳米线、纳米管等;一维硫化物及硒化物纳米材料,如 PbS、CdS、PbSe 纳米线、纳米管等;其他一维无机纳米材料,如硼纳米线及 Ⅲ~Ⅴ 族纳米线/管等。

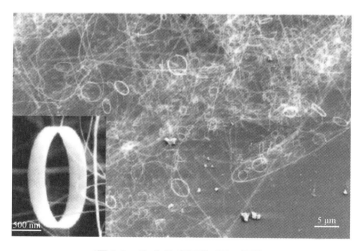

图 1-8　ZnO 纳米环的 SEM 图像

③二维纳米材料。

在一维方向上尺寸被限制为纳米量级的层状结构,即在两个空间坐标上的延展,二维纳米材料是纳米片或纳米薄膜结构,纳米薄膜是指尺寸为纳米级的粒子所组成的介孔和微孔结构的薄膜或者是纳米粒子镶嵌于某种薄膜中而组成的复合薄膜,如厚度为纳米尺寸的金刚石薄膜,分为颗粒膜(中间有极为细小的间隙)与致密膜(膜层致密),由于其特殊的形貌以及晶体生长的高度各向异性,电子一般仅可在两个非纳米尺度的方向上运动,从而表现出特殊的电学性能。与其他纳米材料相比,二维纳米材料的二维电子约束不存在层间相互作用,特别是单层纳米片,与其他纳米材料相比具有非常引人注目的电子性能,使其成为凝聚态研究和电子器件应用的诱人候选材料。其次,原子厚度为它们提供了最大的机械灵活性和光学透明度,使它们在制造高度柔性和透明的电子/光电子器件方面很有前景。最后,较大的横向尺寸和超薄厚度赋予其超高的比表面积,非常适合表面活性应用。二维纳米材料由于原子厚度和平面内共价键,也具有良好的力学性能。因此,二维纳米材料得以在能量存储、催化等领域大展身手。用于高密度磁记录材料、气体催化材料、平面显示器材料、光敏材料等。此外,在水光催化处理、光电转化等方面都有非常重要的应用。

④三维纳米材料。

在三个空间坐标的延续,也就是通常所说的块体材料,由最小构成单元为纳米结构的材料构成,三维纳米材料具有高比表面积、较多的表面活性位、优异孔结构和良好通透性,与较低维纳米材料相比具有更加优异的电学、光学、磁学特性以及吸附和催化特性。用于超高强度材料、智能金属材料、纳米陶瓷等。

1.2.1.3　纳米材料的微观结构

"纳米晶体(nanocrystalline)材料"或"纳米相(nanophase)材料"是单相或多相的多晶体,其晶粒尺度至少有一维是纳米级(典型的为1~100 nm)。这类材料可含晶体相、准晶相或非晶相,但至少有一相是晶体相,这些相可以是金属、陶瓷、高分子或复合物。在纳米晶体材料中,纳米晶粒和由此而产生的高浓度晶界是它的两个重要特征。纳米相材料跟普通的金属、陶瓷和其他固体都是由同样的原子组成,只不过这些原子排列成了纳米级的原子团,成为组成这些新材料的结构粒子或结构单元。

(1)晶界结构。

最初对纳米单质金属界面结构的研究结果表明纳米晶体中的界面与普通多晶体中的界面结构不同,表现出近程无序、长程也无序的高度无序状态,呈现出类似气体结构的所谓"类气态结构(gas-like)"。近年来,这一结论受到来自实验结果的挑战。实验结果表明界面上的原子既存在有序排列(和粗晶多晶体相同),也存在无序排列(和粗晶多晶体情况不同)。有序和无序原子结构在界面中所占的比例与材料制备和处理工艺过程有关。无序结构是一种亚稳态结构,在外界的作用下会放出能量而转变为低能有序结构。

(2)晶粒结构。

以前人们普遍认为纳米晶体中的晶粒内部和普通多晶体一样具有完整的晶体结构,因而分析其结构和性能时,往往忽略晶粒内部的作用而只考虑界面作用。但是近年的研究结果表明纳米尺寸颗粒内部的结构与传统的普通多晶体有很大差异,表现为点阵偏离、晶格畸变和晶粒内部的密度降低。

（3）结构稳定性。

纳米晶体中大量的晶界处于热力学亚稳态,在一定条件下将向较稳定的亚稳态或稳定态转化,一般表现为固溶脱溶、晶粒长大或相变三种形式。纳米晶体一旦发生晶粒长大成粗晶材料,就会失去其优异性能。因此,纳米晶体的热稳定一直是一个重要的研究课题。

1.2.2 纳米技术

对于纳米物质世界而言,纳米技术就是在纳米物质世界的认识过程中出现的各种工具、手段以及产生的具体方法、技能。纳米技术是在纳米尺度或水平上研究应用原子及分子现象及其结构信息的技术,是以纳米科学为基础制造新材料、新器件,研究新工艺的方法和手段。在纳米科学发展过程中,出现了纳米技术,其中包括概念性的纳米技术和实用性的纳米技术。纳米技术的范围包括纳米加工技术、纳米测量技术,纳米材料技术等。其中纳米材料技术主要应用于材料的生产,主要包括航天材料、生物技术材料,超声波材料等。从 1861 年开始,因为胶体化学的建立,人们开始了对直径为 1～100 纳米粒子的研究工作。纳米技术将会使计算机尺寸大为缩小、信息处理速度更快,工作效率和可靠性更高。计算机技术的重大突破,必将带来信息处理能力和自动决策能力的革命性变革,极大地提高指挥系统的作战效能。同时,高性能计算机还使作战模拟系统更为逼真,交互性更强,可以极大地提高军队信息化战争的演练水平。

1.2.2.1 概念性的纳米技术

概念性的纳米技术可以分为三种:

第一种是 1986 年提出的分子纳米技术,即在纳米尺度上对物质(存在的种类、数量和结构形态)进行精确的观测、识别与控制的应用研究新技术。根据这一概念,可以使组合分子的器件实用化,从而可以任意组合所有种类的分子、原子在纳米尺度上制造具有特定功能的产品,实现生产方式的飞跃。

第二种概念把纳米技术定位为微加工技术的极限,也就是通过纳米精度的"加工",形成纳米尺度结构的技术。这种纳米级的加工技术,也是半导体微型化即将达到的极限。现有技术即便发展下去,从理论上讲最终会达到极限。例如,如果把电路的线幅变小,将使构成电路的绝缘膜变得极薄,这样将破坏绝缘效果。此外,还有发热和振动等问题。为了解决这些问题,研究人员正在研究新型的纳米技术。

第三种概念即纳米加工技术。摆脱长度性质的纳米技术概念,趋向于纳米结构化范畴,利用高分辨透射电子显微镜、原子力显微镜等现代化加工工具,进行原子操作,形成纳米化图案和文字。通过纳米加工技术,制造用于信息存储的纳米阵列等。

1.2.2.2 实用性的纳米技术

实用性的纳米技术包含以下四个主要方面:

第一方面是纳米材料的制备和表征。控制纳米尺度的结构,不改变物质的化学成分,就能调控纳米材料的基本性质,如熔点、磁性、介电常数等。

第二方面是纳米动力学,主要是微机械和微电机,或总称为微型电动机械系统

(MEMS),用于有传动机械特征的微型传感器和执行器、光纤通信系统、特种电子设备、医疗和诊断仪器等。MEMS 用的是一种类似于集成电路设计和制造的新工艺,特点是部件很小,刻蚀的深度往往要求数百微米,而宽度相对误差只允许万分之一。虽然此研究目前尚未进入纳米尺度,但有很大的潜在科学价值和经济价值。

第三方面是纳米生物学和纳米药物学。新的药物即使是微米粒子的细粉,也大约有半数不溶于水。但如果粒子为纳米尺度,即超微粒子,则可溶于水,此时纳米级药物将发挥巨大的效能。

第四方面是纳米电子学,包括基于量子效应的纳米电子器件、光电性质下的纳米结构、纳米电子材料的表征以及原子操纵和原子组装等。

纳米技术的发展是纳米科学发展的必然要求,纳米物质世界的认识到需要是纳米技术发展的根本动力,与纳米科学相关的其他自然科学的发展是纳米技术发展的基础,诸如先进科学仪器的出现、化学制备技术的进步、计算机科学的智能化等。

1.2.3 纳米科学技术

纳米科学技术是指在纳米尺度上研究物质的特性和相互作用以及利用这种特性开发新产品的一门科学技术。纳米科学技术是现代科学(混沌物理、量子力学、介观物理、分子生物学)和现代技术(计算机技术、微电子和扫描隧道显微镜技术)结合的产物。纳米科学技术研究领域包括单原子操纵与原子搬迁技术、纳米电子学与纳米电子技术、纳米生物学、纳米摩擦学、原子团簇科学和纳米材料科学等,如图 1-9 所示。纳米科学技术不是某一学科的延伸,也不是某一新工艺的产物,而是基础理论科学与当代高技术的结晶。它以物理、化学的微观理论为基础,以当代精密仪器和先进的分析技术为手段,是一个内容广阔的多学科群。并在纳米尺度上研究和制造物质,从而实现生产方式的飞跃。

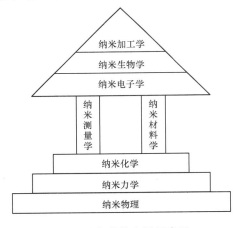

图 1-9 纳米科技大厦示意图

对纳米科学技术的理解,不能局限于纳米材料。纳米科学技术与众多学科密切相关,是体现多学科交叉性质的前沿领域。纳米科学技术的内涵包括三个方面:纳米材料、纳米器件和纳米尺度的检测与表征。其中纳米材料是纳米科学技术的基础,纳米器件的研制水平和应用程度是我们是否进入纳米时代的重要标志,纳米尺度的检测与表征是纳米科学技术研究必不可少的手段,是实验与理论的重要基础。

纳米科学技术的发展可以划分为 3 个阶段。第 1 阶段:在实验室探索用各种物理与化学手段制备纳米材料,并研究对其进行评估和表征的方法;第 2 阶段:发掘和利用纳米材料奇特的物理、化学和力学性能,寻求潜在的应用价值;第 3 阶段:按照人们的意愿构造纳米结构体系,使其真正步入实用领域,为人类造福,这一阶段就是费曼提出的最终设想。然而要实现这一阶段,就要求人们对纳米材料制备过程中的行为、机理有详细的认知。因此,研究纳米材料的生长方式并探索其机理不仅是对纳米材料可控制备的完善,也是纳米科学技术进入自由意志制备阶段的必经之路。

1.3　纳米材料的发展历史

1.3.1　自然界的纳米结构

当回顾自然的结构之时,就会发现自然界中的纳米结构也是难以计数的。在纳米材料中包括了无数的天然纳米结构材料,例如蒙脱石、伊利石、滑石和氟化云母等。

自然界中的纳米结构不仅仅是非生命的,也有许多是生命体内的,人的骨头、牙齿、细胞内部的结构、钠离子通道、植物的叶子、树的组织等无不体现着纳米结构的存在,特别是神奇的有序性组装结构。蜘蛛丝虽细,但承受的张力可达 3 克重,即使拉伸 10 倍以上也不会断掉,它在强度和弹性方面都大大地超过了同样粗细的钢丝,这主要是由于其纳米特性造成的。壁虎可以自由自在地飞檐走壁,究其原因,通过扫描电子显微镜(SEM)对其脚部进行显微观察发现,其脚底部长着数百万根极细的刚毛,如图 1-10 所示,每根刚毛末端又有 1000 多根顶部呈刮铲状的更细呈纳米结构的分支毛。这些大量的纳米尺度的刚毛可以起到吸盘的作用,所以壁虎可以在墙壁上如走平地。

图 1-10　壁虎脚部的微结构

1.3.2　纳米科技概念的提出与发展

纳米科学技术的提出可以追溯到 1959 年费曼的那场著名的科学演讲。随着社会的发展和科学的进步,那时的纳米思想的火花,在今天已显出了燎原之势。有些科学家甚至将扫描隧道显微镜(STM)问世之日当作纳米科学技术创立之时,把 STM、原子力显微镜(AFM)等扫描探针显微镜(SPM)形象地称为纳米科学技术的“眼”和“手”。所谓“眼睛”,即可利用直接观察原子、分子以及纳米粒子的相互作用与特性,表征纳米器件。所谓“手”,是指 SPM 可用于移动原子、分子,构造纳米结构和纳米器件,研究分子或原子之间的相互作用。这种“眼”和“手”成为科学家在纳米尺度下研究新现象、提出新理论的微小实验室。1989 年,美国 IBM 公司的物理学家利用扫描隧道显微镜移动 35 个稀有气体氙原子,在晶态镍表面把它们拼写成该公司的三个商标字母“IBM”,如图 1-11 所示,开创了原子操纵的先河。同年,美国斯坦福大学科学家搬动原子团,写下了“STANFORD”。

2001 年,中德科学研究小组成功地用 AFM 对 DNA 生物大分子进行切割、歪曲、推拉等分子操纵,将 DNA 分子加工成各种复杂图案结构,在平整的云母基底上写出了"DNA"三个字母,还可以将 DNA 分子加工成各种复杂图案结构,比如将 DNA 分子折叠成纳米颗粒、纳米圆柱结构等。中国科学院化学所的科技人员利用纳米加工技术在石墨表面通过搬迁碳原子绘制出了世界上最小的中国地图,如图 1-12 所示。北京大学纳米中心的学者通过 AFM 针尖对基质 Au－Pa 合金上的机械刻蚀,书写了世界上最小的唐诗($10~\mu m \times 10~\mu m$)。

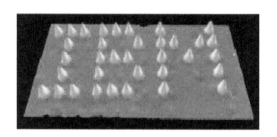

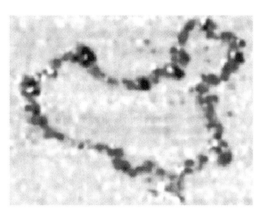

图 1-11　搬动氙原子在晶态镍表面写出的 IBM　　**图 1-12　搬动碳原子在石墨表面绘出的中国地图**

与此同时,出现了较多的纳米科学技术学术期刊,如英国 Nature 出版集团的"Nature Materials",美国化学学会(ACS)的"Nano Letters""ACS Nano",德国维利(Wiley)出版集团的"Small",美国 Bentham 出版集团出版的"Current Nanoscience"和德国施普林格(Springer-Verlag)出版、由中国人主办的"Nanoscale Research Letters"等期刊。这些期刊发展迅猛,SCI 影响因子逐年增加,影响力日益增大。而国内的纳米相关期刊也不断涌现,如中南大学在美国主办的"Nanoscience""纳米科技""微纳电子技术""纳米通讯"等。国内也相继出版了许多关于纳米科学技术的学术专著,著名的有科学出版社出版的"纳米结构与纳米材料"、化学工业出版社出版的"纳米材料与应用技术丛书"系列书籍,清华大学出版社出版的"Nanowires and Nanobelts-Materials,Properties and Devices"。国外相继出版了"Magetic Nanostructure""Nanocluster and Nanocrystals""Encyclopaedia of Nanoscience and Nanotechnology""Synthesis,Founctionalization,Surface Treatment of Nanoparticles""Handbook of Organic-Inorganic Hybrid Materials and Nanocomposites"和"Molecular Electronics"等。

当前,美国已在纳米结构组装体系、高比表面纳米颗粒制备与合成,以及纳米生物学方面处于领先地位,在纳米器件、纳米仪器、超精度工程、陶瓷和其他结构材料方面略逊于欧共体。日本在纳米器件和复合纳米结构方面有优势,在分子电子学技术领域仅次于德国。德国在纳米材料、纳米测量技术、超薄膜的研发领域具有很强的优势。

纳米科技的发展呈现交叉融合趋势。纳米科技是新兴交叉学科技术,涉及物理、化学、材料、信息、生物和医药等几乎所有领域,是当今前沿科技领域的代表,纳米科技的进展直接反映了全球科技发展的最新态势。纳米技术与生物技术、信息技术的联系更趋紧密，生物技术和信息技术的研究将汇聚在纳米尺度上，其进一步发展有赖于纳米科技的不断突破。

从信息技术发展来看，微电子技术发展已进入了纳米尺度，集成电路芯片的最小电路尺寸正从 22 nm 向 16 nm 尺度延伸。在微电子小型化自上而下发展的同时，纳米科学家也在探索自下而上的新方法，利用原子、分子组装来构建纳电子器件和系统。纳米器件、电路和系统的新发展，为信息产业快速发展提供了重大机遇，孕育着重大突破。

纳米科技与生物学、医药学和信息学的结合，将会对未来生物技术和医药产业产生重大影响。利用纳米科技，可望在细胞、分子和基因水平上真正认识和理解病变机理，研制纳米级微型探测器对人体内细胞、组织的健康状态和病变信息实现实时检测，大幅度提高医学诊断和疾病检测的精度，实现重大疾病的早期诊断，最终实现集成纳米技术和生物技术的基因治疗、靶向分子治疗和病变组织与器官再生等。因此，发展人类医疗健康用纳米技术具有重要科学和临床意义。

新能源、节能减排和环境保护与治理对纳米技术的需求日益凸显，发展纳米催化材料可实现传统能源（石油、天然气、煤炭等）的高效利用，减少排放；基于纳米材料技术，可开发出新型高效储能和能量转换器件，解决新能源的规模化利用问题。环境保护方面，利用纳米粒子吸附和催化效应可处理污水中重金属和有机污染物，治理空气污染，开发绿色环保材料等。钢铁冶金、化工轻纺、建筑材料等是传统支柱制造产业，利用纳米技术可以有效提升原有产品的品质、降低制造能耗和减少污染物排放，实现产业的全面升级。

美国、欧盟、日本等发达国家制定的纳米科学技术发展战略集中体现了纳米技术与信息技术、生物技术、能源技术等交叉融合趋势。这种交叉融合的趋势必将催生新的科学和技术领域，推动不同领域、不同学科的科学家携手并进，开拓提升人类认识世界、改造世界的能力。

1.3.3 国际纳米科技大事

纳米材料的研究最初源于 19 世纪 60 年代对胶体微粒的研究。20 世纪 60 年代，研究人员开始有意识地通过对金属纳米微粒的制备与研究来探索纳米体系的奥秘。

1959 年，著名物理学家、诺贝尔奖获得者理查德·费因曼提出了纳米技术的设想，其设想是用小的机器制作更小的机器，根据人的意愿，逐个排列原子，制造产品。

1982 年，发明了扫描隧道显微镜，揭示了可见的原子、分子世界。

1984 年，德国科学家格莱特首次成功制备出块状纳米晶体材料。德国萨尔布吕肯的格莱特（Gleiter）教授把粒径为 6 nm 的金属铁粉原位加压制成世界上第一块纳米材料，开创纳米材料学之先河。

1989 年，美国斯坦福大学搬动原子团"写"下了斯坦福大学的英文。

1990 年 7 月，在美国巴尔的摩召开了第一届国际纳米科学技术学会会议（Nano-ST），标志着纳米材料学作为一个相对独立学科的诞生。

1991 年，日本筑波 NEC 实验室的饭岛澄男（S. Iijima）教授首次采用高分辨透射电子显微镜观察到了碳纳米管，它的质量是相同体积钢的 1/6，强度却是钢的 10 倍，成为纳米材料的研究热点。

1993 年,中国科学院北京真空物理实验室操纵原子成功写出"中国"二字,标志着我国开始在国际纳米科技领域中占有一席之地。

1993 年,国际纳米科技指导委员会将纳米科技划分为纳米化学、纳米生物学等系列的相关学科,这更有利于纳米学科的发展。

1996 年,美国进行世界纳米粒子、纳米结构材料、纳米器件研究及纳米材料开发状况和趋势的研究。

1997 年,美国科学家首次成功地用单电子移动单电子,这一技术有望研制更高速度和更大存贮容量的量子计算机。

1999 年,巴西和美国科学家在进行纳米碳管实验时发明了世界上最小的"秤",它能够称量十亿分之一克的物质,即相当于一个病毒的重量。不久,德国科学家研制出称量单个原子重量的"纳米秤",打破了先前的纪录。

2000 年,美国国家纳米计划(NNI)启动。

2001 年,中国筹备成立几个国家纳米科技中心。

从 1999 年开始,纳米技术逐步走向产业化,德国科技部预测未来纳米市场可达到 14 400 亿美元。美国国家基金委员会(NSF)1998 年把纳米功能材料的合成加工和应用作为重要基础研究项目。美国国家先进技术研究部(DARPA)的几个计划里也把纳米科技作为重要的研究对象。日本制订了各种计划用于纳米科技的研究,例如量子功能器件的基本原理和器件利用的研究计划。德国科研技术部帮助联邦政府制定了发展纳米科技的计划,英国政府也出巨资资助纳米科技的研究。

总之,在富有挑战的 21 世纪,世界各国都对富有战略意义的纳米科技领域予以足够的重视,特别是发达国家都从战略的高度部署纳米材料和纳米科技的研究,目的在于提高在未来十年乃至二十年在国际中的竞争地位。

1.3.4　国内纳米科技成果

20 余年前开始发展起来的纳米科技,已成为目前受到广泛关注、最为活跃的前沿学科领域。纳米科技的发展,不仅可以使科学家在纳米尺度发现新现象、新规律,建立新理论,而且还将带来一场工业革命,成为 21 世纪经济增长的新动力。

在纳米科技的发展初期,中国的科学家已经开始关注这方面的研究。从 1990 年开始,中国就"纳米科技的发展与对策""纳米材料学""扫描探针显微学""微米/纳米技术"等方面,召开了数十个全国性的会议。中国科学院还在北京主持承办了第 7 届国际扫描隧道显微学会议(STM'93)和第 4 届国际纳米科技会议(Nano Ⅳ)。这些国际和国内会议的举办,为开展国际间和国内高校与科研单位间的学术交流与合作,起到了积极的促进作用。

中国的有关科技管理部门对纳米科技的重要性已有较高的认识,并给予了一定的支持。中国科学院(CAS)和国家自然科学基金委员会(NSFC)从 20 世纪 80 年代中期即开始支持扫描探针显微镜(SPM)的研制及其在纳米尺度上科学问题的研究(1987—1995)。

国家科委(SSTC)于 1990—1999 年通过"攀登计划"项目,连续十年支持纳米材料专项研究。1999 年,科技部又启动了国家重点基础研究发展规划项目("973"计划)、"纳米材料与纳米结构",继续支持纳米碳管等纳米材料的基础研究。国家"863"高技术计划亦设立了一些纳米材料的应用研究项目。

据不完全统计,国内有不少于 100 所高校、20 个中科院研究所开展了纳米科技领域的研究工作,现有与纳米科技相关的企业已达上千家。国家科研机构和高等院校从事纳米科技研究的开发人员大约有上万人。整体上国内的纳米科技研究的面比较宽,点多分散,尚未形成集中的优势。国内已有中国科学院、清华大学、北京大学、复旦大学、南京大学、华东理工大学等单位成立了与纳米科技有关的研究开发中心。纳米科技是多学科综合的新兴交叉学科,在多学科的集成方面,中科院、北京大学、清华大学、复旦大学等研究单位占有优势。

中国科学院在国内最先开拓了纳米科技领域的研究,具有突出的优势。从 20 世纪 80 年代后期开始启动了一系列重大科研计划,组织了物理所、化学所、感光所、沈阳金属所、上海硅酸盐所、合肥固体物理所以及中国科技大学等单位,积极投入纳米科学与技术的研究。支持方向有:激光控制下的单原子操纵和选键化学,分子电子学—分子材料和器件基础研究,巨磁电阻材料和物理,纳米半导体光催化和光电化学研究,材料表面、界面和大分子扫描隧道显微学研究,碳纳米管及其他纳米材料研究,人造"超原子"体系结构和物性的研究等。

作为中科院"知识创新工程"支持的重点项目,由中国科学院组织的有 11 个研究所参与的"纳米科学与技术"重大项目,总投资 2500 万元人民币。项目的主要研究内容是:发展或发明新的合成方法和技术,制备出有重要意义的新纳米材料及器件。希望通过项目的支持,在纳米材料和纳米结构的规模制备,纳米粉体中颗粒的团聚和表面修饰,纳米材料和纳米复合材料的稳定性,纳米尺度内物理、化学和生物学性质的探测及特异性质的来源以及纳米微加工技术等方面取得重要进展。

中国科学院还成立了由其所属 19 个研究所组成的中国科学院纳米科技中心,开通了隶属于中心的纳米科技网站,并在化学所建成纳米科技楼。纳米科技中心围绕纳米科技领域的重点问题和国家重大科技计划,组织分布在不同地域、不同单位的科技人员,利用纳米科技网站与纳米科技中心研究实体,实现有关科研信息、技术软件和仪器设备的共享,体现科研纽带、产业纽带、人才纽带、设备纽带的优势,加强不同学科的交叉与融合,促进自主知识产权成果向产业化的转化,加速高级复合型人才的培养,在统一规划协调下,充分发挥仪器设备的效用。

应该说,中国的纳米科技研究与国外几乎同时起步,在某些方面有微弱优势,从近期美国《科学引文索引》核心期刊发表论文数看,中国纳米科技论文总数位居世界前列。例如,有关纳米碳管方面的学术论文排在美、日之后,位居世界第三。在过去的十年间,国家通过研究计划对纳米科技领域资助的总经费大约相当于 700 万美元,社会资金对纳米材料产业化亦有一定投入。但与发达国家相比,投入经费相差很大。由于条件所限,研究工作只能集中在硬件条件要求不太高的领域。纳米科技的其他基础研究相对薄弱,研究总体水平与发达国家相比还有不小差距,特别是在纳米器件及产业化方面。

中国对纳米材料的研究一直给予高度重视,取得了很多成果,尤其是在以碳纳米管为代表的准一维纳米材料及其阵列方面做出了有影响的成果,在非水热合成制备纳米材料方面取得突破,在纳米块体金属合金和纳米陶瓷体材料制备和力学性能的研究、介孔组装体系、纳米复合功能材料、二元协同纳米界面材料的设计与研究等方面都取得了重要进展。

在纳米碳管的制备方面,中科院物理所的科研小组 1996 年在国际上首次发明了控制多层碳管直径和取向的模板生长方法,制备出离散分布、高密度和高强度的定向碳管,解决了常规方法中碳管混乱取向、互相纠缠或烧结成束的问题。1998 年合成了世界上最长的纳米碳管,创造了一项"3 毫米的世界之最",这种超长纳米碳管,比当时的纳米碳管长度提高了 1~2 个数量级。在纳米碳管的力学、热学性质、发光性质和导电性的研究中也取得了重要进展。世界上最细的纳米碳管也在 2000 年先后制造出来,先是物理所的同一小组合成出直径为 0.5 nm 的碳管,接着香港科技大学物理系利用沸石做模板制备了最细单壁碳纳米管(0.4 nm)阵列(与日本的一个小组的结果同时发表),接着在中科院物理所和北京大学同时都有职位的彭练矛研究员在单壁碳纳米管的电子显微镜研究中发现在电子束的轰击下,能够生长出直径为 0.33 nm 的碳纳米管。

清华大学首次利用碳纳米管做模板成功制备出直径为 3~40 nm、长度达微米级的发蓝光的氮化镓一维纳米棒,在国际上首次把氮化镓制备成一维纳米晶体,并提出碳纳米管限制反应的概念。中科院固体物理所成功研制出纳米电缆,有可能应用于纳米电子器件的连接。

中科院金属研究所用等离子电弧蒸发技术成功地制备出高质量的单壁碳纳米管材料,研究了储氢性能,质量储氢容量(mass capacity of hydrogen storage in carbon nanotube)可达 4%。在纳米金属材料方面,中科院金属研究所的研究小组在世界上首次发现纳米金属的"奇异"性能,即超塑延展性,纳米铜在室温下竟可延伸 50 多倍而"不折不挠",被誉为"本领域的一次突破,它第一次向人们展示了无空隙纳米材料是如何变形的"。

在纳米无机材料合成方面,中国科技大学的科学家发展了溶剂热合成技术,发明用苯热法制备纳米氮化镓微晶,首次在 300 ℃ 左右制成粒度达 30 nm 的氮化镓微晶。在纳米有机材料及高分子纳米复合材料方面,中国科学院化学所在高聚物插层复合、分子电子学、富勒烯化学与物理以及二元协同纳米界面材料方面取得显著进展,发展了具有自主知识产权的技术,有些已开始走向产业化。

在纳米颗粒、粉体材料的研究方面,中科院固体物理所自主开发的纳米硅基氧化物 SiO_{2-x} 具有很高的比表面积($640 \ m^2/g$)。他们与企业合作,已建成百吨级生产线,并在纳米抗菌银粉、新型塑料添加剂、传统涂料改性等方面发挥了重要效用,已推出多项产品上市。华东理工大学在纳米超细活性碳酸钙 3000 吨/年的工业性实验基础上,建成了年产 1.5 万吨的大规模生产线,填补了国内空白。北京科技大学的纳米镍粉制备取得成绩,分别应用于国内最大的镍氢电池公司和日本新日铁公司。北京化工大学于 1994 年发展了超重力合成纳米颗粒的研究方法,现已建成超重力法合成 3000 吨/年的纳米颗粒生产线,其规模和技术均为国际领先。天津大学研制纳米铁粉使我国成为第二个工业化生产纳米金属粉体材料的国家。青岛化工学院在纳米金属铜催化剂的研究开发方面已有成功的经验。

目前纳米材料粉体生产线吨级以上的有 20 多条,生产的品种有:纳米氧化物(纳米氧化锌、纳米氧化钛、纳米氧化硅、纳米氧化锆、纳米氧化镁、纳米氧化钴、纳米氧化镍、纳米氧化铬、纳米氧化锰、纳米氧化铁等)、纳米金属和合金(银、钯、铜、铁、钴、镍、铝、钽、银—铜合金、银—锡合金、铟合金、镍—铝合金、镍—铁合金和镍—钴合金等)、纳米碳化物(碳化钨、碳粉、碳化硅、碳化钛、碳化锆、碳化铌、碳化硼等)、纳米氮化物(氮化硅、氮化铝、氮化钛、氮化硼等)。

从纳米材料的研究情况来看,研究领域广泛,投入人员较多,许多科研单位都参与了纳米材料研究,形成一支实力雄厚的研究力量。但应该指出,目前纳米材料研究的基础设施还相对薄弱,纳米材料的设计与创新能力不强,生产规模偏小,自主知识产权不多。为了真正使纳米技术转化为生产力,应加大纳米材料产业化力量的投入,尤其要注重纳米科学的工程化研究和纳米材料的应用研究,鼓励产业化有基础和经验的研究单位与其他研究单位联合或研究单位与企业联合,使实验室技术尽快转化为生产力,为国民经济增长作出贡献。

在量子电子器件的研究方面,我国科学家研究了室温单电子隧穿效应、单原子单电子隧道结、超高真空 STM 室温库仑阻塞效应和高性能光电探测器以及原子夹层型超微量子器件。清华大学已研制出 100 纳米($0.1\ \mu m$)级 MOS 器件,研制出一系列硅微集成传感器、硅微麦克风、硅微马达、集成微型泵等器件,以及基于微纳米三维加工的新技术与新方法的微系统。中国科学院半导体所研制了量子阱红外探测器($13\sim15\ \mu m$)和半导体量子点激光器($0.7\sim2.0\ \mu m$)。中科院物理所已经研制出可在室温下工作的单电子原型器件。西安交通大学制作了碳纳米管场致发射显示器样机,可连续工作 3800 h。

在有机超高密度信息存储器件的基础研究方面,中国科学院北京真空物理实验室、中国科学院化学所和北京大学等单位的研究人员,在有机单体薄膜 NBPDA 上作出点阵,1997 年,点径为 1.3 nm,1998 年,点径为 0.7 nm,2000 年,点径为 0.6 nm,信息点直径较国外报道的研究结果小近一个数量级,是现已实用化的光盘信息存储密度的近百万倍。北京大学采用双组分复合材料 TEA/TCNQ 作为超高密度信息存贮器件材料,得到信息点为 8 nm 的大面积信息点阵 $3\ \mu m\times3\ \mu m$。复旦大学成功制备了高速高密度存贮器用双稳态薄膜,并已经初步选择合成出几种具有自主知识产权含有机单分子材料作为有机纳米集成电路的基础材料。2004 年,湖南大学唐元洪研究组在世界上首次制备出了自组生长的单晶硅纳米管,这是继碳纳米管、硅纳米线之后又一种全新的纳米材料,在传感器、晶体管、光电器件等方面具有很好的应用前景。

从纳米器件的研究情况来看,国内研究纳米器件的科研单位相对比较集中,研究单位主要集中在北京大学、清华大学、复旦大学、南京大学和中国科学院等研究基础相对较好，设备设施相对齐全的高校及科研院所，但大部分研究单位还停留在纳米器件用材料的制备和选择，以及新的物理现象的研究上。在纳米器件原理及结构研究等基础研究方面力量相对薄弱，纳米器件的创新能力不强。为了在纳米器件研究方面取得突破性进展，我国拟加大对纳米器件基础研究的投入，改善现有实验设备与研究条件，鼓励各研究单位合作研究，优势互补，多学科联合攻关。

中国科学院化学所和中国科学院北京真空物理室在 20 世纪 90 年代已开始运用 STM 进行纳米级乃至原子级的表面加工，在晶体表面先后刻写出"CAS"、"中国"、中国地图等文字和图案。中国科学院化学所先后研制了 STM、AFM、BEEM、LT - STM、UHV - STM、SNOM 等纳米区域表征的仪器设备，具有自己的知识产权，并开发了表面纳米加工技术，为纳米科技的研究起到了先导和促进作用。最近化学所在单分子科学与技术及有机分子有序组装方面有了很好的进展，并开始对分子器件进行探索性研究。中国科技大学进行了硅表面 C_{60} 单分子状态检测，为分子器件的研制提供了一些基本数据。北京大学自行研制了 VHU - SEM - STM - EELS 联用系统和 LT - SNOM 系统，建立了完整的近场光学显微系统——近场光谱与常规光学联用系统，并用此系统研究了癌细胞的结构形貌。

近年来在基础研究方面，我国发表纳米科技 SCI 论文总量和论文总被引用次数已跃居世界第 2 位，部分研究成果在国际上引起了较大影响，标志性的成果主要包括：中国科学技术大学在国际上首次实现亚纳米分辨的单分子光学拉曼成像，将具有化学识别能力的空间成像分辨率提高到前所未有的 0.5 nm。有学者盛赞这项工作"是该领域迄今质量最高的顶级工作，开辟了该领域的一片新天地"。北京大学研究团队发展了一类钨基合金高效催化剂，这种纳米催化剂粒子具有非常高的熔点，能够生长出具有特定结构的单壁碳纳米管，并在高温环境下保持其晶态结构和形貌。中国科学院大连化学物理研究所基于"纳米限域催化"的新概念，创造性地构建了硅化物晶格限域的单铁中心催化剂，成功地实现了甲烷在无氧条件下选择活化，一步高效生产乙烯、芳烃和氢气等高值化学品。厦门大学在铂纳米复合催化剂的制备、表征及催化反应的过程机理方面取得重要研究进展，制备出实用的高活性、高稳定性贵金属纳米催化剂，能在室温下实现 CO 的 100% 转化。中国科学院金属研究所利用自主设计的表面机械研磨处理技术，在金属镍表层突破晶粒尺寸极限，获得纳米级厚度并具有小角晶界的层片结构。这种纳米层片结构兼具超高硬度和热稳定性。国家纳米科学中心利用改进的非接触原子力显微镜在实空间观测到分子间氢键和配位键的相互作用，在国际上首次实现了对分子间局域作用的直接成像，中国学者首次"看见"氢键引起国际同行高度关注。中国科学院高能物理研究所和国家纳米科学中心在国际上较早开展了人造纳米材料的毒理学研究，建立了较为系统的研究方法，尤其是体内纳米颗粒的定量探测方法，系统研究了不同尺寸不同表面的纳米材料的毒理学效应和共性规律，揭示了纳米颗粒穿越生物屏障的能力，提出了将纳米毒理学现象反向应用于肿瘤治疗的新思路。

在应用技术方面,我国在纳米科技领域发明专利申请数量显著增长,跃居世界第 2。部分成果已经走向产业化,并取得了良好的社会经济效益。标志性的成果主要包括:中国科学院化学研究所发明了具有亲(疏)水、亲(疏)油特性的纳米材料绿色印刷制版技术,实现直接制版印刷,从根本上解决了印刷制版行业的环境污染问题并降低了生产成本,为印刷产业实现绿色化、数字化做出了重要贡献。我国微电子加工技术近几年实现了质的飞跃。我国学者研制出阻变存储器(RRAM)/相变存储器(PCRAM)/纳米晶的存储单元器件,有效提升了我国在存储器领域的核心竞争力。继 45 nm 之后,22 nm 尺度的集成电路芯片已开始生产,促进了我国半导体产业的发展。此外,我国学者还发明了荧光聚合物纳米膜传感技术,研制出荧光聚合物纳米膜痕量爆炸物探测器,可检测三硝基甲苯(TNT)、三亚甲基三硝胺(RDX)、奥克托今(HMX)、硝铵和黑火药等多种常见重要炸药,检测下限达到 0.1 ppt(1 ppt$=10^{-15}$ g/mL),分析时间为 6.5 s,误报率小于 1%,已获市场准入并实现了产业化。产品曾在北京奥运会和上海世博会等场所使用。

从图 1-13 可以看出,我国纳米技术领域论文发表量和专利申请量在 2000—2010 年间呈现快速增长趋势,在 2011—2019 年间呈现迅猛增长趋势。表明我国近年来发布的一系列政策规划有力促进了纳米技术基础研究与应用研究的发展,预计未来几年我国纳米技术还将持续快速发展。此外,2016 年之前论文发表量高于专利申请量,而近几年数量差距明显缩小,表明我国已越来越重视纳米技术的应用研究,但仍需加大研发力度。

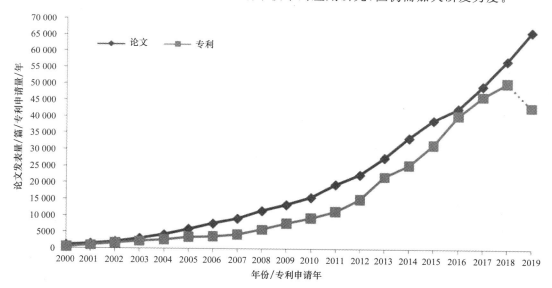

图 1-13　我国纳米技术领域论文和专利年度产出变化趋势
(虚线为统计专利数据尚未完成)

从图 1-14 可以看出,我国受理的纳米技术专利主要分布在中国、美国、日本、韩国、欧洲专利局、德国、法国、英国等地,全球有 60 多个国家纷纷在我国进行了专利布局,表明我国在纳米技术领域具有广阔的市场应用前景。但同时,我国受理的专利仍主要来自国内,我国 90% 以上的纳米技术专利由国内受理,在国外专利布局较少。

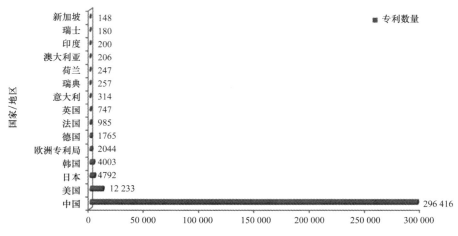

图 1-14　我国受理的纳米技术专利主要分布区域

从表 1-1 可以看出,我国纳米技术领域产出的论文主要集中在化学、材料科学、物理学、工程学、电化学等学科方向。论文来源出版物主要分布在《RSC Advances》、《ACS Applied Materials & Interfaces》、《Applied Surface Science》、《Journal of Alloys and Compounds》、《Materials Letters》等期刊。此外,我国贡献了纳米技术领域 31.8% 的学术论文,其中高被引论文全球占比高达 50.9%,热点论文全球占比高达 74.5%,h 指数高达 522,这表明我国不仅论文发表量遥遥领先,高影响力学术成果也大幅领先,我国在纳米技术基础研究领域具有较强的实力。

表 1-1　我国纳米技术领域论文学科、期刊分布及高被引情况

排名	学科分布/论文/篇		期刊分布/论文/篇		高被引情况	
1	化学	209 602	RSC Advances	14 162	论文全球占比	31.8%
2	材料科学	190 450	ACS Applied Materials&Interfaces	9607	高倍引论文/篇	7758
3	物理学	108 887	Applied Surface Science	7674	高被引论文占我国论文比例	17.9%
4	其他科技主题	87 002	Journal of Alloys and Compounds	7439	高被引论文全球占比	50.9%
5	工程学	48 165	Materials Letters	7342	h 指数	522
6	电化学	29 331	Journal of Materials Chemisty A	7053	高被引论文被引频次	1 820 230
7	高分子科学	24 973	Nanoscale	6362	高被引论文被引频次(去除自引)	1 770 215
8	能源燃料	20 533	Electrochimica Acta	6345	高被引论文篇均被引次数	234.6
9	冶金工程	19 922	Journal of Physical Chemistry C	5404	热点论文/篇	103

续表

排名	学科分布/论文/篇		期刊分布/论文/篇		高被引情况	
10	光学	10 703	Chemical Communications	5230	热点论文全球占比	74.5%

从我国纳米技术领域排名前 10 的高被引频次论文可以看出（见表 1-2），高被引论文的创新主体主要是中国科学院、清华大学、复旦大学等，中国科学院在超疏水表面、氧化石墨烯、磁铁矿纳米颗粒方向，清华大学在石墨烯过滤方向，复旦大学在纳米晶体管方向，温州医科大学在石墨烯催化剂方向，中国人民大学在纳米电子材料方向，苏州大学在纳米复合材料方向，以及厦门大学在纳米晶体方向具有较高的学术影响力。

表 1-2　我国纳米技术领域排名前 10 的高被引论文

序号	论文标题	发表机构	期刊	出版年份	被引次数
1	Black phosphorus field-effect transistors	复旦大学	Nature Nanotechnology	2014	4776
2	Super-hydrophobic surfaces：From natural to artificial	中科院化学所	Advanced Materials	2002	3124
3	Nirtogen-doped graphene as efficient metal-free electrocatalyst for oxygen reduction in fuel cells	温州医科大学	ACS Nano	2010	3056
4	The reduetion of graphene axcide	中科院金属研究所	Carbon	2012	2986
5	Flexible graphene films via the filtration of water-soluble noncovalent funetionalized graphene sbeets	清华大学	Journal of The American Chemical Society	2008	2726
6	Intrinsie peroxidase-like activity of ferromagnetic nanoparticles	中科院生物物理研究所	Nature Nanotechnology	2007	2622
7	P25-graphene composite as a high performance photocatalyst	人民大学	ACS Nano	2014	2484
8	High-mobility transport anisotropy and linear dichroism in few-layer black phosphorus	人民大学	Nature Communications	2014	2457

续表

序号	论文标题	发表机构	期刊	出版年份	被引次数
9	Metal-free effcient photocatalyst for stable visible water splitting via a two-electron pathway	苏州大学	Seience	2014	2437
10	Synthesis of tetrabexabedral platinum nanocrystals with high-index facets and high electro-oxidation activity	厦门大学	Seience	2007	2401

由图 1-15 可以看出,我国申请的纳米技术专利重点关注电极,其次是污水处理、催化剂、纳米化合物制备、电化学/光电测试分析、生物医药、吸附剂、陶瓷等技术领域。由此可见,我国纳米技术在基础研究领域重点关注石墨烯等,在应用研究领域则重点关注电极等。

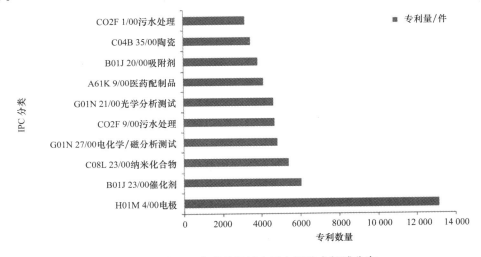

图 1-15　我国纳米科技领域主要专利技术领域分布

我国在纳米技术研发方面居于世界先进水平。以 2021 年 11 月颁发的 2020 年度国家科学技术奖励为例,获得国家自然科学奖一等奖的两项成果"纳米限域催化"和"有序介孔高分子和碳材料的创制和应用"全部属于纳米技术领域,此外还有"单壁碳纳米管的可控催化合成"、"新型纳米载药系统克服肿瘤化疗耐药的应用基础研究"和"特种光电器件的超快激光微纳制备基础研究"等纳米技术领域研究获得二等奖。在基础设施方面,我国拥有上海同步辐射光源等重大科研基础设施,正在建设纳米真空互联实验站(二期),拥有国家纳米科学中心、纳米技术及应用国家工程研究中心等一大批高水平科研机构以及北京纳米科技产业园、苏州纳米城等多个高水平产业化基地。在人才队伍方面,我国拥有一支高素质高产的纳米研究队伍,在这一过程中,不仅形成了一批具有世界领跑水平的研究团队和领军人物,而且培养了大量具有先进纳米技术知识和技能的劳动力。

综上所述,我国的纳米科技工作取得了一定的成绩,尤其是在以碳纳米管为代表的纳米材料的研究方面,已经步入世界先进行列。而在纳米器件方面的研究工作刚刚起步,受条件所限,研究力量比较薄弱。应建立国家公用技术平台,提高纳米加工能力,并加强协调,组织力量进行多学科攻关,突破纳米器件关键技术。在纳米材料的研究工作中,应加强原创性工作,应用性研究、工程化研究应加大投入力度,使纳米材料尽快产业化,成为国民经济新的经济增长点。

中国政府很重视纳米科技的研究,目前已成立了由科技部、国家计委、教育部、中国科学院、中国工程院和国家自然科学基金委员会等单位组成的全国性纳米科技指导协调委员会,统筹规划全国的纳米科技研究,协调各方面的力量,制订计划。2001 年 7 月,科技部、国家计委、教育部、中科院、国家自然科学基金委员会又联合下发了《国家纳米科技发展纲要》,对今后我国纳米科技发展的整体布局作了具体部署,并拟建立全国性的纳米科技研究发展中心和以企业为主体的产业化基地,促进基础研究、应用研究和产业化的协调发展。中国对纳米科技的研发投入,在原有的基础上,可望进一步增长。

1.3.5　国际纳米科技发展新趋势和新特点

1.3.5.1　由强调基础研究-应用研究向基础研究-应用研究-产业化转变

2010 年 11 月 1 日,美国国家科技委员会纳米科技工程分会发布新的国家纳米技术计划(NNI)战略规划草案,确立了美国纳米技术计划的战略目标、主要研究领域、资助机构、协调机构及纳米技术政策的调整要点。在该规划中明确提出,"重视纳米科技研究可能带来革命性进步的领域",关注和促进纳米科技产业的发展。

欧盟第七框架中强调,"转向应用导向性的纳米技术研发",促进有重要应用前景的纳米技术走出实验室,向各种工业部门转移。该理念突出了研究与创新的核心作用,尤其是对企业的研发与创新具有清晰的市场导向性。与之相匹配,第七框架的总体规划先集中于环境能源领域,然后是健康和纳米检测技术领域的发展。其中优先领域的集成更强,使框架计划更加符合世界科技发展和欧洲科技发展的实际。

日本在"第三期科学技术基本计划"之中进一步强调"技术创新与推动机制"。在实际的运作层面上,这个机制能够有效地促进研发和提升技术能力,并把研发成果快速转化到生产层面上形成产业竞争力,这使产业界、学研界和政府之间的互动很有效且制度化。

1.3.5.2　纳米科技研究统一协调、集中投入的发展趋势

2011 年,美国加强了国家纳米技术协调办公室(NNCO)的统一指挥与协调能力,进一步制定和实施跨部门的战略计划,特别强调重视纳米科技的商业化、多部门联合攻关、纳米科技教育和社会影响。其中一个成功的案例,是由国家纳米技术协调办公室协调,美国能源部、自然科学基金会、国防部、农业部、中央情报局和国家标准与技术研究院等部门联合参与并推出了"解决新能源问题的太阳能收集与转换纳米技术"、"创造未来新产业的可持续纳米制造技术"、"发展 2020 年及以后的纳米电子学技术"3 个合作项目。

欧盟第七框架中有关纳米科技的研究经费大幅度增加,比第六框架计划提高了40%。目前第八框架计划正在制定之中,从已经完成的评估、规划报告等行动来看,第八

框架的纳米科技研究布局将比第六、第七框架有较大变化。新框架将重点突出纳米技术、材料和生产工艺一体化的基本布局,强调材料和生产工艺两方面内容在新的框架方案中的地位和作用,充分发挥欧盟科技大联合的优势。

日本在科技体制上采取的是集中协调的科技管理体制,对纳米科技的发展管理和决策更是如此。日本综合科学技术会议是日本科学技术政策的决策机构,相当于我们国家国务院科教领导小组的角色,具有高于政府各部门的立场,对日本政府的科技政策、规划及发展方向影响最大且最具权威性。它有一个专门负责纳米科技的部门——纳米技术与材料研究开发推进项目小组,向综合科学技术会议提出纳米科技领域研究战略和方针的建议。自从 2001 年综合科学技术会议将纳米技术确定为国家科学技术基本计划的重点推进领域,该组织直接对日本纳米科技的发展产生了重要影响。在 2006—2010 年的"第三期科学技术基本计划"之中,把纳米技术列为 4 大重点推进领域之一,使其在国家战略重点发展领域中居于重中之重的地位,并且纳米技术推进战略与其他 3 个优先领域有交叉,成为其他 3 个优先领域的新基础技术的提供者。近年来,在日本综合科学技术会议的领导下,日本纳米科技研发主要集中在纳米电子学、太阳能电池和催化剂、生物纳米技术、纳米材料科学、纳米检测和纳米加工 5 个领域,并越来越集中向纳米技术与生物、医学及信息技术交叉融合的方向发展。

1.3.5.3 对纳米科技发展加强管理的态势

美国在环境、健康和安全方面加强战略规划、风险识别、信息资源共享和组织应对变革。2011 年首次将环境、健康和安全影响加入 NNI 的预算,也表明了美国对纳米科技的考虑和重视。总之,在 NNI 计划中加强了针对影响环境、健康和安全的纳米技术研发,希望建立相应的评估风险、管理风险和降低风险的方法;通过开展与纳米科技教育相关的活动,如教材编写、课程设置、技术培训、科学技术知识普及和公众参与等,以期扩大纳米科技对社会的影响;同时,为了使纳米技术产品以安全、可靠、有效的方式进入商业规模生产环境,还需要发展新的独特的纳米制造技术、测量技术和标准。

欧盟持续并将一直注意纳米科技的监管问题,希望创建一个纳米科技相关的法规体系。2010 年 6 月,欧盟发布《纳米科技监管与标准发展报告》,概述了世界主要国家纳米技术管理制度的目前局势,并表明了欧洲在管理方面寻求世界合作的意向。由美国、澳大利亚和比利时的研究所合作的"纳米技术管理文件数据库"查询到,全世界在这方面最活跃的国家和地区是:欧盟(175 个相关政策文件)、美国(65 个相关政策文件)、澳大利亚(33 个相关政策文件)。目前欧盟正在制定的第八框架计划侧重解决社会面临的挑战与公众知情权的研究和监管工作,加大力度应对纳米技术应用领域的重大社会挑战目标,即:人口老龄化的医疗、能源问题,环境保护,所有生产工艺的可持续性问题,减少材料浪费问题。

日本在第 3 期科学技术基本计划中的战略思想之一是"制定研发规则,加速纳米先进材料的创新",目的是通过建立一个社会和公众接受的纳米技术发展环境,评估纳米技术或者纳米材料对人类健康和环境的影响和效果,标准化纳米技术等方式,使社会接受纳米技术的研发。从 2011 年度起开始执行的第 4 期科学技术基本计划,着眼于此后 10 年间的发展,围绕 2009 年 12 月制定的《新成长战略》提出的建设环境、能源和健康大国目标,重点放在"绿色"(环境、能源)和"生活"(健康)领域,强化科技创新政策,建立促进创新的新体制。

1.4 纳米材料的研究意义

纳米技术研究的最终目的都是要实现材料应用化,改善人类的环境与生活,所以纳米材料学是纳米技术所有研究方向的归结处。

纳米材料研究是目前纳米科学、材料科学研究的一个热点,也是 21 世纪的主导技术,是当今新材料研究领域中最富有活力、对未来经济和社会发展有着十分重要影响的研究对象,是纳米科技中最为活跃、最接近应用的重要组成部分。近年来,纳米材料和纳米结构取得了引人注目的成就。例如:纳米材料由于其独特的物理化学性质,在光电器件、能源和生物技术领域有广泛的应用前景,也推动了新型纳米材料的研发。以纳米技术为基础的纳米科学与信息学、医学、生命科学、食品科学等结合,可以为临床医学、环境监测、工业生产等领域提供可靠的新型检测技术。同样,纳米材料在疾病预防控制领域,包括疾病诊断、光催化抗菌、食品安全监测等方面具有广阔的应用前景。新型纳米材料因具有诸多优良性能,其在疾病预防控制领域应用前景广阔。但是我国对纳米材料在该领域的应用起步较晚,尤其是在重大疾病生物标志物的高灵敏检测、复杂食品体系的多指标风险评估方面还有许多亟待解决的难题。这将推动灵敏度高、特异性强、简便快速的检测技术与方法的研发,提升重大疾病防控能力并确保食品安全。此外,存储密度达到每平方英寸400 G 的磁性纳米棒阵列的量子磁盘,成本低廉、发光频段可调的高效纳米阵列激光器件,价格低廉、高能量转换的纳米结构太阳能电池和热电转化元件,用作轨道炮道轨的耐烧蚀高强高韧纳米复合材料等的问世,充分显示了它在国民经济新型支柱产业和高技术领域应用的巨大潜力。正像美国科学家估计的,"这种人们肉眼看不见的极微小的物质很可能给各个领域带来一场革命"。纳米材料和纳米结构的应用将对调整国民经济支柱产业的布局、设计新产品及形成新的产业及改造传统产业注入高科技含量,提供新的机遇。

1.4.1 纳米技术的研究热点

高韧性纳米陶瓷、超强纳米金属等仍然是纳米材料领域重要的研究课题;纳米结构设计,异质、异相和不同性质的纳米基元(零维纳米微粒、一维纳米管、纳米棒和纳米丝)的组合;纳米尺度基元的表面修饰改性等形成了当今纳米材料研究新热点,人们可以有更多的自由度按自己的意愿合成具有特殊性能的新材料。利用新物性、新原理、新方法设计纳米结构原理性器件以及纳米复合传统材料改性正孕育着新的突破。目前纳米技术的研究热点还包括纳米强度支撑材料(传统材料)、纳米结构器件(新型纳米材料)、纳米探测技术(纳米加工和探测技术)、纳米界面材料(不同材料的界面重组)等。

1.4.2 纳米科技的应用

纳米材料的运用市场是十分广的,纳米技术带来的经济效益也是不可低估的。根据国际上的一些权威机构预测,纳米技术在未来几十年的应用范围将会超过互联网。纳米玻璃带来的技术进步,纳米涂料的运用和发展,将会给传统建筑公司、装饰公司造成巨大的技术冲击,很多传统行业也会随之发生改变。国内科学家指出,传统的建筑、化学、生物医药、工业制造和通讯设备等领域,将会迎来新的一次"技术革命"。现在国际上用纳米技术注册的企业已经超过 1000 家,同时这些企业建立了纳米材料和纳米技术的工厂和标准化的生产车间。纳米玻璃和纳米涂料已经在市场上得到了广泛的应用。这些技术将会进一步打开一些陌生领域的大门。纳米材料和纳米技术的出现,拥有着无限可能,纳米机器人和纳米计算机的出现,大大降低了企业的生产成本,人们也可以享受到科技的乐趣。未来我们身边都是纳米材料制造的产品,不仅环保、而且价格低廉。人们在商场可以买到物美价廉的优质产品。这是科学技术在生活领域的运用。未来可能我们坐的汽车、飞机等都是纳米材料制造的。

当今科技的发展要求材料的超微化、智能化,元件的高集成、高密度存储和超快传输等特性为纳米科技和纳米材料的应用提供了广阔的空间。美国制定的"国家纳米技术倡议(NNI)"中所列纳米科学与技术涉及的领域很宽泛,但最基本的有三个,即纳米材料、纳米电子学/光电子学/磁学、纳米医学和生物学。

1.4.2.1 纳米电子学、光电子学和磁学

纳米粒子的宏观隧道效应确立了微电子器件微型化的极限。纳米电子学、光电子学及磁学微电子器件的极限线宽,以硅集成电路而言,普遍认为是 70 nm 左右。目前国际上最窄的线宽已达 65 nm,已极其接近硅集成电路的线宽极限,如果将硅器件做得更小,电子会隧穿通过绝缘层,造成电路短路。解决纳米电子电路的思路目前可分为两类:一类是在光刻法制作的集成电路中利用双光子光束技术中的量子纠缠态,有可能将器件的极限缩小至 25 nm。另一类是研制新材料取代硅,采用蛋白质晶体管、纳米碳管作为引线和分子电线。新概念器件的形成,单原子操纵是重要的方式。1997 年,美国科学家成功地用单电子移动单电子,这种技术可用于研制速度和存储容量比现在提高上万倍的量子计算机。2001 年 7 月,荷兰研究人员制造出在室温下能有效工作的单电子纳米碳管晶体管。这种晶体管以纳米碳管为基础,依靠一个电子来决定"开""关"状态,由于它低耗能的特点,将成为分子计算机的理想材料。在新世纪,超导量子相干器件、超微霍尔探测器和超微磁场探测器将成为纳米电子学中器件的主角。

利用纳米磁学中显著的巨磁电阻效应(glant magnetoresistance,GMR)和很大的隧道磁电阻(tunneling magnetoresistance,TMR)现象研制的读出磁头将磁盘记录密度提高30 多倍。瑞士苏黎世的研究人员制备出了 Cu、Co 交替填充的纳米丝,利用其巨磁阻效应制备出超微磁场传感器。磁性纳米微粒由于粒径小,具有单磁畴结构,矫顽力很高,用作磁记录材料可以提高信噪比,改善图像质量。1997 年,明尼苏达大学电子工程系纳米结构实验室采用纳米平板印刷术成功地研制出了纳米结构的磁盘,长度为 40 nm 的 Co 棒按周期性排列成量子棒阵列。由于纳米磁性单元是彼此分离的,因而称为量子磁盘。它利用磁纳米线阵列的存储特性,存贮密度可达 400 Gb/平方英寸。利用铁基纳米材料的巨磁阻抗效应制备的传感器已问世,包覆了超顺磁性纳米微粒的磁性液体,也被广泛用于

宇航和部分民用领域作为长寿命的动态旋转密封。

1.4.2.2　纳米医学和生物学

蛋白质、DNA、RNA 和病毒，都在 $1\sim100$ nm 的尺度范围，可知纳米结构也是生命现象中基本的物质。细胞中的细胞器和其他的结构单元都是执行某种功能的"纳米机械"，细胞就像一个个"纳米车间"，植物中的光合作用等都是"纳米工厂"的典型例子。遗传基因序列的自组装排列做到了原子级的结构精确，神经系统的信息传递和反馈等都是纳米科技的完美典范。生命合成和生物工程已成为启发和制造新的纳米结构的源泉，研究人员正效法生物特性来实现技术上的纳米级控制和操作。

纳米颗粒的尺寸常常比生物体内的细胞、红血球还小，这就为医学研究提供了新的契机。目前已得到较好应用的实例有利用纳米二氧化硅微粒实现细胞的新型药物或抗体进行局部定向治疗等。

正在研制的生物芯片包括细胞芯片、蛋白质芯片（生物分子芯片）和基因芯片（即DNA 芯片等），都具有集成、并行和快速检测的优点，已成为纳米生物工程的前沿科技，将直接应用于临床诊断、药物开发和人类遗传诊断。植入人体后可使人们随时随地享受医疗，而且可在动态检测中发现疾病的先兆信息，使早期诊断和预防成为可能。

纳米生物材料也可以分为两类：一类是适合于生物体内的纳米材料，如各式纳米传感器，用于疾病的早期诊断、监测和治疗。各式纳米机械系统可以快速地辨别病区所在，并定向地将药物注入病区而不伤害正常的组织或清除心脑血管中的血栓、脂肪沉积物，甚至可以用其吞噬病毒，杀死癌细胞。另一类是利用生物分子的活性而研制的纳米材料，它们一般不用于生物体，而用于其他的纳米技术或微制造技术。

纳米医学有可能在改善和具有成本效益的医疗保健方面提供真正的突破，这是使药物和治疗可用和负担得起的一个关键因素。纳米材料和靶向药物的创造性组合已经指出了在成像、诊断和治疗方面的新应用。此外，随着纳米医学取得的进展，在生物可降解或可回收利用的纳米材料开发及确保其安全使用方面也取得了进展。一旦这些发展成熟，对世界范围内的患者来说是非常有益的。

1.4.2.3　在国防科技上的应用

纳米技术将对国防军事领域带来革命性的影响。例如：纳米电子器件将用于虚拟训练系统和战场上的实时联系；对化学、生物、核武器进行探测的纳米探测系统；新型纳米材料可以提高常规武器的打击与防护能力；由纳米微机械系统制造的小型机器人可以完成特殊的侦察和打击任务；纳米卫星可用一枚小型运载火箭发射千百颗，按不同轨道组成卫星网，监视地球上的每一个角落，使战场更加透明。而纳米材料在隐身技术上的应用尤其引人注目。在雷达隐身技术中，超高频（SHF,GHz）段电磁波吸波材料的制备是关键。纳米材料正被作为新一代隐身材料加以研制。由于纳米材料的界面组元所占比例大，纳米颗粒表面原子比例高，不饱和键和悬挂键增多。大量悬挂键的存在使界面极化，吸收频带变宽。高的比表面积造成多重散射。纳米材料的量子尺寸效应使得电子的能级分裂，分裂的能级间距正处于微波的能量范围，为纳米材料创造了新的吸波通道。纳米材料中的原子、电子在微波场的辐照下，运动加剧，增加电磁能转化为热能的效率，从而提高对电磁波的吸收性能。美国研制的"超黑粉"纳米吸波材料对雷达波的吸收率达99％,法国最近研制的 CoNi 纳米颗粒被覆绝缘层的纳米复合材料,在 2～7 GHz 的范围内,其 mＣ 和 mＣＣ 几乎均大于6。最近国外正致力于研究可覆盖厘米波、毫米波、红外、可见光等波段的纳米复合材料,并提出了单个吸收粒子匹配设计机理,这样可以充分发挥单位质量损耗层的作用。纳米材料在具备良好的吸波功能的同时,普遍兼备了薄、轻、宽、强等特点。纳米材料中的硼化物、碳化物、铁氧体,包括纳米纤维和纳米碳管在隐身材料方面的应用都将大有可为。

1.4.2.4 纳米陶瓷的补强增韧

先进陶瓷材料在高温、强腐蚀等苛刻的环境下起着其他材料不可替代的作用,然而,脆性是陶瓷材料难以克服的弱点。英国材料学家 Cahn 曾评述,通过改进工艺和化学组分等方法来克服陶瓷脆性的尝试都不太理想,无论是固溶掺杂的氮化硅还是相变增韧的氧化锆,要在实际中作为陶瓷发动机材料还不能实现,纳米陶瓷是解决陶瓷脆性的战略途径之一。

纳米陶瓷具有类似于金属的超塑性是纳米材料研究中令人注目的焦点。例如:纳米氟化钙和纳米氧化钛陶瓷在室温下即可发生塑性形变,180 ℃时,塑性形变可达 100％。存在预制裂纹的试样在 180 ℃弯曲时,也不发生裂纹扩展。20 世纪 90 年代初,日本的新原皓一(Niihara)的研究结果表明用纳米 SiC 颗粒复合氧化铝材料的强度可达到 1 GPa 以上,而常规的氧化铝基陶瓷强度只有 350～600 MPa。Al_2O_3/SiC 纳米复合材料在 1300 ℃氩气中退火 2 h 后强度提高到 1.5 GPa,它的高力学性能是与纳米复相陶瓷的精细显微结构直接相关的。德国马普冶金材料研究所的科研人员将聚甲基硅氮烷在高温下裂解后,制得 α-Si_3N_4 微米晶与 α-SiC 纳米晶复合陶瓷材料。它具有良好的高温抗氧化性能,可在 1600 ℃的高温下使用,而传统氮化硅材料的使用温度一般为 1200～1300 ℃。通过添加硼化物可提高材料的热稳定性,利用生成 BN 的包覆作用稳定的纳米氮化硅晶粒,将这种 Si-B-C-N 陶瓷的使用温度进一步提高到 2000 ℃,这是迄今为止国际上使用温度最高的块体陶瓷材料之一。

目前,纳米陶瓷粉体的制备较为成熟,新工艺和新方法不断出现,已具备了生产规模。纳米陶瓷粉体的制备方法主要有气相法、液相法、高能球磨法等。气相法包括惰性气体冷凝法、等离子法、气相高温裂解法、电子束蒸发法等。液相法包括化学沉淀法、醇盐水解法、溶胶一凝胶法、水热法等。利用原位选择性反应法可制备出 TiC 纳米晶和 TiN 复合 TZP 的复合粉末,为陶瓷材料的显微结构设计提供了新的研究思路。纳米陶瓷的致密化手段也趋于多样化,其中微波烧结和放电等离子烧结(SPS)具有良好的效果。

1.4.2.5 在水处理中的应用

研究发现在紫外光照射下,纳米 TiO_2 可使难降解的有机化合物多氯联苯脱氯。至今,已发现有 3000 多种难降解的有机化合物可以在紫外线的照射下通过纳米 TiO_2 迅速降解。光催化纳米材料在环境保护中的应用极其广阔,可使许多难处理的污染物完全矿化,同时利用载体的吸附性能使低浓度的有害物质得以浓缩降解。随着光催化纳米技术研究的不断深入和纳米材料实用化进程的进一步发展,可大大缓解水体污染、大气污染、城市垃圾等环保难题。传统的水处理方法可以除去污水中的悬浮物、泥沙等污染物,但对低浓度可溶性有毒、有害物质的处理效率低、成本高,有时甚至无法处理。使用纳米材料的光催化方法,可使许多难降解的污染物转化为 H_2O 和 CO_2 等无污染的小分子物质。工业上利用纳米二氧化钛、三氧化二铁作光催化剂,用于废水处理已经取得了很好的效果。此外,纳米材料在海水淡化和再利用方面也有显著作用。

(1)无机废水的处理。

无机物在纳米粒子表面具有光化学活性,光催化纳米材料受激发后产生的电子和空穴可还原高氧化态的有毒无机物或氧化低氧化态的有毒无机物,从而消除无机物的污染。污水中的重金属一方面对人体的危害很大,另一方面从污水中流失也是资源的浪费。纳米 TiO_2 能将高氧化态汞、银、铂等贵、重金属离子吸附于表面,并利用光生电子将其还原为细小的金属晶体,并沉积在催化剂表面,这样既消除了废水的毒性,又可从工业废水中回收贵、重金属。

(2)有机废水的处理。

光催化纳米材料能将水中的绝大多数有机污染物转化为无污染的物质,如能将烃类、卤代烃、酸、表面活性剂、有机染料、含氮有机物等污染物完全氧化为 H_2O 和 CO_2 等无害物质。通过对纳米材料进行表面改性,还可改善纳米微粒在水中的分散性,并有效抑制光激发产生的电子和空穴的复合,大大提高其催化活性。

①农药废水的处理。对有机磷杀虫剂的降解结果表明,在纳米 TiO_2 的悬浊液中,通过紫外光照射,含磷的有机物可以完全无机化,并能定量地生成 PO_4^{3-}。同样,有机硫农药通过纳米 TiO_2 光催化氧化,可得到类似的结果,硫定量地氧化为 SO_4^{2-},使用 SnO_2/TiO_2 复合催化剂降解污水中的有机磷农药时,复合催化剂的活性明显优于 TiO_2 和 SnO_2 单独使用时的活性。

②化工废水的处理。大量研究结果表明,纳米 TiO_2 可光催化氧化水中的苯、一氯苯、1,2-二氯苯、甲酸、苯甲酸、苯二甲酸、水杨酸、三氯乙酸、甲醇、乙醇、丙酮、苯酚、邻苯二酚、间苯二酚、对苯二酚、硝基苯、苯胺、氯仿、四氯化碳、二氯乙烷、环己烷、三氯乙烯、乙烯基二胺、甲醛、乙醛、醋酸、醋酸乙醋、蔗糖等有机污染物,除硝基苯和四氯化碳降解缓慢外,其它物质都能迅速降解。

③染料废水的处理。在生产和应用染料的工厂,排放的废水中残留着染料分子,这些废水大多含有苯环、胺基、偶氮基团等致癌物质,造成严重的环境污染。研究结果表明,在以纳米 TiO_2 为光催化剂、溶解氧存在的条件下,水溶性偶氮染料易发生光催化降解反应。

④造纸废水的处理。造纸废水污染大,处理难,是目前江河的主要污染源之一。近年来,人们已经开始利用半导体纳米材料光催化降解造纸废水。Pintar 等在间歇式反应器中分别以纳米 TiO_2 和 Ru/TiO_2 作催化剂,对酸性或碱性牛皮纸漂白废水进行光催化降解。

(3)自来水的净化处理。

纳米 TiO_2 除具有降解有机物和无机物的能力外,还具有杀菌的功能。因此,纳米

TiO_2 是自来水净化的良好处理材料。将纳米 TiO_2 固定于玻璃纤维网上形成催化膜,用于净化饮用水时,自来水中有机物总量的去除率在 60% 以上,19 种优先污染物中,有 5 种完全去除,其它 21 种有害有机物有 10 种的浓度降至检测限以下。同时,细菌总数也明显降低,全面提高了水质,达到了直接安全饮用的要求。

（4）海水淡化和再利用。

由于淡水供应有限,往往需要通过淡化可淡化海水和微咸地下水等非常规水源来增加饮用水供应。反渗透（RO）使用液压和选择性膜可淡化海水,由于其低能耗（比热技术低 5 倍以上）,是海水淡化的主要技术。尽管一些新兴的海水淡化技术（例如膜蒸馏、正向渗透和电容去电离）取得了进展,RO 仍然是饮用水生产的主要技术。反渗透过程的关键组成部分是脱盐膜,理想情况下,它允许水以高速率通过,同时保留（或排斥）所有的溶质。工业标准的反渗透膜具有薄膜复合材料（TFC）结构,包括织物的衬底、多孔的机械支撑聚合物层和薄的（<200 nm）高交联的聚酰胺选择性层来分离水和溶解的溶质。虽然 TFC 膜已被证明是生产和处理水的有效材料,但其有几个重要的缺陷。第一,尽管具有高抗盐排斥率（通常超过 99.5%）,但对小中性溶质（如海水中的硼和废水中的致癌物 N-亚硝基二甲基胺）的不充分排斥会降低水质和过程效率,通常需要后处理步骤。第二,TFC 膜的表面化学性质和粗糙的形貌加剧了污染,最明显的是生物污染,并可能严重阻碍其性能。第三,TFC 膜对氯等氧化剂具有极其不耐受性,这就禁止使用氯来抑制生物污染。纳米技术可能为克服这些技术障碍提供了途径。某些 ENMs 为水-盐分离提供了可能性。纳米技术提供了从通过致密聚酰胺膜扩散转移到尺寸排除机制的机会,该机制中存在离散的孔,水可以流动,但盐和其他不需要的溶质被排除。

1.4.2.6 在农业中的应用

纳米技术代表了现代农业的一个新前沿,有望在不久的将来成为提供潜在应用的主要推动力。这种综合方法,即农业-纳米技术,在应对粮食生产、粮食安全、可持续性和气候变化等全球挑战方面具有巨大潜力。纳米技术在农业部门的潜在好处引起了人们极大的兴趣,因为它可以在低成本和能源投入的情况下提高农业生产率来保证健康食品的供应,早期监测害虫、疾病和其他污染源;改良植物和动物育种,创造高附加值的纳米生物材料产品用于食品和非食品。重要的是,纳米技术凭借纳米颗粒在农业领域提供了巨大的潜在应用,包括纳米肥料、纳米杀虫剂、纳米除草剂、纳米传感器和用于农业化学品控制释放的智能输送系统。从农业的角度来看,生物合成的纳米颗粒提供了高效和环境友好的应用,特别是在植物生长促进、植物疾病管理和胁迫耐受性方面。此外,基于纳米技术的设备也被用于植物育种和基因工程目的。例如:用于提高作物营养和作物生产力的纳米肥料;用于植物疾病管理的纳米杀虫剂;用于除草的纳米除草剂和用于病原体监测和土壤监测的纳米传感器。

（1）纳米技术应用于植物病虫害防治。

与植物保护最相关的纳米工具是纳米胶囊和纳米颗粒,大小在 0.1～1000 纳米。纳米胶囊是一种由外壳和活性化合物组成的物质,为用于植物抗病虫害的农业化学品。其应用于植物保护的一个例子是使用纳米盘递送一种重要的抗真菌药两性霉素 B。而有碳涂层的纳米颗粒可以用于跟踪分析纳米材料沿植物结构移动的轨迹。但是,有关这些纳米材料的工作机制尚不十分清楚,同时关于某些纳米材料如纳米银、纳米金等对植物、动物和环境的潜在毒性尚没有充分的研究。

(2)纳米技术应用于遗传转化。

纳米技术与农业有关的另一个非常有价值的方面是用于植物遗传转化。纳米粒子携带核酸结构与专一配体作用穿透细胞壁促使核酸载体被递送到植物细胞中,从而促进新的转基因植物品种开发。通过纳米颗粒进行基因操作相较于目前使用的转基因方法具有潜在的优势。它可应用于任何植物物种系统,而传统的农杆菌介导转化法仅适用于所选物种。另外,采用纳米技术进行植物遗传转化相对于生物射弹方法具有更高的转化率。采用纳米工具能够解决永久和暂时的遗传转化,甚至包括基因沉默下的遗传转化。此外,可以进行植物体内的遗传转化,甚至允许个体植物器官(果实、树枝等)的具体转化,而不像其他方法只能在植物体内进行。

(3)纳米技术应用于可持续农业。

纳米技术可以应用到可持续农业中,如有机农业。意大利图西亚大学的农业、林业、自然资源和能源系(DAFNE)正在开展一个研究项目,该项目是关于研发能输送营养物质、植物生长激素和作物保护分子进入植物组织中的淀粉基纳米容器。生物激素合成物可以慢慢地通过纳米容器根据植物的需要释放,从而在植物吸收之前保护其不被微生物降解。此外,淀粉基纳米容器还可以输送植物保护剂如抗菌活性成分。这种抗菌活性成分也适用于有机农业(例如植物提取物铜),采用淀粉基纳米容器只需少量使用。最近,纳米容器在园艺核果类植物上的应用获得成功(温室和露地栽培),展现出其在保护植物、对抗有害病原微生物上的巨大潜力。

(4)用于监测环境的纳米级生物传感器。

纳米技术可以通过控制和利用纳米级材料创造新型功能材料、设备和系统。生产传感器和诊断设备最重要的纳米材料是富勒烯、碳纳米管、纳米纤维、纳米颗粒纳米塔器、纳米腔、石墨烯和碳量子点。涉及传感器和听诊器研究的一个重要领域是对土壤的分析,这种分析已经在一些领域得到利用,同时也能够在农业领域中应用。希腊克里特岛大学和美国塔夫斯大学正把这种分析运用到对遥远行星的探索中。极端小型化的设备能够分析行星土壤,并能克服遥感的典型问题,如传感器和样本量过大、需要维护和矫正、缺乏分析的稳定性和再现性、电力消耗大等。纳米材料和纳米技术可以通过减小传感器和样本量,最大化传感器的数量,降低能耗,来解决这些问题。农业技术将受益于直接和简单的生化传感与控制、水资源管理与运输、农药和养分的运输与监测,以及保护消费者的食品安全。

(5)纳米除草剂。

胶囊除草剂的控制释放有望解决与作物竞争的杂草。据报道,一种基于大豆胶束的纳米表面活性剂与"纳米技术衍生的表面活性剂"一起应用时,可以使抗草甘膦的作物对草甘膦敏感。有学者制备了海藻酸盐/壳聚糖纳米颗粒作为除草剂百草枯的载体体系。在研究中发现,游离百草枯与海藻酸盐/壳聚糖纳米颗粒相关的除草剂的释放谱存在显著差异。结果表明,百草枯与海藻酸盐/壳聚糖纳米颗粒的结合改变了除草剂的释放谱及其与土壤的相互作用,说明该体系可能是减少百草枯负面影响的有效手段。试验表明,土壤中对百草枯的吸附,无论是游离的还是与纳米颗粒有关的,都取决于有机物的数量。

过度使用除草剂会在土壤中留下残留物,并对后续作物造成损害。持续使用单一除草剂会导致抗除草剂杂草种类的进化和杂草植物群的变化。阿特拉嗪是一种 s-三嗪环除草剂,在全球用于控制阔叶杂草,在某些类型的土壤中具有较高的持久性(半衰期为125 天)和流动性。阿特拉津除草剂的应用造成的残留问题影响了除草剂的广泛使用。有学者提出了在短时间内修复土壤中阿特拉津残留物的方法。采用羧基甲基纤维素(CMC)纳米颗粒经稳定的磁铁矿纳米颗粒改进后,在受控条件下,除草剂阿特拉津残留物的降解率为 88%。

(6)从农业残余物中提取生物纳米复合材料。

近年来,科学家们开展了利用纸浆、植物和农作物等生产高强度生物合成物的重大研究项目。为充分利用农业废弃物使之作为天然纳米纤维的来源,加拿大大学在安大略省农业、食品和农村事务部的支持下开展了一个项目,主要目标是挖掘尚未充分利用的可再生材料的潜力,通过发展环保、经济且具有竞争优势的生物纳米复合材料,为农业产业化提供非食品的市场方向。该项目从小麦秸秆和大豆皮中分离出纳米纤维,并研发了一种用来生产生物纳米复合材料的纳米纤维强化生物聚合物。从小麦秸秆得到的纳米纤维增强了其热塑性淀粉和聚乙烯醇聚合物,该纳米复合材料的拉伸强度和系数显著改善。

图 1-16 为纳米科技在农业中的相关应用示意图。

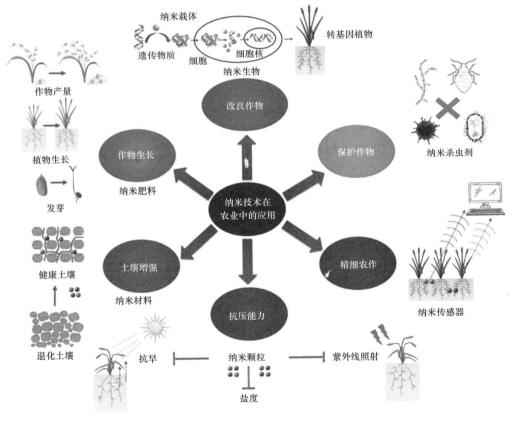

图 1-16　纳米技术在农业中的相关应用

此外,控制释放的纳米肥料可以提高作物的生长、产量和生产力;纳米基目标传递方法(基因转移)可用于作物改良;纳米农药可用于有效的保护作物;纳米传感器和计算机控制的使用极大地有助于精确农业;纳米材料还可用于促进植物的抗逆性和土壤的增强。

1.4.2.7 在治理空气污染方面的应用

纳米技术在控制空气污染方面提供了许多潜在的环境效益。这主要可分为三类:补救和处理、检测和传感,以及污染预防。

(1)补救和处理。

纳米技术主要有三种方法来处理和减少不同的空气污染物:纳米吸收材料的吸附,纳米催化的降解,以及纳米过滤器的过滤/分离。

①利用纳米吸附材料进行的吸附。纳米科学和纳米技术认为,目前的空气质量问题,可以通过使用纳米吸附剂解决或大大改善。碳纳米结构具有极强的平均孔径、孔体积、表面积等物理性质,可作为具有高选择性、亲和性和容量的纳米吸附剂,具有重要的工业应用意义。同时,高反应性的表面位点或结构键也可以在吸附中发挥重要作用。此外,添加其他带氧的官能团也可以为吸附提供新的活性位点。纳米吸附剂结构的特性允许通过非共价力如氢键、静电力、$\pi - \pi$ 和疏水力与有机化合物发生巨大的相互作用。

②利用纳米催化的降解。通过使用半导体材料进行光催化修复,将这些材料暴露在能量等于其带隙的光下,从而形成电子-空穴对。活性表面被认为是反应发生时最重要的催化剂性质。随着催化剂尺寸的减小,其活性表面的增加,导致了反应效率的提高。纳米技术可以提高纳米颗粒的尺寸和分子结构/分布,以开发具有增加比表面积的新型纳米催化剂。纳米催化剂在改善空气质量和减少空气低程度污染物方面很有前景。与其他传统催化剂相比,纳米催化体系允许快速和选择性的化学转化,具有优良的产品收率和催化剂回收装置。

二氧化钛纳米颗粒的光催化特性正在被开发用于制造"自清洁"涂层,该涂层能够将大气污染物如氮氧化物、挥发性有机物等净化为毒性较低的物种。此外,二氧化钛纳米颗粒也被用作抗菌剂。纳米颗粒的抗菌活性与颗粒大小成反比,并与它们产生活性表面物种的活性载体的能力有关。光催化还原反应一般可分为 4 个主要步骤(图 1-17):污染物吸附;电子空穴吸收足够的入射光子能量;电子空穴对分离及其向光催化剂表面迁移;污染物还原产生。目前,碳纳米管和石墨烯纳米片等碳纳米结构已被广泛用于提高二氧化钛的光催化效率,在 $TiO_2 - CNTs$ 的复合材料中,电子可以很容易地通过碳纳米管转移,延缓电子-空穴重组。碳纳米管的导带比二氧化钛的导带处于更合适的水平,因此电子可以从二氧化钛移动到碳纳米管(图 1-18)。有效的金属氧化物纳米催化剂的新合成方法将有助于减少和解决空气污染问题。一种含有银、铁、金和氧化锰的纳米纤维是研究人员最近使用的一些纳米级金属和金属氧化物,可用于环境控制,从工业烟囱中去除几种挥发性有机化合物。目前,催化剂在太阳辐射下的应用被认为是光催化领域中最重要的目标之一。纳米技术可以生产应用于可见光照射空气污染控制的新型纳米催化剂。例如,氧溴化铋(BiOBr)纳米板微球催化剂。

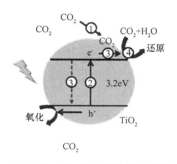

图 1-17　CO 在二氧化钛上的吸附和
氧化示意图

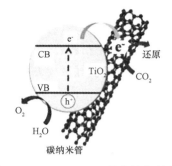

图 1-18　TiO_2 – CNTs 纳米催化剂中的整体
电荷转移机理示意图

③利用纳米过滤器的过滤/分离。一种控制空气污染的方法是纳米结构膜,它的孔隙足够小,可以从废气中分离出不同的污染物。研究的重点是改进和优化纳米结构膜,以捕获几种气体污染物。纳米纤维涂层过滤介质用于工业工厂的空气过滤(例如除尘)和燃气涡轮机的进气过滤。在颗粒中,纳米结构膜的过滤适用于几种挥发性有机物蒸汽。室内空气污染物的另一个例子是生物气溶胶(生物来源的气溶胶,如病毒、细菌和真菌),它们可以迅速生长并引发多种疾病,如过敏和感染。银纳米颗粒和铜纳米颗粒过滤器作为抗菌材料在空气条件工艺去除生物气溶胶中得到了广泛的应用。在这方面,许多研究引用了银纳米颗粒可以成功地消除细菌的生物气溶胶。最严重的环境挑战之一是去除颗粒物(PM),这对公众健康造成严重危害。金属-有机框架(MOFs)是一种具有高孔隙率、可调孔径和丰富功能的晶体材料,具有污染物捕获的前景。在这里,四种独特的 MOF 结构的纳米晶体被加工成纳米纤维过滤器。MOF 过滤器对 pm2.5 和 pm10 具有较高的去除效率。当暴露在 SO_2/N_2 混合气体中时,这些 MOF 过滤器也可以有效地和有选择性地吸附有毒气体,如 SO_2。

(2)检测和传感。

纳米技术在多种传感方面发挥着重要作用:首先,纳米颗粒能够被几种化学和生物配体包裹,以帮助提高传感器的特异性。其次,纳米颗粒的表面/体积比可以改变纳米颗粒的大小和形状,从而控制与污染物分子的相互作用。最后,通过构建不同金属的纳米颗粒来提高其电导率和灵敏度。在环境传感器的纳米技术利用方面出现了新的创新,这些传感器的主要优点是更快、高特异性,可以以较低浓度检测微生物(例如细菌),快速响应和在同一设备中检测大量分析物。纳米技术将允许生产非常小的多路传感器,从而降低分析成本和用于分析的设备数量。纳米电子学的发展将允许制造出适合连续检测的纳米传感器。基于碳纳米管的传感器是用于传感氨、二氧化氮或 O_3 等各种气体的纳米传感器的一个例子。在与这些气体接触时,纳米管的电阻发生明显变化,然后进行测量。因此,基于纳米颗粒的传感器可以作为一种快速识别空气污染物的合理设备。

(3)污染预防。

防止空气污染是指有效利用原材料、能源和其他资源,减少污染源和其他做法。纳米技术提供了许多创新的战略,以减少各种过程中的废物生产,如改进制造工艺、减少危险化学品、减少温室气体排放和减少合成塑料的使用。纳米技术的应用能够创造出一种环保的物质或材料,取代了广泛使用的有毒材料。该技术的优点是提高了效率,降低了系统的成本,以及减少对环境的影响。使用纳米技术可以生产的环保材料的例子有:可生物降解塑料,无毒纳米晶复合材料替代可充电电池中的锂石墨电极,以及比传统材料性能更好、毒性更小的新型纳米材料。例如,碳纳米管可以提供比含有许多有毒金属的传统阴极管更好的功能。

1.4.2.8 纳米科技在其他方面的应用

纳米颗粒的比表面积大、表面反应活性高、表面活性中心多、催化效率高、吸附能力强等优异性质使其在化工催化方面有着重要的应用。纳米粉末如铂黑、银、氧化铝和氧化铁等已直接用作高分子聚合物氧化、还原及合成反应的催化剂,大大提高了反应效率。使用纳米镍粉作为反应催化剂的火箭固体燃料,燃烧效率可提高100倍,用硅载体镍催化丙醛的氧化反应,当镍的粒径在5 nm以下,反应选择性发生急剧变化,醛分解反应得到有效控制,生成酒精的转化率迅速增大。制造纳米器件目前主要的方法还是通过"由上而下(top to down)"尽力降低物质结构的维数来实现,而纳米科技未来的发展方向是要实现"由下而上(bottom to up)"的方法来构建纳米器件。目前此方面的尝试有两类:一类是人工实现单原子操纵和分子技术,日本大阪大学的研究人员利用双光子吸收技术在高分子材料中合成了三维的纳米弹簧,使功能性微器件的制备有了新的突破。另一类是各种体系的分子自组装技术,已有分子自组装构建的纳米结构,包括纳米棒、纳米线、纳米管、多层膜、孔洞结构等。美国贝尔实验室的科学家利用有机分子硫醇的自组装技术制备出了直径为1～2 nm的单层场效应晶体管,这种单层纳米晶体管的制备是研制分子尺度电子器件的重要一步,这方面的工作目前还仅限于实验室研究。

研究表明在纺织和化纤制品中添加纳米微粒,不仅可以除去异味和消毒。还使得衣服不易出现折叠的痕迹。很多衣服都是纤维材料制成的,通常衣服上都会出现静电现象,在衣服中加入金属纳米微粒就可消除静电现象。利用纳米材料做的无菌餐具、无菌食品包装用品已经可以在商场买到了。另外利用纳米粉末,可以快速使废水彻底变清水,完全达到饮用标准。这个技术可以提高水的重复使用率,可以运用到化学工业中。比如污水处理厂、化肥厂等,一方面使得水资源可以再次利用,另一方面节约资源。纳米技术还可以应用到食品加工领域,有益健康。纳米技术运用到建筑的装修领域,可以使墙面涂料的耐洗刷性可提高11倍。玻璃和瓷砖表面涂上纳米材料,可以制成自洁玻璃和自洁瓷砖,根本不用擦洗。这样就可以节约成本,提高装修公司的经济效益。使用纳米微粒的建筑材料,可以高效快速吸收对人体有害的紫外线。纳米材料可以提高汽车、轮船,飞机性能指标。纳米陶瓷未来很有可能成为汽车、轮船、飞机等发动机部件的重要材料,不仅可以大大提高发动机性能、还可以延长工作寿命和增强可靠性。纳米卫星发射升空可以随时随地监测宇航员安全驾驶。在生物医疗领域里,采用纳米技术制成的大型药物输送器,可以携带一定剂量的药物,在体外电磁信号的引导下可以准确到达身体的各个部位,不仅有效地起到治疗作用,还可以减轻疼痛感并减轻药物的不良反映。

有学者提出一种基于肽聚糖结合蛋白(PGBP)为基础的超材料。利用纳米压印光刻技术生产具有纳米孔图案的基板,在基板内部用镍(Ⅱ)-氮基三乙酸(Ni-NTA)改性,然后在 PGBP 上通过次氮基三乙酸与 6 个组氨酸螯合固定 PGBP,制备了 PGBP 超材料。该超材料实现高效率选择性捕获革兰氏阳性细胞,具备多次再生和传感效率保持不变的优势。可用来检测人体血浆中特定的革兰氏阳性细菌,如金黄色葡萄球菌,同时为临床捕获和识别细菌,预防和早期诊断疾病提供一种方便和经济有效的替代方法。有学者通过不同反应的离子蚀刻组合,制作出一种不可降解的硅纳米针阵列,其尖端直径可以在 $20\sim700$ nm 之间精细调整。在标准细胞培养条件下(常温 37 ℃,5% 二氧化碳浓度),4 周内没有可见的降解,该结果与相同条件下的多孔硅纳米针快速降解形成对比。此阵列可对人骨髓间充质干细胞(hMSCs)进行长时间的外在干预,达到长期培养的效果。该研究表明这种不可降解的纳米针可以通过调节锐度作用在细胞表面形成人为的机械微环境,经过长时间培养可以调节质膜撞击和核变形,并引发细胞表型的变化,实现人工定制细胞培养环境(图 1-19)。

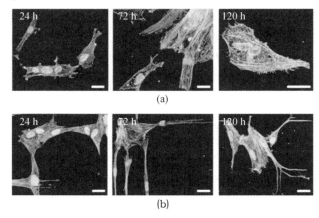

图 1-19 细胞在机械微环境下随时间的改变

(a)RhoA silenced;(b)Racl silenced

1.4.3 我国纳米技术目前产业化状况

每次技术上取得重大突破之后总会引发新的产业革命,迎来一个经济高度发展时期。蒸汽机的出现、电的应用、微电子技术的突破以及互联网经济的横空出世都是如此。20 世纪最后五年在关键技术上取得突破性进展的基因技术和纳米技术成为 21 世纪新的希望。由于使基因工程获得广泛应用的经济前提仍然是纳米技术,可以大幅降低工艺成本,所以纳米技术仍旧是各方关注的热点。世界各主要国家均把纳米科技当做最有可能突破的科学和工程领域。美国为此制定的"国家纳米技术倡议"将其列入 21 世纪前十年 11 个关键领域之一,投资数十亿美元推动纳米科技的发展。

1993 年,因发明扫描隧道显微镜(STM)而获得诺贝尔物理学奖的科学家海·罗雷尔(Heinrich Rohrer)博士写信给江泽民主席,信中写道:"我确信纳米科技已经具有了 152 年前微米科技所具有的希望和重要意义。150 年前,微米成为了新的精度标准,并成为工业革命的技术基础,最早和最好学会并使用微米技术的国家都在工业发展中占据了巨大的优势。同样,未来的技术将属于那些明智地接受纳米作为新标准,并首先学习和使用它的国家。"罗雷尔博士的话精辟地阐述了纳米科技对社会的发展将要起的重要作用。为了避免重蹈我国在半导体、激光、计算机等技术领域起步晚、转化难，最终落后的覆辙，一些国家级的纳米研究专家在 2000 年 6 月联名向党中央、国务院提出关于加快制定国家纳米技术科技发展规划，尽快抢占这一世界前沿科技领域的建议。建议引起了中央领导的高度重视，并被采纳，由此拉开了我国纳米技术产业化的序幕。

我国的纳米技术研究起步较晚，进入 21 世纪，我国加大了对纳米技术研究的投入，但总体投入水平与西方发达国家还有较大差距；虽然近几年发表的纳米科技论文数量上仅次于美国，但在原创性和实用性上差距明显。信息技术革命，我们只赶上了末班车，只得接受世界代工厂的配属地位。历史经验告诉我们，我国一旦再次错过新技术革命的发展机遇，势必对以创新驱动为引领的经济和社会发展带来安全风险。

目前我国纳米技术的应用成为了热门之一。据最近的一次调查，国内已经有上千家纳米企业，其中以"纳米"字样注册的企业即有上千家，上千条纳米材料的生产线，社会投入资金约 30 亿元。然而纳米科技的产业化效果还不太理想，这是由于许多纳米技术项目研究时间较短，还处于启动阶段导致的。科研院所的纳米科技论文水平很高，而后续的应用开发和技术支持则显得力不从心。而大部分企业属于生产型，缺乏持续创新和应用开发能力，只能接受非常成熟的技术。二者接口的差异，导致纳米技术成果不能顺利转化。虽然国内已建立了上百条纳米材料与技术的生产线，但是产品主要集中于纳米粉体方面。市场上很多的"纳米商品"还不是真正意义上的"纳米产品"，急需国家制定一个指导性的纳米技术准入标准。由于纳米材料的特殊性能，将纳米科技和纳米材料应用到工业生产的各个领域都能带来产品性能上的改变或较大的提高。利用纳米科技对传统产业特别是重工业进行改造会给传统产业带来新的机遇，其中存在很大的拓展空间，这已是国外大企业的技术机密。

纳米技术的产业化较互联网经济更注重实业。基于纳米技术的生产过程有着极强的规模经济效应，尤其是这种生产的总成本大部分必须是一次性投入，所以纳米技术产业化同样具有很大的投资风险。这种投资方式对市场提出了严峻的考验，对中国"风高浪大"的主板市场和"犹抱琵琶半遮面"的二板市场而言尤其如此。事实上，纳米技术刚走出实验室，才向产业化阶段迈出第一步。即使在美国，"NNI 计划"也出台不是很久，要真正实现大规模应用，国内外专家普遍认为需有不少于 20 年的时间。

发展纳米科技存在科学理论、科学方法、科技创新和高风险等特点。以国家目标为导向，纳米器件的研制和集成是纳米科技的核心，纳米材料的制备和研究是工作的重点，"由上而下的方法（top to down）"还将是目前主要的研究方法，用体制创新推动技术创新，使纳米科技的产业化得到健康的发展。相信通过中国科技人员创造性的工作，我国一定会在已揭开战幕的纳米科技全球竞争中赢得令人瞩目的地位。

1.4.4　国际纳米科技产业的发展趋势

当前，人们所了解的纳米产业一般包括：纳米材料、纳米生物医药、纳米制造、纳米化工等传统产业，或者认为只是诸如此类的行业才较广泛地应用了纳米技术成果。然而，随着纳米科学与技术的深入发展，纳米技术本身所具备的"纳米＋"的属性，使其日益渗透到经济社会和传统产业的各个方面,而且不少领域已取得了稳定快速的经济效益和产业规模。

据 BCC Research、Markets and Markets、Transparency Market Research 等市场研究机构测算,全球纳米科技产业 2016 年产值约为 3813 亿美元,并且将以较快速度不断增长。调研所涉及的纳米科技产业囊括了:纳米新材料、纳米化学品、微纳制造、纳米设备/器件、纳米生物医药、纳米能源与清洁技术(环保)、纳米线、纳米检测/传感、纳米光电、纳米涂层与陶瓷、纳米纤维、纳米印刷、量子点、甚至化妆品与食品包装(农副产品加工产业)等。可见,全球纳米科技产业涉及的领域非常广泛,通过调研发现年产值超过 100 亿美元的产业领域有 9 个,分别为:纳米材料产业、纳米化学品产业、纳米设备/机器产业、纳米医疗产业、环境应用纳米技术产业、纳米印刷技术产业、纳米传感器产业、纳米陶瓷产业和纳米能源产业。

1.4.4.1 纳米材料产业

据 BCC Research 报道,纳米材料产业到 2021 年将从 2016 年的 325 亿美元达到 773 亿美元,复合年增长率(CAGR)为 18.9%。其中,纳米复合材料产业情况为:(1)2017 年,全球纳米复合材料产业总计 20 亿美元。预计将以复合年增长率 29.5% 增长,到 2022 年达到 73 亿美元。(2)2017 年,欧洲纳米复合材料产业总额为 7.726 亿美元,预计到 2022 年达到 27 亿美元,在此期间的复合年增长率为 28.8%。(3)2017 年,亚太地区纳米复合材料产业总额为 6.504 亿美元,预计到 2022 年将达到 23 亿美元,在此期间的复合年增长率为 29.5%。

在全球纳米材料区域分布中,北美和欧洲市场占据前两位。欧洲市场上纳米材料多用于医药领域;在亚洲市场,由于政府的大力支持、逐渐增强的环保意识和对特殊材料的强烈需求,使得亚洲纳米材料产业发展迅猛。从全球纳米材料投资结构来看,美国的投资占比最大,约为 30% 以上,其次是日本,占比在 20% 左右,欧盟位居第三,占比为 15%(图 1-20)。

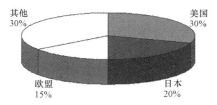

图 1-20　2017 年全球纳米材料产业投资结构(%)

1.4.4.2 纳米化学品产业

使用纳米技术生产的化学品,如丙烷、乙烷和丁烷等实际或传统化学品,一般可纳入为纳米化学品的范畴;与常规化学品相比,这些纳米化学品显示出更加有益的性质,例如抗腐蚀和自催化。当前,全球纳米化学品产业按类型划分为:沸石、粘土、活性炭、硅胶、活性氧化铝和其他类型。按照其用途分类,分为石油精炼、宠物垃圾、水处理、食品和饮料、化学加工、塑料加工、环境、洗涤剂和其他应用。

随着各国政府陆续出台限制有关化学品制造的政府法规,纳米化学品在制造、农用化学品和多功能涂料等领域不断增长的应用,预计将进一步推动全球纳米化学品的需求增长。据 Variant Market Research 预测,到 2024 年,全球纳米化学品产业估计将达到 128 亿美元。

1.4.4.3 纳米设备/机器产业

2015 年,全球纳米机电系统产业价值 970 万美元。该市场预计将从 2016 年的 1130 万美元增长到 2021 年的 5540 万美元,2016—2021 年的复合年增长率为 37.4%。其中,全球纳米设备和纳米机器产业,预计将以复合年增长率为 11.6% 增长,从 2018 年的 7.361 亿美元增长到 2023 年的 13 亿美元,然后将以复合年增长率为 16.0% 增长,到 2028 年将增长至 27 亿美元。此外,全球纳米工具/设备(主要指纳米光刻工具和扫描探针显微镜)产业,预计将以复合年增长率 6.4%,从 2018 年的 9030 万美元增长到 2023 年的 1.232 亿美元,之后预计继续以复合年增长率为 6.4% 增长,到 2028 年将增长至 1.680 亿美元。

1.4.4.4　纳米医疗产业

据 Variant Market Research 估计,2016 年全球纳米医疗产业的价值为 1344 亿美元。预计该市场将从 2017 年至 2022 年以 14.0% 的复合年增长率增长,到 2022 年将从 2017 年的 1519 亿美元增长到 2931 亿美元。

1.4.4.5　环境应用纳米技术产业

据 Markets and Markets 测算,2016 年全球环境应用相关纳米技术产业达到 234 亿美元。到 2020 年将达到 418 亿美元,2016 年至 2020 年的复合年增长率将达到 10.2%。

1.4.4.6　纳米印刷技术产业

2016 年,全球纳米技术印刷市场估计总计 140 亿美元。预计未来五年市场复合年增长率将达到 17.7%,到 2020 年将达到 318 亿美元。

1.4.4.7　纳米传感器产业

2017 年,全球纳米传感器产业为 147 亿美元,2018 年为 211 亿美元,预计 2023 年增长将达到 319 亿美元,基于 2018—2023 年的预测期内复合年增长率约为 8.6%。

1.4.4.8　纳米陶瓷产业

全球先进和纳米级陶瓷粉末产业方面,将从 2016 年的近 146 亿美元增长到 2021 年的 223 亿美元,2016—2021 年期间的复合年增长率为 8.9%。

1.4.4.9　纳米能源产业

根据 BCC Research 等市场研究机构预测,纳米科学与技术的总能源相关产业在 2017 年为 150 亿美元,未来五年的复合年增长率预计为 11.4%。

1.4.4.10　其他纳米产业领域

此外,纳米产业所涉及的领域还有纳米纤维产品、碳纳米管、纳米表面工程、量子点、纳米线设备等。其产业发展数据见表 1-3。

表 1-3　全球其他纳米产业市场产值统计数据

产业领域	年产值(亿美元)	复合年增长率	统计年份(年)
纳米纤维产品	3.83—20.00	38.6%	2015—2020
碳纳米管	1.68—6.76	33.4%	2015—2019
纳米表面工程	4.03—17.00	31.7%	2017—2022
量子点	6.10—34.00	41.3%	2016—2021
纳米线设备	16.00—60.00	30.6%	2017—2022

1.4.5　发展纳米技术的重要科学意义

纳米技术是公认的支持世界科学、技术和经济发展的三大核心技术之一。它被广泛应用于信息、生物、医药、化工、环境保护、航空航天、能源、国防等主要技术领域。第一,在IT行业中,用于新一代芯片和存储器并发挥关键作用的纳米设备,将成为未来信息产业的核心竞争力。第二,在能源领域,纳米技术可以提供新的、高效的和替代能源的关键技术。第三,在环境保护领域,纳米技术可以用来控制水、空气和土壤的污染。第四,在生物医学方面,纳米技术可用于发展疾病、组织和器官诱导生长、癌症、心脑血管疾病等困难的靶向缓释和控释药物治疗的早期诊断。因此,世界上有多个国家计划不断增加对纳米技术的投资,抓住未来经济和科技的制高点,引领新的工业革命。

纳米技术开辟了人们认识自然的新层次,是知识创新的源泉。借此人们可以利用新物性、新原理、新方法设计纳米结构原理性器件以及对纳米复合传统材料进行改性等,可以有更多的自由度按自己的意愿合成具有特殊性能的新材料。由于纳米结构单元的尺度(1～100 nm)与物质中的许多特征长度,如电子的德布罗意波长、超导相干长度、隧穿势垒厚度、铁磁性临界尺寸相当,导致纳米材料和纳米结构的物理、化学特性既不同于微观的原子、分子,也不同于宏观物体,从而把人们探索自然、创造知识的能力延伸到介于宏观和微观物体之间的中间领域。在纳米领域发现新现象、认识新规律,提出新概念、建立新理论,为构筑纳米材料科学体系框架奠定基础,也将极大地丰富纳米物理和纳米化学等新领域的研究内涵。结构设计和表面改性是纳米材料领域重要的研究课题。

《美国商业周刊》曾经撰文称生命科学和生物技术、纳米科学和纳米技术及对外星球的探测是21世纪最有可能有突破性进展的领域。20世纪70年代重视微米的国家如今基本上都成了比较发达的国家,所以诺贝尔奖获得者罗雷尔曾预言现在重视纳米技术的国家很可能成为21世纪先进的国家。

第 2 章
纳米材料的制备

2.1　纳米材料的制备方法分类

　　众所周知,纳米材料的合成方法通常有两种制备策略,即将较大尺寸物质通过刻蚀等方法得到所需纳米结构的"自上而下"方法和由分子等较小结构单元通过结合而制备较大尺寸纳米结构的"自下而上"方法。按照纳米材料制备过程的物态分类,可分为气相制备法、液相制备法、固相制备法。按照纳米材料制备过程的变化形式分类,可分为化学法、物理法、综合法。其中一般的物理方法对于实验所需仪器设备及反应条件较为苛刻,而一般的化学方法较为简单、灵活。纳米材料的合成根据合成原理的不同,主要包括化学共沉淀、微乳液法,微波辐射法,溶胶-凝胶法,水热(溶剂热)法,模板辅助法和自我组装法等。值得一提的是,某些制备颗粒状纳米材料的常用方法并不一定适合制备准一维纳米材料,如溶胶-凝胶涂膜法中多次涂膜、烘干的过程往往会妨碍准一维纳米结构的完整性,而常用的纳米粉末制备方法"球磨法"也不适用于制备准一维纳米材料。表 2-1 是纳米材料的主要制备方法分类。

表 2-1　纳米材料的主要制备方法分类

纳米材料种类	化学法	物理法	综合法
零维量子点	湿化学合成法		外延生长
纳米粉末	化学气相反应法 化学气相凝聚法 液相法 水热法、溶剂热合成法 喷雾热解和雾化水解法 微乳液法 热分解法	溅射法 球磨法	气体蒸发法 固相法 火花放电法 溶出法
一维纳米材料	化学气相沉积(CVD)法 溶剂热合成法 水热法 电化学溶液法	电弧法	激光烧蚀法 热蒸发 模板法

续表

纳米材料种类	化学法	物理法	综合法
二维薄膜纳米材料	热氧化生长法 化学气相沉积法 电镀 化学镀 阳极反应沉积法 LB技术	真空蒸发法 溅射 离子束	反应溅射 外延膜沉积技术
三维块体材料	电沉积法	惰性气体冷凝法 高能球磨法 非晶晶化法 严重塑性变形法 快速凝固法 高能超声—铸造工艺 高压扭转（HPT）变形技术 深过冷直接晶化法	无压烧结、热压烧结 热等静压烧结、放电等离子烧结 微波烧结、预热粉体爆炸烧结 激光选择性烧结、原位加压成形烧结 烧结—煅压法、粉末冶金法 磁控溅射、燃烧合成熔化法 机械合金化—放电等离子烧结

2.2 零维量子点的制备方法

量子点又称为半导体纳米晶体，其体积小于相应半导体玻尔半径所定义的体积。量子点独特的性质基于自身的量子效应、隧道效应和表面效应等，对其施加一定的电场或光压会发出特定频率的光，光频率会随着这种半导体尺寸的改变而变化，通过调节这种半导体的尺寸就可以控制其发出光的颜色。量子点红外光子探测器（QDIP）具有垂直入射光响应、暗电流低、光电导增益大、响应率和探测率高等优点，已成功应用于单元探测器、焦平面器件等各种结构中。

2.2.1 湿化学合成方法

湿化学合成方法是在溶液中制备量子点，一般用来制备胶体量子点，通过化学反应合成，典型的是通过某种有机金属反应路径，不需要超高压设备或者有毒气体。对于Ⅱ～Ⅵ族半导体，其量子点的制备过程是将反应物分子迅速注入热溶剂中，使其发生成核和生长过程，如图2-1所示。溶剂中所含的有机分子（配体，ligand）阻止成核中心变大，并在成核粒子表面生成一层包裹外膜，从而形成胶体量子点。

胶体量子点悬浮在有机溶剂中，可以通过旋涂（spin coating）等方式定型在各种衬底上，不需要考虑晶格匹配的问题。反应化学物的浓度、反应温度和反应时间决定了胶体的最终尺寸，其尺寸分布一般小于10%。胶体量子点具有工艺简

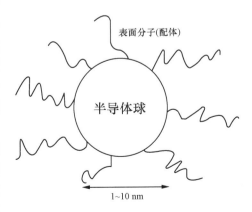

图 2-1　胶体量子点模型示意图

单、成本低、构造灵活以及可以大面积覆盖等优点。应用得最多的胶体量子点为 Ⅱ～Ⅵ 族半导体。相比之下，Ⅲ～Ⅴ 族胶体量子点的合成则要困难一些。难点在于反应温度较高，反应时间较长，金属有机化学反应过程复杂，并且要在无空气、无水的条件下进行。此外，合成的量子点还需要有稳定的保护层，以控制量子点的尺寸和分布。

2.2.2　外延生长

外延生长工艺是在单晶衬底的表面上按照器件或电路设计所需要的电阻和厚度，沿衬底的结晶方向沉积一层新单晶的方法，衬底晶片作为籽晶，所生长的单晶层是衬底晶格的延伸，包括伴随化学反应的沉积和不发生化学反应的物理沉积。量子点材料主要有 InAs、Si、InGaAs、InGaN 等，其厚度以原子层来计算，以外延方式在单晶衬底上生长。QDIP 的衬底材料主要有 GaAs、InP 等。温度、反应气体的浓度、气流控制以及晶向等是外延生长的关键工艺参数。外延生长包括气相外延（VPE）、液相外延（LPE）、分子束外延（MBE）等多种方式。对于 QDIP 之类的纳米器件而言，气相外延或液相外延制作的精度很差，在有关 QDIP 的文献报道中较少提及。大多数 QDIP 是基于 InAs/GaAs 系统，并且是用 MBE 生长的。MBE 有利于同其他微细加工技术，如电子束光刻、反应离子束刻蚀及图形化生长等技术结合起来制备量子点。图形化生长过程如图 2-2 所示，和电子束一样，聚焦离子束（FIB）也可以实现纳米级（1～100 nm）线宽加工，其最小直径可接近 8 nm。用 FIB 和 MBE 在选定位置上可生长出 InAs 量子点，用离子束聚焦在 MBE 生长的 GaAs 衬底上可形成一个 FIB 光斑（凹坑）阵列，让 InAs 量子点生长在这些凹坑中，每一个凹坑被一个量子点占据的比例超过 50%。

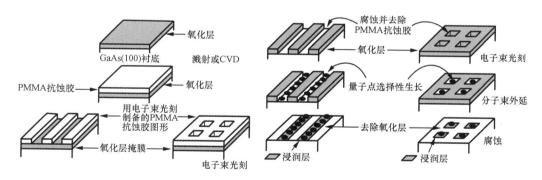

图 2-2　量子点的图形化生长示意图

原子层外延（ALE）作为一种比 MBE 更为精细的外延生长方式，已经用于生长量子点。对分别用 ALE 和 MBE 生长的 InAs/GaAs 量子点的分析表明，与 MBE 相比，用 ALE 方法制备的量子点尺寸更大，形状也更规则。金属有机化学气相沉积（MOCVD）可以实现沿生长方向单原子层（大约 3 Å）的精度控制。MOCVD 是在中等压力下生长晶体的，如果在其中增加一个高容量真空泵，将真空度抽到 10～300 Torr，则可以构成低压 MOCVD（LP - MOCVD）。MOCVD 和 LP - MOCVD 在量子点制备中均有应用。

此外，还有一种被称为微滴外延的生长方法，其生长温度较低，对于晶格匹配或失配的材料均适用，所制备的量子点没有应变。微滴外延法的原理可以 GaAs 量子点为例进行说明。首先在衬底表面上形成 Ga 微滴。一方面，来自束流的 As 原子扩散进入 Ga 微滴，在微滴内部实现 GaAs 的生长，这一部分的生长速率较低。另一方面，As 原子在 Ga 微滴表面与分离出来的 Ga 原子发生反应构成 GaAs，这一部分的生长速率较高。上述过程持续到微滴消失，从而形成 GaAs 量子点。量子点的最终形状取决于它们之间的平衡、衬底温度和 As 束流强度。采用原子力显微镜研究微滴外延生长的 GaAs 量子点，观察到两类量子点，如图 2-3 所示。较大的一类量子点为塔状结构的四面体，其表面倾角约为 55°，体积超过约 3×10^5 个 Ga 原子，较小的一类量子点也类似于一个四面体，其表面倾角约为 25°。用微滴外延法在晶格失配体系中制备 InAs 量子点仍然有一些问题，例如密度较低、尺寸较大、光学性能相对较差，这主要是由于新提供的被吸附原子的迁移距离较长、分凝效应较大的缘故。

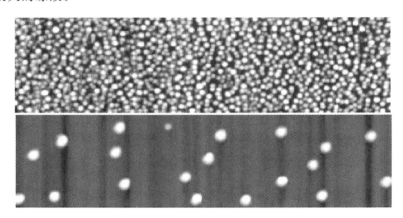

图 2-3　微滴外延生长所得 GaAs 量子点的 AFM 图像

2.2.3　SK 生长模式

根据沉积材料与衬底之间的晶格匹配情况，外延生长可以分为三种生长模式（如图 2-4 所示）：①晶格匹配体系中的二维平面生长模式，即 Frank - van der Merwe(FvdM)模式，这时沉积的原子或分子相互之间的束缚小于它们与衬底之间的束缚，或者衬底的表面能量大于外延层表面能量与界面能量之和。②晶格失配体系中的三维岛状结构生长模式，即 Volmer - Weber 模式，这时沉积的原子或分子相互之间的束缚大于它们与衬底之间的束缚，或者衬底的表面能量小于外延层表面能量与界面能量之和。③如果晶格失配在 5%～10%，则首先是二维平面生长。当形成一个或几个单层后，后续层的生长变得不稳定而形成三维岛状结构。这一概念由 Stranski 和 Krastanow 于 1937 年提出，故称为 Stranski - Krastanow(SK)模式。现在 SK 生长模式已成为量子点研究领域的一个常见术语，其生长模式可以 InAs/GaAs 为例作进一步说明。InAs/GaAs 的晶格失配约有 7%，如图 2-5 所示。在材料沉积过程中，最初形成的一个或两个单层称为浸润层(WL)。对于随后在浸润层上生长的其他层，当其中的应变能累积到超过某一临界点时，它们会被拉断而收缩形成三维岛状结构，这一过程称为自组织(self-assembled)生长。从二维平面到三维立体的过渡一般出现在沉积材料厚度约为 1.4～1.7 WL(单层厚度)的时候，在此过程中形成的量子点是协调应变的,没有位错。

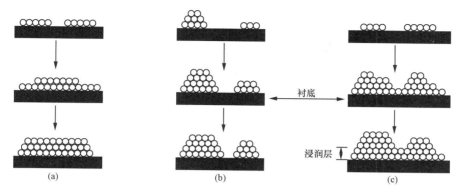

图 2-4　外延生长的三种生长模式

图(a)为 Frank – van der Merwe 生长模式,此模式中材料层逐层生长;图(b)为 Volmer – Weber
生长模式,此模式中在衬底上形成三维岛状结构;图(c)为 Stranski – Krastanow 生长模式,
此模式中首先形成一个或两个单层(浸润层),随后形成单独的岛状结构

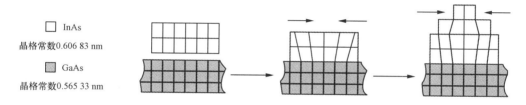

图 2-5　SK 生长模式形成 InAs 量子点的示意图

应变存在,但是晶格匹配固有应变形成无位错三维岛状结构

　　SK 生长模式形成的量子点一般为基于四边形的塔状结构,底部尺寸在 20 nm 以内,高为若干纳米。此外还有透镜状、锥形状或八边形底面的金字塔形,甚至还有对称性更弱的复杂形状,可以用形状比来描述,形状比定义为高度除以底部面积或直径。透镜形状的量子点通常相当平,其形状比在 1∶10 的量值范围内,典型的尺寸为高 2.5 nm,直径长 25 nm。塔形量子点则具有较高的形状比(1∶2)。SK 生长模式可以用 MBE、MOCVD 等生长技术实现,由于这种方法很简单而成为最常用的一种量子点制备方法。由于主导生长过程的关键参数是半导体材料之间的晶格失配,因此自组织量子点也容易用其他材料如 Ge、Si 等获得。

　　与用光刻方式形成的量子点相比,尺寸分散性是 SK 生长模式的固有特点,一般在平均尺寸的几个百分点的范围。利用 SK 生长模式制备量子点的最大问题之一是如何提高量子点的均匀性,这种均匀性包括形状、尺寸和分布的均匀性。从分布上看,量子点在衬底上的排列呈有序和无序两种状态。有序包括横向有序和纵向有序,纵向有序排列要比横向有序排列容易实现。空间有序量子点的子能带间吸收要比空间无序量子点的强得多。在 InP(311)B 衬底上可以用 MBE 生长出自组织的 InAs/InP 量子点,并出现了双层覆盖过程,第一个覆盖层的厚度对于最终结果有着主要影响。如果是用与衬底同样的材料来掩埋或嵌入,这种方式则被称为过生长。利用 SK 生长模式制备量子点的最大问题之一是如何提高量子点的面密度和体密度。作为光电器件,量子点密度应在 10^{10} cm^{-2} 的数量级,MBE 自组织生长的量子点密度为 $10^8 \sim 10^{11}$ cm^{-2}。用 LP-MOCVD 生长的自组织 In$_{0.68}$Ga$_{0.32}$As QDIP 焦平面阵列,密度约为 3×10^{10} cm^{-2}。

有预测认为 QDIP 可以进入批量生产,目前 QDIP 总体上还处于基础研究阶段。短期内用 QDIP 直接替代碲镉汞探测器技术似乎还不太可能。提高量子点尺寸的均匀性,精确控制量子点成分、形状、位置,是制备高质量 QDIP 所面临的挑战。

2.2.4 液相法

2.2.4.1 热注入法

热注入法是通过改变温度从而调控量子点成核生长,获得高质量量子点胶体溶液的方法,这种方法曾在上一代镉基量子点的制备中得到研究,目前也在钙钛矿量子点的实验室制备阶段获得了广泛应用,其制备过程如图 2-6 所示,具体过程为在注入溶液中存在着大量前驱体,热注入发生后,随着温度的变化,体系在短时间内迅速成核,生成的核会进一步生长成较大的量子点;当温度剧烈改变到一定值后,量子点停止生长,理想条件下在这个过程中,不会再形成新的核,因此热注入法获得的量子点粒径相对均一,形貌相对规整。有学者报道了利用热注入法制备 CsPbX$_3$ 量子点,主要是通过将油酸铯前驱体在高温条件下注入含有卤化铅及含羧基、氨基配体的混合液中,短暂成核生长后迅速冷却,即可获得高质量 CsPbX$_3$ 量子点。在热注入法中,配体的结构及反应温度对量子点的形貌和尺寸有着较大影响:高温下反应趋向于获得立方体的纳米晶,而低温下趋向于获得片状纳米晶;长链羧酸配体的引入诱导产生尺寸更小的纳米晶,而长链氨基配体的引入诱导产生更厚的纳米晶,这也就对制备钙钛矿量子点的配体结构筛选和温度调控提出了更高的要求。但是使用羧基/氨基单齿配体是难以获得长时间稳定的钙钛矿量子点,主要是因为钙钛矿量子点表面的配体与环境中配体之间发生着高度交换,而在该过程中,为了保持电荷平衡,质子化的氨基配体在离开量子点表面时易带走带负电的羧基配体或卤素,导致在量子点的纯化过程中容易造成配体丢失进而形成大颗粒的纳米晶,使其光学性能及稳定性大幅降低。此外,质子化的氨基配体和钙钛矿量子点是通过氢键结合,这种作用力相较羧基配体和钙钛矿量子点之间的配位键较弱,且氨基极易发生可逆的质子化,因此这种氢键会发生断裂即氨基配体缺失,会造成量子点表面缺陷的增加,降低量子点的光学性能和稳定性。根据上述问题,研究人员对热注入法进行了改进(主要集中在配体的筛选中),以期获得高质量稳定的钙钛矿量子点。

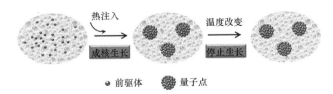

图 2-6　热注入法制备量子点的示意图

（1）无氨配体。

"无氨制备法"，即不使用氨基配体的改进热注入法首先得到了较为深入的研究。有学者提出用四丁基碘化铵代替原有的氨基配体，消除了原有氨基配体易发生可逆质子化的风险，从而提高了 CsPbX$_3$ 量子点的溶剂耐洗度，在纯化过程中的损失大大减小，同时引入的大量卤素也在量子点表面形成了"富卤"结构，有效抑制了量子点表面卤素空位的产生。但是这类使用烷基卤化铵配体没有彻底解决铵类配体与量子点表面之间氢键结合较弱等问题，基于此，研究人员开发了不含氮元素的配体或者添加剂。在油酸、油胺作为配体的基础上，将三辛基膦（TOP）作为添加剂，大幅提高了 CsPbX$_3$ 量子点的光学性能及对极性溶剂的耐洗度，此外 TOP 的引入甚至可以使已发生猝灭的 CsPbX$_3$ 量子点胶体溶液恢复荧光强度，主要是因为 TOP 有效地促进了离子在向 CsPbX$_3$ 量子点的表面迁移，以修复现有的表面缺陷。使用三辛基氧膦（TOPO）完全取代含氮配体，在有充足的油酸配体提供下，可制备 CsPbBr$_3$ 量子点，其耐溶剂稳定性大幅度提升，且产率接近理论产率，为高稳定 CsPbBr$_3$ 量子点规模化生产提供了理论基础。

（2）等效配体。

无氨制备法往往需要向体系中引入额外的添加剂或配体，增加了工艺的繁琐度及成本，为此有研究人员提出"等效配体"策略，即仅引入一种物质就可实现量子点表面金属缺陷和卤素缺陷的钝化。将苯磺酸盐（DBSA）作为唯一配体，制备的 CsPbBr$_3$ 量子点在多次纯化处理、长时间放置等条件下仍能保持高稳定性及高量子产率，这是因为苯磺酸根不仅与量子点表面裸露的金属缺陷发生配位，并在完整的钙钛矿量子点晶格内发挥与天然溴离子相同的功能，从而消除了卤素空位，使量子点的稳定性和光学性能大幅提升。

（3）多齿配体。

研究人员使用含有 2 个及以上羧基、氨基等活性基团的小分子或长链分子为配体来提高量子点的稳定性，这类配体一般被称为"多齿配体"，其可以与钙钛矿量子点表面发生多点结合，使配体不易脱落。以 2,2-亚氨基二苯甲酸（IDA）为配体，利用 IDA 上双羧基结构与量子点表面更为牢固的结合，有效减少了制备的 CsPbI$_3$ 量子点表面缺陷，IDA-CsPbI$_3$ 的量子产率超过了 95%，储存 15d 后仍能维持 90% 以上的荧光强度。此外还有一类"多齿配体"则是在高分子链上有着多个羧基、氨基等活性基团，其表面活性基团与量子点发生结合的同时，其长分子链往往可以包裹量子点形成核壳结构，阻止了钙钛矿量子点的自团聚及外界侵蚀。使用马来酸酐/1-十八烯交替共聚物（PMOA）钝化包裹了 CsPbBr$_3$ 量子点，其疏水骨架及较大的空间位阻有效减少水分等的侵蚀及量子点之间的自团聚。在无铅钙钛矿量子点领域，热注入法同样得到了广泛的关注，Sn（Ⅱ）、Bi（Ⅲ）、Sb（Ⅲ）等均可通过热注入法获得。根据各种取代金属性质不同来筛选配体，如锡卤钙钛矿量子点中 Sn^{2+} 容易被氧化成 Sn^{4+}，造成卤素空位和间隙金属结构缺陷的形成，加剧锡卤钙钛矿量子点的崩塌，因此常使用全氟辛酸（PFOA）等含氟配体作为锡卤钙钛矿量子点的配体，利用其强吸电子能力及拥有较大的空间位阻的特性，提升了锡卤钙钛矿量子点的质量。但是这类高含氟物质的大量使用易引起"氟污染"，对环境和人体造成不可逆的伤害，其中 PFOA 在 2017 年被世界卫生组织国际癌症研究机构列为 2B 类致癌物，综上对锡卤钙钛矿量子点的热注入制备法亟待进一步改进。

热注入法可重复性强,制备的钙钛矿量子点质量高,已成为实验室阶段制备钙钛矿量子点的重要手段,但是其整个工艺所需温度高、能耗大且需要惰性气体全过程保护,难以适应大规模生产。

2.2.4.2 配体辅助再沉淀法

配体辅助再沉淀法,又名重结晶法,是一种通过向含有前驱体的溶液中加入抗溶剂(例如甲苯、正己烷等),通过重结晶获得钙钛矿量子点的方法。在此过程中,前体溶液中因迅速加入大量抗溶剂溶液而瞬间饱和导致晶体析出,配体则会诱导影响晶体的成核和生长。如图 2-7(a)所示,该方法通常在低温甚至室温下制备,也不需要惰性气体保护,有望进行规模生产。

有学者在低温条件下(80 ℃)制备量子产率约为 20% 的 $CH_3NH_3PbBr_3$ 量子点:将油酸、十八烷基溴化铵、甲基溴化铵、溴化铅等配体、金属源溶于 DMF 中获得黄色前驱体溶液,随后使用丙酮沉淀纳米粒子,即可获得尺寸约为 6 nm 的 $CH_3NH_3PbBr_3$ 量子点。有学者进一步发展了配体辅助再沉淀法,获得尺寸为 3.3 nm 的 $CH_3NH_3PbBr_3$ 钙钛矿量子点,并分析了其远超微米级钙钛矿材料光学性能的原因主要是尺寸减小带来的激子结合能的减小和富卤素表面的充分钝化。配体辅助再沉淀法获得的钙钛矿量子点的形貌尺寸与所使用的沉淀剂组分、配体种类及反应时间密切相关。通过调节上述因素,即可实现钙钛矿材料在量子点、纳米片、纳米棒或纳米线等形貌的转变,从而实现纳米级钙钛矿材料的可控制备。如图 2-7(b)所示,在乙酸乙酯体系中,乙酸乙酯既作为溶剂也作为亲核试剂,使结合较弱的油胺配体与量子点表面优先结合的可能性减少,促使材料在多油胺配体的 2D 方向上平面生长成纳米片;在含有少量油胺的甲苯体系中,钙钛矿量子点会开始沿着较少的油胺配体存在的方向生长,从而打破其立方体固有的对称性,以单向的方式形成纳米棒,最后在较长的时间内形成纳米线;而在具有充足油胺的甲苯溶液中,这种纳米线的形成则会受到抑制,这说明纳米线的长径比是可以通过调控油胺的含量而实现可控。图 2-7(a)配体辅助再沉淀法制备钙钛矿量子点示意图;(b)在乙酸乙酯体系及甲苯体系中,钙钛矿纳米粒子、纳米棒和纳米线的形成机理示意图除了在铅卤钙钛矿量子点制备方面得到较为广泛的应用,配体辅助再沉淀法在无铅钙钛矿量子点制备方面也得到了大量关注,尤其是在铋卤钙钛矿量子点制备方面。铋卤钙钛矿量子点在遭遇极性沉淀剂后,会在表面形成致密的 BiOX(X 为卤素),可以有效阻止钙钛矿量子点的自团聚并进一步隔绝环境,从而获得高质量铋卤钙钛矿量子点。

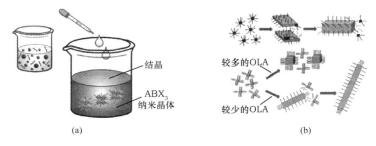

图 2-7

(a)配体辅助再沉淀法制备钙钛矿量子点示意图;

(b)在乙酸乙酯体系及甲苯体系中,钙钛矿纳米粒子、纳米棒和纳米线的形成机理示意图尽管配体辅助再沉淀法拥有诸多的优点,但是被誉为"万能溶剂"的 DMSO 及 DMF 等作为配体辅助再沉淀法常用溶剂对钙钛矿纳米晶具有一定的溶解倾向,尤其针对钙钛矿碘化物而言,因碘与 B 位金属元素形成的八面体的形成能更低而具有更强的溶解倾向。配体辅助再沉淀法以其低温、低成本、晶体可控性强等优势应用在诸多可控钙钛矿量子点制备体系中,已成为大规模商业化制备钙钛矿量子点的潜在选择。开发寻找合适溶剂及进一步探明量子点生长机理成为推动配体辅助再沉淀法发展的重要研究内容。

2.2.4.3 其他液相法

随着研究人员对钙钛矿量子点性质了解的深入,逐渐开发出水热法、微波法、超声法、微乳液法等新的钙钛矿量子点液相制备技术。水热法、微波法、超声法等方法克服了热注入法的步骤繁琐、需要高温惰性气体保护等缺陷,但部分方法也存在着需要高压条件、目前仅限铅卤钙钛矿量子点的制备、对原料配比更加敏感等问题。而微乳液法相较配体辅助再沉淀法拥有结晶过程更易控的优势,但是步骤稍显繁琐,需要调控油、水及配体三者比例形成微乳液,此外,由于体系中存在强极性溶剂,而绝大多数钙钛矿量子点对极性溶剂较为敏感,因此微乳液制备法对体系中溶剂的要求也较为苛刻。

2.2.5 固相法

除了液相法,研究人员对简易、低成本的高质量钙钛矿量子点的固相法开展了探索。其中,无铅钙钛矿量子点研究起步相对较晚,其新型固相制备方法鲜见报道,而铅卤钙钛矿量子点的固相制备方法报道较多的是相转变法和研磨法。相转变法需要提前制备 Cs_4PbX_6,然后在水分作用下得到铅卤钙钛矿量子点,工艺繁琐,不能实现一步制备。而研磨法通过简单研磨即可获得目标产物,操作简单,无副产品。有学者报道了以 CsX 和 PbX_2 的金属盐为直接原料,在常温下研磨获得一系列高质量钙钛矿量子点,这种方法克服了前驱物溶解、气氛保护和高温等苛刻的制备条件。有学者在制备过程中加入少量环己烷进一步发展了研磨法,制备了系列铅卤钙钛矿量子点,获得的量子点量子产率最高达 92%,并将此方法拓展到 Mn^{2+} 掺杂的 $CsPbCl_3$ 的制备中,这有望促进钙钛矿量子点大规模商业化生产。有学者从配体筛选角度进一步完善了研磨法,将 TOP 和硬脂酸铅(Pb(St)₂)完全取代油酸、油胺等羧基、氨基配体,使用 Pb(St)₂ 其中一个羧基和三正辛基膦(TOP)反应得到 TOPO,另一个羧基钝化量子点表面 B 位金属缺陷,仅有一个羧基的 PbSt 残留部分锚固在钙钛矿量子点表面的卤素上,实现了富铅表面的钝化。以研磨法为代表的固相法实现了钙钛矿量子点的无溶剂化绿色制备,其中研磨法无需高温、惰性气体保护等苛刻条件,仅通过简单研磨即可获得钙钛矿量子点,但是目前研磨法也存在制备时间相对较长(需研磨数个小时)、目前仅适用于铅卤钙钛矿量子点的制备等问题。

2.3 纳米粉末的制备方法

2.3.1 气相法

气相法是直接利用气体或者通过各种手段将物质变成气体,使之在气体状态下发生物理或化学变化,最后在冷却过程中凝聚长大形成纳米微粒的方法。

2.3.1.1 气体蒸发法

在惰性气体中将金属、合金或陶瓷蒸发气化,然后在惰性气体保护下冷却、凝结而形成纳米微粒。此法早在 1963 年由 Ryozi Uyeda 及其合作者发明,即通过在纯净惰性气体中的蒸发和冷凝过程获得较纯净的纳米微粒。1984 年由 Gleiter 等首先提出将气体冷凝法制得具有清洁表面的纳米微粒,在超高真空条件下紧压致密得到纳米微晶多晶体。其制备原理如图 2-8 所示。使用分子涡轮泵使真空度达到 0.1 kPa 以上,然后充入低压(约 2 kPa)的纯净惰性气体,欲蒸物质通过加热装置逐渐加热蒸发,产生烟雾。惰性气体的对流使烟雾上升,接近液氮的冷却棒(77 K),由蒸发物质发出的原子与惰性气体原子碰撞而迅速损失能量而冷却,这种有效的冷却过程在蒸发蒸气中造成很高的局部区域过饱和,这将导致均匀的成核过程。在接近冷却棒的过程中,蒸发后蒸气首先形成原子簇,然后形成单个纳米微粒。在接近冷却棒表面的区域内,由于单个纳米微粒的聚合而长大,最后在冷却棒表面上聚集起来,用刮刀刮下并收集起来获得纳米粉。

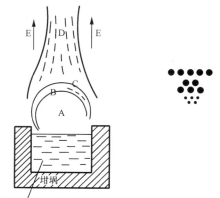

图 2-8　气体蒸发法原理图

A. 蒸气;B. 刚诞生的超微粒子;C. 成长的超微粒子;
D. 连成链状的超微粒子;E. 惰性气体(Ar、He 气等)

熔化的金属、合金或离子化合物、氧化物

气体蒸发法控制纳米微粒大小的因素有惰性气体压力,蒸发物质的分压,即蒸发温度或速率及惰性气体的温度。气体蒸发法制备纳米微粒具有表面清洁、粒度齐整、粒径分布窄及容易控制的特点。

根据加热源的不同,气体蒸发法又可分为八种:

(1)电阻加热法。

电阻加热法装置示意图如图 2-9 所示。蒸发源通常采用真空蒸发使用的螺旋纤维或者舟状电阻发热体。因为蒸发原料通常是放在 W、Mo、Ta 等的螺线状载样台上,所以有两种情况不能使用这种方法进行蒸发:①发热体与蒸发原料这两种材料在高温熔融后形成合金;②蒸发原料的蒸发温度高于发热体的软化温度。目前此方法主要用于制备低熔点物质,例如银、铝、铜、金等低熔点金属。

(2)高频感应加热法。

此法是将耐火坩埚内的蒸发原料进行高频感应(电磁波)加热蒸发(高频电流产生的电阻发热或者介电损耗导致的介质发热)而制得纳米微粒,其装置示意图如图 2-10 所示。高频感应加热在诸如真空熔融等金属的熔融中应用具有很多优点:①可以将熔体的蒸发温度保持恒定;②熔体内合金均匀性好;③可以在长时间内以恒定的功率运行;④在真空熔融中,作为工业化生产规模的加热源,其功率可以达到 MW 级。①和②是由于感应搅拌作用,熔体在坩埚内得以搅拌,致使蒸发面中心与边缘部分不会产生温差,而且坩埚内的合金也一直保持着良好均匀性。

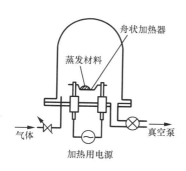

图 2-9　电阻加热法装置示意图

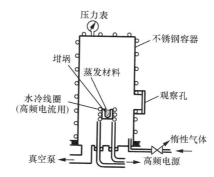

图 2-10　高频感应加热法装置示意图

高频感应加热过程中,在耐火坩埚内进行金属的熔融和蒸发时,由于电磁波的加热,熔体会发生由坩埚的中心向上、向下以及向边缘部分流动,所以这一加热法的特征是规模越大(使用大坩埚),所得纳米微粒的粒度越均匀。此法的缺点是 W、Ta 及 Mo 等高熔点、低蒸气压物质的纳米微粒制备非常困难。

(3)等离子体加热法。

等离子体加热法合成纳米微粒的机理如下:等离子体中存在大量高活性物质微粒,这样的微粒与反应物微粒迅速交换能量,有助于反应的正向进行。此外,等离子体尾焰区的温度较高,离开尾焰区的温度骤然下降,反应物微粒在尾焰区处于动态平衡的饱和态,该态中的反应物迅速离解并成核结晶,脱离尾焰区后温度下降而处于过饱和状态,成核结晶同时猝灭形成纳米微粒。等离子体按其产生方式可以分为直流电弧等离子体和高频等离子体两种,由此派生出的制取微粒的方法有四种:直流电弧等离子体法、直流等离子体射流法、双射频等离子体法及混合等离子体法。下面简单介绍目前使用最广泛的直流电弧等离子体法。

直流电弧等离子体法是指在惰性气氛或反应性气氛下通过直流放电使气体电离而产生高温等离子体,使原料熔化、蒸发,蒸气遇到周围的气体就会冷却或发生反应形成纳米微粒。在惰性气氛中,由于等离子体温度高,几乎可以制取任何金属的微粒,其装置示意图如图 2-11 所示。生成室内被惰性气体充满,通过调节由真空系统排出气体的流量来确定蒸发气氛的压力。增加等离子体枪的功率可以提高蒸发而生成的微粒数量。当等离子体被集束后,使熔体表面产生局部过热时,由生成室侧面的观察孔就可以观察到烟雾(含有纳米微粒的气流)的升腾加剧,即增加了蒸发的生成量。生成的纳米颗粒黏附于水冷管状的铜板上,气体被排除在蒸发室外,运转数十分钟后,进行缓慢氧化处理,然后再打开生成室,

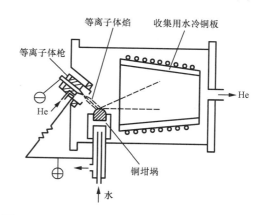

图 2-11　直流电弧等离子体加热法装置示意图

将附在圆筒内侧的纳米颗粒收集起来。该状态的纳米颗粒非常松散,最适合制备 Fe 和

Ni 等过渡金属的纳米微粒。

（4）电子束加热法。

电子束加热用于熔融、焊接、溅射以及微加工方面，通常是在高真空中使用。电子在电子枪内由阴极放射出来，电子枪必须保持高真空（0.1 Pa），因为阴极表面温度很高，为了使电子从阴极表面高速射出而加上了高电压。将电子束加热用于熔融时，为了保持靶所在熔融室内的压力在高真空状态，都安装有排气速度很高的真空泵。

然而，与此相比，气体蒸发法中的蒸发室需要 1 kPa 左右的压力，所以使用电子束加热时必须解决这种压力上的矛盾。为了在加有高压的加速电压的电子枪与蒸发室之间产生压差，可设置一个小孔，将两空间分别进行真空排气，再使用电子透镜，将中途散射的电子线集束，使其到达蒸发室。这种方法较适合于 W、Ta 及 Pt 等高熔点金属的蒸发。但由于是通过小孔不断进行排气，有时生成的纳米微粒会被吸入电子枪。为了解决这一问题，按图 2-12 所示的装置那样，对压差部的气体导入方式进行了改进。该压差部位于安放有最后一段小孔的蒸发室上部一点，由气体导入口导入的气体大部分流入蒸发室，保证纳米微粒生成所需的压力，同时这对于形成由小孔部流向蒸发室的气流（图 2-12），具有防止生成的微粒被吸入电子系统、消除电子枪以及电子束系统的污染并保证设备长时间运行等优点。

（5）激光加热法。

作为一种光学加热方法，激光在许多方面都有应用。激光加热法在制备纳米微粒方面具有以下特点：加热源可以放在系统外，所以不受蒸发室的影响，不论是金属、化合物还是矿物都可以用它进行熔融和蒸发以及加热源不会受到蒸发物质的污染等。

利用激光器进行加热制备纳米微粒的装置图如图 2-13 所示。该装置作为实验用，与电阻加热的情形相同，可以利用真空沉积装置，激光束通入系统内的窗口材料可以采用 Ge 或者 NaCl 单晶板。另外，在蒸发室中用来支撑蒸发材料的耐火材料也只要很小一块。采用此种方法在 He 等惰性气体中进行照射时，可以制备出 Fe、Ni、Cr、Ti、Zr、Mo、Ta、W、Al 及 Cu 等金属的纳米微粒。若改在活泼气氛中进行同样的激光照射，可以制备出氧化物以及氮化物等陶瓷纳米微粒。调节蒸发时的气氛压力可以控制所得纳米微粒的粒径，这与气体蒸发中的其他方法是相同的。

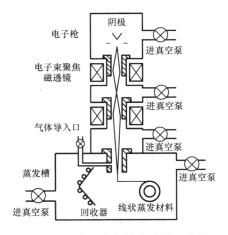

图 2-12　电子束加热法装置示意图

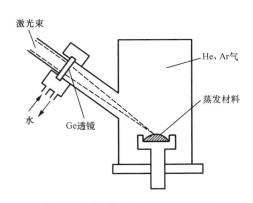

图 2-13　激光加热法装置示意图

(6)通电加热蒸发法。

通电加热蒸发法主要用来制备陶瓷材料 SiC 纳米微粒,其装置示意图如图 2-14 所示。具体方法是将棒状的碳电极压在块状硅蒸发材料上,通上电流,蒸发室内的气氛压力与进行气体中蒸发时的 Ar 或者 He 气的压力相同(1~10 kPa)。由于硅在低温下的电阻较大,所以在这一状态下并不导电。因此,最初在下部预先加热,等硅板温度上升以后,电流就易流通。在具有半导体特性硅的温度上升、电阻变小之后,再通上数百安培的交变电流,随着通电时间的变长,碳电极由红热变为白热,与碳棒接触并受压的硅部分熔化,沿碳棒表面向上爬,由碳棒发出很大烟雾,从而形成 SiC 纳米微粒。此法除了用来制备 SiC外,还可以制备 Cr、Ti、V、Zr 的结晶性碳化物纳米微粒。

(7)流动油面上真空沉积法。

流动油面上真空沉积法(VEROS)的原理是在真空中将原料用电子束加热蒸发,让蒸发沉积物沉积到旋转圆盘下表面的流动油面,在油中蒸发原子结合形成纳米微粒。为了获得纳米微粒,可以在相当于基板的平面上让油流动,再将金属沉积在此油面上。在油中,金属原子结合形成纳米微粒,再将此微粒与油一起回收,其实验装置示意图如图 2-15所示。采用这一方法可制备出 Ag、Au、Pd、Cu、Fe、Ni、Al、Co 以及 In 等纳米微粒。VEROS 方法制备的纳米微粒具有平均粒径小,约 3 nm,粒度分布范围小,所得纳米微粒在油中分散度高等特点,是制备超细纳米粉末(粒度小于 5 nm)的有效方法之一。

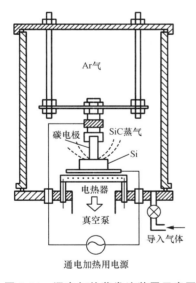
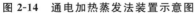
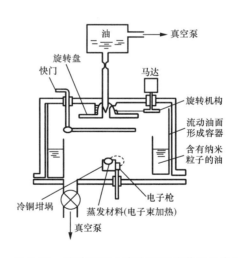

图 2-14　通电加热蒸发法装置示意图　　　图 2-15　流动油面上真空沉积法装置示意图

(8)爆炸丝法。

这种方法适用于工业上连续生产纳米金属、合金和金属氧化物纳米粉体。基本原理是先将金属丝固定在充满惰性气体(5×10^6 Pa)的反应室中(如图 2-16 所示),丝两端的卡头为两个电极,它们与一个大电容相连接形成回路。加 15 kV 的高压,金属丝在 $500 \sim$ 800 kA 电流下进行加热,熔断后在电流中断的瞬间,卡头上的高压在熔断处放电,使熔融的金属在放电过程中进一步加热变成蒸气,在惰性气体碰撞下形成纳米金属或合金粒子沉降在容器的底部。金属丝可以通过一个供丝系统自动进入两卡头之间,从而使上述过程重复进行。

为了制得某些易氧化的金属氧化物纳米粉体,可通过以下两种方法来实现。一是事先在惰性气体中充入一些氧气,另一方法是将已获得的金属纳米粉进行水热氧化。用这两种方法制备的纳米氧化物会出现球形及针状等不同结构。虽然气体蒸发法主要是以金属的纳米微粒为对象,但是也可以使用这一方法制备无机化合物(如陶瓷)、有机化合物以及复合金属的纳米微粒。

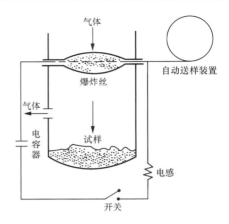

图 2-16　爆炸丝法装置示意图

2.3.1.2　化学气相反应法

化学气相反应法是利用挥发性的金属化合物蒸气,通过化学反应生成所需要的化合物,在保护气体气氛下快速冷凝,从而制备各类物质的纳米微粒,也称为化学气相沉积法(chemical vapor deposition,CVD)。此法具有颗粒均匀、纯度高、粒度小、分散性好、化学反应活性高、工艺可控和过程连续等优点。

该技术广泛应用于特殊复合材料、原子反应堆材料、刀具和微电子材料等多个领域,适合于制备各类金属、金属化合物以及非金属化合物纳米微粒,如各种金属、氮化物、碳化物、硼化物等,也可以制备粉状、块状材料和纤维等。

化学气相反应法按体系反应类型可分为:①气相分解法,此法又称为单一化合物热分解法,即对要分解的化合物或经前期处理的中间化合物进行加热、蒸发、分解,得到各类物质的纳米微粒。采用激光热解法时,还要考虑原料对相应激光束的吸收,有时还需要加入氢气等一类的还原性气体,此时反应不是单元的气相分解反应,而是多元反应。这种方法要求原料中必须具有制备最终获得的纳米微粒物质的全部所需元素的化合物。②气相合成法,即利用两种以上物质之间的气相化学反应,在高温下合成相应的化合物,再经过快速冷凝,从而制备各类物质的微粒。此种方法中微粒在气相下均匀成核及生长,反应需要形成较高的过饱和度,可进行多种微粒的合成,具有灵活性和互换性。

化学气相反应法按反应前原料物态也可分为气—气反应法、气—液反应法及气—固反应法。要使化学反应发生,必须活化反应物分子,一般采用加热和射线辐照方式来活化反应物的分子,主要包括电阻炉加热、激光诱导、等离子体加热等。

(1)热管炉加热化学气相反应法。

该方法采用传统的加热方式,目前仍普遍应用于化工、材料工程及科学研究的各个领域。此方法结构简单、成本低廉,适合于工业化生产,特别适用于从实验室技术到工业化生产的放大。热管炉加热化学气相反应合成纳米微粒的过程主要包括原料处理、预热与混气、反应操作参量控制、成核与生长控制、冷凝控制等,其实验装置系统如图 2-17 所示。

①原料处理。为保证产品的纯度,在合成反应前要对反应气体与惰性气体进行纯化处理,这就可以在一定程度上避免高温下某些副反应发生和杂质污染,提高产品的纯度。纯化一般是对反应气体与惰性气体中杂质氧和水分进行技术处理,通常选用各类分子筛、变色硅胶等除去气体中的水分,使用活性炭等除去气体中的微量氧。对于固态材料,为了

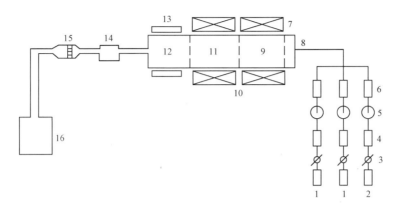

图 2-17　热管炉加热化学气相反应合成纳米微粒实验系统
1. 反应器；2. 保护气与载气；3. 气体阀；4. 稳流稳压器；5. 压力表；6. 质量流量计；
7. 管式炉；8. 反应器；9. 预热区；10. 热电偶；11. 混气区；12. 成核生长区；
13. 冷凝器；14. 抽集器；15. 绝对捕集器；16. 尾气处理器

实现高温下的气相合成反应，还要预制相应的原料气体。通常是在反应前对固体原料进行蒸发处理。

②预热与混气。为了提高原料的利用率，增加反应效率，应根据需要对反应气体进行预热处理，预热处理一般是在反应气混合之前进行，这是反应气均匀化混合的先决条件。在热管炉加热法合成纳米微粒技术中，要根据需要设计反应气顶热区和多层管状反应气预热室，即设计多段多层管状特定反应器，相应的加热器可采用多级分段管式加热炉来实施。混气是在合成反应前对各路反应气体进行均匀化混合的一种处理技术，通过适当的技术在一定的温度下可以使反应气达到分子级的均匀混合，从而为高温下的均匀成核反应创造条件。为了实现均匀混气，通常要在反应器内专门设计混气空间。根据需要和实验条件，可以选择射流、湍流、搅拌等不同的技术手段使反应体系气体分子达到均匀化混合。

③反应操作参量控制。反应温度、压力、反应气配比以及载气流量等，这些参量的变化对纳米微粒的产率与物性都有重要影响。在热管炉加热气相合成纳米微粒的过程中，一般都采用接触式的热电偶来测量反应区、蒸发区、混气区和预热区的温度值，并配备相应的温控仪。反应区压力控制主要以各路反应气分压的控制为基础，一般在各路气体导入反应器之前，对气体进行稳流、稳压处理，并配备监测仪表测量相应气体分压值，采用气体微调来实现对反应气、保护气和载气的精确控制。为了获得足够细的颗粒，一般反应区的压力应设置得尽量低一些。

④成核与生长控制。这是化学气相反应合成纳米微粒过程中的关键技术。事实上，影响成核的因素很多，如反应温度、反应压力、反应气流速、反应体系的平衡常数与过饱和比，其中反应压力与反应气流速可以根据反应体系的要求在各路气体导入反应器时进行控制，反应温度也可以通过温控系统按反应要求调节，而反应体系化学平衡常数属于反应设计问题。为了得到纳米微粒，反应体系的化学平衡常数要大，这是化学热力学的基本问题。控制核生长在纳米微粒合成中同样是一个关键技术。一般而言，在远低于物质熔点

的成核与生长过程中,晶核的成核速率极值点的温度总是低于晶核生长速率极值点的温度。因此,实验中只要控制颗粒的冷却速率,就可以控制颗粒的生长。通常是采用急冷措施来抑制晶核的生长,也可以通过控制反应物的浓度(特别是金属反应物)和加大载气流量来实现对颗粒生长的控制。

⑤冷凝控制。冷凝控制是为控制纳米微粒凝聚和生长而提出的一项技术,产生凝聚的因素很多,例如粒子间的静电力、范德华力、磁力以及颗粒间的化学反应等,控制方法包括采用惰性保护气体稀释反应体系、颗粒出口处设计冷却系统等。

热管炉加热化学气相反应法是由电炉加热,这种技术虽然可以合成一些材料的颗粒,但由于反应器内温度梯度小,合成的粒子不但粒度大,而且易团聚和烧结,这也是该法合成纳米微粒最大的局限。

(2)激光诱导化学气相反应法。

20世纪70年代以来,人们开始研究依靠激光激发引起的气体、液体、固体表面的化学反应,如研究光激发所引发纳原子、分子的寿命、电子结构以及化学性质变化,特别是以合成纳米微粒为目的的化学反应机制。利用激光来引发、活化反应物系,从而合成高品性的物质纳米微粒的工作最初源于美国。1978年,美国 MIT 材料与能源研究所的 W. R. Cannon 和 J. S. Hagge 等提出了激光诱导化学气相反应(LICVD)合成硅系纳米微粒的实验方法。在他们的研究工作中,利用 150W CO_2 激光束直接照射 SiH_4 和 NH_3 混合反应气体,引起反应火焰,从而在瞬间诱发原子、分子级的化学反应,制得 Si、Si_3N_4 和 SiC 等纳米微粒。目前,采用激光法已经制备出各种金属氧化物、碳化物、氮化物等纳米微粒。此外,采用此法还可以合成粉径为 10～30 nm 的铁、镍、铝、钛、锆、铬、钼、钽等金属粉末和氧化铁、氧化镍、氧化铝、氧化钛、氧化锆、氧化铬、氧化钽、氧化钨、氧化钼、氮化钛、氮化锆、氮化铬、氮化钽和氮化铝等纳米陶瓷粉末材料,其中有相当一部分研究成果已经开始走向工业化。

激光法与普通电阻炉加热法制备纳米微粒具有本质区别,这些区别主要表现为:①由于反应器壁处于冷却状态,因此无潜在污染;②原料气体分子直接或间接吸收激光光子能量后迅速进行反应;③反应具有选择性;④可以精确控制反应区的条件;⑤激光能量高度集中,反应区与周围环境之间温度梯度大,有利于生成的核粒子快速凝结。由于激光法具有上述技术优势,所以采用激光法可以制备均匀、高纯、超细、粒度分布窄的各类微粒。

(3)等离子体加强化学气相反应法。

等离子体是一种高温、高活性、离子化的导电气体。等离子体高温焰流中的活性原子、分子、离子放电子以高速射到各种金属或化合物原料表面时,就会大量溶入原料中,使原料瞬间熔融,并伴随有原料蒸发。蒸发的原料与等离子体或反应气体发生相应的化学反应,生成各类化合物的核粒子。核粒子脱离等离子体反应区后,就会形成相应化合物的纳米微粒。其制备原理示意图如图 2-18 所示。采用直流与射频混合式的等离子体技术,或微波等离子体技术,可以实现无极放电,这样可以在一定程度上避免因电极材料污染而引入杂质,从而实现高纯度纳米微粒的制备。采用此法可以制备出各种金属、金属氧化物以及各类化合物的纳米微粒。

2.3.1.3　化学气相凝聚法

从前面介绍的几种方法可以看出,纳米微粒的合成关键在于得到纳米微粒的前驱体,并使这些前驱体在很大的温度梯度条件下迅速成核、生长,并且控制微粒的团聚、凝聚和烧结。气体蒸发法的优点在于颗粒的形态容易控制,缺陷在于可以得到的前驱体类型不多,而化学气相沉积法(CVD)正好相反,由于化学反应的多样性使得它能够得到各种前驱体,但其产物形态不容易控制,易团聚和烧结,所以如果将热 CVD 中的化学反应过程和气体蒸发法的冷凝过程结合起来,则能克服上述弊端,得到满意的结果。正是出于这样的考虑,1994 年有研究人员提出了一种新型的纳米微粒合成技术——化学气相凝聚技术,简称 CVC 法,并用这种方法成功合成了 SiC、Si_3N_4、ZrO_2 和 TiO_2 等多种纳米微粒。

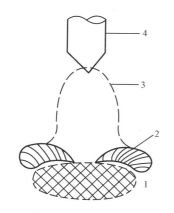

图 2-18　等离子体法制备纳米微粒的原理
1. 熔融原料;2. 原料蒸气;
3. 等离子体或反应气体;4. 电极

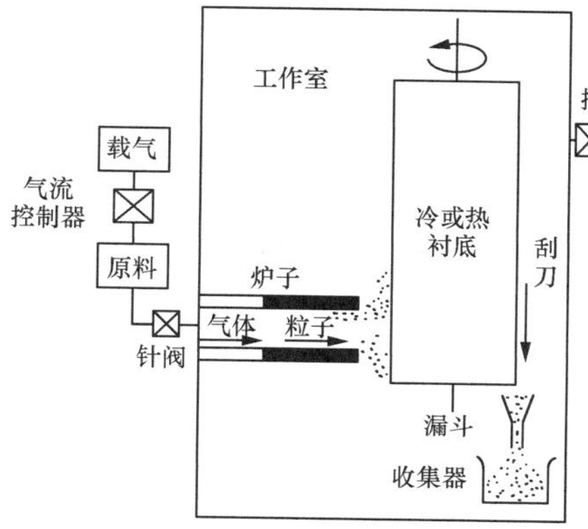

图 2-19　化学气相凝聚法装置示意图

化学气相凝聚法是利用气相原料在气相中通过化学反应形成基本粒子并进行冷凝聚合成纳米微粒的方法。该方法主要是通过金属有机前驱物分子热解获得纳米陶瓷粉体。其基本原理是利用高纯惰性气体作为载气,携带金属有机前驱物,例如六甲基二硅烷等,进入钼丝炉(如图 2-19 所示),炉温为 1100~1400 ℃,炉内压力保持在 100~1000 Pa 的低压状态。在此环境下,原料热解成团簇,进而凝聚成纳米粒子,最后附着在内部充满液氮的转动衬底上,经刮刀刮下进入纳米粉收集器。

2.3.1.4　溅射法

溅射法的原理是在惰性气氛或活性气氛下在阳极和阴极蒸发材料间加上几百伏的直流电压,使之产生辉光放电,放电中的离子撞击阴极的蒸发材料靶,靶材的原子就会由其表面蒸发出来,蒸发原子被惰性气体冷却而凝结或与活性气体反应而形成纳米微粒。

用溅射法制备纳米微粒有如下优点:不需要坩埚;蒸发材料(靶)放在什么地方都可以(向上、向下都行);高熔点金属也可制成纳米微粒;可以具有很大的蒸发面;使用反应性气体的反应性溅射可以制备化合物纳米微粒及纳米颗粒薄膜等。

如图 2-20 所示,将两块金属板(Al 板阳极和蒸发材料靶阴极)平行放置在 Ar 气(40~250 Pa)中,在两极板间加几百伏的直流电压,使之产生辉光放电。两极板间辉光放电中的离子撞击在阴极蒸发材料靶上,靶材的原子就会由其表面蒸发出来,其中,放电电流、电压以及气体压力都是生成纳米微粒的主要因素。

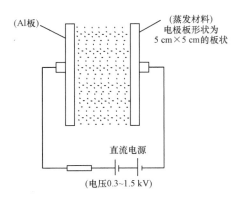

图 2-20　溅射法制备纳米微粒原理图

2.3.2　液相法

液相法制备纳米微粒的共同特点是以均相的溶液为出发点,通过各种途径使溶质与溶剂分离,溶质形成一定形状和尺寸的颗粒,得到所需粉末的前驱体,热解后得到纳米微粒。

2.3.2.1　沉淀法

包含一种或多种离子的可溶性盐溶液,当加入沉淀剂(如 OH^-、$C_2O_4^{2-}$、CO_3^{2-} 等)后,于一定温度下使溶液发生水解,形成不溶性的氢氧化物、水合氧化物或盐类从溶液中析出,将溶剂和溶液中原有的阴离子洗去,经热解或脱水即得到所需氧化物粉料。沉淀法可分为共沉淀法、均相沉淀法以及其他方式的沉淀法。

(1)共沉淀法。

含多种阳离子的溶液中加入沉淀剂后,所有离子完全沉淀的方法称共沉淀法。它又可分成单相共沉淀和混合物共沉淀。

①单相共沉淀。

沉淀物为单一化合物或单相固溶体时,称为单相共沉淀,亦称化合物沉淀法。溶液中的金属离子是以具有与配比组成相等的化学计量化合物形式沉淀的,因而,当沉淀颗粒的金属元素之比就是产物的金属元素之比时,沉淀物具有在原子尺度上的组成均匀性。但是对于由两种以上金属元素组成的化合物,当金属元素之比按倍比法则,是简单的整数比时,保证组成均匀性是可以的,而当要定量地加入微量成分时,保证组成均匀性常常很困难,靠化合物沉淀法来分散微量成分,难以达到原子尺度上的均匀性。如果是利用形成固溶体的方法就可以收到良好效果,不过,形成固溶体的系统是有限的。再者,固溶体沉淀物的组成与配比组成一般是不一样的,所以能利用形成固溶体方法的情况是相当有限的。而且要得到产物微粉,还必须注重溶液的组成控制和沉淀物组成的确定。

②混合物共沉淀。

如果沉淀产物为混合物时,称为混合物共沉淀。混合物共沉淀过程是非常复杂的,溶液中不同种类的阳离子不能同时沉淀,各种离子沉淀的先后与溶液的 pH 密切相关。例如,Zr、Y、Mg、Ca 的氯化物溶入水形成溶液,随 pH 值的逐渐增大,各种金属离子发生沉淀的 pH 值范围不同。为了获得沉淀的均匀性,通常是将含多种阳离子的盐溶液慢慢加到过量的沉淀剂中并进行搅拌,使所有沉淀离子的浓度大大超过沉淀的平衡浓度,尽量使各组分按比例同时沉淀出来,从而得到较均匀的沉淀物。但由于组分之间的沉淀产生的浓度及沉淀速度存在差异,所以可能会降低溶液的原始原子水平的均匀性。沉淀通常是氢氧化物或水合氧化物,但也可以是草酸盐、碳酸盐等。

(2)均相沉淀法。

一般的沉淀过程是不平衡的,但如果控制溶液中的沉淀剂浓度,使之缓慢增加,则可使溶液中的沉淀处于平衡状态,且沉淀能在整个溶液中均匀地出现,这种方法称为均相沉淀。通常是通过溶液中的化学反应使沉淀剂慢慢地生成,从而克服了由外部向溶液中加沉淀剂而造成沉淀剂的局部不均匀性,结果沉淀不能在整个溶液中均匀出现的缺点。例如,随尿素水溶液的温度逐渐升高至 70 ℃附近,尿素会发生分解,即

$$(NH_2)_2CO + 3H_2O \longrightarrow 2NH_4OH + CO_2 \uparrow$$

由此生成的沉淀剂 NH_4OH 在金属盐的溶液中分布均匀,浓度低,使得沉淀物均匀生成。由于尿素的分解速度受温度和尿素浓度的控制,因此可以使尿素分解速度降得很低。有研究人员采用低的尿素分解速度来制得单晶微粒,用此种方法可制备多种盐的均匀沉淀,如锆盐颗粒以及球形 $Al(OH)_3$ 粒子。

(3)直接沉淀法。

直接沉淀法也是制备超细微粒广泛采用的一种方法,其原理是在金属盐溶液中加入沉淀剂,在一定条件下生成沉淀析出,沉淀经洗涤、热分解等处理得到纳米尺寸的产物。不同的沉淀剂可以得到不同的沉淀产物,常见的沉淀剂有 $NH_3 \cdot H_2O$、$NaOH$、Na_2CO_3、$(NH_4)_2CO_3$、$(NH_4)_2C_2O_4$ 等。

直接沉淀法操作简单易行,对设备技术要求不高,不易引入杂质,产品纯度很高,有良好的化学计量性,成本较低。缺点是洗涤原溶液中的阴离子较难,得到的粒子粒径分布较宽,分散性较差。

(4)水解沉淀法。

通过强迫水解方法也可以进行均匀沉淀。由于采用的原料是水解反应的对象,即金属盐和水,那么反应的产物一般也是氢氧化物或水合物,所以只要能高度精确制得金属盐,就很容易得到高纯纳米微粉。该法得到的产品颗粒均匀、致密,便于过滤洗涤,是目前工业化前景较好的一种方法。

有许多化合物可采用水解生成相应的沉淀物,达到制备纳米颗粒的目的。配制水溶液的原料是各类无机盐,如氯化物、硫酸盐、硝酸盐、氨盐等。利用氢氧化物、水合物,水解反应的对象是金属盐和水,也有采用金属醇盐的,比较常用的是无机盐水解沉淀和醇盐水解沉淀两种方法。

通过配制无机盐的水合物实施无机盐水解沉淀,控制其水解条件,可以合成单分散性的球形或立方体等形状的纳米颗粒。这种方法十分适用于各类新材料的合成,具有广泛的应用前景。例如可以通过对钴盐溶液的水解和沉淀,合成球状的具有分散形态的 TiO_2 纳米颗粒,又例如水解并沉淀三价铁盐溶液可获得相应氧化铁的纳米颗粒。

2.3.2.2 水热法和溶剂热合成法

（1）水热法。

水热法最初是用于地质中描述地壳中的水在温度和压力联合作用下的自然过程,近数十年来被用于制备纳米粉末。水热法在具有高温、高压反应环境的密闭高压釜内进行,以水作为反应介质,在这种特殊的环境中使难溶或不溶的前驱物变得容易溶解,并使其完成反应和合成的过程。水热法提供了一个在常压条件下无法得到的特殊的物理化学环境,使前驱物在反应系统中得到充分的溶解,形成原子或分子生长基元进行化合,最后成核结晶,反应过程中还可进行重结晶。按研究对象和目标的不同,水热法可分为水热晶体生长、水热合成、水热反应、水热处理、水热烧结等。按设备的差异,水热法又可分为普通水热法和特殊水热法。特殊水热法是指在水热条件反应体系上再添加其他作用力场,如直流电场、磁场、微波场等。高压容器是进行高温高压水热反应实验的基本设备,在材料的选择上要求机械强度大、耐高温、耐腐蚀和易加工。

图 2-21 是一种容量为 1 L 的高温高压反应釜的实物图。此种反应釜由加热炉、反应装置、搅拌和传动系统以及安全阀等组成。釜体、釜盖采用不锈钢(1Cr18Ni9Ti)加工制成,釜体借螺栓与法兰配合,釜盖为整体式,两者皆用周向均匀分布的主螺栓装配而成。釜体外装有筒形炉芯,加热电阻丝穿连其中。反应釜上配有压力表,热电偶,气、液相阀,便于随时掌握釜内物质的化学反应情况和调节釜内物质的成分比例,并保证反应釜的安全运行。釜盖与磁联轴器间装有水套,磁联轴器由内、外环形磁钢组成,中间有承压隔套。搅拌动力由伺服电机通过内、外磁钢磁力传递,控制伺服电机的转速高低,即可达到控制搅拌转速的目的。隔套外装有霍尔感应元件。装成一体的搅拌器与内磁钢旋转时,霍尔元件便产生脉冲信号,该脉冲的频率与搅拌速度相对应,经单片机处理后用以搅拌转速的显示及调节。釜内温度控制由智能化的温度数显示控制仪

图 2-21 反应釜实物图

来完成,已有 PID 自整定调节功能,使釜内温度达到最佳控制精度。它的输出控制采用可控硅调压器,这样可以通过前面板调压旋钮调整可控硅调压器的输出电压,以改变加热炉的功率达到手动调节釜内温度的目的。

水热合成法是在液相中制备纳米颗粒的方法。将无机或有机化合的前驱物在一定温度和高气压环境下与水化合,通过对加速渗析反应和物理过程的控制,从而得到产物,再经过过滤、洗涤、干燥等过程,得到纯度高、粒径小的各类纳米颗粒。图 2-22 是采用水热法所得硅氧化物纳米粉末典型的 SEM 图像。水热合成法可以采用密闭静态和密闭动态两种不同的实验环境进行。密闭静态方法是将作为前驱物的金属盐溶液或其沉淀物放入

密闭的高压反应釜内后加温,此方法的特点是在静止状态下经过较长时间保温和内部搅拌完成反应。密闭动态方法是金属盐溶液或其沉淀物放入高压釜内密封后并通过高压釜附带的电磁搅拌器搅拌,在搅拌下加温和保温,这种动态反应条件将大大加快反应和合成的速率,获得高质量的产物。

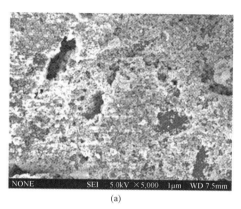

图 2-22　采用水热法所得硅氧化物纳米粉末的 SEM 图像

　　水热法中,水作为一种化学组分参加反应,既是溶剂又是矿化剂,同时还可作为压力传递介质。高温加压下水的性质将发生下列变化:蒸气压增大→密度减小→表面张力减小→黏度减小→离子积增大,这些变化都十分有利于化学反应的发生和完成。一般化学反应都可区分为离子反应和自由基反应两大类,水是离子反应的主要介质。以水为介质,在密闭加压条件下加热到水的沸点以上时,离子反应的速率自然就会增大。按照阿伦尼乌斯(Arrhenius)方程式:

$$\frac{\mathrm{d}\ln k}{\mathrm{d}T}=\frac{E}{RT^2}$$

反应速率常数 k 随温度的增加呈指数变化,因此常温下难溶或不溶的物质的反应,由于温度的变化也能诱发离子反应或促进反应,通过对参与反应的物理和化学等因素的控制,实现无机化合物的形成和改性,既可制备单组分纳米晶体,又可以制备双组分或多组分的特殊化合物纳米颗粒粉末。

　　用水热法制备的颗粒,最小粒径已经达到纳米的水平,归纳起来,可分成以下几种类型:

　　①水热氧化,典型反应可表示为:$m\mathrm{M}+n\mathrm{H_2O}\rightarrow\mathrm{M}_m\mathrm{O}_n+\mathrm{H_2}$,其中 M 可为铬、铁及其合金等。

　　②水热沉淀,如 $\mathrm{KF}+\mathrm{M}_n\mathrm{Cl}_2\rightarrow\mathrm{KM}_n\mathrm{F}_2$。

　　③水热合成,如 $\mathrm{FeTiO_3}+\mathrm{KOH}\rightarrow\mathrm{K_2O}\cdot n\mathrm{TiO_2}$。

　　④水热还原,如 $\mathrm{Me}_x\mathrm{O}_y+y\mathrm{H_2}\rightarrow x\mathrm{Me}+y\mathrm{H_2O}$,其中 Me 为铜、银等。

　　⑤水热分解,如 $\mathrm{ZrSiO_4}+\mathrm{NaOH}\rightarrow\mathrm{ZrO_2}+\mathrm{Na_2SiO_3}$。

　　⑥水热结晶,如 $\mathrm{Al(OH)_3}\rightarrow\mathrm{Al_2O_3}\cdot\mathrm{H_2O}$。

水热法制备纳米粉末具有制备温度相对较低以及在封闭容器中进行,避免了组分挥发和杂质混入等优点。与溶胶一凝胶法、共沉淀法等其他湿化学方法相比,水热法最突出的优点是一般不需要高温烧结就可直接得到结晶粉末,省去了研磨及由此带来的杂质。水热法可以制备包括各类金属、氧化物和复合氧化物在内的数十种材料,颗粒尺寸可以达到几十纳米,且一般具有结晶好、团聚少、纯度高、粒径分布窄以及形貌可控等特点。

(2)溶剂热合成法。

溶剂热合成法采用有机溶剂代替水作介质,类似水热法合成纳米微粉。该方法是在水热法基础上发展起来的。用非水溶剂代替水,扩大了水热技术的应用范围,同样能够在相对较低的温度和压力下制备出通常需在极端条件下才能制得的纳米颗粒材料。在溶剂热合成法常用的溶剂中,苯由于其稳定的共轭结构,是溶剂热合成比较优良的溶剂。乙二胺也是一种可供选择的溶剂,除作为溶剂外,还可作为配位剂或螯合剂。乙二胺由于氮的强螯合作用,能与离子优先生成稳定的配离子,配离子再缓慢地与反应物反应生成产物。另外具有还原性质的甲醇、乙醇等除用作溶剂外还可作为还原剂。在溶剂热法中其他常用的溶剂还有二乙胺、三乙胺、吡啶、甲苯、二甲苯、1,2—二甲基乙烷、苯酚、氨水、四氯化碳、甲酸等。

在溶剂热反应中,一种或几种前驱物可溶解在非水溶剂中,在液相或超临界条件下,反应物分散在溶液中开始进行反应,产物生成比较缓慢,过程相对简单,较易于控制。在密闭体系中可以有效防止有机物质挥发,有利于制备对空气敏感的前驱物。另外,用此方法对产物物相、粒径大小、形态也能够进行有效的控制,产物具有良好的分散性。该方法已被用来制备许多无机材料,如沸石、石英、金属碳酸盐、磷酸盐、氧化物和卤化物以及 $\mathrm{III} \sim \mathrm{V}$ 族和 $\mathrm{II} \sim \mathrm{VI}$ 族半导体纳米颗粒材料,这种方法还成功合成出了许多配合物及硫属元素化合物和磷属元素化合物的纳米颗粒材料。但是,采用溶剂热合成法在合成纳米粒子的过程中容易发生团聚,不适用于大规模生产,因而在工业上受到了一定的限制。

2.3.2.3 喷雾热解法和雾化水解法

(1)喷雾热解法。

喷雾热解法将含所需离子的溶液用高压喷成雾状,送入已按设定要求加热的反应室内,通过化学反应生成纳米颗粒。喷雾热解法制备纳米颗粒的主要过程有溶液配制、喷雾、反应、收集四个基本环节。为保证反应的进行,在送入的金属盐溶剂中添加可燃性物质,利用其燃烧发热起到分解金属盐的作用。根据热处理方式的不同,可以把喷雾热解法分为喷雾干燥、喷雾焙烧、喷雾燃烧和喷雾水解等数种。

喷雾干燥是靠高压喷嘴将制成的溶液或微乳液喷成雾状物,进行微粒化的一种方法,其示意图如图 2-23 所示。将喷出的雾状液滴进行干燥并随即捕集,捕集后直接或经过热处理就能得到相应化合物的纳米颗粒。利用这种方法可以制得 Ni、Zn、Fe 的铁氧体超微颗粒。喷雾燃烧的特点是将金属盐溶液用氧气雾化,在高温下充分燃烧,分解而制得相应的超微颗粒。喷雾水解法所用的是醇盐,经过喷雾制成相应的气溶胶,再让这些气溶胶与水蒸气反应进行水解,从而制成单分散性的颗粒,最后再将这些颗粒焙烧即可得到相应物质的纳米颗粒。

喷雾热解法因为其原料制备过程是液相法,而其部分化学反应又是气相法,包括气液反应的一系列过程,集中了气、液法两者的优点。这些优点表现为:制备过程简单,从配制溶液到颗粒形成,几乎可以一次完成;可以方便地制备多组分的复合纳米颗粒,颗粒分布均匀、形状好,一般呈理想的球状。

(2)雾化水解法。

将一种盐的超微粒子由惰性气体载运送入含有金属醇盐的蒸气室,金属醇盐蒸气附着在超微粒的表面,与水蒸气反应分解后形成氢氧化物微粒,经焙烧后获得氧化物的超微颗粒。颗粒尺寸首先取决于被送入的盐的微粒大小,用这种方法获得的微粒纯度高、分布窄、尺寸可控。

2.3.2.4　溶胶—凝胶法

溶胶—凝胶(sol - gel)方法一般是指以金属的有机或无机化合物均匀溶解于一定的溶剂中形成金属化合物的溶液,然后在催化剂和添加剂的作用下进行

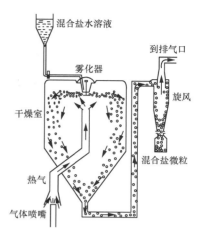

图 2-23　喷雾干燥法装置示意图

水解、缩聚反应,通过控制各种反应条件,得到一种由颗粒或团簇均匀分散于液相介质中形成的分散体系,即是所谓的溶胶(sol)。溶胶在温度、搅拌作用、水解缩聚等化学反应或电化学平衡作用的影响下,纳米颗粒间发生聚集而成为网络状的聚集体,导致分散体系的黏度增大。增大到一定程度时,具有流动性的 sol 逐渐变成为略显弹性的团体胶块,即为凝胶(gel)。凝胶由固液两相组成,是胶体的一种存在形式,它的性质介于固态和液态之间,具有一定的弹性和强度,未经充分干燥和较高温度处理的凝胶体是一种多孔性固体,其结构强度有限,易被破坏。凝胶可进一步进行干燥、热处理而形成氧化物或其他化合物。

溶胶—凝胶法使金属有机或无机化合物在低温下经溶液→溶胶→凝胶→固化,再经过热处理而形成氧化物。溶胶—凝胶法的基本原理是易于水解的金属化合物(无机盐或金属醇盐)在相应溶剂中与水发生反应,经过水解与缩聚过程逐渐凝胶化,再经干燥或烧结等处理得到所需的纳米材料,涉及的基本反应有水解反应和聚合反应。溶胶—凝胶法可在低温下制备高纯度、粒径分布均匀、高化学活性的多组分混合物(分子级混合),可制备传统方法不能或难以制备的产物,特别适用于制备非晶态材料,颗粒尺寸可达到亚微米级、纳米级甚至分子级水平。

溶胶—凝胶法不仅可用于制备纳米微粉,也可用于制备薄膜、纤维、块体材料和复合材料,其优缺点如下:①即便是多组分原料在制备过程中也无须机械混合,不易引进杂质,故产品的纯度高。②由于溶胶—凝胶过程中的溶胶由溶液制得,化合物在分子级水平混合,胶粒内及胶粒间化学成分完全一致,化学均匀性好。③颗粒细,其胶粒尺寸小于 100 nm。④可包容不溶性组分或不沉淀组分,不溶性颗粒可均匀分散在含不产生沉淀组分的溶液中,经溶胶—凝胶过程,不溶性组分可自然固定在凝胶体系中,不溶性组分颗粒越细,体系化学均匀性越好。⑤掺杂分布均匀,可溶性微量掺杂组分分布均匀,不会分离、偏析。⑥合成温度低,成分容易控制。⑦产物的活性高。⑧工艺、设备简单。主要缺点是:原材料价格昂贵,干燥时收缩大,成形性能差,凝胶颗粒之间烧结性差,即块体材料烧结性不好。

采用溶胶—凝胶法制备材料按其产生溶胶—凝胶过程机制主要有三种类型：传统胶体型、无机聚合物型和络合物型，相应凝胶形成过程如图 2-24 所示。

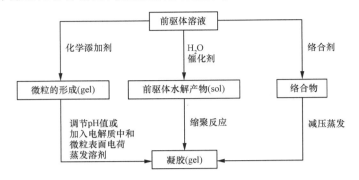

图 2-24　不同溶胶—凝胶过程中凝胶的形成

溶胶—凝胶法的基本过程是将化学试剂配制成液态的金属无机盐或金属醇盐前驱体，再将前驱体以一定比例均匀溶解于特定溶剂中，经过适当的搅拌形成分布均匀的溶液。溶液中的溶质与溶剂经过适当的催化发生水解或醇解反应，反应生成物经缩聚，使原始颗粒和基团在这一系列的反应中形成一种很好的分散体系，一般能生成 1 nm 左右的粒子并形成溶胶。经水解、缩聚反应的溶胶，在进一步加温和其他条件的作用下，各分散体的黏度增大，颗粒或基团发生聚集，成为网状聚集体。溶胶经过一定时间的陈化或干燥处理会转化为凝胶。

2.3.2.5　微乳液法

利用两种互不相溶的溶剂在表面活性剂的作用下形成均匀的乳液，从乳液中析出固相，这样可使成核、生长、聚结、团聚等过程局限在一个微小的球形液滴内，从而可形成球形颗粒，这种特殊的微环境也称微反应器。用微乳液法制备纳米颗粒还能避免颗粒之间进一步团聚，这种方法的基本思想是利用微乳液在液体介质中所存在的众多均匀的微小单体结构分别反应，独立形成纳米颗粒。这一方法的关键是使每个含有前驱体水溶液的液滴被连续油相包围，前驱体不溶于油相中，也就形成了油包水（W/O）型乳液。这种非均相的液相合成法具有粒度分布窄、容易控制等特点。

微乳液主要由表面活性剂、表面活性助剂（一般为醇类）、油类（一般为碳氢化合物）和水（或电解质水溶液）组成，它是一个透明、各向同性的热力学稳定体系。微乳液有油包水型（W/O），也有水包油型（O/W）和双连续型。比较常用的是油包水型微乳液法，油包水型也被称作反相微乳液，犹如一个微小的"水池"处在结构的中心，被表面活性剂和表面活性助剂所组成的单分子层的"壳"界面所包围，其尺寸可控制在几纳米至几十纳米之间。体系中间的微小水池的尺寸小，且彼此分离，因而不构成水相，通常称为"准相"（psedu-ophase）。这种特殊的微环境可以作为化学反应进行的场所，因而又称为"微反应器"（microreactor），它具有很大的界面，已被证明是多种化学反应理想的对象。

微乳颗粒在不停地做布朗运动，不同颗粒在互相碰撞时，组成"壳"界面的表面活性剂和表面活性助剂的碳氢链可以互相渗入。与此同时，"水池"中的物质可以穿过"壳"界面进入另一颗粒中，一种由阴离子表面活性剂构成的微乳液的电导渗滤现象（percolation phenomenon)就是由于"水池"中的阳离子不断穿过微孔的界面而形成的。微乳液的这种物质交换的性质使"水池"中进行化学反应成为可能。

纳米微粒的微乳液制备法正是以微乳液"水池"作为"微反应器"的又一重要应用,也是微乳液"水池"间可以进行物质交换的例证。将两种反应物分别溶于组分完全相同的两份微乳液中,然后在适当的条件下混合,让两种反应物通过物质交换而彼此接触,产生反应。在微乳液界面强度较大时,反应产物的生长将受到限制,将微孔颗粒大小控制在几十个原子半径的尺度,则反应产物会以纳米微粒的形式分散在不同的微乳液"水池"中,纳米微粒可在"水池"中稳定存在。通过超速离心,或将水和丙酮的混合物加入反应完成后的微乳液中等办法,使纳米微粒与微乳液分离。用有机溶剂清洗除去附着在微粒表面的油和表面活性剂,最后在一定温度下进行干燥处理,即可得到纳米微粒。

微乳液法制备纳米颗粒的特征是:反应在各个高分散状态的单体内进行,可防止反应物局部过饱和现象,可以使纳米颗粒的成核及长大过程均匀进行,可以通过调节影响微反应器的外界因素而制备出理想的单分散纳米颗粒。这种方法制备的纳米粒子可在微乳液中长期存在,一般不会发生聚集。由于纳米颗粒包覆一层有机分子,因此还可以有目的地制备有机分子修饰的纳米颗粒,以期获得特殊的物化性质。纳米颗粒的形成是复杂的,与微乳液的性质、反应物性质以及生成物自身的生长特性都有密切关系。通过控制微乳液"水池"的形态、结构、极性、疏水性、黏度等因素,有望从分子水平来控制所形成的纳米颗粒大小、形态、结构乃至物性。

2.3.2.6　有机金属磷化法

有机金属磷化法是在惰性气体(Ar 或 N$_2$)保护下,利用有机溶剂的高沸点提供稳定的化学反应环境,在沸点温度下分解和还原有机金属盐,有机膦提供磷源,直接生成悬浮在有机溶剂中的金属磷化物纳米材料。该法以带有回流冷凝管、温度计以及磁子搅拌的三口烧瓶为反应器进行回流反应,可以得到高度分散、颗粒大小均一的纳米颗粒。

2.3.3　固相法

气相法和液相法制备的微粉大多数情况下都必须再进一步处理,即把盐转变成氧化物等,使其更容易烧结,这属于固相法范围。再者,像复合氧化物那样含有两种以上金属元素的材料,当采用液相或气相法难于制备时,必须采用通过高温固相反应合成化合物的步骤,这也属于固相法一类。

固相法是通过从固相到固相的变化来制造粉体,其特征是不像气相法和液相法那样伴随有气—固相、液—固相的状态变化。对于气相或液相,分子(原子)具有大的易动度,所以集合状态是均匀的,对外界条件的反应很敏感。另一方面,对于固相分子(原子)的扩散很迟缓,集合状态是多样的。固相法其原料本身是固体,这较之于液体和气体有很大的差异。固相法所得的固相粉体和最初固相原料可以是同一物质,也可以不是同一物质。按照物质微粉化机理,固相法可以分为两类:一类是尺寸降低过程,物质无变化,如球磨法;另一类是构筑过程,物质发生变化,如固相反应法、火花放电法、热分解法等。

虽然固相法有固有的缺点(如:能耗大、效率低、粉体不够细、易混入杂质等),但是固相法与液相反应法相比,制备的纳米粉体颗粒具有无团聚现象、制备工艺简单、成本低、产量大、填充性好等优点。固相法操作较为简单有利于工业大规模生产,迄今仍是工业经常制备纳米材料的方法。

2.3.3.1 球磨法

在矿物加工、陶瓷工艺和粉末冶金工业中所使用的基本方法是材料的球磨。球磨工艺的主要作用为减小粒子尺寸、固态合金化、混合或融合,以及改变粒子的形状。

球磨法大部分是用于加工有限制的或相对硬的、脆性的材料,这些材料在球磨过程中断裂、形变和冷焊。氧化物分散增强的超合金是机械摩擦方法的最初应用,这种技术已扩展到生产各种非平衡结构,包括纳米晶、非晶和准晶材料。目前,已经发展了应用于不同目的的各种球磨方法,包括滚转、摩擦磨、平面磨和振动磨等,目前国内市场上已有各种行星磨、分子磨、高能球磨机等产品。

机械摩擦的基本工艺示意见图 2-25,将掺有直径约 50 μm 的典型粒子粉体放在一个密封容器里,其中有许多硬钢球或包覆着碳化钨的球。此容器被旋转、振动或猛烈地摇动,磨球与粉体质量的有效比是 5～10,但也随加工原材料的不同而有所区别。通过使用高频或小振幅的振动能够获得高能球磨力,用于小批量粉体的振动磨是高能的,而且发生化学反应,比其他球磨机快一个数量级。

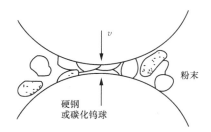

图 2-25　球磨法典型工艺示意图

由于球磨的动能是其质量和速度的函数,致密的材料使用陶瓷球,在连续、严重的塑性形变中,粉末粒子的内部结构连续地细化到纳米级尺寸,球磨过程中温度上升得不是很高,一般低于 100～200 ℃。在使用球磨方法制备纳米材料时,所要考虑的一个重要问题是表面和界面的污染。对于用各种方法合成的材料,如果最后要经过球磨的话,这都是要考虑的一个主要问题。特别是在球磨中由磨球(一般是铁)和气氛(氧、氮等)引起的污染,可通过缩短球磨时间和采用纯净、延展性好的金属粉末来克服。这样磨球可以被这些粉末材料包覆起来,从而大大减少铁的污染。采用真空密封的方法和在手套箱中操作可以降低气氛污染,铁的污染可减少到 1%～2% 以下,氧和氮的污染可以降到 3×10^{-4} 以下。但是耐高温金属长期使用球磨时(30 h 以上)铁的污染可达到 10at%。球磨法具有产量大、工艺简便等特点,工业上很早就使用球磨方法,但是要制备分布均匀的纳米级材料也并非是一件容易的事。

1988 年,日本京都大学 Shingu 等人首先报道了高能球磨法制备 Al - Fe 纳米晶材料,为纳米材料的制备找到了一条实用化的途径。近年来,高能球磨法已成为制备纳米材料的一种重要方法。高能球磨法是利用球磨机的转动或振动,使硬球对原料进行强烈的撞击、研磨和搅拌,把粉末粉碎为纳米级微粒的方法。如果将两种或两种以上粉末同时放入球磨机的球磨罐中进行高能球磨,粉末颗粒经压延、压合、碾碎、再压合的反复过程(冷焊—粉碎—冷焊的反复进行),最后可获得组织和成分分布均匀的合金粉末。这是一个无外部热能供给的、干的高能球磨过程,是一个由大晶粒变为小晶粒的过程。在纳米结构形成机理的研究中,认为高能球磨过程是一个颗粒循环剪切变形的过程。在此过程中,晶格缺陷不断在大晶粒的颗粒内部大量产生,从而导致颗粒中大角度晶界的重新组合,使得颗粒内晶粒尺寸可下降 $10^3 \sim 10^4$ 个数量级。在单组元的系统中,纳米晶的形成仅仅是机械驱动下的结构演变,晶粒粒度随球磨时间的延长而下降,应变随球磨时间的增加而不断增大。在球磨过程中,由于样品反复形变,局域应变带中缺陷密度达到临界值时,晶粒开始破碎,这个过程不断重复,晶粒不断细化直到形成纳米结构。

元素粉末与合金粉末原料按一定比例与钢球混合,在高能球磨机中长时间球磨。在碾磨过程中,由于磨球与磨球、磨球与磨罐之间的高速撞击和摩擦,使得处于它们之间的粉末受到冲击、剪切和压缩等多种力的作用,发生形变直至断裂,该过程反复进行,复合粉组织结构不断细化并发生扩散和固相反应,从而形成合金粉。由于这种方法是利用机械能达到合金化,而不是用热能或电能,所以把高能球磨制备合金粉末的方法称作机械合金化(mechanical alloying,简写成 MA)。很显然,在机械合金化过程中,有组分的传输,原料的化学组成发生了变化。单一组分材料的机械研磨一般是金属间化合物的机械研磨,在球磨过程中无组分的传输,除研磨对象和机械合金化不同外,在机械研磨过程中,原料的化学组成不发生变化。

利用金属或合金粉末在球磨过程中与其他单质或化合物之间的化学反应而制备出所需材料的技术又称反应球磨技术或称机械化学法。高能球磨与传统筒式低能球磨的不同之处在于磨球的运动速度较大,使粉末产生塑性形变及固相形变,而传统的球磨工艺只对粉末起混合均匀的作用。由于高能球磨法制备金属粉末具有产量高、工艺简单等优点,近年来已成为制备纳米材料的重要方法之一,被广泛应用于合金、磁性材料、超导材料、金属间化合物、过饱和固溶体材料以及非晶、准晶、纳米晶等亚稳态材料的制备。

2.3.3.2　固相反应法

由固相热分解可获得单一的金属氧化物,但氧化物以外的物质,如碳化物、硅化物、氮化物等以及含两种金属元素以上的氧化物制成的化合物,仅仅用热分解就很难制备,通常是按最终合成所需组成的原料混合,再用高温使其反应的方法,其一般工序示意图如图 2-26 所示。首先按规定的组成称量混合,通常用水等作为分散剂,在玛瑙球的球磨机内混合,然后通过压滤机脱水后再用电炉焙烧,通常焙烧温度比烧成温度低。对于电子材料所用的原料,大部分在 1100 ℃左右焙烧,将焙烧后的原料粉碎到 $1 \sim 2~\mu m$ 左右。粉碎后的原料再次充分混合而制成烧结用粉体,当反应不完全时往往需再次煅烧。

固相反应时粉体间的反应相当复杂,反应虽从固体间的接触部分通过离子扩散来进行,但接触状态和各种原料颗粒的分布情况显著地受颗粒的性质(粒径、颗粒形状和表面状态等)和粉体处理方法(团聚状态和填充状态等)的影响。另外,当加热上述粉体时,固相反应以外的现象也同时进行:一个是烧结,另一个是颗粒生长,这两

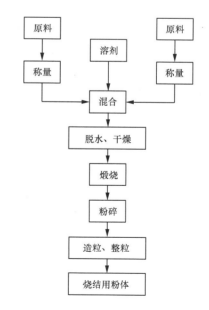

图 2-26　固相反应法制备粉体工艺流程

种现象均在同种原料间和反应生成物间出现。烧结和颗粒生长是完全不同于固相反应的现象,烧结是粉体在低于其熔点温度以下的颗粒间产生结合,烧结成牢固结合的现象,颗粒间是由粒界区分开来,没有各个被区分的颗粒大小问题。

颗粒生长着眼于各个颗粒,各个颗粒通过粒界与其他颗粒结合,要单独存在也无问题,因为在这里仅仅考虑颗粒大小如何变化,而烧结是颗粒的接触,所以颗粒边缘的粒界当然就决定了颗粒的大小,粒界移动即为颗粒生长(颗粒数量减少)。通常烧结时颗粒也同时生长,但是颗粒生长除了与气相有关外,假设是由于粒界移动而引起的,则烧结早在低温就开始进行,而颗粒生长则在高温下才明显出现。实际上,烧结体的相对密度超过90%以后,则颗粒生长比烧结更显著。

对于由固相反应合成的化合物,原料的烧结和颗粒生长均使原料的反应性降低,并且导致扩散距离增加和接触点密度减少,所以应尽量抑制烧结和颗粒生长。使组分原料间紧密接触对进行反应有利,因此应降低原料粒径并充分混合,此时出现的问题是颗粒团聚。由于团聚,即使一次颗粒的粒径也变得不均匀,特别是颗粒小的情况下,由于表面状态往往粉碎也难于分离,此时若采用恰当的溶剂使之分散开来是至关重要的。

2.3.3.3 火花放电法

把金属电极插入气体或液体等绝缘体中,不断提高电压,直至绝缘被破坏。如果首先提高电压,可观察到电流增加,产生电晕放电。一过电晕放电点,即使不增加电压,电流也自然增加,向瞬时稳定的放电状态即电弧放电移动。从电晕放电到电弧放电过程的过渡放电称为火花放电,火花放电的持续时间很短,只有 $10^{-7} \sim 10^{-5}$ s,而电压梯度则很高,达 $10^5 \sim 10^6$ V/cm,电流密度也大,为 $10^6 \sim 10^9$ A/cm^2,也就是说火花放电在短时间内能释放出很大的电能。因此,在放电发生的瞬间会产生高温,同时产生很强的机械能。在煤油之类的液体中,利用电极和被加工物之间的火花放电来进行放电加工是电加工中广泛应用的一种方法。在放电加工中,电极、被加工物会生成加工屑,如果积极控制加工屑的生成过程,就有可能制造微粉,也就是由火花放电法制造微粉。

有研究者采用此方法制备出了氧化铝粉末,其装置示意图如图 2-27 所示。在水槽内放入金属铝粒的堆积层,把电极插入层中,利用在铝粒间发生的火花放电来制备微粉。反应槽的直径是 20 cm,高度是 120 cm,铝粒呈扁平状,直径为 10~15 mm。在放电电压为 24 kV、放电频率为 1200 次/s 的条件下来制备微粉。合成过程中,反复进行稳定的火花放电而不发生由于各铝粒间的放电所产生的相互热熔连接。由于放电而引起在铝粒表面有微细的金属剥离和水的电解,由水的电解产生的—OH 基团与 Al 作用生成浆状 Al(OH)$_3$。将这种浆状物进行固液分离,其固体成分经 24 h 干燥之后再进行捣碎煅烧就获得一次粒径为 0.6~1 μm 的

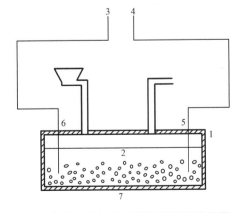

图 2-27 火花放电法合成氧化铝微粉的装置

1. 反应槽;2. 纯水;3,4. 接线柱;
5,6. 铝电极;7. 铝片供给底舱

Al_2O_3 微粉。因为使用的是铝电极,所以能合成高纯 Al_2O_3 粉。

2.3.3.4　溶出法

化学处理或溶出法就是制造 Raney Ni 催化剂的方法。例如 W－2 Raney Ni 的制备:在通风橱内,将 380 g 的氢氧化钠溶于 1.6 L 蒸馏水,置于一个 4 L 的烧杯中,装上搅拌器,在冰浴中冷至 10 ℃。在搅拌下分小批加入镍铝合金共 300 g,加入的速度应不使溶液温度超过 25 ℃(烧杯仍留在水浴中)。当全部加完后(约需 2 h)停止搅拌,从水浴中取出烧杯,使溶液温度升至室温。当氢气发生缓慢时,在沸腾水浴上逐渐加热(防止温度上升太快,避免气泡过多而溢出)直至气泡发生再度缓慢时为止,约需 8～12 h,在这一过程中不断用蒸馏水添补被蒸发的水分。然后静置让镍粉沉下,倾去上层液体,加入蒸馏水至原来体积,并辅以搅拌使镍粉悬浮,再次静置并倾去上层液体。于是将镍在蒸馏水的冲洗下转移至一个 2 L 的烧杯中,倾去上层的水,加入含有 50 g 氢氧化钠的 500 mL 溶液,搅拌使镍粉浮起,然后再让其沉下。倾去碱液,然后不断以蒸馏水用倾泻法洗至对石蕊试纸呈中性后,再洗 10 次以上,直至完全除去碱性物质(约需 20～40 次洗涤)。用 200 mL 95％的乙醇洗涤 3 次,再用绝对乙醇洗涤 3 次,然后贮藏于充满绝对乙醇的玻璃瓶中,并塞紧,约重 150 g。这一催化剂在空气中很易着火,因此在任何时候都要保存在液体中。

该方法并非只为金属所必需,可以考虑成溶出混合物中的一种成分,而残留下另一种成分。例如,该方法也可考虑用于从氧化物和碳酸盐的混合物中用酸溶出碳酸盐而留下氧化物。

2.3.3.5　热分解法

热分解反应不仅仅限于固相,气体和液体也可引起热分解反应。在此只介绍固相热分解生成新固相的系统,热分解通常如下:(S 代表固相,G 代表气相)

$$S_1 \rightarrow S_2 + G_1 \tag{2-1}$$

$$S_1 \rightarrow S_2 + G_1 + G_2 \tag{2-2}$$

$$S_1 \rightarrow S_2 + S_3 \tag{2-3}$$

式(2-1)是最普通的,式(2-3)是相分离,不能用于制备粉体,式(2-2)是式(2-1)的特殊情形。热分解反应往往生成两种固体,所以要考虑同时生成两种固体时导致反应不均匀的问题。热分解反应基本上是式(2-1)的形式。

微粉除了粉末的粒度和形态外,纯度和组成也是主要因素。从这点考虑很早就注意到了有机酸盐,其原因是:有机酸盐易于提纯,化合物的金属组成明确,盐的种类少,容易制成含两种以上金属的复合盐,分解温度比较低,产生的气体组成为 C、H、O。另一方面也有下列缺点:价格较高、碳容易进入分解的生成物中等。

2.4　一维纳米材料的制备方法

一维纳米材料在光学、电子学、环境和医学等领域有广泛的应用前景,为器件的微型化、纳米化提供了材料基础,已成为材料领域研究的热点。一维纳米材料的生长是从一气相、液相或固相向另一固相转化,包含成核和生长两个过程。当固相的结构单元,如原子、离子或分子的浓度足够高时,通过均相的成核作用,结构单元集结成小核或团簇,这些团簇作为晶种使之进一步生长形成更大的团簇。目前发展的一维纳米材料的种类很丰富，主要包括纳米棒、纳米线、纳米管、纳米带、同轴纳米电缆、纳米弹簧、纳米纤维、纳米花等多种形态，按其成分主要分为一维半导体纳米材料、一维金属及其合金纳米材料、一维氧化物纳米材料、一维碳化物纳米材料、一维氮化物纳米材料、一维硫化物纳米材料等。制备一维纳米材料需要特定的条件，比如一定的压强、温度、催化剂和激发源等。通过控制一维纳米材料的生长条件，目前已经发展了多种制备方法，主要包括化学气相沉积（CVD）法、激光烧蚀法、热蒸发、水热法、溶剂热合成法、溶液—液—固相（solution - liquid - solid，SLS）法、模板法以及自组装生长等方法。碳纳米管是近年来研究最多的一维纳米材料之一，目前出版了大量关于碳纳米管的书籍，如"碳纳米管""碳纳米管——从基础到应用""纳米管的电子显微分析""碳纳米管及其相关结构""碳纳米管宏观体""Carbon Nanotubes""Physical Properties of Carbon Nanotubes""Carbon Nanotubes：Science and Applications""Electronic Properties of Carbon Nanotubes""Computational Physics of Carbon Nanotubes"等上百种，关于碳纳米管的制备方法可以参考相关书籍，所以此节不再涉及碳纳米管的制备方法。本节主要从一维硅、锗纳米材料，一维金属纳米材料及其他一维纳米材料等上百种重要的一维纳米材料方面来介绍一维纳米材料的主要制备方法。

2.4.1 一维硅、锗纳米材料

2.4.1.1 硅纳米线

硅纳米线是近年来研究广泛的一种一维硅纳米材料，目前已能制得直径数纳米的硅纳米线，与光波的德布罗意波长可相比拟。研究表明硅纳米线具有典型的量子限制效应、库仑阻塞效应及良好的光电性能，在将来的纳米电子器件及纳米硅集成电路方面具有很好的应用前景。硅纳米线的制备方法按生长模式可分为两类，即"自上而下"和"自下而上"技术。"自下而上"是经过自组装形式从原子层面不断沉积生长出纳米结构的模式。"自上而下"首先是对模板进行刻蚀预处理，把样品刻烛成想要大小尺寸的纳米结构的生长模式。可比喻为用石头雕刻，基材被逐渐腐蚀，最终达到想要形状。"自下而上"生长模式下的硅纳米线优势在于晶体生长过程中通过在硅纳米线合成过程中加入掺杂前驱体来进行原位掺杂。而"自上而下"生长模式下的硅纳米线更容易得到阵列，且适用于电子器件领域。最初采用照相平版蚀刻技术及扫描隧道显微方法得到了硅纳米线，但是产量很小，同时电子束平版印刷术及反应性离子刻蚀（RIE）技术耗时长且制备过程复杂，而且所制备的硅纳米线为生长于 SiO_2 上的非自由式结构。目前已发展了多种方法大量制备硅纳米线，如激光烧蚀法、热蒸发法、CVD 法及模板法等。采用激光烧蚀法、CVD 法、模板法及超临界溶液法，加入催化剂可以制备出硅纳米线，其生长机理可用金属催化 VLS 生长机理来解释。由于在热平衡条件下金属液滴的直径最小值有尺寸限制，所以采用此方法很难大量制备直径低于 20 nm 的硅纳米线，更为重要的是所得硅纳米线总会被金属催化剂所污染。近年来研究表明根据氧化物辅助生长机理，以硅及硅氧化物为原料，采用激光烧蚀或直接热蒸发法可以提高硅纳米线的产量，且硅纳米线中无金属污染，并可制备出掺杂元素可控的硅纳米线。

（1）激光烧蚀法。

激光烧蚀法又称激光沉积法、激光蒸发法，即用含少量 Fe、Co、Ni 等金属催化剂的硅源粉末作为靶，以 Ar 气作为保护气体，将其放入石英管中，在一定温度下激光烧蚀就可获得硅纳米线，其激光烧蚀设备示意图如图 2-28 所示。根据相图选择一种能与纳米线材料形成液态合金的金属催化剂，再根据相图选定液态合金和固态纳米线材料共存区及制备温度，液态金属催化剂纳米颗粒限制了纳米线的直径，并通过金属气—液—固（VLS）生长机理，不断吸附反应物使之在催化剂/纳米线界面上过饱和溢出，使得纳米线一直生长。

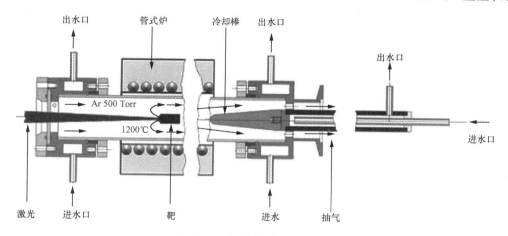

图 2-28　激光烧蚀设备示意图

哈佛大学的 Lieber 等通过激光烧蚀法，以 Fe 为催化剂制备出了小直径单晶硅纳米线。采用脉冲双频 Nd-YAG 石榴石激光器，激发波长 532 nm，用激光烧蚀放置于石英管内组成为 $Si_{0.9}Fe_{0.1}$ 的靶材，石英管由外面的炉子加热到 1200 ℃。当石英管内达到一定真空度，约 6.65×10^4 Pa，再充入 Ar 载气经 20 h 的高温去气后，将激光束聚焦成一个小光斑（1 mm×3 mm）照射到靶上，靶的被照射点温度高达几千摄氏度，被激光束烧蚀的材料通过流动的 Ar 载气输运到石英管尾部，经过冷凝沉积下来，从而形成了直径约 10 nm、长度大于 1 μm 的硅纳米线，如图 2-29（a）所示。对单根硅纳米线进行 EDS 能谱分析表明纳米线主要由元素 Si 与 O 构成，同时含有少量的元素 Fe，从图中可观察到每根纳米线的生长头部都存在一个比纳米线的直径大 1～2 倍的纳米团簇，说明 Fe 催化了硅纳米线的生长。HRTEM［图 2-29（b）］分析显示硅纳米线由单晶硅核与无定形硅氧化物外层构成，硅核直径约 6～20 nm，平均直径接近 10 nm，沿［211］方向入射所得会聚束电子衍射花样显示硅纳米线沿［111］方向生长。Fe-Si 二元相图在富硅区有一共熔点，共熔温度为 1207 ℃，反应产物为 $FeSi_2$，在 1207 ℃以上，液态 $FeSi_2$ 和固态 Si 平衡共存。图 2-29（c）为硅纳米线的激光烧蚀金属催化 VLS 生长机理的示意图，首先高能量激光将硅靶蒸发成 Si、Fe 气体，当 Ar 载气将其输运到低温区，形成半融熔 $FeSi_2$ 液滴，$FeSi_2$ 液滴会持续吸收气氛中的元素 Si，$FeSi_2$ 液滴吸收了过量 Si 原子达到过饱和状态，导致硅从液滴中析出形成硅纳米线，$FeSi_2$ 保持液态。上述过程不断发生，维持硅纳米线不断生长。当 Ar 载气将硅纳米线和与之相连的 $FeSi_2$ 液滴带到更低温度区域后，液滴将凝固成 $FeSi_2$ 颗粒，于是硅纳米线停止生长,从而在硅纳米线的生长头部存在合金团簇。硅纳米线通过 VLS 生长可分为两阶段:$FeSi_2$ 液滴的成核、长大及基于 VLS 机理的硅纳米线生长。在激光烧蚀下,原料靶中的硅和铁原子被蒸发成气相,它们与载气中的 Ar 原子碰撞而损失热能,使铁、硅蒸气迅速冷却成为过冷气体,促使液滴($FeSi_2$)自发成核,由于过冷度很大,$FeSi_2$ 的临界核尺度可达纳米量级。核(液滴)形成后可借助两种机理长大,一种是核从气相中吸收硅、铁原子而长大,另一种是核之间的碰撞聚合,后者引起的核长大速率远大于前者。

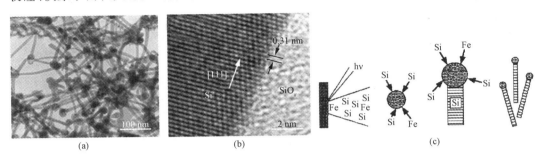

(a)　　　　　　　(b)　　　　　　　(c)

图 2-29　激光烧蚀法所得硅纳米线及生长示意图

(a)TEM 图像;(b)HRTEM 图像;(c)Fe 催化 VLS 生长机理示意图

香港城市大学的李述汤等首先提出以硅或硅氧化物为原料,采用激光烧蚀法,于 1000~1400 ℃ 可制备出微米级长度的硅纳米线,并提出了硅纳米线的氧化物辅助生长机理,其生长示意图如图 2-30 所示。在硅纳米线的生长过程中,高温下硅氧化物气化并形成纳米团簇,同时沉积于衬底并开始核化,晶核内

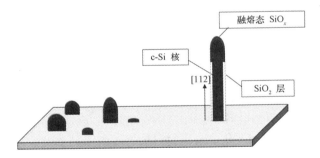

图 2-30　硅纳米线的氧化物辅助生长机理示意图

的硅进行重结晶并将硅氧化物排出,随后氧化物排出硅核后形成了无定形硅氧化物外层,同时自由氧原子扩散到了生长较缓的一端,硅在纳米线内部不断重结晶,使得纳米线在线的生长头部生长较快。另外,通过理论计算可知在硅纳米线的生长头部存在一个较强的电场,此电场吸引了大部分 SiO 分子至硅纳米线的生长头部,所以硅纳米线只能沿头部一维生长,这也可能从理论上解释了硅纳米线的氧化物辅助生长过程。

图 2-31 是采用 SiO 粉为硅源,采用脉冲 KrF 准分子激光器于 1200 ℃ 得到高纯硅纳米线,所得硅纳米线直径约 10~20 nm,HRTEM 图像[图 2-31(b)]显示这种硅纳米线由晶体硅核和直径小于 5 nm 的无定形 SiO_2 外层构成,硅纳米线的产率和线生长速率分别为 30 mg/h 和 500 μm/h,此结果进一步支持了硅纳米线的氧化物辅助生长机理。改用 SiC 和 SiO_2 作为原料,以激光烧蚀法于 1400 ℃ 也可制备出直径 14 nm 的硅纳米线。硅纳米线中含有少量 β-SiC 纳米粒子,根据氧化物辅助生长机理,硅纳米线的生长头部形成了液态 SiO 层,促进了硅纳米线的生长。这是由于准分子激光器诱发了如下反应:SiC(固)+SiO_2=Si(固)+SiO(气)+CO(气),保护气体携带着 SiO 气体流动并沉积下来形

成了硅纳米线。

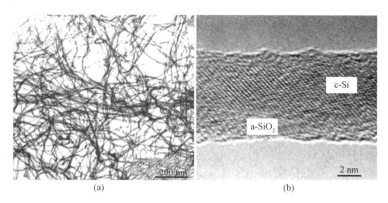

(a)　　　　　　　　　　　　(b)

图 2-31　激光烧蚀 SiO 所得硅纳米线的透镜图像

(a) TEM 图像;(b) HRTEM 图像

（2）CVD 法。

CVD 法制备硅纳米线时,通常以 Au、Fe、Ni 等金属作为催化剂,设备实物图如图 2-32 所示。

图 2-32　CVD 设备实物图

图 2-33 为 CVD 生长硅纳米线示意图。其过程是将气态硅源作为反应前驱体,在衬底上通过气体间的化学反应沉积得到硅纳米线。硅纳米线的生长过程包括以下五个步骤:第一步是硅源气体在系统中扩散;第二步是前驱体被衬底表面吸附;第三步是在衬底上发生化学反应;第四步是硅纳米线在衬底沉积成核再生长;第五步是气体的解吸、分散及挥发。研究初期,该方法是被用来沉积薄膜硅的。后来发现,首先在衬底表面镀一层几纳米的金膜（Au）,然后让气态硅源不断沉积析出,最后从衬底表面随着合金液滴不断生长,得到垂直于衬底的硅纳米线。进而开拓了硅纳米线研究领域新热潮。

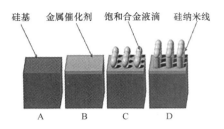

硅基　金属催化剂　饱和合金液滴　硅纳米线

A　B　C　D

图 2-33　化学气相沉积法生长硅纳米线

以 Au 为催化剂,采用化学气相沉积过程在不同的实验条件下可以制备出硅纳米线。单晶 n 型硅作为衬底,分别用清洗剂和乙醇浸泡清洗 10 min,然后用去离子水清洗并烘干,随后放入反应室中,通过高温氧化在硅衬底形成一层 20 nm 厚的 SiO_2 外层,反应室内真空度低于 10^{-3} Pa 时将 Au 沉积到硅衬底表面,然后将制备好的硅衬底放入等离子增强化学气相沉积(PECVD)室中,室内压力为 40~240 Pa,RF(射频)功率为 10 W,在 380 ℃时沉积硅烷数小时制备出了单晶硅纳米线,如图 2-34 所示。硅衬底上 Au 膜的厚度不同,所得硅纳米线的形态有较大区别,Au 膜厚度为 5 nm 时所得硅纳米线似虫状结构,直径有 300 nm,同时存在少量直径小于 15 nm 的纳米线,而 Au 膜厚度为 1nm 时所得硅纳米线的直径小于 100 nm,Au 膜厚度为 0.5 nm 时所得硅纳米线的直径最小,小于 15 nm,如图 2-34(a)所示。HRTEM 图像[图 2-34(b)]显示硅纳米线由单晶硅核和硅氧化物外层构成,沿[110]方向生长,由于硅纳米线的生长头部存在纳米颗粒,所以采用金属催化 VLS 生长机理可以解释硅纳米线的生长。而气液固机理最开始是由 Wagner 和 Ellis 提出的,并指出了金属催化剂在硅纳米线生长过程中的重要性,是制备硅纳米线最常见的方法,也是最能实现硅纳米线工业化生产的方法。通常情况,VLS 生长得到的硅纳米线结构为垂直于衬底的。而且所得硅纳米线直径都要小于或等于催化剂直径,故硅纳米线直径大小可通过催化剂直径来控制。目前 CVD 法的优点是可用来宏量制备硅纳米线,反应所需时间短,为 10~30 min,设备操作简单;缺点是沉积速率低,设备价格较贵。

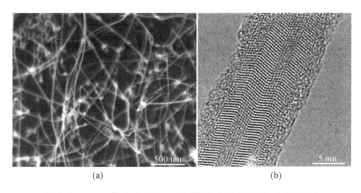

(a)　　　　　　　　　　(b)

图 2-34　Au 催化 PECVD 法所得硅纳米线的电镜图像

(a)SEM 图像;(b)HRTEM 图像

将 CVD 法与激光烧蚀过程结合起来也是最近发展起来制备硅纳米线的有效方法,称为激光辅助 CVD 法。使用此法以硅烷为硅源,Ar^+ 离子激光器为烧蚀源,Au 为催化剂,通过化学气相沉积过程可制备出高质量的硅纳米线,采用金属催化 VLS 生长机理可以解释硅纳米线的生长。

除了正常形态的硅纳米线,目前还可以制备出其他特殊形态的硅纳米线,如图 2-35 所示。采用氧化物辅助生长机理的两阶段生长模型可以解释多种纳米线形态的形成原因。根据两阶段生长模型,成核阶段分为单中心和多中心成核阶段,而生长阶段可分为周期稳定及周期不稳定生长阶段,因此,不同的成核和生长过程就会生成不同形态的硅纳米线。弹簧形硅纳米线是由于单中心成核和周期稳定生长过程两个阶段引起的,连续均匀的硅核反映了单成核中心的生成及纳米线的周期稳定生长过程,与正常形态的硅纳米线有相同的生长机理。生长方向的变化可能是由硅纳米线内部晶核变换生长方向引起的。鱼骨形硅纳米线是由单中心核化和周期不稳定生长过程引起的,此种形态的硅纳米线直径尺寸发生了周期性变化,并且包括"结"与"颈"两部分,两者之间的距离基本相同。蛙卵形和链状硅纳米线可由多中心核化过程来解释,周期不稳定生长过程使得链状硅纳米线的直径发生了规则变化,而周期稳定生长过程使得蛙卵形硅纳米线具有连续均匀的硅核。

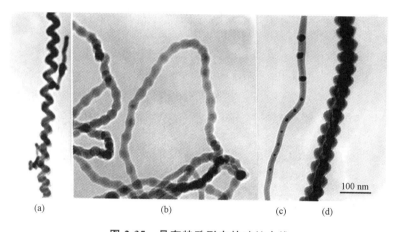

图 2-35　具有特殊形态的硅纳米线

(a)弹簧形;(b)链状;(c)蛙卵形;(d)鱼骨形

(3)热蒸发法。

由于硅在 1200 ℃ 的高温下具有足够高的蒸气压(约 186 Pa),因此直接热蒸发固态硅源,然后沉积到衬底上可以直接制备出硅纳米线。与 CVD 和激光烧蚀方法相比,此法更为简单,成本更低,一般不需要加入金属催化剂。

此法一般以 Si、SiO_2 及 SiO 粉末为硅源,实验可在普通管式炉中进行,炉内有一 Al_2O_3 管。将一定质量的 SiO 粉末置于 Al_2O_3 管的中心,通过控制炉体的温度可控制 SiO 的升华温度。Ar 气作为载气促进了 SiO 气体的流动,流速为 8.45×10^{-2} Pa · L/s。硅纳米线仅在温度低于 950 ℃ 的管壁上沉积与聚集,在管壁上硅纳米线的核化与生长方向朝向管中心。硅纳米线的生长时间一般为 5 h,这说明硅纳米线可直接从氧化物中生成。硅纳米线由单晶硅核和氧化物外鞘构成,直径 6～28 nm,长度接近 1 mm,产量随着

SiO 的升华温度及 Ar 载气压强的增加而增加,在合适的沉积温度下硅纳米线的产率高于 10 mg/h。SiO 升华后,为了减少自由能 SiO 分子结合形成了纳米团簇,随后纳米团簇气体在低于 950 ℃的管内壁沉积下来。由于 SiO 团簇为纳米级,所以 SiO 团簇的熔化温度有所降低,纳米团簇为液相,在 Si 纳米线的生长头部结合形成了黏性 SiO 基体,SiO 的歧化反应引起了硅沉积,因此形成了由单晶硅核和氧化物外鞘所构成的硅纳米线。压力对硅纳米线的形成有较大影响,1100 ℃时硅纳米线的产量最小,随着温度升高其产量急剧增加,同时 SiO 损失量也快速增加,其增长速率比硅纳米线的产量增加速率高一个数量级。因此,低于 10%的 SiO 气体形成了硅纳米线,随着升华温度的增加,硅纳米线的产量增加,这可能是由于 SiO 气体的压力引起的。

沉积温度对硅纳米线的形成有着重要影响,以 SiO 为硅源,在 600～1350 ℃时可以制备出花状和蘑菇状结构的硅纳米线。图 2-36(a)和(b)是 1200 ℃时沉积于硅衬底上的花状硅纳米线的 SEM 图像,从硅纳米线的主干上生长出了大量直径较均匀、长度较短的枝状硅纳米线,硅纳米线的主干直径约 40～60 nm,而枝状结构的直径小一些,约 30～40 nm。HRTEM 图像显示主干与枝状结构的纳米线由数纳米厚的无定形 SiO_2 外层所覆盖。1180 ℃在硅片上沉积得到了蘑菇状硅纳米线,如图 2-36(c)和(d)所示,蘑菇状结构由大量硅纳米线构成,直径为 30～40 nm,蘑菇状结构中氧含量不同,底部的氧含量为 54at%,而顶部的氧含量降低,仅为 27at%。在 Ar 载气气流作用下,以 SiO 为硅源,根据氧化物辅助生长机理可以制备出具有高度取向的硅纳米线。该法与模板法的区别在于模板法制备硅纳米线时硅纳米线竖直排列,方向性好,但是要专门制作模板,而此法中依靠载气的气流作用使硅纳米线在硅衬底上单向生长,方法更为简单。

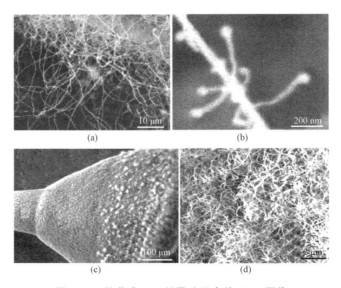

图 2-36 热蒸发 SiO 所得硅纳米线 SEM 图像

(a)低分辨花状硅纳米线的 SEM 图像;(b)高分辨花状硅纳米线的 SEM 图像;
(c)低分辨蘑菇状硅纳米线的 SEM 图像;(d)高分辨蘑菇状硅纳米线的 SEM 图像

（4）模板法。

激光烧蚀、热蒸发、CVD 等方法制备出的硅纳米线通常是自由式的纳米结构，而模板法综合多种物理、化学的方法，根据需要设计、组装多种高度有序的纳米结构阵列，通过改变模板的孔径可以控制一维结构的直径。目前制备硅纳米线常用的模板主要有多孔氧化铝、沸石等数种，可以通过 CVD、热蒸发等过程来实现硅纳米线的制备。

以孔径为 4～200 nm 的纳米多孔氧化铝膜作为模板，SiH_4 作为硅源，Au 作为催化剂，于 400～600 ℃、硅烷压力 17.29～86.45 Pa 时可制备出硅纳米线阵列，其他工艺参数一定时硅纳米线的长度随着生长时间的增加而增长，SiH_4 压力为 86.45 Pa 时硅纳米线的生长速率从 400 ℃ 时的 0.068 μm/min 增长到了 500 ℃ 时的 0.52 μm/min，当温度高于 500 ℃ 时 Si 沉积在了顶部表面及膜的孔壁上，因此生长速率有所降低。传统 VLS 生长机理中金属催化剂不仅在物质表面而且在气相中都会起作用，而在模板 VLS 生长机制中金属催化剂颗粒位于模板孔内，因此要选择合适的反应参数保证气相扩散到孔中并与催化剂优先发生反应，而不是在孔的内部沉积下来。VLS 生长过程主要包括四步，如图 2-37 所示，首先通过溅射或化学沉积方法在多孔氧化铝的一侧沉积一层 Au 催化剂，随后 SiH_4 气体在高温下分解沉积到模板孔内，与模板内的 Au 反应形成共熔液滴，Si 在 Au-Si 共熔液滴达到过饱和状态并向固—液界面扩散，同时在纳米孔的限制作用下进行一维方向生长，低温、低压的实验条件可以保证大量 SiH_4 气体通过模板孔移至 Au 表面时不会受到限制。不使用金属催化剂，采用以上相似的方法，通过 CVD 沉积 SiH_4 于 900 ℃ 直接依靠模板的限制作用也可以制备出高质量硅纳米线阵列，而通过热蒸发 SiO，结合氧化物辅助生长机理也可在多孔氧化铝模板上大量制备出直径 30 nm，长数十微米的硅纳米线。模板法制备出的硅纳米线阵列生长方向高度有序，直径和长度易于控制，较少发生周期性不稳定生长而产生的弯曲和缠绕现象，相对其他方法来讲具有工艺简单、成本低、可控性强和易实现大面积生长等优点。

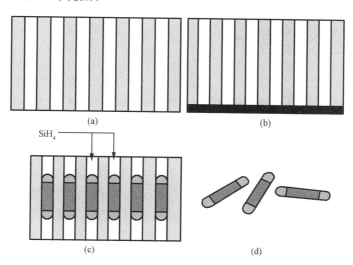

图 2-37 以多孔氧化铝为模板制备硅纳米线的生长示意图
（a）中空多孔氧化铝模板；（b）通过溅射或化学沉积法在模板一侧沉积一层金属催化剂（黑色部分）；
（c）硅纳米线根据 VLS 生长机理生长；（d）将模板腐蚀掉后所得硅纳米线

多孔沸石(SiO_2、Al_2O_3 和 Na_2O 的混合物)也是制备一维纳米材料的有效模板,但是所制备出的是非阵列式结构,即自由生长的硅纳米线。硅纳米线的直径及其可控性是将来设计和制造硅基纳米器件的决定性因素,而采用沸石中的沟道可以控制硅纳米线的直径与均匀度。香港城市大学的李述汤等报道了采用沸石为模板,在1250 ℃时热蒸发纯度99.9％的 SiO,根据氧化物辅助生长机理在沸石模板上制备出了超细硅纳米线,载气为95％Ar 和 5％H_2,流速为 50 cm^3/min,反应室压力为 $4×10^4$ Pa。在沸石模板表面可观察到大量硅纳米线,如图 2-38(a)所示,大部分硅纳米线黏附于沸石表面。EDS 能谱分析表明纳米线主要由 Si、O 和少量 Al 构成,Al 是由沸石产生的,这为研究硅纳米线的生长机理提供了一个有力证据。HRTEM 图像显示硅纳米线由很细的硅晶核和较厚的无定形 SiO_2 外层构成,硅核直径约1～5 nm,且单根纳米线硅核的直径均匀,而无定形 SiO_2 外层的厚度有 20～40 nm,结合模板与氧化物辅助生长机理可以解释超细硅纳米线的生长过程。1250 ℃时 SiO 首先气化并发生歧化反应形成了气相 Si、SiO_2 纳米团簇,而沸石位于930 ℃的温区内,在载气输运下气化的纳米团簇沉积扩散到沸石的纳米孔道内形成了含有 SiO_2 壳层的硅核,如图 2-38(b)所示。在沸石孔道内核化过程受到限制,大量的 SiO_2 抑制了 SiO 的歧化反应,所以核化阶段硅核的直径被限制在 1～3 nm。另外,沸石提供了更多的 SiO_2,导致了 SiO_2 外层厚度的增加,由于硅纳米线从沸石的纳米孔中生长出来,所以硅纳米线都粘在了沸石表面。

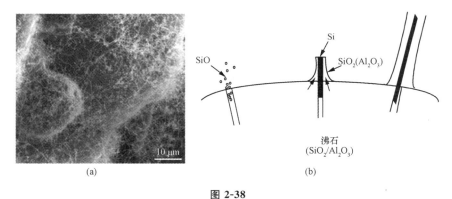

图 2-38

(a)以沸石为模板所得硅纳米线的 TEM 图像;(b)硅纳米线的生长过程示意图

(5)溶剂热合成。

以含硅的有机溶液为溶剂,金属纳米晶体为催化剂,在有机溶液中通过高温高压过程可以制备出较高质量的硅纳米线。以正己烷为溶剂、烷烃硫醇包覆的金纳米晶催化可制备出直径为 4～5 nm,长数微米的硅纳米线。将 Au∶Si 摩尔比 0.1％的金纳米晶分散于二苯基硅烷中,然后放入高压容器(0.2 mL)内并密封于氮气气氛中。采用高压液相色谱泵(LDC 分析)将去离子水抽至活塞的后面,通过加热转换器转移无氧无水的正己烷至20 MPa或27 MPa压力的反应室中,并将其加热至 500 ℃,反应时间 1 h,烷烃硫醇包覆的金纳米晶(直径 2.5 nm)催化了一维纳米硅晶的生长。图 2-39(a)为所制备硅纳米线的TEM 图像。当反应器皿内达到 500 ℃、27 MPa(有时为 20 MPa)的条件时,稳定的金纳米晶与硅前驱体、二苯基硅烷一起分散到超临界正己烷中,此时二苯基硅烷分解成了硅原

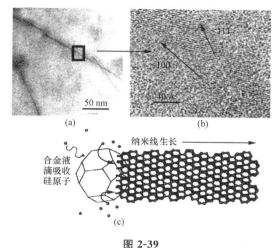

图 2-39
(a)以二苯基硅烷为硅源所得硅纳米线的 TEM 图像;
(b)以二苯基硅烷为硅源所得硅纳米线的 HRTEM 图像;
(c)Au 催化硅纳米线的生长机理示意图

子。参照 Au-Si 二元相图可知,当硅浓度高于 18.6% 时,在 363 ℃以上 Si 与 Au 即形成 Au-Si 合金。在所采用的反应条件下,Si 原子最可能溶解到稳定的 Au 纳米晶中直至达到饱和,饱和后硅即析出形成纳米硅线,如图 2-39(c)所示,纳米线沿[111]和[100]方向生长[图 2-39(b)]。这种方法可以制备出直径低于 5 nm 的硅纳米线,且纳米线中不含氧化物外层,但是所需压力很高,同时需要加入有机溶剂,对环境有一定污染,不符合现在工业的发展方向。

根据溶剂热合成制备出的硅纳米线通常可用超临界溶液—液—固(SFLS)生长机理来解释。根据 SFLS 生长机理从有机溶液中所得硅纳米线均为单晶结构,美国德克萨斯大学 Hanrath 等以金纳米晶作为催化剂,在高压反应容器内于一定的高压条件以含硅的有机物为硅前驱体,根据 SFLS 生长机理在硅衬底上制备出了直径 4～30 nm 的单晶硅纳米线,沿[110]方向生长。金纳米晶的平均尺寸为 7 nm,硅源为联苯硅烷(DPS),溶剂为环己胺,将烷烃硫醇包裹的金纳米晶涂于硅衬底上。在 500 ℃、DPS 浓度为 0.25 mol/L、其加入速率为 0.5 mL/min 时所得硅纳米线[图 2-40(a)]为较纯净的垂直线状结构,基本不含纳米颗粒。图 2-40(a)中右上角的插入图显示纳米线的生长头部存在金属 Au 纳米颗粒,说明 Au 催化了硅纳米线在超临界溶液条件下的生长,硅纳米线的平均直径为 16±4 nm,样品中存在直径小至 5 nm、长度大于 10 μm 的硅纳米线。当 DPS 的加入速率增加到 1 mL/min 时所得样品中纳米颗粒大大增加,如图 2-40(b)所示;而当加入速率增加到 3 mL/min 时每根纳米线的生长头部都存在纳米颗粒,如图 2-40(c)所示。温度降低会导致硅纳米线弯曲,如图 2-40(d)所示,对比不同反应条件所得硅纳米线的形态可知高温、DPS 的加入速率较慢时可得到纯净垂直结构的硅纳米线,HRTEM 图像显示纳米线为单晶纳米线,不存在无定形硅氧化物外层。

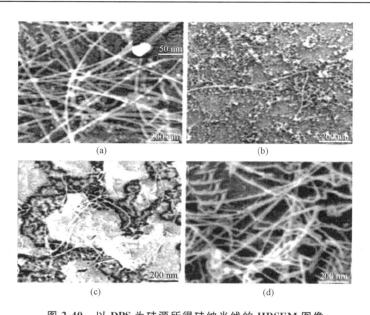

图 2-40 以 DPS 为硅源所得硅纳米线的 HRSEM 图像

制备温度 500 ℃,DPS 的加入速率:(a)0.5 mL/min;(b)1 mL/min;(c)3 mL/min;

(d)制备温度 450 ℃,DPS 的加入速率为 0.5 mL/min

(6)金属辅助刻蚀法。

金属辅助刻蚀法(metal-assisted chemical etching,MACE)由于实验装置简单、实验成本低、实验过程中容易控制硅纳米线的直径、长度、空隙率和生长方向,因而得到了广泛的研究。理论模拟研究表明,硅纳米线的长度、直径、周期性以及表面形貌等决定了硅纳米线的减反射性能。

实验部分为利用两步法-MACE 制备硅纳米线:将晶向为<100>的 N 型单晶硅切割成正方形小方片(2 cm×2 cm),然后用 RCA 清洗法进行清洗。将硅片放入混合溶液 A 中,混合溶液 A 由体积比为 1∶2∶5 的 $NH_3 \cdot H_2O$(质量分数 26%)、H_2O_2(质量分数 30%)、去离子水组成。在 100 ℃水浴温度下清洗 5 min。随后将硅片转移至混合溶液 B 中,在 100 ℃浴温度下清洗 5 min。混合溶液 B 由体积比为 1∶2∶6 的 HCl(质量分数 37%)、H_2O_2、去离子水组成。接着用去离子水超声 10 min,丙酮溶液超声 5 min,再放入无水乙醇中超声 5 min,除去硅片表面的有机物及杂质。随后用去离子水多次清洗,除去硅片表面残留乙醇。最后将硅片放在 5% HF 溶液中浸泡 3 min,除去硅片表面的氧化物并形成氢键,然后用去离子水将 HF 清洗掉。

刻蚀反应分两步进行,反应原理如图 2-41 所示。第一步将清洗好的硅片转移到提拉架上,并浸入到配置好的 $AgNO_3$/HF 溶液中,随着反应的进行硅片表面变成略带淡黄的银白色。这是因为沉积溶液中的 Ag^+ 不断从硅片表面俘获电子被还原成 Ag 核,Ag 核以纳米颗粒级别沉积在硅表面。同时硅原子失去电子被氧化为 SiO_2,在硅表面形成凹坑。这些纳米级别的 Ag 核可以作为催化剂促进反应的进行,不断地还原 Ag^+ 产生新的 Ag 核。随着沉积反应时间增加,较小级别的 Ag 核粒子进一步渗透,沉积在加深的凹坑中,而较大级别的 Ag 核粒子则无法进入凹坑,在硅表面逐渐相互粘结生长,长成枝状的 Ag

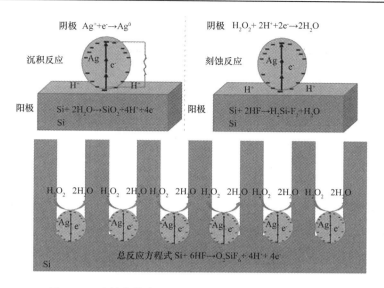

图 2-41　硅纳米线在 HF – H_2O_2 – H_2O 中形成机理示意图

枝晶。整个氧化还原反应在贵金属 Ag 核的周围进行,沉积反应的方程式如下:

在阴极,沉积溶液中 $AgNO_3$ 中的 Ag^+ 得到电子还原成 Ag^0 单质。

$$Ag^+ + e^- \rightarrow Ag^0 \tag{1}$$

同时在阳极,Si/Ag 的接触端,Si 被氧化为 SiO_2,在硅表面形成凹坑。

$$Si + 2H_2O \rightarrow SiO_2 + 4H^+ + 4e^- \tag{2}$$

硅片在 $AgNO_3$/HF 溶液中反应一定时间后取出,随后立即将硅片放入到 HF/H_2O_2 溶液中,保持一定温度,进行第二步刻蚀反应。刻蚀一定时间后取出,用去离子水冲洗,得到表面呈暗黑色的硅片,即在硅片表面形成了硅纳米线。刻蚀溶液中含有 HF/H_2O_2 等氧化剂,且第一步沉积反应会在硅表面产生 Ag 核,Ag 核的催化作用将加快其底下的硅被氧化物氧化的速度以及 HF 溶解所形成的硅氧化物的速度,从而使得这部分被覆盖 Ag 核的硅表面相对于未被覆盖 Ag 核的硅表面被更快地刻蚀。因此第一步沉积反应中 Ag 核的分布尤为重要,分布得当就能留下较为整齐的垂直于基底的硅纳米线阵列。第二步刻蚀反应的方程式如下:

在阴极,即在贵金属颗粒 Ag 核与液面的接触端,H_2O_2 被还原。

$$H_2O_2 + 2H^+ + 2e^- \rightarrow 2H_2O \tag{3}$$

同时在阳极,Si/Ag 的接触端,Si 被氧化为 SiO_2,如式(2)所示。SiO_2 被溶解,制备出硅纳米线。

$$SiO_2 + 6HF \rightarrow H_2SiF_6 + 2H_2O \tag{4}$$

研究了刻蚀温度、刻蚀时间、过氧化氢(H_2O_2)浓度对样品硅纳米线的形貌和反射率影响。研究发现,随着刻蚀时间增加,硅纳米线样品的长度随之增加,而反射率降低。H_2O_2 浓度提高,硅纳米线样品的长度也增加,在浓度为 0.1 mol/L 时反射率降至最低。刻蚀温度升高,硅纳米线样品的长度先增加,然后随着硅纳米线生长速率变快的同时样品的形貌结构遭到破坏,反射率呈总体上升趋势。实验结果表明,改变制备过程中的反应条件,对硅纳米线的形貌会具有较大影响,同时硅纳米线阵列的反射率也会改变。硅纳米线的反射率强烈依赖于硅纳米线的长度、规整程度和空隙率大小等。

(7)分子束外延技术(MBE)。

图 2-42 为 MBE 生长硅纳米线示意图。该技术是把系统中硅原子气体供应给衬底上的金属膜,再基于 VLS 机理的基础上生长出高纯硅纳米线,直径可达 70～200 nm。与 CVD 相比,该技术是以单质硅为气态前驱体,且硅易氧化,故为避免系统中残留的 O_2 对衬底和硅纳米线的污染,需将 MBE 系统进行真空处理。首先在衬底镀一层 Au 薄膜,将衬底放置于 MBE 系统中退火处理,当温度达到共融温度时,衬底上的 Au 薄膜会形成 Au/Si 液滴,这个时候开始

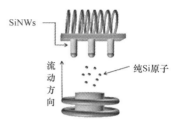

图 2-42　MBE 生长硅纳米线

加热蒸发单质 Si 源,得到的高纯 Si 原子被 Au/Si 液滴吸收并在其催化作用下生长出竖直硅纳米线。MBE 生长温度在 500～700 ℃之间。该技术得到的产物为单晶硅,其方向为<111>晶面。对于目前 MBE 法,其优点是对于硅原子束控制相当准确,成膜机理简单,可原位集成多种分析测试手段。在反应过程无化学反应参与,因此可在低温下制备纳米材料。这对很多材料而言,无疑是最便利的。缺点是稳定性低,生长速率也低。对工业化生产来说,仪器设备的稳定性是非常关键的。

(8)电子束光刻(EBL)。

图 2-43 为电子束光刻技术生长硅纳米线示意图。它是指在硅衬底上进行刻蚀,形成电子束标记,把光刻胶(PR)除去、进行甩胶、使用电子束光刻技术得到纳米线硬掩膜图案,再对刻蚀进行硅衬底,再把光刻胶除去,最后得到硅纳米线。该技术有极高的分辨率,可达纳米级,制作尺寸最小可达 10～20 nm。因为电子束光刻是无掩膜直写型的,所以灵活性很高,可用来直接制作各种不同类型的图形,但是产率极低。目前 EBL 优点在于电子束中电子波长短,所以它的分辨率较高,可达纳米级。使用直写工作方式进行图形曝光,加工方式灵活;缺点是产率较低,很难精确控制刻蚀深度,设备结构复杂,价格较贵。

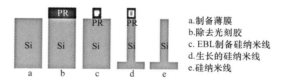

图 2-43　电子束光刻技术生长硅纳米线

(9)纳米压印光刻技术。

图 2-44 为纳米压印光刻技术生长硅纳米线示意图。它是利用模具材料和预加工材料之间的杨氏模量差,通过两种材料相互作用后完成图形的复制转移。纳米压印图型转移是通过模具向下挤压使抗蚀剂流动并填充到模具表面腔体结构中,填充完成后,又在压力作用下使抗蚀剂继变薄到后面工艺允许的范围内停止挤压并固化抗蚀剂。与传统的光刻方法不同,压印光刻本身不使用任何高能光束。目前纳米压印光刻技术的优点是有较高分辨率、低成本和高产率;缺点是脱模难度大,容易污染产物。由于该技术大多数是不

连续生产过程,故不能大规模制备(见表 2-2)。

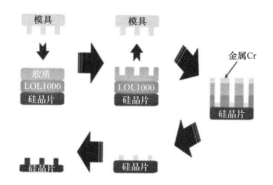

图 2-44　纳米压印光刻技术生长硅纳米线

表 2-2 列举了硅纳米线各种制备方法的优缺点。

表 2-2　硅纳米线各种制备方法的优缺点

制备方法	优点	缺点
化学气相沉积(CVD)	可宏量制备硅纳米线,反应所需时间短,正常为 10~30 min,设备操作简单	沉积速率低,设备价格较贵
分子束外延技术(MBE)	对硅原子束控制准确,成膜机理简单,可原位集成多种分析测试手段。无化学反应参与,可在低温下使用	稳定性低,生长速率低
激光烧蚀技术(LA)	硅纳米线直径低于 20 nm,纯度高,操作便捷,可控性好	设备要求高,生长速率慢
氧化物辅助法(OAG)	产物没有金属污染,操作简单	反应温度较高,设备要求高
溶液法	生长温度低,操作简易,实验设备简单,产率高,结晶好,且适合大规模应用	生长实验条件不成熟,理论研究不够深入
电子束光刻(EBL)	分辨率较高,加工方式灵活	产率较低,很难精确控制刻蚀深度,设备结构复杂,价格较贵
纳米压印光刻技术	较高分辨率、低成本和高产率	脱模难度大,容易污染产物
金属辅助化学刻蚀(MACE)	工艺简单、成本较低、质量好和比表面积高	化学反应的各向异性较差,刻蚀精密度不高,有较多颗粒污染

2.4.1.2　硅纳米管

由于碳和硅的 π 键结合能力不同,导致其化学性质不同。碳的 s 与 p 轨道的能量差是硅的近两倍,所以硅趋向于 sp³ 杂化。碳较大的杂化能量说明其 p 轨道较活跃,所以碳具有较稳定的 sp、sp² 及 sp³ 杂化。由于硅原子间距大于碳原子间距,硅的 π 键结合能力减少了一个数量级,导致硅的 π 键结合能力远远低于碳的 π 键结合能力,所以碳容易形成石墨管状结构,而硅易形成类金刚石线状结构,所以长期以来对于一维硅纳米材料的研究限于硅纳米线方面,而对于硅纳米管局限于理论研究。很多研究者提出了不同的模型,说明在一定条件下硅纳米管可以稳定存在。

虽然理论研究表明存在稳定的硅纳米管,实验中也极有可能获得,但是长期以来未成功制得硅纳米管,所以硅纳米管的制备目前已经成为国际上的一个研究热点。通过应用基于 Tersoff 势能的原子模拟方法可研究硅纳米管在轴向拉力作用下的响应结果,拉力及依据虎克定律关系的成比例变形逐渐引起了硅纳米管的断裂。随着硅纳米管直径的增加,其理论强度呈线性增加,然而引起硅纳米管的断裂所作用于每个原子上的力几乎为常数,表明此力与硅纳米管的直径无关。此研究得到的结果与碳纳米管的研究结果相类似。德国的 Seifert 等建立了类似于磷纳米管结构的 Si－H 纳米管模型,采用密度泛函紧束缚势理论对其进行研究后认为,此种硅纳米管都具有稳定的半导体带隙,在纳米光电器件方面具有很大的应用潜力。近年来已经发展了多种方法,如模板法、水热法、电弧法和激光烧蚀等方法来研究硅纳米管,在硅纳米管的制备与性能研究上取得了一定进展。

(1)模板法。

模板法是目前研究硅纳米管的制备使用较多的一种方法,已用此法制备出了自由生长的硅纳米管和硅纳米管阵列。模板法在制备纳米材料时具有以下优点:对制备的条件不敏感,易于操作和实施,并且在制备过程中可以通过控制晶体成核和生长来改变产物的形貌和结构。

2002 年,浙江大学以纳米沟道氧化铝(NCA)为模板,采用化学气相沉积过程制得了直径 50～100 nm 的硅纳米管。首先用磁控溅射方法将金沉积到两端开口的 NCA 纳米沟道内,随后将 NCA 模板放入石英管炉内,炉室内保持低于 20 Pa 的真空度。当炉内温度升至 620 ℃ 时向炉内以流动速率比 10∶2∶1 通入 Ar/H$_2$/SiH$_4$ 混合气体,在沉积过程中,炉室内的压力及温度保持在 1450 Pa 及 620 ℃。沉积完成后从炉中取出 NCA 模板并溶解到稀释 HCl 溶液中。HRTEM 分析表明硅管的壁层包括晶体硅及少量无定形硅,作者认为传统 VLS 金属催化机理可以解释硅纳米管的生长。除了中空硅纳米管外,还有少量实心的硅纳米线共存于硅纳米管中,所以作者提出了此法制备硅纳米管的生长机理示意图(图2-45)。当催化剂颗粒 Au 充满纳米沟道氧化铝的底部,而只有少数 Au 颗粒黏附于氧化铝孔壁上时,此时金属 VLS 生长机理起主要作用,从而导致硅纳米线的形成,如图 2-45(a)所示。如果金沉积过的纳米沟道两端处于开口状态,当硅烷分解而得硅原子以较慢的速率通过 NCA 沟道时,一部分硅原子对称地沉积在了沟道壁上,

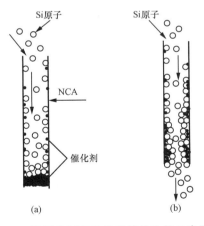

图 2-45　模板法制备硅纳米管的生长示意图

其余硅原子通过沟道另一端,如图 2-45(b)所示。由于硅原子在沟道壁上的沉积有限,所以纳米沟道的限制形成了硅纳米管。在硅的沉积过程中,沉积了金纳米团簇的区域发生了 VLS 反应,导致晶体硅的催化生长,同时在没有沉积金纳米团簇的区域形成了无定形硅。所以作者认为催化剂可能对于在 NCA 沟道内形成硅纳米管不是必需的,

但是通过 VLS 机理在低温下形成晶体硅方面金纳米团簇起到了关键作用。

2003 年,韩国的 Jeong 等未使用金属催化剂,采用 MBE 技术在多孔氧化铝模板上成功制备出了平均直径约 70 nm 的硅纳米管。其制备过程如下:首先通过阳极化处理制备出了多孔氧化铝模板,随后在 0.1 mol/L 磷酸溶液中浸泡 10 min 以拓宽模板孔尺寸,然后在氩气中于 500 ℃时热处理 30 min 以增强氧化铝的结晶程度。将处理好的模板放于 MBE 室中,室内真空度为 6.65×10^{-8} Pa,通过电子束蒸发器产生硅原子,生长速率为 0.07 Å · s^{-1}。为了防止氧化铝层熔化,衬底温度保持在 400 ℃,然后样品进一步在 600 ℃或 750 ℃热处理以进行氧化。从图 2-46(a)可看出束状硅纳米管生长于氧化铝模板的顶部,右上角的插入图清楚地显示了硅纳米管初始的生长形态,即纳米管生长于氧化铝孔的末端。图 2-46(b)为一典型断裂后的硅纳米管生长头部的 TEM 图像,硅纳米管由半透明 SiO_2 外层所覆盖。TEM 图像和 HRTEM 研究表明硅纳米管由内孔、硅壁层及二氧化硅外层组成,内孔尺寸约 40 nm,与模板的孔径尺寸相似,壁厚约 4~5 nm,氧化物层约10 nm。由于没有使用金属催化剂,所以氧化铝孔壁上吸收了硅原子,进入氧化铝孔壁的硅原子可能扩散出了孔末端,因此硅纳米管生长于氧化铝表面的顶部孔端,由于从未在平坦氧化铝表面观察到硅纳米管生成,因此突出的氧化铝孔可能在纳米管的生长过程中起到了重要作用。

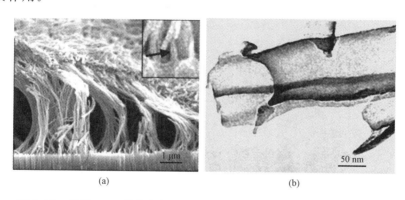

图 2-46　采用 MBE 技术在多孔氧化铝模板上所得硅纳米管的电镜图像
(a)SEM 图像;(b)单根硅纳米管的 TEM 图像

清华大学的研究人员采用多步模板及通过硅烷热解 CVD 沉积过程制备出了硅纳米管阵列,并研究了硅纳米管阵列的场发射特性。首先将含有 NiO 核的阳极氧化铝模板放于刚玉坩埚内,然后将坩埚置于 CVD 炉中刚玉管的中心,排空刚玉管内的空气后,向管内通入 Ar 气直至压力达到 1000 Pa。在硅纳米管的沉积过程中,向刚玉管内以10 cm³/min 的速率通入硅烷气体 20 min,并控制温度于 600 ℃保温 2 h。将所得产物分别于 1 mol/L 的 NaOH 和 HCl 溶液中浸泡 30 min、10~25 h 以去除氧化铝模板和 NiO 核,最终得到了硅纳米管阵列,如图 2-47(a)和(b)所示,纳米管生长顶端为六边形开口结构,平均外部直径约 70 nm,与氧化铝模板的孔径一致。硅纳米管阵列的侧视图显示所得纳米管是垂直和高度定向结构,其长度约 20 μm,XRD 研究显示纳米管为立方金刚石结构。通过控制硅纳米管的沉积时间,可以控制硅纳米管的壁厚,沉积时间分别为 10、20 和 30 min 时,所得硅纳米管的壁厚分别为 5、10 和 14 nm。进一步分析表明纳米管由元素硅和很少的氧构成。对所得硅纳米管的生长机理研究显示 NiO/多孔氧化铝模板中的 NiO 核在纳米管的生长过程中起到了关键作用,其生长机理示意图如图 2-47(c)所示。CVD 沉积过程的早期阶段,硅烷扩散到了模板孔内,并于 NiO 核表面分解,所以 NiO 会被还原为金属 Ni,同时 Ni 也会催化硅烷的分解,从而导致了 NiO(Ni)/Si 核壳纳米线的形成。理论计算表明 Ni 原子可以稳定硅纳米管,所以纳米线核表面的 Ni 原子对硅纳米管的稳定起到了重要作用。以硅纳米管/多孔氧化铝样品作为阴极,Cu 作为阳极在室温下测试了硅纳米管阵列的场发射特性,阴极与阳极间距为 $300\sim500~\mu m$,产生 $0.01~mA/cm^2$ 的电流密度时对应的阈值场强仅为 $5.1~V/\mu m$,发射电流密度为 $1~mA/cm^2$ 时其击穿场强为 $7.3~V/\mu m$,以上说明这种硅纳米管阵列在真空微电子器件、化学生物传感器方面具有很大的应用潜力。

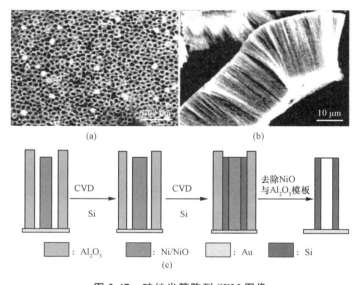

图 2-47　硅纳米管阵列 SEM 图像
(a)俯视图;(b)侧视图;(c)硅纳米管的生长示意图

　　采用与多孔氧化铝不同的模板,即可移动的 ZnS 纳米线为模板也可以制备出硅纳米管。首先热蒸发 ZnS 粉末制得 ZnS 纳米线,然后以 ZnS 纳米线为模板,加入 SiO,在高温炉中于 1450 ℃时热蒸发 SiO。在 Ar 载气作用下,气体硅沉积在 ZnS 纳米线表面从而得到了 ZnS/Si 核壳结构纳米线,石英管内真空度为 26.6 Pa,Ar 载气流速 120 cm³/s。最后通过 HCl 酸腐蚀掉 ZnS/Si 核壳结构纳米线中的 ZnS 核得到了硅纳米管。纳米管相对较直,长度可以达到数微米,直径分布为 $120\sim180$ nm,而内孔尺寸为 $60\sim70$ nm,大多数纳米管的壁厚为 $40\sim60$ nm,纳米管的生长头部包括开口与闭合两种结构。在超高真空环境下将 Be 沉积到 Si(111)7×7 表面可获得高序蜂巢状 Be 包裹的硅纳米管阵列。此方法采用 Omicron 扫描隧道显微镜(STM)在超高真空(1.66×10^{-8} Pa)环境下进行,从 Ta 管中沉积 Be,估计 Be 的沉积速率为 0.1 mL/min,在 $500\sim650$ ℃时可形成直径低于 10 nm 的 Be 包裹硅纳米管。

此外,使用湿化学蚀刻技术去除氧化锌纳米线模板可制备硅纳米管。该方法首先是在 100 ℃以下的实验环境中采用水热法合成垂直排列的氧化锌纳米线,然后通过化学气相沉积在氧化锌纳米线上沉积硅壳层,最后通过湿化学蚀刻技术除去氧化锌模板从而制备出垂直排列的硅纳米管。此方法的优点是操作方便且成本廉价,同时可以通过改变气体的流通量和温度来控制硅纳米管的管壁厚度。

(2)水热及电化学溶液法。

目前已有研究者发展了水热法和电化学溶液沉积过程实现了硅纳米管尤其是自组生长单晶硅纳米管的制备。水热法被认为是最方便和实用的技术之一,用水热法制备硅纳米管的优点在于:原料为硅氧化物,来源广泛,因此相对廉价;在实验过程中加入的是对环境无污染的物质,因此对环境友好;反应釜是制备材料的常用设备,其工艺成熟,技术可靠,适合规模化产业,可以避免特殊的仪器、复杂的工艺和苛刻的制备条件,而且可以很好地控制合成产物的均匀性和形貌;能允许减少各种平衡的自由能,比在液体状态下具有更高的扩散率,低粘度促进质量传输,高压缩性允许密度和溶解功率变化;制备过程无需金属催化剂,制备的硅纳米管可以体现自身的真实性等优点。

湖南大学的唐元洪等首次采用全新的水热生长法制备出了自组生长单晶硅纳米管。所谓自组生长就是说完全是在气氛中一个一个原子搭建成的,完全可以体现它的本征真实特性。由于没有加入金属催化剂,所以所有测量结果也可以反映硅纳米管的本征特性。利用水热法可以模拟出高温、高压气氛,同时使用完全无毒的硅源,再加上水溶剂在特定工艺条件下可以生长出硅纳米管。纳米材料在很多情况下是在亚稳态形成的,并不是在一个稳态情况下形成的,特别是一维材料,亚稳态材料所需气氛与平时有所不同。图 2-48 为自组生长硅纳米管的透射电子显微镜图像,从图 2-48(a)中可观察到纳米管状结构,纳米管呈直线状且表面较光滑干净,其外部直径一般小于 20 nm,约 8～20 nm,长度达上百纳米,甚至可达微米级。内孔直径通常小于 5 nm,有一定的直径分布,但范围较窄。硅纳米管的生长头部都呈近似半圆的闭合结构,表明没有金属催化剂粒子存在,而且在纳米管生长头部也未观察到开口结构。从 HRTEM 图像[图 2-48(b)]中明显可观察到硅纳米管具有中空内孔、晶格条纹清晰的硅壁层及具有一定厚度的无定形硅氧化物外层,晶格条纹

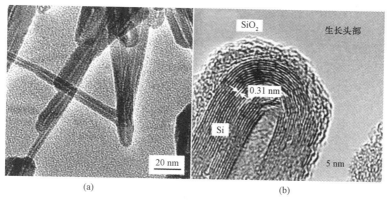

(a)　　　　　　　　　　(b)

图 2-48　自组生长硅纳米管的透射电镜图像

(a)TEM 图像;(b)HRTEM 图像

平行于硅纳米管的轴向方向生长,经测量计算可知管壁层的晶面间距为0.31 nm,正好与硅⟨111⟩面相吻合。硅纳米管的生长头部[图 2-48(b)]外径约 18 nm,内孔约 3.5 nm,硅壁厚约 5 nm,无定形外层厚度小于 2 nm,硅壁中晶体硅的生长方向沿纳米管的轴向,从图中可以发现纳米管生长顶部的晶体生长方向出现了偏移。图中白色箭头为硅纳米管生长头部中的缺陷,研究表明晶体生长沿表面能低的生长方向,由于缺陷的表面能低,所以缺陷的存在可能引起了硅纳米管生长头部的生长方向出现了偏移。硅纳米管两端较为对称的硅壁层(硅壁层数一致)及无定形二氧化硅层表明所合成的硅纳米管为一种无缝的管状硅结构。因此,硅纳米管的结构由三部分组成:内部为数纳米的中空结构,中部为晶体硅所组成的管壁结构,壁厚一般低于 5 nm,最外层为直径低于 2 nm 的无定形二氧化硅外层。

从目前的高分辨透射电镜研究来看,还未观察到样品中存在单壁硅纳米管,因此目前所得到的硅纳米管是一种多壁硅纳米管。采用5wt％的 HF 酸对制备出的自组生长硅纳米管进行腐蚀处理,以此对自组生长硅纳米管的稳定性进行研究,同时提出了超临界水热条件下硅纳米管的 Si - H 自组生长模型并对自组生长硅纳米管的稳定性及生长机理进行了较详细的研究。分析表明硅纳米管的稳定性与其生长形成过程密切相关。但由于水热法反应过程复杂,目前对其真实的生长机理还不是很清楚,有待深入研究。自组生长硅纳米管是在一定条件下由一个个原子自己搭建生成、内部排列有序的纳米管,完全可以体现硅纳米管的真实特性,具有很好的应用前景。

通过电沉积超细硅纳米粒子形成薄膜,在干燥过程中通过自组装可卷曲成 0.2～5 μm 的硅纳米管,该纳米结构只是由纳米薄膜卷曲得到的 V 字形或者卷曲程度较大的蛋卷形结构,膜的两边没有连接在一起。在 HF 酸和 H_2O_2 水混合溶液中通过具有强催化作用的电化学蚀刻过程可制得粒径约 1 nm 的超细硅纳米粒子胶体,硅纳米粒子表面的悬挂键由氢及氧饱和,氧含量为 10％。在 365 nm 波长的光激发下,肉眼可以看出该材料发蓝光。从图 2-49(a)可看出该纳米材料具有中空结构,纳米管的管壁透明,这是由于硅纳米粒子的带隙比较大(3.5～3.7 eV)引起的。通过原子力显微镜(AFM)可以测得构成硅纳米管的薄膜厚度为 32 nm,如图 2-49(b)所示。这一厚度与超细纳米粒子的浓度、电流

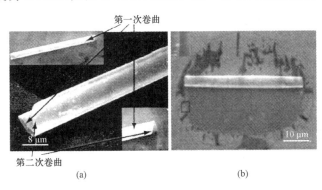

图 2-49

(a)电沉积过程所得硅纳米管的 SEM 图像;(b)采用 AFM 测量
前驱体硅膜末端的分层来确定硅纳米管的壁厚

和电沉积时间有关,随着三个变量的增加,薄膜的厚度增大。因此,可以通过减小电流来控制薄膜的厚度,从而得到厚度较小的薄膜。硅纳米管的直径在很大程度上受到薄膜厚度和干燥过程中溶液蒸发速率的影响,所得硅纳米管表面光滑。由于在干燥过程中贴着电极的一面卷曲曲率较小,而另一面的卷曲曲率较大,因而随着干燥的进行,硅纳米薄膜各部位的卷曲曲率不同而逐渐卷曲成硅纳米管。采用半径约 10 nm 的 AFM 尖端在直径几微米的硅纳米管上施加压力,测量了这种硅纳米管的机械强度,其杨氏弹性系数只有块体硅的 1/5000,是橡胶的 30 倍,说明这是一种可弯曲、如橡胶一样柔软的硅纳米管,研究认为这种硅纳米管结合了氧原子形成了一种三维网络结构,由于氧原子的存在,这种纳米管才变得柔软可弯曲。因为硅纳米颗粒具有光致发光、耐光性和受激发射的属性,用此制成的硅纳米管在通过电场控制的纳米二极管、可弯曲激光器等方面具有很好的应用前景。

(3)电弧法及其他方法。

目前电弧法被归类为自下而上的方法,是制备多种新型纳米结构和纳米材料的有效方法。该实验装置通常包括电源、电极、腔室、真空泵系统以及所需的介质(气体、气体或液体的混合物)等。实验原理是通过改变电弧放电的条件(如几何形状、电压、电流、腔内气氛以及阴极或阳极的组成等)来制备出不同类型的硅纳米材料(包括硅纳米粒子、硅纳米线、硅纳米管、硅纳米片和其他一些含有硅的纳米材料等)。该方法的优点是:容易形成非常高的温度,实验相对容易操作,所需的原材料容易获得以及无太多的特殊要求等。该方法的主要缺点是:形貌选择性低,可控性差,尺寸分布宽,产率低,反应不均匀,副产物多等。这些缺点极大地限制了该方法在制备硅纳米管时的实际应用。目前,最具挑战性的问题可能是如何延长电弧放电时间以及提高制备速率。

意大利的 Crescenzi 等报道了以高纯硅粉末为硅源,通过直流电弧等离子体法制备了直径 2～35 nm,平均直径约 7 nm 的硅纳米管,所需电流为 75 A,两极电压 30 V。所得产物为淡白色,通过 TEM[图 2-50(a)]测试可知产物主要由硅纳米团簇和硅纳米管组成,纳米管约占 10%,长度为数百纳米。虽然从 TEM 图像中很难看出产物为管状结构,但是通过 SAED 花样分析可知该材料中心的 SAED 衍射花样中没有任何衍射像,这说明该材料中心没有排列规则的晶体结构,所以推测可知该一维纳米结构为中空纳米管。与碳纳米管相似,通过 TEM 还观察到了 Y 形和 T 形结构的硅纳米管,表明硅原子可以在一定条件下出现 sp^2 杂化。STM 研究表明该纳米管的直径变化较大,同时高分辨 STM 图像的二维傅利叶变换图像[图 2-50(b)中的插入图]显示纳米管中硅原子的排布为规律的正六方形结构。对其手性分析表明硅纳米管具有不同的手性,对不同手性硅纳米管的电压—电流曲线研究表明硅纳米管的导电性与其手性有关,与碳纳米管相似的是不同手性角的硅纳米管可以体现出金属及半导体特性,而与碳纳米管不同的是当纳米管的手性角为 0° 时,即扶手椅形硅纳米管不具有金属特性。

除了以上制备方法外,还有热蒸发、CVD 和激光烧蚀法等制备硅纳米管的报道。日本的 Bando 等未使用任何模板,热蒸发置于石墨坩埚内的 SiO 制备出了一种多晶结构的硅微管,制备温度为 1600～1700 ℃,保温时间 1.5 h,制备过程中通入 Ar 气,流速为 150～200 cm³/min,所得大部分硅管为开口结构,一小部分为闭口结构,长度可达几百微米,甚至是毫米级,每根管的直径均匀,外部直径约 2～3 μm,壁厚约 400～500 nm。蒸发

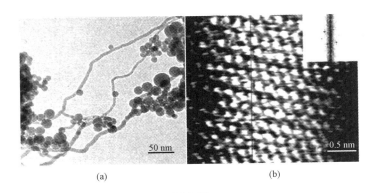

图 2-50

(a)电弧法所得硅纳米管的 TEM 图像;(b)纳米管的 STM 图像

右上角插入图为相应二维傅利叶变换图像

温度、保温时间和载气的流速对硅微管的影响研究显示温度是硅微管形成的关键性因素,温度低于 1500 ℃不能得到任何管状结构,只能得到硅纳米线,此法制备硅微管的较佳温度为 1600~1700 ℃。加入 Ni_xMg_yO 催化剂,并以氢化的 $SiCl_4$ 为硅源,采用 CVD 法可以制备出硅纳米管。TEM 结果显示硅纳米管形成较合适的反应温度为 700 ℃,大部分纳米管一端为开口结构,少数纳米管两端为闭合结构,而反应温度为 600 ℃、720 ℃和750 ℃时可分别得到硅微晶、棒状及洋葱头结构。最近,日本的 Yamada 等报道了采用激光烧蚀工艺也可以制备出硅纳米管,这是卷曲起来的准二维蜂巢状结构,为共轴多壁纳米管,所得硅纳米管的最小内孔尺寸与外径分别为 1 nm 和 4 nm,长度可达 1 μm。

有学者提出了一种采用少量稀土元素镧作为间接催化剂制备硅纳米管的方法。该方法采用一氧化硅粉末和硅粉末等混合物作为起始原料,混合物中一氧化硅粉末和硅粉末的质量比值为 0.5~2.0,稀土元素镧的用量占混合物用量的 1%~3%左右。实验是在较高的温度以及较低的气体压力条件下进行,这使得硅原料气化,并在合适的沉积温度下依靠硅原子的堆积成核并长大,从而成功制备出具有空心结构的硅纳米管。该制备方法操作简单,实验设备相对廉价,而且制备的硅纳米管晶体结构完整,能够满足工业要求。

2.4.1.3 锗纳米线

锗为Ⅳ主族元素,作为重要的半导体材料,其体材料是间接带隙半导体,不能应用于光电器件方面,而对硅、锗纳米线及碳纳米管的研究表明这些纳米材料都具有在将来的纳米电子器件中扮演重要作用的潜力。与块体硅相比,块体锗的某些性能在应用上更有优势:①锗的本征载流子(电子和空穴)迁移率更高,室温下锗的载流子迁移率分别为 $\mu_n=$ 3900 $cm^2 V^{-1} s^{-1}$ 和 $\mu_p=1900$ $cm^2 V^{-1} s^{-1}$,而硅的载流子迁移率分别为 $\mu_n=1500$ $cm^2 V^{-1} s^{-1}$ 和 $\mu_p=450$ $cm^2 V^{-1} s^{-1}$,在制备高频及快速转换器件方面很有潜力。②本征载流子浓度高,Ge 的载流子浓度为 $2.4×10^{13}$ cm^{-3},而 Si 的载流子浓度为 $1.45×10^{10}$ cm^{-3}。③玻尔半径为 24.3 nm,远远大于一般半导体材料的玻尔半径,其纳米管结构更容易出现量子限制效应等性能。④由于与 GaAs 等Ⅲ~Ⅴ族材料有相近的晶格常数,所以锗易与Ⅲ~Ⅴ族半导体材料相兼容。虽然锗的块体材料是间接带隙半导体,不能发出可见光,但是理论研究表明一维锗纳米材料为直接带隙半导体,因此,一维锗纳米材料在将来的纳米电子器件及近红外区域的光电探测器方面具有很大的应用潜力,同时由于元素锗为 sp^3 杂化,而不是易于形成管状具有石墨结构的 sp^2 杂化,所以锗纳米管难于合成。虽然目前对锗纳米管模型进行理论研究说明锗纳米管可以稳定存在,但是很少有关于实现锗纳米管的报道。本节主要就实心锗纳米线的制备方法作一介绍。

(1)溶剂热合成法。

最早通过金属钠在正己烷中还原 $GeCl_4$ 和苯基 $GeCl_3$,在 275 ℃、10 MPa 的条件下可以制备出锗纳米线,但是此法产量小且有较多缺陷。

以粒径 2.5 nm 或 6.5 nm 的烷烃硫醇保护的金纳米晶为催化剂,不同的锗前驱体{四乙烷基锗[$(CH_3CH_2)_4Ge$,TEG]、二苯基锗[$(C_6H_5)_2H_2Ge$,DPG]}为锗源,在超临界环己胺流体中可制备出直径 10～150 nm、长几微米至十几微米的锗纳米线,较合适的温度范围是 300～450 ℃,压力 13.8～38 MPa。400 ℃时,纳米线的数量最多,如图 2-51 所示。由高分辨扫描电镜(HRSEM)图 2-51(a)和(b)可看出采用 DPG 时制备的纳米线比采用 TEG 产量高,且纳米线更长、更细、更分散。400 ℃时采用 TEG 时所得锗纳米线的直径为 87 nm,而采用 DPG 时所得纳米线直径仅为 17 nm,这可能是由于 DPG 的分解速率比 TEG 高的缘故。可能是由于金纳米晶催化剂直径的不同导致了锗纳米线的直径有差异,同时生长条件的波动也是线直径不均匀的原因之一。对采用 DPG 时合成的锗纳米线进行

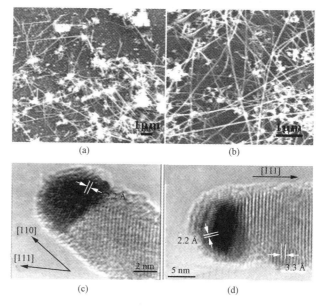

图 2-51

(a)采用 TEG 所得锗纳米线的 HRSEM 图像;

(b)采用 DPG 所得锗纳米线的 HRSEM 图像;

(c)生长方向为[111]锗纳米线的 HRTEM 图像;

(d)生长方向为[110]锗纳米线的 HRTEM 图像

SAED 衍射分析及 HRTEM[图 2-51(c)和(d)]研究表明锗纳米线头部为金球状颗粒,为立方金刚石结构,[111]、[110]为主要生长方向。

Ni、Bi 纳米晶也可以有效催化锗纳米线的生长,以 Ni 纳米晶为催化剂,温度 410～460 ℃、27.8 MPa 的压力下在超临界甲苯溶液中通过苯基苯锗的分解制备出了单晶锗纳米线,锗纳米线的生长温度明显低于 Ni - Ge 合金的共熔温度 762 ℃,采用超临界流体—固—固(SFSS)生长机理可以解释锗纳米线的形成与生长。以 Bi 纳米晶为催化剂,在三辛基磷(TOP)溶液中通过 GeI_2 的分解于 350 ℃、常压下可制备出单晶锗纳米线,GeI_2 与 Bi 的摩尔比为 80:1 时所得锗纳米线的质量最高,这是常压下采用传统溶剂热合成方法制

备Ⅳ族纳米线的首次报道。SEM 研究显示纳米线呈笔直状,直径约 20～150 nm,平均直径 50 nm,长径比大于 100,平均长度大于 5 μm,许多纳米线长度大于 10 μm,由于 Bi 纳米晶为单分解状态,在锗纳米线的生长过程中难于稳定并聚集于一起,所以所得纳米线的尺寸分布范围较大。此种方法所得产物纯净,锗纳米线的产率很高,0.6 mg 的 Bi 纳米晶与 75 mgGeI$_2$ 在 5 mLTOP 溶液内反应就可获得 7.5 mg 纯锗纳米线,产率约 40%。在 TOP 溶液中产生晶体 Ge 纳米线有两个关键性因素:①Bi：Ge 的共熔温度点低,仅为 270 ℃;② GeI$_2$ 的反应活性高,在远远低于其沸点(550 ℃)的温度 330 ℃时 GeI$_2$ 会歧化反应生成 Ge 和 GeI$_4$。如果不使用 Bi 催化剂,通过以上实验只能得到锗纳米颗粒,虽然锗纳米团簇会均匀核化,但是锗纳米颗粒如果聚集到 20 nm 的 Bi 纳米颗粒上其界面自由能更低,GeI$_2$ 在 Bi 纳米颗粒表面分解形成共熔状态,根据 VLS 生长机理导致了锗纳米线的形成与生长。Bi：Si 的共熔温度也是 270 ℃,所以以 Bi 为催化剂采用此方法也有利于在 350 ℃以下的低温下制备出新颖的一维硅纳米材料。另外,In 与 Sn 的熔点分别为 156 ℃ 和 231 ℃,易于与 Ge/Si 形成共熔液滴,从而有可能制备出新型的 Si/Ge 异质结构纳米材料。

（2）激光烧蚀法。

结合激光烧蚀法、根据 VLS 生长机理可以制备出直径低于 10 nm 的锗纳米线。美国哈佛大学的 Morales 等研究 Ge－Fe 二元相图时发现 Ge 富余区域的晶相与 Si－Fe 的相似,838 ℃以上时为 FeGe$_x$ 液相与 Ge 固相,而 838 ℃以下时为 β－FeGe$_2$ 液相与 Ge 固相,与 Si－Fe 相图的主要不同之处在于 Ge－Fe 相图中 Ge－Fe 相于低于 400 ℃时的温度出现,因此于 820 ℃激光烧蚀 Ge$_{0.9}$Fe$_{0.1}$ 靶可以得到直径 2～9 nm 的锗纳米线,Ar 气的流速为 50 cm^3/min,反应室压力为 3.99×10^4 Pa。TEM 研究显示纳米线为晶体结构,不存在无定形外层,生长头部存在 FeGe$_2$ 纳米团簇。

香港城市大学的李述汤等在不加入金属催化剂的前提下,以准分子激光器为激光源,Ge 与 GeO$_2$ 的混合物为 Ge 源,根据氧化物辅助生长机理也制备出了单晶锗纳米线。激光脉冲能量为 40 mJ,激光波长 248 nm,频率 10 Hz,脉冲持续时间 34 ns,Ar 气的流速为 100 cm^3/min,反应室压力为 6.65×10^4 Pa。在离烧蚀靶大约 15 cm 处的石英管内壁及铜冷却端顶部附近的硅(111)衬底上可形成锗沉积产物,衬底温度降至 690～705 ℃时,在衬底上可形成直径 16～500 nm 的锗纳米线,而衬底温度更高时锗纳米线的直径相对较细。TEM[图 2-52(a)]显示锗纳米线的长度可达几十微米,大多数纳米线表面弯曲且光滑,有一些含有弯曲及扭结结构,而整根纳米线的直径几乎完全相同,其最小直径约 12 nm,与其对应的晶核尺寸约 6 nm,而石英管中相对较低的温度区域也发现了直径 190 nm 的锗纳米线。当纳米线沿[211]方向生长时,锗纳米线晶核表面齿状结构的晶面为{011}、{100}及{111}面,无定形锗氧化物鞘能够黏附在晶核表面的齿状结构上,饱和或者至少钝化了大部分晶核表面的悬挂键。

采用氧化物辅助生长机理可以解释锗纳米线的形成与生长,此机理主要与非化学计量的锗氧化物及随后 Ge 与 GeO$_2$ 的相分离有关。GeO$_2$ 鞘层对锗纳米线的形成具有重要作用,GeO$_2$ 饱和了锗核表面的悬挂键,减少了表面自由能,并限制了锗纳米线在非一维方向上的生长。对锗纳米线的成核和初始生长阶段的研究结果表明锗晶核及初始生长阶段的锗纳米线分别为半球及短圆柱状,柱状结构在衬体表面以任意角度倾斜,这种形貌表明沉积条件促进了所烧蚀的材料迁移到突出的纳米线顶端的比率比迁移到纳米线侧面的要多。在锗纳米线的初始生长阶段锗纳米线包含锗核及锗氧化物层,由于长时间的冷却后才能从石英管中取出初始生长阶段的锗纳米线,所以不能确定锗纳米线成核过程中的相分离过程。在锗纳米线主要生长阶段其生长头部存在非化学计量的锗氧化物(GeO_x),高温退火时由于系统自由能的减少,非化学计量的锗氧化物分离形成了 Ge 核及 GeO_2 鞘层。另外,GeO_2 鞘光滑外层的形成表明 700 ℃时在纳米线的生长头部存在沉积的纳米黏性 GeO_x,此温度低于能够产生黏性流动 GeO_2 的温度(850 ℃)。SiO_2 与 GeO_2 的结构相似,然而能够形成黏性流动非化学计量硅氧化物的温度比形成 GeO_x 的温度要高。因此,以 SiO_2 代替 GeO_2,采用激光烧蚀锗靶于 700 ℃时在硅衬底上制备出了长度短、直径较大的蚯蚓状锗纳米线[图 2-52(b)]。锗纳米线的表面粗糙、直径较大及长度短,这可能是由于沉积于生长头部的非化学计量硅氧化物产生黏性液态的温度高于 GeO_x 产生黏性液态的温度,在纳米线的生长阶段相分离的速度有所减慢引起的,而纳米线的直径较大也可能是由于粗糙表面的表面能增加引起的。

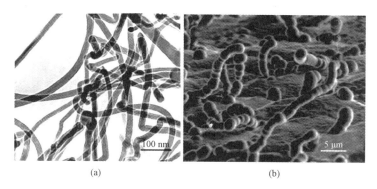

图 2-52　激光烧蚀 Ge 与 GeO_2 粉末所得锗纳米线的 TEM 图像

(a)锗纳米线的通常形貌;(b)蚯蚓状锗纳米线

(3)CVD 法。

采用 CVD 过程制备锗纳米线时通常需要加入金属催化剂,如 Au、Fe 等,图 2-53 为 Au 催化 VLS 生长机理制备锗纳米线的生长示意图。含 Ge 的前驱体气体将元素 Ge 输运到液态 Au 催化剂内,并分解与 Au 形成液态合金,随着液态合金内的锗达到过饱和状态时,锗原子会扩散到液—固界面上,并于液—固界面上晶化导致锗纳米线的生长。以 Au 为催化剂,GeH_4 为锗源,输运气体为 H_2 或 Ar 气,在温度 275~380 ℃时根据以上 VLS 生长机理可以制备出直径 22~40 nm、长度大于 1 μm 的锗纳米线。以乙硼烷 B_2H_6 为锗源的掺杂前驱体,通过 Au 催化 CVD 过程可制备出直径约 20~50 nm 的 B 掺杂锗纳米线。首先在氢化硅衬底上沉积一层 1 nm 厚的 Au 膜,并于 500 ℃时在 H_2 载气的保护下热退火以形成 Au 液滴,随后降温至纳米线的生长温度 285 ℃,保温 2 h,反应室内压力为 665 Pa,GeH_4 的流速为 60 cm^3/min,此种锗纳米线为本征定向锗纳米线,沿[111]方向生长,其生长速率为 4 μm/h。以 1%B_2H_6 的 GeH_4 为 Ge 源,流速为 2 cm^3/min,通过以上相同的过程可以制备出 B 掺杂锗纳米线,其生长头部成锥形,直径约 400 nm,进一步实验表明在 255～320 ℃的温度范围内，Ge 锥形结构的生长、维度与温度关系不大，而随着温度的升高其锥形密度逐渐减少。

传统金属 Fe 也是制备锗纳米线的有效催化剂。以 Fe 为催化剂，金属有机物前驱体［Ge(C_5H_5)$_2$］为 Ge 源，在 Fe 衬底上于 325 ℃、1.33 Pa 压力下通过 CVD 过程可以大量制备出单晶

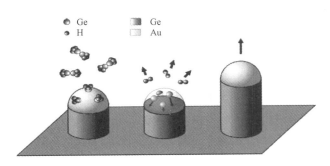

图 2-53　Au 催化 VLS 生长机理制备锗纳米线的生长示意图

锗纳米线，此种方法不需要预先在衬底上镀 Fe 催化剂膜，而是直接以 Fe 衬底为催化剂，制备过程简单。所得锗纳米线如图 2-54(a)所示，Fe 衬底上覆盖着大量均匀的线状结构，直径约 15～20 nm，尺寸分布范围窄，长度可达几十微米，这也说明锗纳米线沿着线轴的生长速率比线直径的高几个数量级。对锗纳米线的核化过程研究发现在低于 325 ℃时就会出现 Ge-Fe 共熔液滴，这可能是由于低压或原料的纳米尺寸引起的。单根锗纳米线的 HRTEM 图像［图 2-54(b)］显示纳米线为良好的单晶结构，外表面存在粗糙的无定形锗层，所以这种锗纳米线为由锗核和无定形锗外层构成，为一种核壳结构。CVD 过程的早期阶段在 Fe 衬底上形成了很薄的 Fe-Ge 薄膜，采用金属铁 VLS 生长机理可以解释单晶锗纳米线的形成与生长，通过调节 Ge 前驱体的浓度可以控制锗纳米线的轴向生长速率，而衬底温度和 Fe 催化剂薄膜的厚度决定了锗纳米线的直径，当 Ge 前驱体气体的流量达到一极限值时，会得到单晶锗/无定形锗核壳结构的锗纳米线。与以前报道的在硅衬底上通过沉积金属催化剂的制备方法相比，由于制备过程中不需要衬底，从 Fe 衬底上取下锗纳米线后还可以被重复使用，所以这种方法更加简单、有效。

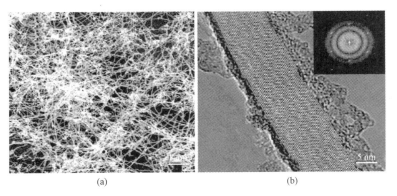

(a)　　　　　　　　　　　(b)

图 2-54　CVD 沉积 Ge(C_5H_5)$_2$ 所得锗纳米线的电镜图像

(a)SEM 图像；(b)HRTEM 图像

(4)模板法。

模板法是制备一维纳米材料的常用方法，在制备锗纳米线方面也具有独到之处，用不同的模板，如多孔二氧化硅、纳米管、多孔氧化铝可以制备出高质量锗纳米线。以多孔二

氧化硅为模板,将其置于溶液中从二氧化硅模板内所得锗纳米线平均直径约为 6.4 nm,为金刚石结构,沿[100]方向生长。以碳纳米管为模板,通过化学替代反应可制备出锗纳米线。首先将碳纳米管放于 TEM 铜网上,然后放到高真空室内通过物理气相沉积工艺在纳米管表面涂一 Ge 层,通过装置 Gatan 加热系统的 JEOL-3000F TEM 观察到了锗纳米线的原位生长。纳米管表面锗层的厚度为 2～3 nm,当加热温度升至 350 ℃时,无定形 Ge 开始形成晶体 Ge,随着加热温度的增加,晶体锗纳米粒子的尺寸和数量不断增加。将样品加热至 760 ℃,保温半小时并自然冷却,退火后无定形锗全部转变成了晶体锗,其中一些为单晶结构,元素锗替代碳纳米管中的碳后得到了锗纳米线,所用碳纳米管的直径为 9.5 nm,而所得锗纳米线的直径约 15.9 nm,沿[111]方向生长。此法虽然可以制备出锗纳米线,但是所用设备为透射电镜,价格昂贵,每次只能得到很少量的样品,所得锗纳米线成本高,实用性较差。

以多孔阳极氧化铝(PAA)为模板,通过热蒸发过程可大量制备出单晶锗纳米线阵列。PAA 模板内孔尺寸大约 52 nm,如图 2-55(a)所示,孔间距离为 95 nm,锗源为 Ge 片与 GeO_2 粉末,将其混合并与 PAA 模板密封于石英管内,Ge 源与 PAA 模板相距 10 cm,管内压力为 10^{-3} Pa,管内温度升至 1100 ℃,保温 3 h,冷却时在真空内保持 10 h。锗纳米线的 SEM 图像[图 2-55(b)、(c)和(d)]显示在 PAA 模板上得到了大量锗纳米线阵列,这些纳米线阵列呈笔直状,直径较均匀,约 50～90 nm,长数微米,主要沿[220]方向生长。

(5)其他方法。

除了以上方法外,目前还发展

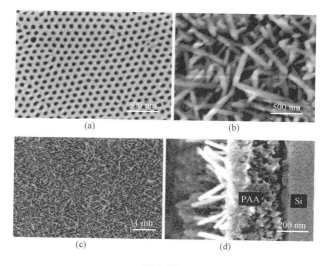

图 2-55

(a)PAA 模板的 SEM 图像;

(b)以 PAA 为模板所得锗纳米线的高倍数 SEM 图像;

(c)以 PAA 为模板所得锗纳米线的低倍数 SEM 图像;

(d)锗纳米线横截面的 SEM 图像

了热蒸发、MBE 技术等方法来制备锗纳米线。

采用两段温区管式反应炉内用 Au 催化热蒸发气体输运法在锗衬底上可制备出垂直的锗纳米线。原料为质量比为 1∶1 的锗、石墨粉末,载气流动速率及制备温度一定时,石墨可以起到增加锗气化后的表面积和气态锗压力的作用,通过碳热还原反应石墨还可以起到消除原料锗表面少量元素氧的作用。热动力学研究表明由于气态碳与锗的形成需要很高的歧化热,与 C—C 键相比,Ge—C 键非常不稳定,在很大温度和压力范围内碳不能溶于晶体锗内,所以不可能形成晶体碳化锗。原料的蒸发温度为 1020～1030 ℃,锗纳米线沉积的衬底温度为 470～480 ℃,保温 1 h,载气为 Ar、H_2 混合气体,流速分别为 100～140 cm^3/min 和 50～80 cm^3/min。与激光烧蚀和有机 CVD 方法相比,双温段气态输运过程具有设备简单、成本低、原料及载气对环境无污染等特点。FESEM 图像[图 2-56(a)]显示所得锗纳米线为垂直结构,直径均匀,直径约 42 ± 10 nm,长度 1 ± 0.2 μm,对锗纳米线的生长头部[图 2-56(b)]研究显示其头部存在半圆形 Au/Ge 纳米颗粒,说明 Au 催化了锗纳米线的生长。HRTEM 图像[图 2-56(c)]表明锗纳米线由单晶锗核、GeO_2 及少量碳层组成,沿[111]方向生长,相应 SAED 衍射花样分别对应(200)、(220)和(222)晶面,其晶面间距分别为 0.283 nm、0.2 nm 和 0.163 nm。采用其他导电或绝缘材料作衬底,如石墨、碳化硅和重掺杂硅,根据以上相同的实验参数也可以制备出高质量锗纳米线,说明这种气体输运方法在不同衬底上都可以有效得到锗纳米线,而由于锗与硅的晶格参数不匹配,所以以硅为衬底时得到的是与硅衬底有一定倾斜角度的锗纳米线。与以上方法不同,直接于 950 ℃时热蒸发 Ge 粉成 Ge 气,并沉积于温度 500 ℃涂有 Au 纳米颗粒的衬底上,根据 Au 催化 VLS 生长机理也可以制备出锗纳米线,其直径约 20～180 nm。当 Au 纳米颗粒的尺寸为 10 nm 时,所得锗纳米线的尺寸分布范围窄,平均直径约 28 nm。

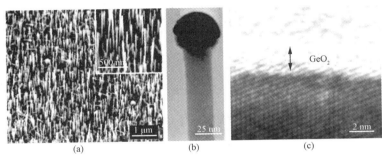

图 2-56　锗衬底上所得锗纳米线的电镜图像

(a)FESEM 图像;(b)生长头部的 TEM 图像;(c)HRTEM 图像

采用分子束外延法在 P 掺杂硅衬底上沉积锗纳米线时不需加入金属催化剂,所用温度为 400～500 ℃,所得锗纳米线也与其他方法制备出的不同,是一种岛状结构,高 2 nm、宽 16～32 nm、长 10～600 nm、沿[$\overline{3}32$]方向生长。

2.4.2　一维金属纳米材料

目前关于金属的一维纳米材料种类繁多,主要包括金、银、铜、铁、钴、镍、铅、铋、镉、锌、钯及其合金等纳米线、纳米管,制备方法主要包括模板法、溶液法、水热法等多种方法。

2.4.2.1　模板法

采用模板法可以很有效地制备出多种金属纳米线,且直径可控,但是所用模板比较难去除。常用的模板主要有径迹刻蚀聚合物模板、多孔硅模板和多孔阳极氧化铝(AAO)模板等,其中,多孔阳极氧化铝模板因具有孔径在纳米级的平行阵列孔道,孔洞均一有序,热稳定性好等优点,而且可通过改变制备条件对孔径、孔洞间距和孔深度等进行调控,因而被广泛应用。AAO 膜的制备以及模板合成纳米线、纳米管等低维纳米材料技术已成为近年来的研究热点,这项技术在研制开发敏感元器件、高密度磁存储器、纳米束状电极、传感器以及导电材料等新型功能材料方面具有广泛的应用前景。

(1)金纳米线。

金纳米线可以通过电化学沉积在径迹蚀刻高聚物的模板中制得,模板的厚度和孔密度分别为 6 μm 和 6×10^8 孔/cm^2。具体过程大致如下:铂线和饱和甘汞电极(SCE)分别为辅助和参比电极,在模板的一面蒸镀一层约 200 nm 金膜充当工作电极。电解液的组成如下:少量的凝胶(大约 2 wt%)加到 20 mL 商业用的 Orotemp 金的电镀液,稀释 40 mL后即可。图 2-57(a)显示的是典型金纳米线 TEM 图像,从图 2-57(a)可以算出其平均直径为 40 nm,图 2-57(b)是任意选择的一段金纳米线的 TEM 图像及其对应的电子衍射(ED)花样。沿着纳米线的任意一点,其衍射花样是相同的,只是强度有所变化,这表明纳米线是单晶,只不过沿纳米线方向有一点结构变形。电子衍射的结果表明金纳米线沿[111]方向生长。

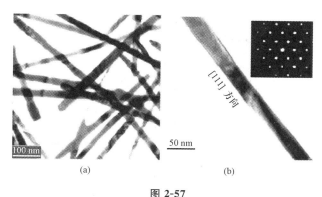

图 2-57

(a)金纳米线的 TEM 照片;(b)中右上角插入图为相应的电子衍射花样

(2)银纳米线。

银纳米线可以通过电化学沉积在直径为 70 nm 有序的氧化铝模板孔洞中,氧化铝模板的 AFM 图像如图 2-58(a)所示。使用传统的三电极模式:蒸过银膜的氧化铝模板作为工作电极,Ag/AgCl 电极作为参比电极,铂片作为辅助电极。沉积过程是通过 LK98 ⅡB 型的电化学工作站实现的。电解液的组成为:0.01 mol/L AgNO$_3$ 水溶液,没有任何添加剂。氧化铝模板断面的 SEM 图像如图 2-58(b)所示。工作条件:通过循环伏安法在室温下,电势从 -0.6~1.0 V 循环扫描。沉积后,样品经过去离子水洗涤几次后,在室温下干燥以备分析测试使用,所得银纳米线如图 2-59 所示。

(3)钴纳米管。

钴纳米管制备过程如下:在沉积之前使氧化铝模板孔壁(孔直径 100 nm,厚度50 μm)硅烷化,这是通过在 1%甲基—γ 二乙基三胺—二甲氧基硅烷无水壬烷溶液超声1 min 而制得的。首先将硅烷化膜从溶液中取出,且在氮气气氛下加热 100 ℃,然后在硅烷化膜上蒸上一层薄薄的金膜作为工作电极,0.5 cm^2 钴片作为辅助电极,饱和甘汞电极作为参比电极。采用恒电流模式进行电化学沉积,电流密度为 0.5 mA/cm^2,温度保持在293 K。电镀液的组成为:20 gL^{-1} CoSO$_4$ · 7H$_2$O、35 gL^{-1} H$_3$BO$_3$,去离子水的电阻大于 18 MΩ · cm,所得钴纳米管如图 2-60 所示。

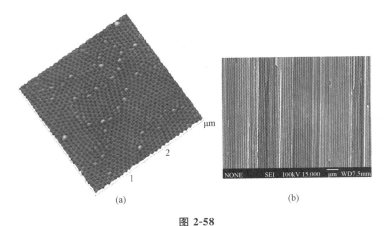

(a)　　　　　　　　　　　(b)

图 2-58

(a)氧化铝模板的 AFM 图像;(b)氧化铝模板断面的 SEM 图像

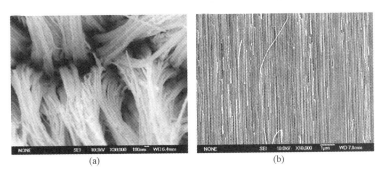

(a)　　　　　　　　　　　(b)

图 2-59　银纳米线的 SEM 图像

(a)表面;(b)断面

(4)钴铬纳米线。

　　Co-Cr 合金纳米线是通过电化学沉积在孔径为 200 nm,厚度为 60 mm 有序氧化铝模板的孔洞中而制得。电镀液的组成为:$CrCl_3 \cdot 6H_2O$、$CoCl_2 \cdot 6H_2O$、H_3BO_3 和 $HCOONH_4$。其中甲酸铵作为配位剂,氨基乙酸(H_2NCH_2COOH)作为增亮剂。溶液的 pH 通过氨水调至 5~6。电化学沉积模式为三电极法:溅射 150~200 nm 铂层的氧化铝模板作为工作电极,铂电极作为辅助电极,Ag/AgCl 电极作为参比电极。沉积电势

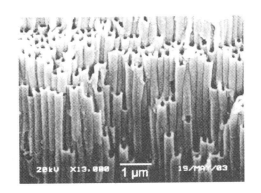

图 2-60　钴纳米管的 SEM 图像

为−4.0~−1.0 V,温度为 25 ℃。沉积结束后,样品在 550~800 ℃温度下,真空度为 10^{-6} Pa 的氢气气氛中退火 40 min 即可,所得钴铬纳米线如图 2-61 所示。

(a) (b)

图 2-61

(a)钴铬纳米线断面的 SEM 图像;(b)单根纳米线的 SEM 图像

(5)Sb_2Te_3 合金纳米线。

通过溅射在氧化铝模板的背面沉积一层金,用镀过金的模板作为工作电极,石墨作为辅助电极,在自制的电镀槽中,采用传统的两电极法进行电化学沉积。电解液的组成如下:0.05 mol/L SbO^+、0.075 mol/L $HTeO_2^+$。溶液的 pH 值通过 HNO_3 溶液调至 1,如果溶液的 pH 值太高,会引起 SbO^+ 和 $HTeO_2^+$ 的水解而产生沉淀;如果 pH 太低,会腐蚀模板。具体的制备过程如下:$HTeO_2^+$ 由一定量的 Te 粉与 5 mol/L HNO_3 在加热条件下通过以下反应:$Te+4HNO_3 = HTeO_2^+ + 4NO_2 \uparrow + 2H_2O$ 而制得。SbO^+ 来源于 $SbCl_3$,为了溶解 $SbCl_3$,避免 Sb^{3+} 水解而产生沉淀,在溶液中加入一定量的柠檬酸和酒石酸钾,使 Sb^{3+} 形成柠檬酸的配合物;溶液 pH 值是通过 5 mol/L HNO_3 调制而成。电流密度由双恒电位仪严格控制,其大小为 0.5 mA/cm^2,沉积时间为 2 h。

Sb_2Te_3 样品的表面形貌如图 2-62 所示。图 2-62(a)和(b)是用 1 mol/L NaOH 腐蚀 5 min 样品的不同放大倍数表面形貌,从图中可以清晰地看出大面积、高度均匀、高填充率(100%)的 Sb_2Te_3 阵列。图 2-62(b)清晰地看出圆柱形的纳米线从完美的六角单元生长出来。图 2-62(c)是用 1 mol/L NaOH 腐蚀 10 min 样品的断面照片。图 2-62(b)和(c)显示了纳米线阵列是有序、连续、致密且长度和直径非常均匀的。图2-62(d)是用1 mol/L NaOH 腐蚀 10 min 样品的表面形貌。随着腐蚀时间的增加,暴露的纳米线就越长。

2.4.2.2 水热法

(1)铜纳米线。

水热法合成铜纳米线的实验过程如下:在 80 mL(12.5 mmol/L)的氯化铜中加入 2 mmol ODA(十八烷基胺)强烈搅拌 5 h 后,形成蓝色乳状液。然后把溶液转移到容量为 100 mL聚四氟乙烯内衬的反应釜,反应温度为 120~180 ℃,时间为48 h。然后反应釜自然冷却至室温,倒掉浮在水面的悬浮物,留下的固体物质分别用正己烷、去离子水和无水乙醇清洗即可,所得铜纳米线如图 2-63 所示。

图 2-62　不同腐蚀时间后 Sb₂Te₃ 纳米线阵列的表面和断面照片

(a)5 min；(b)5 min；(c)10 min；(d)10 min

图 2-63　铜纳米线的 FESEM 图像

(2)CoPt 合金纳米线。

反应过程如下：在氮气的保护下，0.39 g(100 mmol)乙酰丙酮铂搅拌溶解在 40 mL 乙二胺溶剂中，0.34 g(100 mmol)$Co_2(CO)_8$ 加入完全溶解的乙酰丙酮铂的乙二胺溶液中。混合物完全搅拌后，可以得到澄清的溶液，把澄清的溶液转移到聚四氟乙烯内衬的反应釜中进行水热反应。反应温度 160～200 ℃，时间为 12～72 h。反应结束后，样品经过过滤及在无水乙醇中清洗后，在无水乙醇中超声除去附在纳米线表面的过量乙二胺，通过离心分离，在 50 ℃下，真空干燥 6 h 即可，所得纳米线的 SEM 图像如图 2-64 所示。

图 2-64

(a)未经处理的 CoPt 合金纳米线的 SEM 图像；

(b)在 580 ℃退火后 CoPt 合金纳米线的 SEM 图像

2.4.2.3　溶液法

(1)铜纳米线。

具体的合成路线如下：将 $20\sim30$ mL NaOH（浓度为 $3.5\sim15$ mol/L）和 $0.5\sim1.0$ mL $Cu(NO_3)_2$（浓度为 0.10 mol/L）首先加入容量为 50 mL 玻璃反应容器中，然后加入不同量的乙二胺（EDA，$0.050\sim2.0$ mL，99 wt%）和水合肼（$0.020\sim1.0$ mL，35 wt%），把所有的试剂混合均匀后，放在水浴中在 60 ℃保温 $0.25\sim15$ h。样品经过洗涤、收集、离心分散后，保存在水合肼溶液中，以防止其氧化，所得铜纳米线的 SEM 图像如图 2-65 所示。

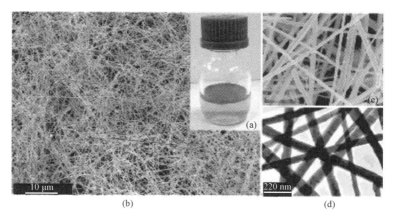

图 2-65

(a)在母液中的铜纳米线；(b)铜纳米线的低倍 SEM 图像；

(c)铜纳米线的高倍 SEM 图像；(d)铜纳米线的 TEM 图像

(2)铁磷合金纳米线。

实验步骤如下：5 g TOPO（三辛基氧化磷，99%）和 6 mL TOP（三辛基磷，97%）混合物作为初始溶剂，加热到所需温度（>300 ℃），并在氮气保护气氛中搅拌，然后 0.5 mL 溶液［其溶液是由 1 mL $Fe(CO)_5$ 溶解在 4 mL TOP 中而制得］快速注入热的 TOPO/TOP 溶液中，注入后温度下降到 300 ℃，且在 300 ℃保温一定时间，以便进一步生长。再每隔

30 min 后,从反应溶液中取出 0.2 mL 来监控其生长过程,并将 0.2 mL 溶液注入反应溶液中,以保持反应液总体积不变。取出的液体在正己烷中进行分散,然后滴在铜网上进行 TEM 观测。图 2-66 是不同反应时间的 TEM 图像,从 TEM 图像中可以看出纳米线和纳

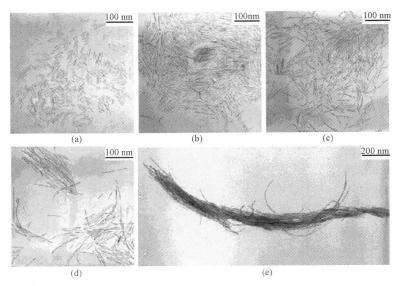

**图 2-66　在 50 wt%TOPO 和 TOP 混合溶液中,采用一次及
多次注射制备的 FeP 合金纳米线**

(a)1 次;(b)2 次;(c)3 次;(d)6 次;(e)15 次

米棒的直径均为 5 nm。随着反应时间的增加,纳米线的直径不变,而长度增加,甚至可以达到几微米(长径比>200)。因此,长的纳米线可以通过多次注入来实现。

(3)铋纳米线。

在 poly1 - hexadecene(聚 1—十六烯)0.67 和 1 - vinylpyrrolidinone(1—乙烯基吡咯烷酮)0.33 及少量 NaN(SiMe₃)₂ 存在下{前驱体 Bi[N(SiMe₃)₂]₃ 与 NaN(SiMe₃)₂ 物质量之比=18∶1},在 203 ℃下前驱体 Bi[N(SiMe₃)₂]₃ 分解形成深黑色的胶体。然而,这种胶体最终形成类似凝胶的黑色沉淀物,大约需要 2～3 周。TEM 图像(图 2-67)显示这种胶体主要由 Bi 纳米线及少量 Bi 纳米球组成。纳米线至少有几微米长。电子衍射花样证明所得纳米线为单晶结构。单根纳米线的电子衍射指标化表明这些纳米线是沿[110]方向择优生长。统计数据表明纳米线的直径相当小,平均粒径为 5.9～2.4 nm,纳米球的平均粒径为 10.7～1.7 nm,从 TEM 图像上可以算出纳米线与纳米球的比约为 1∶4。

2.4.2.4　CVD 法

(1)镉纳米管。

金属镉纳米管是在标准的 CVD 设备中制备的,所用 CVD 设备由带石英管高温管式炉和独立的温控装置构成,管长 120 cm,直径 2.5 cm。将装有 0.5 g CdS 粉末放在管式炉的中央。在升温之前,以流速 100 mL min⁻¹Ar 气吹 2 h,把反应系统中的氧气完全驱除干净,然后反应在 700～1000 ℃温度范围内保温 4 h。反应结束后,可在 50～300 ℃温区内得到毛状银白色产品。该产品就是镉纳米管,它是由 CdS 在高温分解所致。它的反

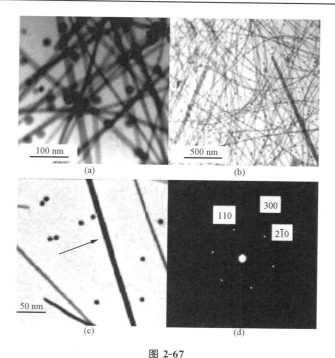

图 2-67

(a),(b),(c)为 Bi 纳米线的高倍及低倍 TEM 图像；

(d)为 Bi 纳米线相应的电子衍射花样

应方程式如下:$CdS \rightarrow Cd + S$,所得镉纳米管的电镜图像如图 2-68 所示。

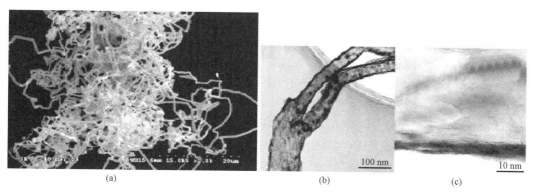

图 2-68　镉纳米管的电镜图像

(a)SEM 图像;(b)TEM 图像;(c)HRTEM 图像

(2)钴钯多层纳米线。

在多壁碳纳米管中的钴钯多层纳米线是通过偏压增强等离子体增强化学气相沉积 (BE－MPECVD)工艺而制备的。其工艺参数为:频率为 2.45 GHz,微波的功率为 1.5 kW。具体的制备过程如下:硅衬底用氢氟酸清洗 1 min 后,衬底表面使用 H_2SO_4: $H_2O_2 = 4:1$ 溶液使之氧化,在硅表面形成的薄的二氧化硅阻碍层上首先沉积 6 nm 厚的 金属钯层,接着沉积 9 nm 厚的金属钴层。为了避免形成硅化物,采用真空蒸发的方式。

制备 Pd/Co/SiO$_2$/Si 基的目的是为了了解催化剂对金属层的影响情况。Pd/Co/SiO$_2$/Si 基被转移到生长腔里,通过通入氢气使其真空度维持为 20 Torr。通过发射频率石墨加热器,使基体慢慢加热到 973 K,微波等离子的功率调至 600 kW。接着引入甲烷气、氢气,其流量调至 CH$_4$:H$_2$ 量之比为 1:1,且总压维持为 20 Torr。在负偏压 400 V、温度为 973 K 情况下,钴钯多层纳米线在多壁碳纳米管中生长 10 min 后即可得到,其 SEM 图像如图 2-69 所示。

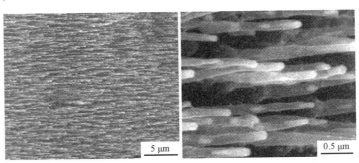

图 2-69　钴钯多层纳米线的低倍及高倍 SEM 图像

2.4.2.5　电镀液法

　　铜/镍多层纳米线可以通过双电镀液法来制备,其装置示意图如图 2-70 所示。此法是通过恒电位模式,在两种不同的电镀液下电化学沉积在氧化铝模板的孔洞中而制得。采用的是传统三电极模式:氧化铝模板、钌—钛网及饱和甘汞电极分别作为工作、辅助及参比电极。电镀镍纳米线的电镀液成分为: 160 g L^{-1} NiSO$_4$·6H$_2$O 和 30 gL^{-1} H$_3$BO$_3$,电镀液的 pH 值调至 3.0～3.5,沉积的电势相对于饱和甘汞电极为 −0.9 V。电镀铜纳米线的电镀液成分为:75 gL^{-1} CuSO$_4$·5H$_2$O 和 1.5 gL^{-1} Na$_2$SO$_4$,电镀液的 pH 值调至 2.5～3.0,沉积的电势相对于饱和甘汞电极为 −0.08 V,图 2-71 是不同沉积时间所得 Cu/Ni 多层纳米线的 TEM 图像。

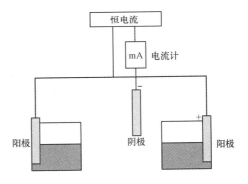

图 2-70　使用两种电镀液的电化学沉积 Cu/Ni 多层纳米线的装置示意图

　　铜/镍多层纳米线还可以在单一电解液中,通过电化学沉积方法沉积在直径为 50 nm 的有序氧化铝模板的孔洞中。通过真空蒸发在氧化铝模板的背面沉积一层银膜,使用恒电势模式及脉冲电化学沉积工艺可以制备出铜/镍多层纳米线。电镀的电势交替变化,先对标准饱和甘汞电极 0.5 V 沉积铜,沉积时间为 30 s,再对标准饱和甘汞电极 −1.4 V 沉积镍,沉积时间为 10 s。电解液的组成为:2 mol/L NiSO$_4$,0.02 mol/L CuSO$_4$ 和 0.5 mol/L H$_3$BO$_3$。

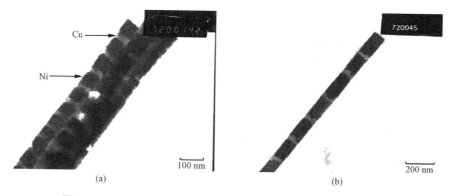

图 2-71　不同沉积时间所得 Cu/Ni 多层纳米线的 TEM 照片

(a)$t_{Cu}=150$ s,$t_{Ni}=150$ s;(b)$t_{Cu}=150$ s,$t_{Ni}=300$ s

2.4.2.6　微乳液法

微乳液是一种高度分散的间隔化液体,水或油相在表面活性剂(助表面活性剂)的作用下以极小的液滴形式分散在油或水中,形成透明的、热力学稳定的及有序的组合体。其结构特点是质点大小或聚集分子层的厚度为纳米量级,分布均匀,为纳米材料的制备提供了有效的模板或微反应器。有学者利用微乳液法合成了 Co 纳米纤维。用正辛烷、CTAB、正己醇为阳离子表面活性剂,加入 $CoCl_2$ 水溶液,然后慢慢滴加水合联胺,NaOH 调节 pH 值为 13,将乳液移入聚四氟乙烯塑料反应釜中,90 ℃反应 4 h 时得到银灰色的乳液,自然冷却,丙酮破乳,水洗,可得到钴纳米纤维。

2.4.2.7　热分解前驱体法

热分解前驱体法是在一定表面活性剂中制得前驱体,然后在适当温度下焙烧前驱体使其分解获得一维纳米材料。有学者用热分解 CuC_2O_4、SnC_2O_4 和 ZnC_2O_4 前驱体的方法分别获得了相应氧化物的纳米棒,直径为几十纳米,长度在几微米左右,皆为单晶。制备过程为(以 CuO 为例):将 $Cu(Ac)_2$ 和 $H_2C_2O_4$ 以摩尔比为 1∶1 的混合物与适量摩尔比为 1∶1 的 NP—5 和 NP—9 的混合物在适当的温度下放置一段时间,洗涤所得的沉淀,干燥得 CuC_2O_4 前驱体,950 ℃将前驱体与 NaCl 一起焙烧 2 h 得 CuO 纳米棒。

2.4.3　其他一维纳米材料的制备方法

除了以上介绍的方法制备一维纳米材料外,还有采用金属有机物气相外延法、分子束外延法、选区金属有机气相外延法等多种方法制备一维纳米材料的。

2.4.3.1　金属有机物气相外延(MOVPE)法

此方法使用 AIX200 仪器,压力为 5 kPa,氢气的流量为 7000 sccm。以三甲基镓(TMGa)为镓源,砷化氢和特丁基砷为砷源,Ⅴ/Ⅲ的比从 1 至 100,反应温度大于 400 ℃,并使用 GaAs($\bar{1}\bar{1}\bar{1}$)B 衬底可实现纳米线的垂直生长。首先通过热蒸发在衬底蒸镀一层几纳米的金膜,通过外延生长过程就可以实现致密纳米线的生长[如图 2-72(a)所示],在 600 ℃时退火 120 s 就会导致纳米线的粒径分布增加。图 2-72(b)是 600 ℃时经过热处理后所得 GaAs 纳米线的 SEM 图像。由于使用金膜会导致纳米线在衬底上随意排布,为了实现纳米线在衬底上规律排布,基体上首先覆盖单层亚微米的聚苯乙烯球,这种聚苯乙烯球可以通过旋转液体溶液来实现。球之间还存在三角形孔洞,在聚苯乙烯球上蒸镀一层金膜,然后可以通过将聚苯乙烯球来除去,这样在基体上就会留下蜂窝状三角形金膜阵列。为了避免在升温过程中破坏金膜的结构,蜂窝状三角形金膜阵列可以通过等离子加强气相沉积(PECVD)一层薄而无定形的 SiO_x 而被固定下来。

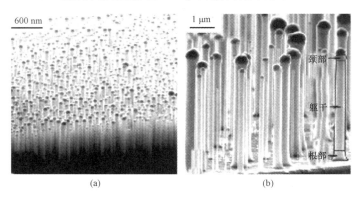

图 2-72 采用 MOVPE 法所得 GaAs 纳米线的 SEM 图像

(a)未经处理;(b)经过 600 ℃热处理

2.4.3.2 分子束外延法

采用分子束外延(MBE)法在 SiO_2、GaAs(100)和 GaAs(111)B 衬底上制备出 GaAs 纳米线,如图 2-73 所示,GaAs 衬底未经过氧化物去除处理。金属腔通过超真空和生长腔连在一起,在导入生长腔之前,于室温下在衬底上沉积 1 nm 厚的金膜,金膜的沉积速度可以通过石英微量天平来控制。以镓源和砷源为原料,在 580～615 ℃温度下保持30 min可以生长出纳米线。镓源的压力为 $2.8×10^{-5}$ Pa($2.1×10^{-7}$ Torr),砷源的压力为 $3×10^{-4}$ Pa($3×10^{-6}$ Torr)。GaAs 的生长方式是一层一层生长,生长速度为 1.0 mm/h,在不同衬底上,每一次生长是同时进行的。使用分子熔融法可以得到掺铍和硅的 GaAs 纳米线,铍和硅的浓度均为 $1×10^{-19}$～$2×10^{-19}$ cm^{-3},纳米线生长过程持续30 min,纳米线生长结束后,源和衬底的窗口关闭,样品自然冷却。

图 2-73 在不同衬底上所得 GaAs 纳米线的 SEM 图像

(a)SiO_2;(b)GaAs(100);(c)GaAs(111)

2.4.3.3　选区金属有机气相外延(SA – MOVPE)法

图 2-74(a)～(c)是采用 SA – MOVPE 法制备 InAs 纳米线的示意图。首先在 InAs (111)B 衬底上通过等离子溅射 20 nm 厚的 SiO₂ 薄膜,然后通过电子束刻蚀或湿化学腐蚀(氢氟酸溶液)形成有规律的开口的凹坑,孔的直径为 50～200 nm。凹坑是以三角形的格子有序排列着,其间隔为 400 nm。图 2-74(d)是在衬底上腐蚀其凹坑直径为100 nm的 SEM 图像。通过 MOVPE 法纳米线可以在这种排列的衬底上进行生长。

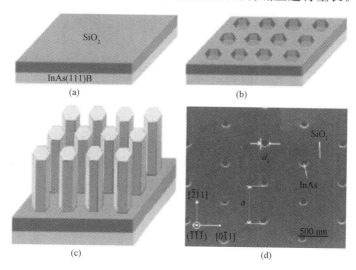

图 2-74

(a)通过等离子溅射在 InAs(111)B 衬底上沉积一层 20 nm 厚的 SiO₂ 薄膜;

(b)通过电子束刻蚀或化学腐蚀后清晰的六角形图案;

(c)MOVPE 法制备 InAs 纳米线的生长示意图;

(d)经过电子束刻蚀或化学腐蚀后衬底的 SEM 图像

InAs 纳米线的生长过程是通过低压 MOVPE 系统来实现的,其工作压力为0.1 atm。源物质为三甲基铟(TMIn)和砷化氢(AsH₃)。制备之前首先于 600 ℃ 通 AsH₃ 5 min以除去衬底表面的惰性氧化物层。纳米线的生长温度为 480～560 ℃,时间为 20 min,分压 P_{TMIn} 是 4.9×10^{-7} atm,P_{AsH_3} 在 6×10^{-5} 至 3×10^{-4} atm 之间。制备 InAs 纳米线阵列的最佳生长温度为 540 ℃。SEM 图像显示在(111)B 衬底上形成了均匀垂直的纳米线阵列。在此最佳工艺条件下,纳米线的直径与凹坑的直径相同,通过测量发现纳米线的直径为 100 nm,长度为 1.5 mm,直径的标准偏差为 7 nm。

2.4.3.4　超声波化学法

超生波化学法是引入超生辐射技术,利用超声波作用于溶液引起的超空化效应,加速和控制化学反应,提高反应效率,从而制备纳米材料的一种新方法,其基本原理如图 2-75 所示,方法简单是其最大的特点。Xia 等以此法制得了硒纳米线。首先采用过量的联氨还原硒酸得到球状的无定形硒胶体(粒径约在 0.1～2 μm),然后进行干燥、在醇中重新分散并对其施加超声辐照。开始时由于声空化作用在胶体表面产生晶种,随后胶体不断消耗,直至完全长成纳米线。有学者将 Bi(NO₃)₂,Na₂S₂O₃ 和三乙醇胺(TEA)的水溶液在

20 kHz,60 W · cm^{-2}的高强度超声下辐照 2 h,制得直径 10～15 nm,长度 60～150 nm 的 Bi$_2$S$_3$ 纳米棒。产品结晶度良好、形貌均一,且纯度较高。

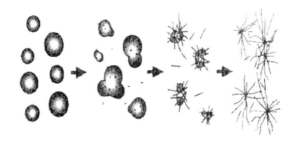

图 2-75　声波降解法示意图

2.4.3.5　静电纺丝法

静电纺丝法是一种近年来发展较快的一维纳米材料制备方法,目前已被广泛应用于较多研究领域。静电纺丝法因具有原料来源范围广、纤维结构可控性好、制备工艺扩展性强等优点,已成为制备纳米纤维材料的主要途径之一。图 2-76 为静电纺丝过程原理图及其应用领域,具体过程如下:首先利用高压电源在配备好的高分子溶液上的正极端加持,使其成为带有高压静电的聚合物溶液(高压静电≥8 kV)。其次,带电溶液液滴表面聚集有大量电荷,并在某些区域出现尖端电荷集中现象,形成 Taylor 锥,在高压静电场的作用下,液滴尖端的带电聚合物溶液表面张力难以与电场力抗衡而被加速,以射流的形式喷向连接有电源负极(或者接地)的接收板装置(接受板、滚筒、滚笼等)。最终附着在接受装置的纤维编织固化,从而获得长程有序、大长径比的微纳米纤维。通常,利用静电纺丝法调控制备聚合物纳米纤维影响因素可大致分为:聚合物溶液本身性质(聚合物分子量、浓度、表面张力、电导率、溶剂性质),控制变量(电压、接收距离、接收装置、温湿度)及环境因素等多个因素的共同影响。

从工艺原理而言,静电纺丝可分为近场静电纺丝和远场静电纺丝。近场静电纺丝可实现单根纤维的定位和图案化,但不能连续供液,尚处于初步研究阶段;远场静电纺丝即传统意义上的静电纺丝,可形成纤维膜,是当前研究的热点。通过静电纺丝得到的纤维直径一般在几百纳米,由这些纤维堆积而成的材料具有孔径小、孔隙率高、纤维连续性好、堆积密度可控等特性,在电子信息、环境治理、能源、安全防护、组织工程等领域展现出了广阔的应用前景。然而,传统静电纺纤维材料通常为厚度在 100 m 以下的二维纤维膜,纤维在垂直于沉积平面方向上难以实现有效的贯穿与交错,使材料呈现出各向异性的结构特征,还存在易层间剥离及回弹性差的问题,极大地影响了其在诸多领域的实际应用。这是因为在静电纺丝过程中,材料的厚度与纺丝时间呈正相关。然而,随着纳米纤维沉积厚度的逐渐增加,由此产生的电场屏蔽及衰减效应将愈发明显,致使纤维膜厚度难以进一步提升。

在静电纺丝技术的应用过程中,附加的电压是一个很重要的影响因素。有学者研究了施加电压对铁酸铋(BiFeO$_3$,BFO)一维纳米结构制备和特性的影响。实验结果表明,8 kV 电压为原纤维形成的阈值电压。依次增大电压到 10 kV,15 kV,20 kV 可以得到棒状、长纤维状以及带状结构的铁酸铋。近年来,依靠静电纺丝技术单纯的制备单一材料的一维结构已经不能满足性能对材料的要求,通过材料的复合以获得性能更为完备的材料已经成为静电纺丝技术研究的"新风尚"。

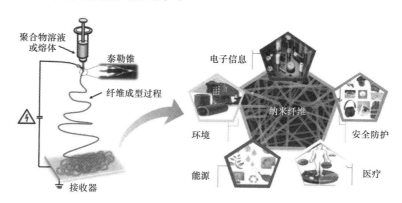

图 2-76　静电纺纳米纤维原理图及其应用领域

2.5　二维薄膜纳米材料的制备方法

2.5.1　薄膜纳米材料制备的化学方法

不同于物理气相沉积,薄膜制备的化学方法是以发生一定的化学反应为前提,这种化学反应可以由热效应引起或者由离子的电致分离引起。在常规化学气相沉积、加热丝化学气相沉积和化学热生长过程中,化学反应靠热效应来实现,而在电镀和阳极氧化沉积则是靠离子的电致分离来实现。与物理气相沉积相比,尽管化学方法中的沉积过程控制较为复杂,有时也较为困难,但薄膜沉积的化学方法所使用的设备一般较为简单,价格也较为便宜。

2.5.1.1　热氧化生长

在充气条件下,通过加热基片的方式可以获得大量的氧化物、氮化物和碳化物薄膜。一个最常见的例子是室温下在 Al 基片上形成氧化铝膜。可以通过升高基片温度而使薄膜增厚,但是氧化铝膜的总厚度由于氧化生长速率会随着厚度的增加而减小甚至消失而受到限制。化学热生长制备化合物薄膜并不是一种常用技术,但是由于氧化物可以钝化表面,而氧化物的绝缘性质在电子器件制备中非常有用,因而热生长金属和半导体氧化物的研究较为广泛。

所有金属除了 Au 以外,都会与氧发生反应形成氧化层,人们对此提出了许多金属的热氧化模型,这些模型涉及金属和合金热氧化膜的成核和形成。在所有模型中,人们皆假设金属阳离子或氧阴离子通过氧化物点阵扩散,而不是沿着晶界或孔洞扩散形成氧化膜。使用如图 2-77 所示的实验装置,在空气和超热水蒸气下,通过 Bi 薄膜的氧化制备了 Bi_2O_3 薄膜,首次得到了 $\alpha - Bi_2O_3$、$\beta - Bi_2O_3$、$\gamma - Bi_2O_3$ 单相膜。值得注意的是,在实验过程中,即使在最高温度 367 ℃时,水蒸气分子也不会分解成氧和氢,高温水蒸气对反应不起作用,而只是取代了反应室中存在的空气,从而改变了反应室里的有效氧气含量。

一般来说,热氧化生长设备简单,成本较低,所得到的薄膜纯度高,结晶性好,不足的是薄膜生长的厚度受到严重限制。

2.5.1.2 化学气相沉积(CVD)

化学气相沉积是制备各种薄膜材料的一种重要和普遍使用的技术,利用这一技术可以在各种基片上制备元素及化合物薄膜。化学气相沉积相对于其他薄膜沉积技术具有许多优点:可以准确地控制薄膜的组分及掺杂水平,使其组分具有

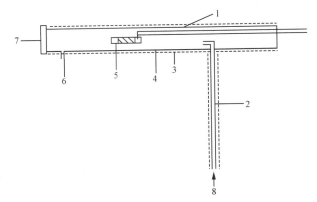

图 2-77 在空气和超热水蒸气下,Bi 薄膜氧化实验装置示意图

1. 热电偶;2. 窄玻璃管;3. 加热线圈;4. 玻璃管;
5. 样品;6. 出气口;7. 盖;8. 进气口

理想化学配比,可在复杂形状的基片上沉积成膜。由于许多反应可以在大气压下进行,系统不需要昂贵的真空设备。化学气相沉积的高沉积温度会大幅度改善晶体的结晶完整性,可以利用某些材料在熔点或蒸发时分解的特点而得到其他方法无法得到的材料;沉积过程可以在大尺寸基片或多基片上进行。化学气相沉积的明显缺点是化学反应需要高温,反应气体会与基片或设备发生化学反应。在化学气相沉积中所使用的设备可能较为复杂,且有许多变量需要控制。

化学气相沉积有广泛的应用:利用化学气相沉积,在切削工具上获得的 TiN 或 SiC 涂层,通过提高抗磨性可大幅度提高刀具的使用寿命;在大尺寸基片上,应用化学气相沉积非晶硅可使太阳能电池的制备成本降低;化学气相沉积获得的 TiN 可以成为黄金的替代品,从而使装饰宝石的成本降低。而化学气相沉积最主要的应用则是在半导体集成技术中的应用,例如在硅片上的硅外延沉积以及用于集成电路中的介电膜如氧化硅、氮化硅的沉积等。

(1)一般化学气相沉积反应。

在化学气相沉积中,气体与气体在包含基片的真空室中相混合。在适当的温度下,气体发生化学反应将反应物沉积在基片表面,最终形成固态膜。在所有化学气相沉积过程中所发生的化学反应是非常重要的,在薄膜沉积过程中可控制的变量有气体流量、气体组分、沉积温度、气压、真空室几何构型等。因此,用于制备薄膜的化学气相沉积涉及三个基本过程:反应物的输运过程、化学反应过程及去除反应副产物过程。广义上讲,化学气相沉积反应器的设计可分成常压式和低压式,热壁式和冷壁式。常压式反应器运行的缺点是需要大流量携载气体、大尺寸设备,膜被污染的程度高。而低压式化学气相沉积系统可以除去携载气体并在低压下只使用少量反应气体,此时气体从一端注入,在另一端用真空泵排出。因此,低压式反应器已得到广泛的应用和发展。在热壁式反应器中,整个反应器需要达到发生化学反应所需的温度,基片处于内均匀加热炉所产生的等温环境下,而在冷

壁式反应器中,只有基片需要达到化学反应所需的温度,换句话说,加热区只局限于基片或基片架。化学气相沉积过程中经常用到的一些典型的化学反应包括分解反应、还原反应、氧化反应、氮化反应、碳化反应、化合反应等。

表 2-3 列出了化学气相沉积薄膜时所使用的化学反应气体以及沉积条件。

表 2-3　化学气相沉积薄膜的种类、反应气体及沉积条件

薄膜种类	反应气体	沉积温度/℃	基片衬底
ZnO	$(C_2H_5)_2Zn$ 和 O_2	$200\sim500$	玻璃
Ge	GeH_4	$500\sim900$	硅
SnO_2	$SnCl_2$ 和 O_2	$350\sim500$	玻璃
Nb/Ge	$NbCl_5$ 和 $GeCl_4$	800 和 900	氧化铝
BN	BCl_4 和 NH_3	$600\sim1100$	SiO_2 和蓝宝石
TiB_2	H_2,Ar,$TiCl_4$ 和 B_2H_6	$600\sim900$	石墨
BN	BCl_3 和 NH_3	$250\sim700$	铜
a-Si：H	Si_2H_6	$380\sim475$	硅
CdTe	CdTe 和 HCl	$530\sim650$	CdTe(110)
Si	SiH_4	$570\sim640$	Si(001)
W	WF_6,Si 和 H_2	300	热氧化硅片
Si_3N_4	SiH_2Cl_2：$NH_3=1$：3	800	n 型 Si(111)
B	$B_{10}H_{54}$	$600\sim1200$ $350\sim700$	Al_2O_3 和 Si Ta 片
Si	SiH_4	775	Si 片
$TiSi_2$	SiH_4 和 $TiCl_4$	$650\sim700$	Si 片
W	WF_6 和 Si	400	多晶硅
SnO_2	SnI_4 和 O_2	$380\sim550$	玻璃
SnO_2：F	$SnCl_4\cdot5H_2O$ 和 O_2	$300\sim400$	石英
$TaSi_2$	SiH_4 和 $TaCl_3$	$630\sim750$	Si
CdS	CdS 和 H_2	$500\sim760$	(111)CdTe
Si	SiH_4 和 H_2	$550\sim725$	Si 片
B-H-N	B_2H_6 和 NH_3	350,400 和 440	Si(100)
GaAs	GaAs 和 H_2O	750	GaAs 和 Ge
Al	$AlCl_3$ 和 H_2	$700\sim1100$	纯 Ni
3C-SiC	C_3H_8,SiH_4,H_2	1350	Si(100)
TiO_2	Ti 醇盐	$400\sim600$	玻璃
Fe	Fe	$490\sim600$	Ni

续表

薄膜种类	反应气体	沉积温度/℃	基片衬底
Ni	Ni	550	不锈钢棒
Ti(C,N)	$TiCl_4$,H_2,N_2,CH_4	850~1150	WC
多晶硅	纯硅烷	630	热氧化(111)p型硅
C	C_2H_6,Ar	1000	石英
非晶硅	硅烷	530~580	热氧化硅片
BC	BCl_3,CH_3,H_2	1027~1227	菱形B
W	Ar,WCl_6 和 H_2/WCl_6	475~750	Si(100)
ZrH_2	$ZrCl_4$,BCl_3,H_2,Ar	700~900	Cu
$Si_{1-x}Ge$	SiH_2Cl_2 和 GeH_4	500~800	Si

(2)激光化学气相沉积。

激光化学气相沉积是通过使用激光源产生出来的激光束实现化学气相沉积的一种方法。从本质上讲,由激光触发的化学反应有两种机制:一种为光致化学反应,另一种则为热致化学反应。在光致化学反应过程中,具有足够高能量的光子用于使分子分解并成膜,或与存在于反应气体中的其他化学物质反应并在邻近的基片上形成化合物膜。在另一类过程中,激光束用作加热源实现热致分解,在基片上引起的温度升高控制着沉积反应。激光源具有方向性和单色性两个重要特征,在薄膜沉积过程中显示出独特的优越性。方向性可以使光束射向很小尺寸的一个精确区域,产生局域沉积,通过选择波长可以确定光致反应沉积或热致反应沉积,但是在许多情况下,光致反应和热致反应过程同时发生。尽管在许多激光化学气相沉积反应中可识别出光致反应,但热效应经常存在。

尽管激光化学气相沉积的反应系统与传统化学气相沉积系统相似,但薄膜的生长特点在许多方面是不同的。由于激光化学气相沉积中的加热非常局域化,因此其反应温度可以达到很高,在激光化学气相沉积中可以对反应气体预加热,而且反应物的浓度可以很高,来自于基片以外的污染很小。对于成核,表面缺陷不仅可以起到通常意义下的成核中心的作用,而且也起到强吸附作用,因此当激光加热时会产生较高的表面温度。由于激光化学气相沉积中激光的点几何尺寸性质增加了反应物扩散到反应区的能力,故它的沉积率往往比传统化学气相沉积高出几个数量级。注意到激光化学气相沉积中局部高温在很短时间内只局限在一个小区域,因此它的沉积率由反应物的扩散所限制。这些限制沉积率的参数为反应物起始浓度、惰性气体浓度、表面温度、气体温度、反应区的几何尺度等。应用激光化学气相沉积,人们已经获得了Al、Ni、Au、Si、SiC、多晶Si和Al/Au膜。

(3)光化学气相沉积。

光化学气相沉积技术可以获得高质量、无损伤薄膜,这一技术制备的薄膜具有许多实际应用。这一沉积技术还具有沉积温度低、沉积速率快、可生长亚稳相和形成突变结等优点。与等离子体化学气相沉积相比,光化学气相沉积没有高能粒子轰击生长膜的表面,而且引起反应物分子分解的光子没有足够的能量产生电离。这一技术可以制备出高质量的薄膜,薄膜与基片结合良好。

在光化学气相沉积过程中,当高能光子有选择性地激发表面吸附分子或气体分子而导致键断裂、产生自由化学粒子形成膜或在相邻的基片上形成化合物时,便出现了光化学沉积。这一过程强烈地依赖于入射线的波长。光化学气相沉积可由激光或紫外灯来实现。除了直接的光致分解过程外,也可由汞敏化光化学气相沉积获得高质量的薄膜。值得注意的是在光化学气相沉积中的分解和成核皆由光子源来控制,因此基片温度可以作为一个独立变量来选择。应用光化学气相沉积,人们已经得到许多不同的膜材料:各种金属、介电、绝缘体和化合物半导体。

以 SiH 膜的光化学沉积来说明此方法的制备。利用紫外线引起的 Si_2H_6 光致分解可以制备出高质量的 $a-Si:H$ 膜,其实验装置如图 2-78 所示。在这一实验中由微波源激发引起的 H_2 放电管用作真空紫外线源,用 He 稀释的 Si_2H_6 作为反应气体源被引入到靠近基片的真空室处,Si_2H_6/He 和 He 流量分别保持在 50 sccm 和 150 sccm。沉积过程中反应室的总气压为 267 Pa,基片为玻璃或 Si 片,在基片温度为 50～350 ℃时沉积持续 5 h。薄膜的沉积率与基片温度无关,表明沉积过程中不存在其他热分解。这一沉积系统具有如下优点:①真空紫外线可以在没有任何吸收损失的条件下被直接引向窗口;②在窗口处可避免薄膜沉积;③没有光线直接到达基片。在传统的光化学气相沉积过程中,①和②两项在薄膜制备过程中构成非常严重的问题。

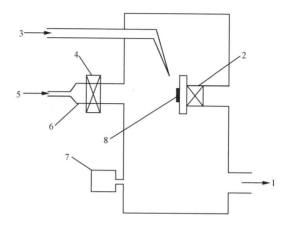

图 2-78　由 Si_2H_6 直接光致分解沉积高质量的
$a-Si:H$ 薄膜的实验装置示意图

1. 接真空泵;2. 加热器;3. Si_2H_6 入口;4. 微波源;
5. H_2 入口;6. 石英管;7. 真空计;8. 基片

表 2-4 列出了光化学气相沉积薄膜时所使用的化学反应气体以及沉积条件。

表 2-4　光化学气相沉积薄膜的种类、反应气体及沉积条件

薄膜种类	反应气体	基片温度/℃	基片衬底
Zn,Se 和 ZnSe	$Zn(CH_3)_2$ 和 $Se(CH_3)_2$	室温	石英
Mo,W 和 Ce	各种六羰基化合物	室温	石英
SiO_2	N_2 和 N_2O 中含 5% 的 SiH_4	20～600	Si 片
ZnO_2	二甲基锌和 NO_2 或 N_2O	室温～220	Si 或石英
$\alpha-Si:H$	由 He 稀释的 10% 的 Si_2H_6	低于 300	Si
W	WF_6,H_2	240～440	Si
P-N	$NH_3(100\%)$ 和 PH_2(在 H_2 中含 2%)	100～300	InP
a-SiC:H	甲基硅烷或乙炔和 Si_2H_4	200	玻璃

续表

薄膜种类	反应气体	基片温度/ ℃	基片衬底
GaAs	纯 H_2，As 和纯三乙基 Ga	240	SiO_2
Si_3N_4	SiH_4 和 NH_4	50～250	
a - SiO_2	O_2，Si_2H_8，SiF_4	245	硅
Si - O - N	Si_2H_8，NH_3，NO_2	330	
Ge	GeH_4	室温～435	Cr，Si 掺杂(100)GaAs
SnO_2	$SnCl_4$ 和 N_2O	室温	SiO_2
TiC	$TiCl_4/CH_4$ 或 $CCl_4/H_2/Ar$	800～900	石墨或铜
a - C：H	Ar 中含 C_2H_2(5％)	150～350	Si 或 GaAs
W,C 和 W/C 多层膜	WF_6/C_2H_6	室温～300	B 掺杂(100)Si
TiB_2	$TiCl_4/BCl_3/H_2/Ar$	600～800	Cu 片

(4)等离子增强化学气相沉积。

等离子增强化学气相沉积(plasma-enhanced chemical vapor deposition，PECVD)是在常规 CVD 法的基础上所形成的一种制备方法，其原理为：借助微波或射频等使含有薄膜组成原子的气体电离，在局部形成等离子体，而等离子化学活性很强，很容易发生反应，在基片上沉积出所期望的薄膜。此法是用于沉积各种薄膜材料的一种通用技术，这些材料包括 SiO_2、Si_3N_4、非晶 Si：H、多晶硅、SiC 等介电和半导体薄膜。PECVD 的优势在于它可以在比传统的化学气相沉积低得多的温度下获得上述单质或化合物薄膜材料。而且其沉积速度快，成膜质量好，不易龟裂。但它也有一定的缺点，比如成本大，对气体的纯度要求高，且在反应过程中会产生剧烈噪音、强光辐射、有害气体等影响。根据大多数文献的报道结果，等离子体由射频场产生。等离子体的基本作用是促进化学反应，在等离子体中电子的平均能量(1～20 eV)足以使大多数气体电离或分解，电子动能替代热能的一个重要优势是可以避免由于基片的额外加热使之受到损害，各种薄膜材料可以在温度敏感的基片(如聚合物)上形成。尽管电子是离化源，但它与气体发生碰撞使气体激发可以导致自由团簇的形成。值得注意的是对于每一个系统，必须检验辉光放电电子、离子、光子和其他受激粒子在薄膜沉积中的作用。

自从 20 世纪 60 年代人们利用等离子体增强化学气相沉积制备了 SiN 薄膜以后，使用这一技术又制备出了许多不同的介电、金属、半导体薄膜，例如 W、SiO_2、Si、GaAs、GaSb、Ti - Si 等，并将所制备的薄膜应用在微电子、光电子等领域。

在传统的等离子体增强化学气相沉积中，基片衬底通常放置在放电区，从而暴露在包含荷能粒子(电子、离子等)的等离子体中，结果导致基片衬底及膜的辐射操作，同时难以避免来自电极对生长膜的杂质污染。使用微波受激等离子体的方法可以避免基片暴露在荷能粒子中。因此，可以使用微波受激等离子体方法在低温下沉积 SiN_x 介电膜。在图 2-79 所示的装置中，微波激发等离子体室与反应室相分离，频率为 2.45 GHz 的微波通过长方形波导管导入到直径为 32 mm 的石英管中，此石英管即为等离子体激发室。基片衬底

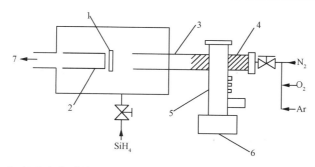

图 2-79　沉积介电薄膜的微波受激等离子体增强化学气相沉积实验装置示意图
1. 基片；2. 加热器；3. 石英管；4. 等离子体；5. 波导管；6. 磁体；7. 接真空泵

放在沉积反应室中，距离放电区 300 mm，基片可由基片加热器加热到 600 ℃。真空室的真空度可达到 1.33×10^{-5} Pa。在等离子体室中被激发的 N_2 扩散至反应室，与未激发的 SiH_4 反应，从而沉积了 SiN_x 膜。

表 2-5 列出了等离子增强化学气相沉积薄膜时所使用的化学反应气体以及沉积条件。

表 2-5　等离子增强化学气相沉积薄膜的种类、反应气体及沉积条件

薄膜种类	反应气体	基片温度/℃	基片衬底
Si	$SiCl_4$,H_2 和 Ar	室温	不锈钢
Si	SiH_4	650	Si
金刚石	CH_4,CH_4/H_2	700	p 型 Si(111)
TiB_2	$TiCl_3$,BCl_3 和 H_2	480~650	Al_2O_3,石英和 Si
TiN	$TiCl_4$,H_2,N_2 和 Ar	500	工具钢
$a-Si_{1-x}Ge_x$：H,F	SiH_4,GeF_4,H_2	400	玻璃
$a-Si$：H	SiH_4,B_2H_6	250	玻璃
$a-SiC$：H	SiH_4,CH_4,B_2H_6	250	玻璃
SiN	SiH_4,NH_3	250	Si
Mo	Ar,$Mo(CO)_6$ 或 H_2,$Mo(CO)_4$	100~300	Si,SiO_2
AlN	$AlBr_3$,N_2,H_2,Ar	200~800	石墨
TiN	$TiCl_4$,N_2,H_2	350~500	不锈钢
$SiO_xN_yH_4$	SiH_4,N_2O,NH_3	200	Si,玻璃
SiN	NH_3 和 SiH_4	300~450	Si(001)
Si	SiH_4	700~800	n 型 Si(001)
TiN 或 TiC	N_2,CH_4,$TiCl_4$,Ar	360	Si
金刚石	CH_4,H_2	900	C-BN(111)
金刚石	CH_4,H_2	800~1000	Si
Si	SiH_4,H_2	50~350	Si

2.5.1.3　固态碳源催化法

固态碳源催化法是利用固态碳源在基底表面高温分解生长石墨烯的方法。与化学气相沉积法相比,不同之处是把气态碳源换成固态碳源,从而在一定程度上解决了CVD法控制因素上的难点。目前采用的固态碳源主要包括非晶碳、富勒烯及类石墨碳等。可利用 Ni 为基底、SiC 为碳源制备出单层及少层高质量的石墨烯薄膜;可利用液态金属镓为催化剂、非晶碳为碳源制备石墨烯,在非晶碳和液态镓间很窄的界面区域形成了 $4\sim10$ 层石墨烯;可利用稀有金属钌为基底,先加热反应室温度至 1150 ℃使碳原子渗入钌,然后冷却至 850 ℃,此时渗入的碳原子就会浮出金属钌基底表面形成完整的一层石墨烯,当第一层石墨烯薄膜覆盖度为 80% 后,第二层开始生长,第一层石墨烯会与钌产生强烈的相互作用,但第二层后只剩下弱电耦合,几乎与钌完全分离,易于得到单层石墨烯薄膜。

固态碳源催化法制备装置可以用 CVD 法的相应改造而成,用以进行固体碳源的添加,相比 CVD 法的多样控制因素,此方法的优点在于可通过对碳源的精确控制来实现石墨烯层数的可控制备,从而工艺更趋简单,拥有更有利的控制条件。但不足之处是采用这种方法生产的石墨烯薄片往往厚度不是很均匀,需要进一步加强对固态碳源的类型、含碳量及反应温度等因素影响的研究,且石墨烯和基质之间的黏合会影响石墨烯的某些性能。

2.5.1.4　电镀

电镀是电流通过导电液(又称为电解液)中的流动面而产生化学反应,最终在阴极上电解沉积某一物质的过程。用于电镀的系统由浸在适当的电解液中的阳极和阴极构成,当电流通过时,材料便沉积到阴极上。电镀方法只适用于在导电的基片上沉积金属和合金。薄膜材料在电解液中以正离子的形式存在,而电解液大多是离子化合物的水溶液。在阴极放电的离子数以及沉积物的质量遵从法拉第定律:

$$\frac{m}{A}=\frac{jtM\alpha}{nF}$$

式中,m/A 代表单位面积上沉积物的质量,j 为电流密度,t 为沉积时间,M 为沉积物的分子量,n 为价数,F 为法拉第常数,α 为电流效率。在 70 多种金属元素中,有 33 种元素可以通过电镀法来制备,但最常使用电镀法制备的金属只有 14 种,即 Al、As、Au、Cd、Co、Cu、Cr、Fe、Ni、Pb、Pt、Rh、Sn 和 Zn。

电镀法制备薄膜的原理是离子加速移向与其极性相反的阴极,在阴极处离子形成双层,它屏蔽了电场对电解液的大部分作用。在大约 30 nm 厚的双层区,由于电压下降导致此区具有相当强的电场(107 V/cm)。在水溶液中,离子被溶入薄膜以前经历以下一系列过程:①去氢;②放电;③表面扩散;④成核、结晶。

电镀法制备的薄膜性质取决于电解液、电极和电流密度。所获薄膜大多是多晶结构,少数情况下可以通过外延生长获得单晶。这一方法的特点是薄膜的生长速度较快,在电流密度 $j=1$ A/cm² 时有:

$$D=\frac{\mathrm{d}D}{\mathrm{d}t}=1\ \mu\mathrm{s}^{-1}\quad(D\ 为膜厚)$$

电镀法的另一个优点是基片可以是任意形状,这是其他方法所无法比拟的;此方法的缺点是电镀过程一般难以控制。目前电镀法已用于制备半导体薄膜,这些半导体薄膜在光电子领域具有很好的应用前景。表 2-6 是电镀法所制备出的一些薄膜材料。

表 2-6　电镀制膜：溶液组分及沉积条件

薄膜种类	溶液组分	基片衬底
$MoSe_2$	H_2MoO_4，NH_4OH，SeO_2，H_2O	Ti
$AgInSe_2$	$AgNO_3$，$In(NO_3)_3$ 和 SeO_2	Ti
$CuInS_2$	$InCl_3$，三乙醇胺，NH_3 水溶液	Ti
CdS	$CdSO_4$，Na_2SO_3	Al
CdTe	$CdSO_4$，TeO_2，H_2SO_4	Ti
CdSe	Na_2SO_4，Se，$N(CH_2CO_2H)_3$，CdCl	Ti
Cu_2O	$CuSO_4$，乳酸，NaOH	不锈钢
CdS	$CdCl_2$，S，二甲基硫氧化物	玻璃
$CuInSe_2$	CuO，$In_2(SO_4)_3$，SeO_2，H_2SO_4	Ti
CdTe	含 Cd，Te 化合物水溶液	Si
Cu_2O	乳酸，$CuSO_4$，NaOH	不锈钢
$AgInSe_2$	Ag_2SO_4，$In_2(SO_4)_3$，H_2SeO_3，H_2SO_4	Ti
$CuInSe_2$	$CuCl_2$，$InCl_3$，SeO_2	Ti

2.5.1.5　化学镀

不加任何电场、直接通过化学反应而实现薄膜沉积的方法叫做化学镀。化学反应可以在有催化剂存在和没有催化剂存在时发生，使用活性剂的催化反应也可视为化学镀。Ag 镀是典型的无催化反应的例子，它是通过在硝酸银溶液中使用甲醛还原剂将 Ag 镀在玻璃上。另一方面，也存在还原反应只发生在某些表面上的过程，如在磷酸钠中 $NiCl_2$ 的还原即为此例，此时金属将沉积在 Ni（或 Co/Fe/Al）本身的表面上，金属本身作为催化剂。并不是所有的金属都会有催化沉积的可能，具有催化剂潜能的金属数量有限。但是非催化金属的表面可以被激活以使在这些金属表面上实现沉积。例如浸在 $PbCl_2$ 稀释溶液中的 Cu 是催化沉积，这里激活剂的作用是降低还原反应的激活能以使沉积在金属表面实现。

化学镀是一项比较简单的技术，不需要高温，而且成本较低，利用这一技术实现大面积的沉积是很有可能的。利用化学镀可以沉积一些金属薄膜，如 Ni、Co、Pd 及 Au 等，可以制备出氧化物薄膜，如 PbO_2、TiO_2、In_2O_3、SnO_2、Sb 掺杂的 SnO_2 薄膜等。另外，采用此法还可以制备出 CdS、NiP、Co/Ni/P、Co/P、ZnO、Ni/W/P、C/Ni/Mn/P、Cu/Sn、Cu/In、Ni、Cu 和 Sn 薄膜。

2.5.1.6　阳极反应沉积法

上面讨论的电镀过程所关注的是阴极反应，而阳极反应沉积则依赖于阳极反应。在阳极反应中，金属在适当的电解液中作为阳极，而金属或石墨作为阴极。发电流通过时，金属阳极表面被消耗并形成氧化涂层，换句话讲，氧化物生长在金属阳极表面。在早期的研究中,这种金属氧化物只局限于少量的金属(如 Al、Nb、Ta、Si、Ti、Zr)氧化,但 Al 的氧化膜为迄今最重要的钝化膜。在半导体上也可以形成氧化物,在 Hg、Cd 及 Te 上也会出现硫化物的阳极硫化过程。

阳极反应这一简单方法可以获得非晶连续膜,但连续膜的厚度受到一定限制。薄膜厚度极限 D_{max} 取决于所加电压 V_1,$D_{max}=kV_1$,k 为材料系数。表 2-7 列出了应用阳极反应所得的一些薄膜材料。

表 2-7　阳极反应沉积制膜:电解液及沉积条件

薄膜种类	电解液	基片衬底
$Al/Al_2O_3/Al$	3%的酒石酸,用 NH_4OH 调至 pH=5.5	玻璃上的 Al
SiO_2	在 CH_3OH 中的 KNO_3	Si
InP	酒石酸/丙烯醇调至 pH=2~12	InP
InP	在甘醇中 40%硼酸和 2%NH_3	InP
氧化镍	0.1 mol/L KOH	Ni
氧化钼	乙酸	Mo
PbO,SnO_2 和氧化硒复合物	N-甲基乙酸,水和丙烯醇	$Pb_{1-x}Sn_xSe(x\approx0.068)$
氧化钨	含 0.4 mol/L 的 KNO_3 和 0.4 mol/L 的 HNO_3 溶液	W
硫化物	无水 Na_2S 溶液	$Hg_{1-x}Cd_xTe$
氧化铅	硼酸铵,用 0.2 mol/L 的 H_3PO_4 调至 pH=9.0	Al
氧化硅	水	Si
氧化钛	中性磷酸和硫酸溶液	Ti
氧化硅	甘醇+0.04 mol/L 的 NH_4NO_3	Si
氧化铌	0.1 mol/L 的草酸	Nb
氧化钛	0.5 mol/L 的 H_2SO_3	Ti
氧化铝	40 g/L 草酸	Al
氧化硅	0.04 mol/L 的硝酸铂,甘醇	Si
氧氮化物	0.2 mol/L 的 KNO_3,溶液为甘醇	SiNi
氧化钽	0.1 mol/L 的 H_2SO_4	Ta

2.5.1.7　LB 技术

利用分子活性在气—液界面上形成凝结膜,将该膜逐次叠积在基片上形成分子层(或称膜)的技术由 Katharine Blodgett 和 Irving Langmuir 在 1933 年发现,因此这一技术称为 Langmuir-Blodgett(LB)技术。应用这一技术可以生长高质量、有序单原子层或多原子层,其介电强度较高。这些 LB 膜可能应用到电子仪器和太阳能转换系统上。LB 膜的研究领域如今已有长足发展,采用大量材料,如脂肪酸或其他长链脂肪族材料,用很短的脂肪链替代的芳香族以及其他相似材料可以形成高质量的 LB 膜。

如果要形成起始的单层或多层,待沉积的分子一定要平衡其亲水性区和憎水性区,也就是讲,长链一端应为亲水性(如 COOH),而在另一端为不亲水(如 CH₃)。脂肪酸分子结构适合于 LB 膜的沉积,例如 $CH_3(CH_2)_{16}COOH$ 有 16 个 CH_2 基团在一端形成 CH_3 链体,而在另一端形成 COOH 链体。在 Langmuir 原始方法中,一清洁亲水基片在待沉积单层扩散前浸入水中,然后单层扩散并保持在一定的表面压力状态下,基片沿着水表面缓慢抽出,则在基片上形成一单层膜。基片在易挥发溶剂中溶解,其溶液在水表面上扩散,称为亚相。溶剂挥发,不溶分子漂浮在表面上,且无序分布[图 2-80(a)]。通过加上合适的恒定表面压力,分子被压紧,分子的长轴水平面垂直而有序排列[图 2-80(b)]。由于 LB 膜较脆,压缩时一定要小心,避免膜在亚相表面崩塌,保持膜原来的均匀性,整个系统应该避免振动。在 LB 膜技术中,也可以将金属盐引入到水中得到金属膜。

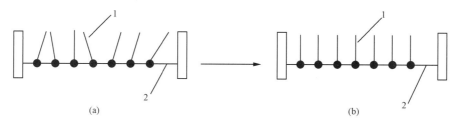

图 2-80　在水表面(亚相)上分散的分子
(a) 分子取向无序;(b)压缩后垂直取向
1. 分子;2. 水

在决定沉积膜的质量时亚相起着十分重要的作用,最好的液体为超纯水,因为它具有非常高的表面张力。所沉积薄膜的性质也取决于 pH 值和亚相温度、基片表面质量和化学组分,浸入速度和漂浮单层的寿命也很重要,涉及制备 LB 膜的许多参数提供了多样性的优点。在制备高质量 LB 膜时表面压力也是一个关键因素,获得恒定表面压力以及准确测定这些压力的各种技术已有报道。为沉积 LB 膜,目前已使用了单移动阻挡层、旋转阻挡层、恒定周长阻挡层和其他系统。

2.5.1.8　氧化还原法

该方法是通过强酸和强氧化剂破坏石墨的晶体结构,并利用还原剂将其还原成石墨烯。常见的强氧化剂主要是高锰酸钾和浓硫酸,还原剂是强碱、硼氢化钠、对苯二酚、水合肼以及氢碘酸等。目前,Hummers 法以及改良后的 Hummers 法是制备石墨烯的普遍方法。采用改良后的 Hummers 法,通过 H_2SO_4、$NaNO_3$ 和 $KMnO_4$ 把石墨氧化成氧化石墨烯(GO),以水合肼和氨水为还原剂,将还原剂与超声分散后的 GO 溶液混合,还原得到石墨烯。另外,制备石墨烯的方法还有 Brodie 法、Staude nmaier 法。采用 Staude nmaier 法,通过 HNO_3、H_2SO_4 和 $KClO_3$ 共同作用氧化石墨为 GO,再对 GO 溶液进行乙醇分散并加入 $FeCl_3$ 和氨水,还原得到了结构较为完整的石墨烯,但反应过程中产生的有毒气体会污染环境,需进行尾气处理。另外,考虑到制备石墨烯的主要原料具有稳定性好、结晶度高等特点,因此详细研究不同结晶形态的天然石墨对还原氧化石墨烯(RGO)的氧化程度和剥离过程的影响(图 2-81),结果发现,利用比表面积大、缺陷较多且晶粒细小的石墨能够提高 RGO 的氧化度,易剥离,并且 GO 的产率较大。为减少水合肼对环境的污染,利用维生素 C 代替水合肼。通过分析可发现,维生素 C 制备的石墨烯缺陷更少、形貌更为平整,并且性能更优,更适合于电极材料的应用。另外,该方法制备过程的中间产物 GO 能够赋予石墨烯一定的特性,得到特殊的功能材料。但是,石墨烯的结构和完整性会受到氧化剂的严重破坏,导致石墨烯质量下降、结构缺陷较多,从而限制了该方法的应用发展。

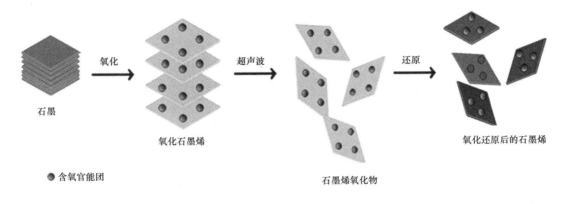

图 2-81　氧化还原法制备石墨烯

2.5.1.9　水(溶剂)热合成法

水热合成法(Hydrothermal synthesis)和溶剂热合成法(Solvothermal synthesis)是采用水或者溶剂作为反应介质在高温、高压环境中使通常难溶或不溶的物质溶解并进行重结晶反应的方法。反应温度范围一般在 100～1000 ℃、压力范围 1 MPa～1 GPa,具有操作简单、污染小、成本低廉以及纯度高的特点,是一种非常具有潜力的二维过渡金属硫族化合物(TMDCs)合成方法。

水(溶剂)热法不仅可以合成单组分的纳米材料,还可用于复合材料的制备。有学者开发了一种阳离子表面活性剂辅助的水热合成法,制备出类石墨烯 MoS_2/石墨烯(GL-MoS_2/G)复合材料。有学者采用水热法制备出 WS_2/rGO(reduced graphene oxide)纳米杂化材料用于紫外光探测。亦有学者利用超薄镍钴氢氧化物纳米片和四硫代钼酸铵作为前驱体,通过在 N,N-二甲基甲酰胺体系中引入水合肼,实现了 MoS_2 从 2H 和 1T 的混合相到纯 1T 相的完全转变,并且调节了镍钴部分的结晶状态,最终形成了非晶态镍钴配合物和 1T 相 MoS_2 的复合材料(图 2-82),非晶态镍钴配合物起到稳定 1T 相的作用。与传统的制备方法不同,水热法制备的复合材料实现了分子层面的复合,增强相与相、相与基体之间的能量和物质流动,在催化、吸波等方面具有广泛的应用前景。

总的说来,水热法可以通过控制反应条件对产物进行有效调控,但受到反应温度所限,产物晶体结构不够完整,并且无法精确控制产物的厚度。

2.5.1.10　表面氧化法

表面氧化法是目前制备二维非层状过渡金属氧化物(TMO)原理上最为简单的一种方法,它主要通过在金属及其化合物表面的氧化作用来实现。对于大多数金属材料而言,当在自然条件下被暴露于氧化环境中时,金属与空气的界面处会形成一层薄的氧化物层,基于此原理,表面氧化法现已发展成为制备二维非层状 TMO 最为常用的方法之一。

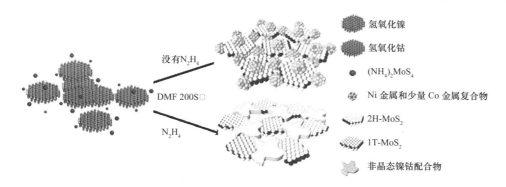

图 2-82　**Ni－Co 和 1T－MoS$_2$ 多孔杂化材料的制备**

通过重复的离子溅射、真空还原和低压氧退火,在商用金红石相 TiO$_2$(011)表面通过钛的还原和再氧化可制备出一种新型 2D－TiO$_2$(011)单晶。研究表明,约 80 ％的金红石相 TiO$_2$ 表面在同质外延生长时长出了新结构,这种新的二维结构在扫描隧道显微镜(STM)图像中呈亮突起状并以类似于立方体(111)平面的准六边形结构排列,且表现出不同于金红石基底的矩形(011)平面的对称性,由于新相的导带最小值向费米能级偏移,使 TiO$_2$ 的带隙显著降低。这种在金属氧化物表面再氧化的方法实质上是先将 TiO$_2$ 还原然后再将其氧化,原理简单而且容易实现,为二维非层状 TMO 的制备开辟了一条新路径。相比于将金属氧化物表面先还原后氧化,通过在金属表面直接氧化金属来制备二维非层状 TMO 明显要容易得多。采用电子束蒸发法在 NaCl(001)表面生长了一层厚度约为 50 nm 的 Cu(001)薄膜,通过原位原子分辨率电子显微镜实时观察了阶梯铜表面氧化过程中氧化物的生长和传播行为。表面氧化法中 Cu$_2$O 的生长示意图和透射电子显微镜(TEM)图如图 2-83 所示,氧化作用是 Cu$_2$O 在平坦的阶梯上自氧化生长过程中发生的,氧化物的生长以原子吸附机制进行,其中铜吸附原子从台阶边缘等低配位表面释放并扩散到铜表面,后吸附的氧原子扩散到阶梯表面并与铜接触生长,而表面台阶的存在抑制了

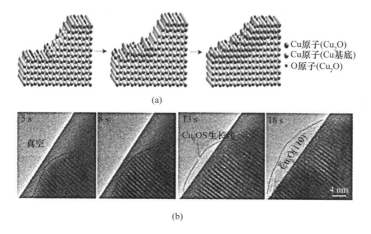

图 2-83　**表面氧化法中 Cu$_2$O 的生长示意图和 TEM 图**

(a)阶梯诱导 Cu$_2$O 的生长示意图;(b)Cu$_2$O 在 Cu 上生长的原位 TEM 图

氧化膜的生长并导致其振荡生长。这种在金属表面直接氧化合成二维非层状 TMO 的方法巧妙地利用了常见金属的氧化性,不仅简单方便,而且具有一定的普适性。然而,利用表面氧化法制得的金属氧化物薄膜通常紧密贴附于原金属基底,但在实际应用中这些二维氧化物常常需要与基底分离,这十分具有挑战性。

2.5.1.11 自组装法

作为近年来迅速发展的一种典型的"自下而上"合成策略,通过层层沉积方式制备大分子的自组装法可以较好地克服表面氧化法和气相沉积法中二维层状物与基底难以分离的问题,它可以将分子等基本结构单元在非共价键力等的作用下自发地聚集为稳定的有序结构。

自组装法制备二维非层状过渡金属氧化物(TMO)主要通过横向自组装实现,即先用聚乙烯基吡咯烷酮(PVP)或十六烷基三甲基溴化铵(CTAB)等有机表面活性剂为胶体模板作为约束层,将三维非层状材料的顶部和底部钝化,使非层状 TMO 限定在二维平面内生长,进而得到二维非层状 TMO 与有机间隔层相互交替堆叠的三维块体材料,由于有机隔离物和无机薄层之间的"层间"相互作用力较弱,通过将块状材料剥离并去除有机物,最终可以收集得到所需的二维非层状 TMO。

基于此原理,以 1,5 -戊二醇为封端剂和结构导向剂,通过 $EuCl_3$ 和 Na_2CO_3 在 90 ℃反应 10 h 可制备出 Eu_2O_3 纳米线,然后将纳米线在蒸馏水中浸泡 3～5 min 经自组装得到具有较高结晶度的超薄 Eu_2O_3 纳米片和 1,5 -戊二醇层交替的层状纳米结构,经剥离和清洗最终分离出 2D - Eu_2O_3 纳米片。其中,二维纳米片的横向尺寸可以通过调节浸泡时间来控制,其尺寸随着纳米线前体浸泡时间的增加而增加,如将纳米线在水中浸泡 24 h可以获得 10 mm 长、2 mm 宽的纳米片,不同浸泡时间得到的纳米片如图 2-84 所示。这种将传统合成大分子和纳米材料的自组装方法应用于制备二维非层状材料的策略为制备二维非层状 TMO 提供了新思路,且得到的 2D - Eu_2O_3 表现出了很强的量子尺寸效应,其横向尺寸也可以通过控制反应条件等很容易进行调节,然而,这种方法制得的二维材料中残存有大量难以去除干净的有机试剂,这对 2D - Eu_2O_3 的活性及其在实际应用中性能的发挥都是非常不利的,除此之外,该方法的普适性仍有待进一步验证,而且其所制得的二维材料沿垂直方向的厚度仍难以实现有效调控。

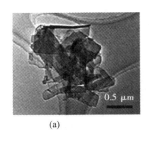 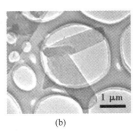 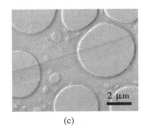

(a)   (b)   (c)

图 2-84　不同浸泡时间下得到的 Eu_2O_3 纳米片的 TEM 图

(a)10 min;(b)1 h;(c)24 h

为了改善二维产物中有机试剂的大量残留情况,可分别采用经聚合反应得到的聚环氧乙烷-聚环氧丙烷-聚环氧乙烷和乙二醇(EG)来取代小分子 1,5 -戊二醇作为表面活性剂和助表面活性剂。通过将金属氧化物所对应的无机金属盐或金属醇盐溶于乙醇并与表面活性剂混合搅拌,采用自组装制得含有高分子表面活性剂分子的反片层胶束结构,然后转移至高压釜中制备得到含有二维非层状 TMO 纳米片的混合物,最后通过洗涤、离心、干燥,收集得到二维纳米片,使用该策略成功合成出了具有二维结构的 TiO_2、Co_3O_4、WO_3、MnO_2 和 ZnO 等多种具有较大横向尺寸(可达 100 mm)的二维非层状 TMO,且所制得的二维非层状 TMO 纳米片的比表面积相比于一般合成的纳米颗粒提高了 3～10 倍,单层纳米片的厚度为 0.2～1.6 nm。该合成方法所采用的高分子表面活性剂相对于有机小分子而言更容易去除,但是表面活性剂两亲性的结构特点决定了它是不可能被完全去除的。

由此可知,自组装法合成二维非层状 TMO 具有成本低、通用性强、可控性好、不受模板数量制约等优点,且在一定程度上有效克服了前述方法中基底对合成产物的限制,能够合成具有较大横向尺寸的二维非层状 TMO,为制备二维非层状 TMO 提供了一种灵活而通用的制备策略。然而,在合成过程中二维非层状材料往往是通过聚合物或有机物的辅助来获得的,而这些有机表面活性剂模板在清洗等后处理过程中常常难以彻底去除,而以包覆状杂质的形式残留在纳米片中,这在很大程度上会影响所得二维材料的活性以及其在实际应用中性能的充分发挥。

2.5.1.12　模板辅助合成法

通过分析二维非层状材料的形成机理,发现模板能有效诱导二维结构纳米材料的合成,但传统自组装法采用的“软模板”表面活性剂带来的后处理是非常复杂的。为此,可以通过使用无悬挂键基材或预先合成的纳米材料作为二维模板引导材料在二维平面生长,衍生发展出了不同于传统有机表面活性剂模板的模板辅助合成法。模板辅助合成法也是一种“自下而上”的合成方法,其中特定纳米结构的生长受到模板的限制或诱导,该方法一般需要先制备出二维的诱导模板,然后母体材料通过在模板表面直接沿二维方向生长或者通过相变过程而获得二维非层状材料。

有学者通过综合真空基和溶液基等合成二维非层状 TMO 方法的优点,发现了一种利用水溶性盐晶体表面作为模板且同时适用于层状和非层状 TMO 的通用合成策略,成功合成出横向尺寸可达 100 nm、平均厚度约为 0.2 nm(图 2-85(a))的二维 WO_3、MnO、MoO_2 和 MoO_3。图 2-85(a)中白色曲线显示了二维氧化物的厚度,红色直线为扫描线。合成过程如图 2-85(b)所示,即先通过将金属粉末或金属盐分散在乙醇中制得前驱体溶液,后将前驱体溶液与无机盐混合、干燥后在 Ar 气氛下高温退火,最后冷却并通过清洗、过滤产物,便可以得到具有二维结构的纳米片。在此过程中,二维平面的生长源于盐晶体的晶格与生长的氧化物之间的匹配,盐晶体作为模板来诱导氧化物在特定的二维尺寸内定向生长到与盐晶体相近的尺寸,其横向尺寸的大小受所用盐晶体几何形状的影响,产量可以通过增加盐的用量来放大,而二维非层状 TMO 的厚度可通过改变前驱体与盐的比例来调控。

这种模板辅助合成法有效地克服了自组装法中表面活性剂难以去除干净的问题,易溶盐模板经水冲洗便可以很容易去除掉,具有后处理简单、成本低廉、产物横向尺寸大、产率高、容易实施等优势。但在该方法中二维非层状 TMO 成功制备的前提是需要与所用

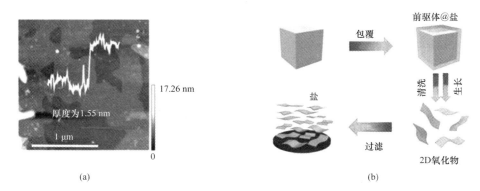

图 2-85   2D h - MoO₃ 的 AFM 图和制备示意图

(a)h-MoO₃ 的 AFM 图;(b)2D h-MoO₃ 的合成和储能电极制造示意图

盐晶体的晶格相互匹配,这对于自由且连续的尺寸调控和大规模的材料制备而言是较为困难的,除此之外,盐模板上纳米片的生长机制也有待进一步阐明。

2.5.1.13   固相法

固相反应合成二维非层状 TMO 法是由传统的固相法发展而来的,它使相互接触的固体物质在管式炉的高温气氛中发生反应,通过控制反应条件进而在固体的两相界面处生成二维非层状材料。有学者报道了一种基于固体-固体表面化学转化的高温多相反应策略,通过研磨将块体 MoO₃ 晶体和固体锌粉充分混合,在 400 ℃下退火 0.5 h 将 MoO₃ 还原后用氨水蚀刻未反应的 MoO₃,成功制得了具有大横向尺寸(数百纳米)、超薄厚度(约 1.4 nm)和高结晶度的单斜晶系二维非层状 MoO₂ 纳米片,该二维纳米片在红外区具有强而稳定的局域表面等离子体共振(LSPR)吸收峰,即使在酸碱腐蚀、高温热处理和长期辐照后也保存良好。在该反应中,氧化还原过程主要发生于 Zn 与 MoO₃ 之间的界面,MoO₃ 晶体用作合成 2D - MoO₂ 纳米片的自牺牲模板,MoO₂ 纳米片的厚度由反应时间和所用 MoO₃ 晶体的尺寸决定。这种固相反应策略操作简单、容易实施,为二维非层状材料提供了一种新的通用方法。

2.5.1.14   胶体合成法

胶体合成法(Colloidal synthesis)是在高沸点溶剂中加入还原剂、表面修饰剂等,将前驱物热解,以此得到尺寸均一的无机纳米晶。通过胶体合成法可制备 1T 相 WS₂ 纳米片,当在合成过程中加入六甲基二硅胺(HMDS)后,导致 WS₂ 形态和晶体结构剧烈变化,实现 1T - WS₂ 到 2H - WS₂ 的转变。有关 TMDCs 胶体合成法的研究较少,但是该方法可以精确控制反应条件,获得高结晶度的纳米材料,可运用于光催化、储能等方面。

2.5.2   薄膜纳米材料制备的物理方法

由于 CVD 方法所得到的薄膜材料是由反应气体通过化学反应实现的,所以对于反应物和生成物的选择具有一定的局限性。同时,由于化学反应需要在较高的温度下进行,基片所处的环境温度一般较高,这样也就同时限制了基片材料的选取。相对于化学气相沉积的局限性,物理气相沉积(physical vapor deposition,简称 PVD)则显示出独有的优越性,物理沉积方法对沉积材料和基片均没有限制。此外,物理气相沉积不需要经历氧化还原过程,只是经过蒸发沉积等物理过程,这是与化学气相沉积法最大的区别。物理气相沉积过程可概括为三个阶段:从源材料中发射出粒子,粒子输送至基片以及粒子在基片上凝结、成核、长大、成膜。由于粒子发射可以采用不同的方式,因而物理气相沉积技术呈现出多种不同形式。目前薄膜纳米材料的物理方法主要包括真空蒸发技术、溅射、离子束和离子辅助技术、外延膜沉积技术四大类,本节主要对以上四大类技术及其他物理方法作一介绍。

2.5.2.1　真空蒸发技术

真空蒸发沉积薄膜具有方法简单、操作容易、成膜速度快、效率高等特点,是薄膜制备中使用最为广泛的技术。这一技术的缺点是形成的薄膜与基片结合较差,工艺重复性不好。在真空蒸发技术中,只需要产生一个真空环境。在真空环境下,给待蒸发物提供足够的热量以获得蒸发所必需的蒸气压。在适当的温度下,蒸发粒子在基片上凝结,这样即可实现真空蒸发薄膜沉积。大量材料皆可以在真空中蒸发,最终在基片上凝结以形成薄膜。真空蒸发沉积过程由三个步骤组成:①蒸发源材料由凝聚相转变成气相;②在蒸发源与基片之间蒸发粒子的输运;③蒸发粒子到达基片后凝结、成核、长大及成膜。基片可以选用各种材料,根据所需的薄膜性质基片可以保持在某一温度。当蒸发在真空中开始时,蒸发温度会降低很多。对于正常蒸发所使用的压强一般为 1.33×10^{-5} Pa,这一压强能确保大多数发射出的蒸发粒子具有直线运动轨迹,基片与蒸发源的距离一般保持在 $10 \sim 50$ cm 之间。大多数蒸发材料的蒸发是液相蒸发,也有一些属于直接固相蒸发。

真空蒸发系统一般由三个部分组成:①真空室;②蒸发源或蒸发加热装置;③放置基片及给基片加热装置。在真空中为了蒸发待沉积的材料,需要容器来支撑或盛装蒸发物,同时需要提供蒸发热使蒸发物达到足够高的温度以产生所需的蒸气压。在一定温度下,蒸发气体与凝聚相平衡过程中所呈现的压力称为该物质的饱和蒸气压。物质的饱和蒸气压随温度的上升而增大,相反,一定的饱和蒸气压则对应着一定的物质温度。为了避免污染薄膜材料,蒸发源中所用的支撑材料在工作温度下必须具有可忽略的蒸气压。通常所用的支撑材料为难熔金属和氧化物。当选择某一特殊支撑材料时,一定要考虑蒸发物与支撑材料之间可能发生的合金化和化学反应等问题,支撑材料的形状则主要取决于蒸发物。

重要的蒸发方法有电阻加热蒸发、闪烁蒸发、电子束蒸发、激光蒸发、电弧蒸发、射频加热蒸发等。

(1)电阻加热蒸发。

常用的电阻加热蒸发法是将待蒸发材料放置在电阻加热装置中,通过电路中的电阻加热给待沉积材料提供蒸发热使其气化。在这一方法中,经常使用的支撑加热材料是难熔金属钨、铊、钼,这些金属皆具有高熔点、低蒸气压的特点。支撑加热材料一般采用丝状或箔片形状,如图 2-86 所示。电阻丝和箔片在电路中的连接方式是直接将其薄端连接到较重的铜或不锈钢电极上。图 2-86(a)和(b)所示的加热装置由薄的钨/钼丝制成(成径 $0.05 \sim 0.13$ cm)。蒸发物直接置于丝状加热装置上,加热时,蒸发物润湿电阻丝,通过表面张力得到支撑。一般的电阻丝采用多股丝,这样会比单股丝提供更大的表面积。这类加热装置有四个主要缺点:①只能用于金属或某些合金的蒸发;②在一定时间内,只有有限的蒸发材料被蒸发；③在加热时，蒸发材料必须润湿电阻丝；④一旦加热，这些电阻丝就会变脆，如果处理不当甚至会折断。凹箔[图 2-86(c)]由钨、钽或钼的薄片制成，厚度一般为 $0.013\sim0.038\ \mathrm{cm}$。当只有少量蒸发材料时最适合于使用这一蒸发源装置。具有氧化物涂层的凹箔[图 2-86(d)]也常用作加热源，厚度约为 $0.025\ \mathrm{cm}$ 的钼或钽箔，由一层较厚的氧化物所覆盖。这种凹箔加热源的工作温度可达到 $1900\ ℃$，其所需功率远大于未加涂层的凹箔，这是由于加热源与蒸发材料之间的热接触已大大减少引起的。锥形丝筐[图 2-86(e)]加热源用于蒸发小块电介质或金属，蒸发材料熔融或者升华或者

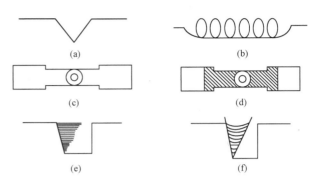

图 2-86　电阻丝和箔片蒸发装置
(a)发卡式；(b)螺旋式；(c)凹箔；
(d)具有氧化物涂层的凹箔；(e)丝筐；(f)螺旋丝缠绕的坩埚

不润湿源材料。石英、玻璃、氧化铝、石墨、氧化铍、氧化锆坩埚[图 2-86(f)]用于非直接的电阻加热装置中。

目前尽管已有许多新型、复杂的技术用于制备薄膜材料，但电阻加热蒸发法仍是实验室和工业生产制备单质、氧化物、介电、半导体化合物薄膜最常用的方法之一。

（2）闪烁蒸发。

在制备容易部分分馏的多组元合金或化合物薄膜时，一个经常遇到的困难是所得到的薄膜化学组分偏离蒸发物原有的组分。应用闪烁蒸发（或称瞬间蒸发）法可以克服这一困难。闪烁蒸发法中少量待蒸发的材料以粉末的形式输送到足够热的蒸发盘上以保证蒸发在瞬间发生。蒸发盘的温度应该足够高，以使不容易挥发的材料快速蒸发。当蒸发物蒸发时，具有高蒸气压的组元先蒸发，随后是低蒸气压组元蒸发。实际上，由于送料是连续的，所以在不同的分馏阶段蒸发盘上总是存在一些粒子。但在蒸发时不会有蒸发物聚集在蒸发盘上，瞬间分立蒸发的净效果是蒸气具有与蒸发物相同的组分。如果基片温度不太高，允许再蒸发现象发生，则可以得到理想配比化合物或合金薄膜。将粉料输送到加热装置中可以使用不同的装置，如机械、电磁、振动及旋转等。

闪烁蒸发技术已用于制备 $Ⅲ\sim Ⅴ$ 族化合物、半导体化合物、超导氧化物、金属陶瓷、$CuInSe_2$、$LiInSe_2$、$Li_xCu_{1-x}InSe_2$ 等薄膜。闪烁蒸发技术的一个严重缺陷是待蒸发粉末的预排气较困难，沉积前需 $24\sim36\ \mathrm{h}$ 抽真空，这在一定程度上才可以完成粉末的排气工作。此外，蒸发沉积过程中可能会释放大量气体，膨胀的气体可能产生"飞溅"现象。

（3）电子束蒸发。

电阻蒸发存在许多致命缺点，如蒸发物与坩埚发生反应，蒸发速率较低。为了克服这些缺点，可以通过电子轰击实现材料的蒸发。在电子束蒸发技术中，一束电子通过 $5\sim10\ \mathrm{kV}$ 的电场后被加速，最后聚焦到待蒸发材料的表面。当电子束打到待蒸发材料表面时，电子会迅速损失掉自己的能量，将能量传递给待蒸发材料使其熔化并蒸发。由于与盛装待蒸发材料的坩埚相接触的蒸发材料在整个蒸发沉积过程中保持固体状态不变，这样

就使待蒸发材料与坩埚发生反应的可能性降到最低。直接采用电子束加热使水冷坩埚中的材料蒸发是电子束蒸发中常用的方法。对于活性难熔材料的蒸发,需要水冷工序。通过水冷,可以避免蒸发材料与坩埚壁的反应,由此即可制备高纯度的薄膜。通过电子束加热,任何材料都可以被蒸发,蒸发速率一般在每秒几分之一埃到每秒数微米之间。电子束源形式多样,性能可靠,但是电子束蒸发设备较为昂贵,且较复杂。如果应用电阻加热技术能获得所需要的薄膜材料,则一般不使用电子束蒸发。在需要制备高纯度的薄膜材料,同时又缺乏合适的盛装材料时,电子束蒸发方法具有重要的实际意义。

在电子束蒸发系统中,电子束枪是核心部件。电子束枪可以分为热阴极和等离子体电子两种类型。在热阴极类型电子束枪中,电子由加热的难熔金属丝、棒或盘以热阴极电子的形式发射出来。在等离子体电子束枪中,电子束从局限于某一小空间区域的等离子体中提取出来。对于电子束蒸发,不同蒸发物需要采用不同类型的坩埚以获得所要达到的蒸发率。在电子束蒸发技术中广泛使用的是水冷坩埚,如蒸发难熔金属、钨以及高活性材料(如钛)。如果要避免大功率损耗或在某一功率下提高蒸发速率,可以使用作为阻热器的坩埚嵌入件。坩埚嵌入件可使熔池产生更均匀的温度分布。坩埚嵌入件材料的选择取决于本身的热导率、与蒸发物的化学反应性以及对热冲击的阻抗能力等因素。以 Al_2O_3、石墨、TiN、BN 为基体材料的陶瓷可用于制作坩埚嵌入件。

电子束蒸发已被广泛应用于制备各种薄膜材料,如 $MgFe_2$、Ga_2Te_3、Nd_2O_3、$Cd_{1-x}Zn_xS$、Si、$CuInSe_2$、InAs、$Co-Al_2O_3$ 金属陶瓷、$Ni-MgF_2$ 金属陶瓷、TiC 和 NbO、V、SnO_2、TiO_2、In-Sn 氧化物、Be、Y、$ZrO_2-Sc_2O_3$ 等,同时也可用于制备高温超导薄膜。

(4)激光蒸发。

在激光蒸发方法中,激光作为热源使待蒸镀材料蒸发。激光蒸发法属于一种在高真空下制备薄膜的技术。激光源放置在真空室外部,激光光速通过真空室窗口打到待蒸镀材料上使之蒸发,最后沉积在硅片上。激光蒸发技术具有许多优点:①清洁,可以使来自于热源的污染降至最低;②由于激光光束只对待蒸镀材料的表面施加热量,这样就会减少来自待蒸镀材料支撑物的污染;③通过使激光光束聚焦可获得高功率密度激光束,使高熔点材料也可以以较高的沉积速率被蒸发;④由于电子束发散性较小,激光及其相关设备可以相距较远;⑤通过采用外部反射镜导引激光光束,很容易实现同时或顺序多源蒸发。

激光蒸发技术得到真正重视是在 20 世纪 90 年代,采用连续波长的 CO_2 激光器(功率 80 W)作为加热源可以制备出碳膜。激光束通过 ZnSe 窗口进入到真空室,而后被 Be-Cu 凹面镜反射聚焦到由钼制蒸发盘盛装的源材料,即粉末状的石墨和金刚石上。由于石墨和金刚石具有较低的比热,所以很容易被蒸发。激光光速可通过凹面镜的旋转和蒸发盘的线性驱动对整个源材料进行扫描,整个装置示意图见图 2-87。采用激光蒸发技术已经制备出了类金刚石薄膜、铁电钛酸铋膜、CdTe、Cd、InSb 膜、PbTe 和掺杂的 PbTe 膜、聚合物、陶瓷涂层、Se、BN、氧化铁及 $BaTiO_3$ 等薄膜。

(5)电弧蒸发。

真空电弧蒸发属于物理气相沉积,在这一方法中,首先产生所要沉积的粒子,随后粒子被输运到基片,最后凝聚在基片上以形成所需性质的薄膜。气相粒子如何从阴极产生出来,对其机制历来存在争议。一种解释说采用了稳定态或准稳定态模型,在这一模型中,蒸发、离子化和粒子加速发生在不同区域。而另一种解释则假设电弧蒸发可采用爆炸模型来描述,在这一模型中,等离子体是靠对持续的微爆炸产生的微凸区进行连续、急速加热而产生。不管何种解释,有一点似乎是肯定的,阴极区的粒子具有较高的迁移率,在无磁场存在的情况下,粒子在阴极表面无序运动,在有磁场存在的情况下,粒子则在 $-\vec{J} \times \vec{B}$($\vec{J}$ 为电流密度,$\vec{B}$ 为磁感应强度)方向移动。除了等离子体外,由阴极逃逸出来的大粒子也会发射到等离子体中。大粒子的典型尺寸为几微米,其速率为 $50 \sim 550$ m/s,大粒子数量随着阴极材料的熔化温度增加而减少,随着电流和阴极表面温度的增加而增加。

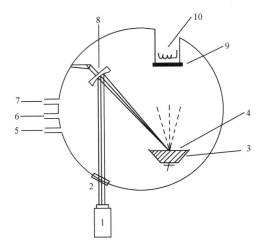

图 2-87　激光蒸发示意图

1. CO_2 激光器;2. ZnSe 窗口;3. 钼蒸发盘;4. 源材料;
5. 真空泵;6. 真空计;7. 质量过滤器;8. 凹面镜;
9. 基片;10. 红外加热器

　　20 世纪 50 年代人们开始关注真空电弧沉积设备的研制。Hiesinger 研制了一种真空火花蒸发设备,并注意到电弧蒸发比加热蒸发更加优越的是:对于产生的离子可以通过电场来加速,从而产生具有高能量的沉积粒子。Vodar 等所使用的设备则具有一继电器,可以形成重复的间歇式接触,并观察到大多数金属蒸气从阴极发射出来。Wroe 使用磁致稳定的直流电弧沉积设备,观察到这一技术较其他蒸发技术具有的优点是不必使用难熔金属制作的坩埚,因而可以避免由坩埚带来的污染。1970 年,Sablev 等研制并开发了一系列的真空电弧沉积系统,研究的关键主要集中在解决如下两个技术问题:一是控制阴极起弧点的位置,二是减少大粒子的污染。

　　目前采用电弧蒸发制备纳米薄膜已成为重要方法之一,已采用此方法制备出了类金刚石薄膜,ZrN、TiN、TiC、(Ti,Al)N、(Ti,Zr)N、(Ti,Al,V)N、(Ti,Hf)N、(Ti,Nb)N 薄膜等多种纳米薄膜。

　　(6)射频加热蒸发。

　　许多研究者使用射频加热装置进行真空薄膜沉积,通过射频线圈的适当安置,可以使待镀材料蒸发,从而消除由支撑坩埚引起的污染,蒸发物也可以放在支撑坩埚内,四周用射频线圈环绕。射频加热方法的成本相对较高,同时射频加热系统的设备笨重,加之薄膜沉积过程中蒸发率难以控制,所以这一方法不是薄膜制备的常用方法。

2.5.2.2　溅射

　　在某一温度下,如果固体或液体受到适当的高能粒子(通常为离子)的轰击,则固体或液体中的原子通过碰撞有可能获得足够的能量从表面逃逸,这一将原子从表面发射出去的方式称为溅射。1852 年,Grove 在研究辉光放电时首次发现了这一现象,Thomson 形象地把这一现象类比于水滴从高处落在平静的水面所引起的水花飞溅现象,并称其为

"Spluttering"。后来在印刷过程中,由于将 Spluttering 中的"l"字母漏掉而错印成"Sputtering",不久"Sputtering"一词便被用作科学术语"溅射"。与蒸发镀膜相比,溅射镀膜发展较晚,但在现代这一镀膜技术得到了广泛应用。

溅射是指具有足够高能量的粒子轰击固体(称为靶)表面使其中的原子发射出来。早期人们认为这一现象源于靶材的局部加热。但是不久发现溅射与蒸发有本质区别,并逐渐认识到溅射是轰击粒子与靶粒子之间动量传递的结果。溅射过程实际上是入射粒子(通常为离子)通过与靶材碰撞,进行一系列能量交换的过程,而入射粒子能量的 95% 用于激发靶中的晶格热振动,只有 5% 左右的能量是传递给溅射原子。相对于真空蒸发镀膜,溅射镀膜具有如下特点:①对于任何待镀材料,只要能做成靶材,就可实现溅射;②溅射所获得的薄膜与基片结合较好;③溅射所获得的薄膜纯度高,致密性好;④溅射工艺可重复性好,膜厚可以控制,同时可以在大面积基片上获得厚度均匀的薄膜。但是溅射工艺也存在沉积速率较低、基片会受到等离子体的辐照等作用而温度上升的缺点。

溅射装置种类繁多,因电极不同可分为二极、三极、四极、磁控溅射、射频溅射等。直流溅射系统一般只能用于靶材为良导体的溅射,而射频溅射则适用于绝缘体、导体、半导体等任何一类靶材的溅射。磁控溅射是通过施加磁场改变电子的运动方向,并束缚和延长电子的运动轨迹,进而提高电子对工作气体的电离效率和溅射沉积率。磁控溅射具有沉积温度低、沉积速率高两大特点。

一般通过溅射方法所获得的薄膜材料与靶材为同一物质,但也有一种溅射方法,其溅射所获得的薄膜材料与靶材不同,这种方法称为反应溅射法,即在溅射镀膜时,引入某一种放电气体与溅射出来的靶原子发生反应而形成新物质。如在氧气中溅射反应获得氧化物,在氮气或氨气中溅射反应获得氮化物。在溅射镀膜过程中,可以调节并需要优化的实验参数有电源功率、工作气体流量与压强、基片温度与基片偏压等。

(1)辉光放电直流溅射。

在种类繁多的溅射系统中,最简单的系统莫过于辉光放电直流溅射系统。将盘状的待镀靶材连接到电源的阴极,与靶相对的基片则连接到电源的阳极。通过电极加上 $1 \sim 5$ kV 的直流电压(电流密度 $1 \sim 10$ A/cm^2),充入到真空室的中性气体,如氩气(分压在 $1.3 \sim 13$ Pa)便会开始辉光放电。当辉光放电开始后,正离子就会打击靶盘,使靶材表面的中性原子逸出,这些中性原子最终会在基片上凝结形成薄膜。

溅射基本上是一种低温过程,只有小于 1% 的功率用于溅射原子和二次电子逸出,大量能量作为离子轰击靶阴极使靶变热的热能而被损耗掉。靶材所能达到的最高温度和升华率与辉光放电条件有关。尽管对于大多数材料来说溅射率会随着靶材温度的升高而增加,但由于可能出现的靶材放气问题,阴极的温度不宜升得太高。相反,对于靶阴极,一般要进行循环水冷冷却。

对于实际的溅射系统,自持放电很难在压强低于 1.3 Pa 的条件下维持,这是因为在此条件下没有足够的离化碰撞。作为薄膜沉积的一种技术,自持辉光放电最严重的缺陷是用于产生放电的惰性气体对所沉积的薄膜会造成污染。但在低工作压强情况下薄膜中被俘获的惰性气体的浓度会得到有效降低。低压溅射的优点是溅射原子具有较高的平均能量,当它们打到基片时,会形成与基底结合较好的薄膜。对于在低于 $1.3 \sim 2.7$ Pa 压强下运行的溅射系统或者需要额外的电子源来提供电子,而不是靠阴极发射出来的二次电子,或者是提高已有电子的离化效率。利用附加的高频放电装置,可将离化率提高到一个较高水平。提高电子的离化效率也可以通过施加磁场的方式来实现。磁场的作用是使电子不是做平行直线运动,而是围绕磁力线做螺旋运动,这就意味着电子的运动路径由于磁场的作用而大幅度增加,从而有效地提高在已知直线运动距离内气体的离化效率。表 2-8 是直流二极溅射制备的不同种类的薄膜。

表 2-8　直流二极溅射制备的不同种类的薄膜

靶	溅射气体	靶	溅射气体
$ErRh_4B_4$	Ar	Ti	$Ar+N_2$
Nb_3Ge	Ar	石墨	Ar
$TaB_2-Cr-Si-Al,Fe-Cr-Si,Ta-Cr-Si-Al$	Ar	烧结 SiC	Ar
Ni	Ar	Ti 复合材料靶	Ar
TaSi	Ar	$In-Sn$ 合金	Ar
Ba-Fe	Ar	$Y-Ba-Cu-O$	Ar
Zr_2Rh	Ar	$YBa_2Cu_2O_7$	O_2
Bi_2Te_3	Ar	AgPd	Ar
PbTe	Ar		

（2）三极溅射。

在低压下,为了增加离化率并保证放电自持,一个可供选择的方法是提供一个额外的电子源,而不是从靶阴极获得电子。三极溅射涉及一个独立的电子源中的电子注入到放电系统中,这个独立的电子源就是热阴极。热阴极通过热离子辐射形式发射电子,热离子阴极通常是一加热的钨丝,可以承受长时间的离子轰击。相对于基片,阳极一定要加上正偏压,但如果阳极与基片具有相同的电位,从热离子辐射装置中发射的一些电子会在基片处被收集起来,从而导致在靶处等离子体密度的不均匀性。

图 2-88 给出了三极溅射系统的示意图。灯丝置于真空室左下部并受到保护以免受到溅射材料的污染,通过外部线圈所提供的磁场将等离子体限域在阳极和灯丝阴极之间。当在靶上施加一相对阳极的负高压,溅射就会出现。如同在二极辉光放电那样,离子轰击靶,靶材便沉积在基片上。等离子体中的离子密度可以通过调节电子发射电流或调节用于加速电子的电压来加以控制。轰击离子的能量可以通过靶电压来

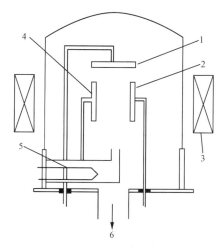

图 2-88　三级溅射系统示意图
1. 阳极；2. 基片；3. 线圈；4. 靶；5. 灯丝；6. 接真空泵

控制，因而在像三极溅射这样的系统中，通过从额外电极提供具有合适能量的额外电子可以保持高离化效率。这一方法可以在远低于传统二极溅射系统所需压强（≤0.13 Pa）条件下运行，这一技术的主要局限是难以从大块扁平靶中产生均匀溅射，而且放电过程难以控制，进而工艺重复性较差。

（3）射频溅射。

前面所描述的溅射技术中为了溅射沉积薄膜，已假设靶材一定是导体，在通常的直流溅射系统中，如果将金属靶换成绝缘靶，则在离子轰击过程中，正电荷便会累积在绝缘体的表面。用离子束和电子束同时轰击绝缘体，可以防止这种电荷累积现象的出现。但Anderson 等则设计了沉积绝缘体的溅射系统，在这一系统中，射频电势加在位于绝缘靶下面的金属电极上，在射频电势作用下，在交变电场中振荡的电子具有足够高的能量产生离化碰撞，从而使放电达到自持。在直流辉光放电中，阴极所需产生二次离子的高电压在射频溅射中已不需要。由于电子比离子具有较高的迁移性，相对于负半周期，正半周期内将有更多的电子到达绝缘靶表面，而靶将变成负的自偏压。在绝缘靶表面负的直流电位将在表面附近排斥电子，从而在靶前产生离子富集区。这些离子轰击靶便产生溅射。这一正离子富集区正好与直流溅射系统中的布鲁克斯暗区相对应。当频率小于 10 kHz 时，则不会形成正离子富集区，而用于射频溅射的频率一般采用 13.56 MHz。值得注意的是，由于射频场加在两个电极间，作为无序碰撞结果而从两极间逃逸的电子将不会在射频场中振荡，因此，这些电子将不能得到足够高的能量以使气体离化，最终损失在辉光区中。但是如果在平行于射频场的方向上施加磁场，磁场将限制电子使之不会损失在辉光区，进而改善射频放电效率。因此，磁场对于射频溅射更为重要。在靠近金属电极的另一侧要放置接地的金属屏蔽物以消除在电极处的辉光，防止溅射金属电极。使用射频溅射，目前已制备出了石英、氧化铝、氮化硼等各种薄膜。

射频溅射系统的结构几乎与直流溅射系统相同，二者最重要的差别是射频溅射系统需要在电源与放电室间配备阻抗匹配网，在射频溅射系统中，基片接地也很重要，由此可确保避免不希望的射频电压在基片表面出现。由于射频溅射可以在大面积基片上沉积薄膜，所以从经济角度来考虑，射频溅射镀膜具有重要的实际意义。表 2-9 是此法溅射制备的薄膜种类及其工艺参数。

表 2-9　射频溅射制备的薄膜种类及工艺参数

薄膜种类	靶	溅射气体	压强	基片及其温度
$PbTiO_3$	Pb_2O_4，TiO_2	90%Ar，10%O_2	27 Pa	Pt 片，300～350 ℃
MoS_2	MoS_2	Ar	1330 MPa	耐热硅硼玻璃
Si	单晶 Si	Ar	665 MPa	Ni，Ta，50～100 ℃
C	电解石墨	Ar	665 MPa	Ni，Ta，50～100 ℃
SiC	热压粉末块	Ar	665 MPa	Ni，Ta，50～100 ℃
ZnSc	粉末压实烧结	Ar	2.3 Pa	Si，GaAs，160～360 ℃
$BaTiO_3$	$BaTiO_3$	Ar，O_2	1.2 Pa	Pt 片，340～930 ℃

续表

薄膜种类	靶	溅射气体	压强	基片及其温度
CdS	CdS	Ar	2670～3990 Pa	玻璃,60～300 ℃
a－Si：H	Si	Ar	267 MPa	KBr,100～300 ℃
SiO$_2$	SiO$_2$	Ar	1.9 Pa	玻璃,50～200 ℃
ZnO	ZnO	Ar,O$_2$	133～1330 MPa	玻璃,室温～427 ℃
CuGaSe$_2$	复合靶		2670 MPa	硅酸盐玻璃,60～400 ℃
AlNiSi 合金	Al－Ni－Si	Ar	2～5 Pa	碳、KBr 等,室温
Co－Fe	Co－Fe	Ar,N$_2$	1.2 Pa	玻璃

（4）磁控溅射。

自从 20 世纪 70 年代早期磁控溅射技术诞生以来,磁控溅射技术在高速率沉积金属、半导体和介电薄膜方面已取得了巨大进步。与传统的二极溅射相比,磁控溅射除了可以在较低工作压强下得到较高的沉积率以外,还可以在较低基片温度下获得高质量薄膜。

磁效应可以描述成通过交叉磁场增加了电子在等离子体中漂移的路程,对于简单的平面式磁控阴极系统,整个装置包括由永磁体支撑的平面阴极靶。永磁体提供了一个环形磁场,在阴极表面附近磁力线形成一个封闭曲线。由于离子和电子迁移率的差别引起正离子区靠近靶阴极,相对于等离子具有一负漂移电位。由于在阴极区正离子聚焦形成场,离子将从等离子体中分离出来,并被加速直至打到靶上,导致靶材的溅射。所产生的二次电子在进入电场、磁场交叉区域时在行进的轨道中被俘获。在有效的电子俘获区,电子密度达到一个临界值,此时由于俘获电子离化率达到极大,这意味着由高能正离子所产生的高速二次电子对于有效溅射不是必需的。

大部分磁控源在 0.13～2.7 Pa 压强下,阴极电压为 300～700 V 条件下工作,溅射率基本由靶的电流密度、靶与基片距离、靶材、压强和溅射气体组分等决定。采用磁控溅射可生长包括高温临界超导材料在内的薄膜材料,表 2-10 列出了此法溅射制备的薄膜种类及其工艺参数。

表 2-10　磁控溅射制备的薄膜种类及工艺参数

薄膜种类	靶	溅射气体	压强	基片及其温度
BaTiO$_3$	BaTiO$_3$	80％Ar,20％O$_2$	0.13 Pa	Pt 片,500～700 ℃
CdSe	热压 CdSe	Ar		玻璃
a－Si：H	多晶 Si	Ar/H$_2$		玻璃,47 ℃
ZnO	烧结 ZnO	Ar	1.3～8.0 Pa	玻璃
MoSe$_2$	MoSe$_2$	Ar	2.0～6.7 Pa	玻璃,150 ℃
Si－Cr 合金	Si,Cr	Ar	0.33 Pa	玻璃
SiO$_2$	SiO$_2$	Ar	0.7 Pa	Si,200 ℃

续表

薄膜种类	靶	溅射气体	压强	基片及其温度
Al_2O_3	Al_2O_3	Ar	5.3 Pa	Fe 基合金
WO_3	WO_3	Ar,O_2	3990 MPa	MgO 单晶,550 ℃

（5）离子束溅射。

溅射放电系统的一个主要缺点是工作压强较高,由此导致溅射膜中有气体分子进入。在离子束溅射沉积中,离子源中产生的离子束通过引出电压被引入到真空室,然后直接打到靶上并将靶材原子溅射出来,最终沉积在附近的基片上。离子束溅射系统的简单示意图如图 2-89 所示。除了具有工作压强低、减少气体进入薄膜、溅射粒子输送过程中较少受到散射等优点外,离子束溅射还可以让基片远离离子发生过程(辉光放电则不能)。相对于传统溅射过程,离子束溅射还具有以下优点:①离子束窄能量分布使我们能够将溅射率作为离子能量的函数来研究;②可以使离子束精确聚焦和扫描;③在保持离子束特性不变的情况下,可以变换靶材和基片材料;④可以独立控制离子束能量和电镀。

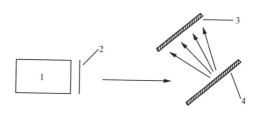

图 2-89　离子束溅射系统示意图
1. 离子源；2. 导出电极；3. 基片；4. 靶

靶和基片与加速极不相干,因此通常在传统的溅射沉积中由于离子碰撞引起的损伤会降到极小。而离子源与真空室分离,则由于真空室可保持在较低的压强下,残余气体的影响可以降至最低。在外延生长半导体薄膜领域,离子束溅射沉积变得非常有用。在高真空环境下,可以沉积得到多种类型的薄膜,其凝聚粒子具有超过 10 eV 的动能。因此,即使在低基片温度下,也会得到较高的表面扩散率,这是外延扩散的有利条件。离子束溅射的主要缺点是轰击到的靶面积太小,沉积率一般较低,而且离子束溅射沉积也不适宜于沉积厚度均匀的大面积薄膜。离子束溅射沉积最常使用的两种离子源是 Kaufman 源和双等离子体源,目前已用来制备金属、半导体及介电膜,例如 Au、Cu、Nb、W、SiO_2、TiO_2、Si、GaAs、InSb、Mo、Ti、Zr、Cr、Ni、$AlNi_3$、Al、Mo、AlN、Si_3N_4、Cr_9C_2、Ta_2Si_3、ZrO_2、SiH、ZnO、ZnS、Fe－Co、Co－Cr、ZnO：Al、Cu/Ni、Fe/Ni 等多种薄膜。

（6）反应溅射。

在存在反应气体的情况下,溅射靶材时,靶材料会与反应气体反应形成化合物(如氧化物或氮化物),此种溅射称之为反应溅射。在惰性气体溅射化合物靶材时由于化学不稳定性往往导致薄膜较靶材少一个或更多组分,此时如果加上反应气体可以补偿所缺少的组分,这种溅射也可视为反应溅射。在典型的反应溅射系统中,反应气体与靶发生反应,在靶表面形成化合物,这一现象称为靶中毒。当发生靶中毒现象时,由于溅射化合物的速率仅仅是金属靶溅射率的 $10\%\sim20\%$,溅射率急剧下降。

靶中毒对反应溅射沉积的影响取决于金属和反应气体的结合特性以及所形成化合物表层的性质。Hohnke 等人对反应直流溅射沉积化合物(金属氧化物和氮化物)进行了分析并给出了反应溅射沉积模型,这一模型确立了溅射功率 W 与反应气体流量 G 的比率 W/G 为反应溅射的基本参数。这一比率与反应气体压强无关,在一定的近似范围内,只与金属靶的溅射率有关。反应溅射是低温等离子体气相沉积过程,重复性好,已用于制备大量的化合物薄膜,如 Si_3N_4、SiO_2、Al_2O_3、ZnO、Cd_2SnO_4、TiN、HfN 等材料,并作为切削工具、微电子元件的涂层。表 2-11 总结了一些反应溅射的研究结果。

表 2-11　磁控溅射制备的薄膜种类及工艺参数

薄膜种类	靶	溅射气体	压强	基片及其温度
ZnO	Zn	高纯 O_2	0.9 Pa	硅,蓝宝石,350～500 ℃
In_2O_3：Sn	$InSe$ 合金	Ar,O_2		石英,不加热
NbN	Nb	Ne/N_2		蓝宝石,不加热
AlN	Al	Ar/N_2	0.27～1.1 Pa	$Si(100)$,100～450 ℃
$LiNbO_3$	$LiNbO_3$	Ar/O_2	0.7 Pa	玻璃,380 ℃
Cd_2SnO_3	Cd,Sn 合金	Ar/O_2	0.6 Pa	玻璃,370 ℃
$InSb$	Sb	$Ar/$金属有机气体		$Si(100)$,200 ℃
$Ti-Si-K$	$Ti-Si$	Ar/N_2	0.067 Pa	玻璃,27 ℃,200 ℃
$Fe-N$	Fe	N_2	0.05 Pa	$Si(111)$
$LiNbO_4$	$LiNbO_4$	O_2/Ar	0.13 Pa	$Si(111)$,550～600 ℃

2.5.2.3　离子束

应用与离子相关的技术制备薄膜已有 20 多年历史,大量技术如离子镀、离子束溅射和离子束沉积先后被研制开发出来。这些沉积技术通过增加离子动能或通过离化提高化学活性使所获得的薄膜具有与基片结合性好、在低温下可实现外延生长及形貌可改变的优点。

在离子束沉积过程中,所希望得到的膜材料被离化,具有高能量的膜材料离子被引入到高真空区,在到达基片之前被减速以实现低能直接沉积。所谓的低能是指几至几百电子伏特的能量范围。离子辅助过程则是蒸发和溅射的交叉过程。蒸发沉积的速度快,蒸发得到的膜与基片的结合较差,膜孔洞多,厚度均匀性差,还可能有其他缺陷,而溅射没有这些缺点,但其溅射的沉积速度太慢,离子辅助则吸收了两者的优点并克服了两者的缺点,从而使沉积技术有了明显改善。离子束沉积(IAD)可分为:①传统的离子镀(蒸发和辉光放电的复合);②阴极弧光沉积和热中空阴枪蒸发;③不管是溅射还是蒸发,在膜形成时基片直接被离子轰击,这些离子在薄膜生长和形成过程中起到重要作用。

(1)离子镀。

离子镀是在真空条件下,利用气体放电使气体或被蒸发物部分离化,产生离子轰击效

134

应,最终将蒸发物或反应物沉积在基片上。离子镀集气体辉光放电、等离子体技术、真空蒸发技术于一身,可大大改善薄膜的性能。离子镀不仅兼有真空蒸发镀膜和溅射的优点,而且还具有其他独特的优点,如所镀薄膜与基片结合好,到达基片的沉积粒子绕射性好,可用于镀膜的材料广泛等。此外,离子镀沉积率高,镀膜前对镀件清洗工序简单,对环境无污染,因此离子镀技术已得到迅速发展。

离子镀技术最早是由 Mattox 研制开发出来的,其原理如图 2-90 所示。真空室的背景压强一般为 1.3×10^{-5} Pa,工作气体压强为 $1.3 \sim 13$ Pa,坩埚或灯丝作为阳极,基片作为阴极。当基片加上负高压时,在坩埚和基片之间便产生辉光放电。离化的惰性气体离子被电场加速并轰击基片表面,从而实现基片的表面清洗。完成基片表面清洗后,开始离子镀膜。首先使待镀材料在坩埚中加热并蒸发,蒸发原子进入等离子体区与离化的惰性气体以及电子发生碰撞,产生离化,离化的蒸气离子受到电场的加速,打到基片上最终成膜。

离子镀技术已被广泛应用于沉积金属、合金和化合物,所用的基片材料有各种尺寸和形状的金属、绝缘体和有机物,包括小螺钉和轴承,许多实际应用显示离子镀技术较其他传统沉积技术具有明显的优势,特别

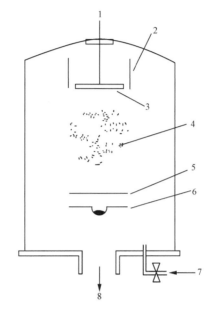

图 2-90 离子镀原理示意图

1. 高压负极;2. 接地屏蔽;3. 基片;4. 等离子体;
5. 挡板;6. 蒸发源;7. 气体入口;8. 接真空泵

对改善与基片的结合、抗腐蚀、电接触等方面优势更加明显。应用离子镀技术制备薄膜的一些例子见表 2-12。

表 2-12 离子镀制备的薄膜种类及工艺参数

薄膜种类	提供蒸气方法	放电细节	基片
Cu	从 Mo 盘中蒸发	Ar 蒸气压为 13、27、40、53、67 Pa 时,能量为 1、2、3、1、5 keV	Ni
Au 和 Pb	热蒸发	$3 \sim 5$ keV,电流密度 $0.3 \sim 0.8$ mA/cm², Ar 气压,2650 MPa	不锈钢
Co 和 Co-Cr	电子束蒸发	4 keV,电流密度 0.15 mA/cm²,2.7 Pa	中碳钢
Ag	电阻加热 Co 盘	3 keV,电流密度 0.2 mA/cm²,2.7 Pa	钢
Al-Fe-Cu-Ni	电阻加热坩埚	5 keV,电流密度 $0.1 \sim 0.25$ mA/cm²,1330 MPa	中碳钢

(2)阴极电弧等离子体沉积。

阴极电弧等离子体沉积是相对较新的一种薄膜沉积技术,在许多方面类似于离子镀技术。阴极电弧蒸发沉积薄膜的优点主要是:在发射的粒子流中离化率高,而且这些离化的离子具有较高的动能(40~100 eV)。许多离子束沉积的优点,如提高黏着力、增加态密度、对化合物膜形成具有高反应率等优点在阴极电弧等离子体沉积中均有所体现。而阴极电弧等离子体沉积又具有自身的一些独特优点,如可在较多复杂形状基片上进行沉积、沉积率高、涂层均匀性好、基片温度低、易于制备理想化学配比的化合物或合金。

在阴极电弧沉积中,沉积材料是受真空电弧的作用而得到蒸发,在电弧线路中源材料作为阴极。大多数电弧的基本过程皆发生在阴极区电弧点,电弧点的典型尺寸为数微米,并具有非常高的电流密度。通过热蒸发过程将阴极材料蒸发是源于高电流密度,所得到的蒸发物由电子、离子、中性气相原子和微粒组成,其基本沉积系统示意图如图2-91所示。阴极电弧由作为阴极的源材料、阳极、电弧触发器和其他限制阴极表面起弧的装置所组成。电弧限域可以由限域环或磁场来实现。利用起弧点边缘限制,阴极蚀刻很均匀,应用这一阴极电弧沉积技术已经获得了具有高沉积率、黏附性好、致密的 Ti、Cu、Cr 等各种金属、化合物及合金薄膜。

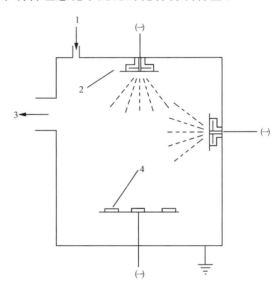

图 2-91　阴极电弧等离子体沉积基本系统示意图
1. 气体入口;2. 电弧源;3. 接真空泵;4. 基片

(3)离子束沉积。

离子束有两种基本组态用于沉积薄膜,在直接离子束沉积(IBD)中,离子束在低能(约 100 eV)情况下直接沉积到基片上。离子束沉积的基本原理示意图如图 2-92 所示,在离子束溅射沉积过程中,高能离子束直接打向靶材,将后者溅射并沉积到相邻的基片上。在直接离子束沉积薄膜时,沉积材料的能量可直接控制。离子束可以采用质量分析方法加以控制以产生高纯沉积。这一技术的主要缺点是所用的离子能量受到限制,以此避免自溅射的出现,因而对于大面积的沉积,薄膜的沉积率太低。

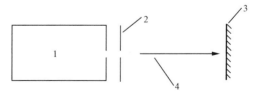

图 2-92　离子束沉积的简单原理示意图
1. 离子源;2. 离子提取器;3. 基片;4. 离子束

表 2-13 总结了离子束沉积制备的薄膜种类及主要工艺参数。

表 2-13　离子束沉积制备的薄膜种类及主要工艺参数

薄膜种类	能量/eV	离子流/密度	气压/Pa	基片及其温度
Pb,Mg	24～500	10～15 A		
Ge	100	50～200 A	1.3×10^{-5}	Si(100)单晶,300 ℃
Si	200		6.7×10^{-6}	740 ℃
Ag	50	4 $\mu A/cm^2$		Si(111),室温
C	300	60 $\mu A/cm^2$	2.7×10^{-4}	Si(100)
Pd	100～400	2～3 A	$(2.7～5.3) \times 10^{-5}$	Si(111)

2.5.2.4　外延膜沉积技术

外延是指沉积膜与基片之间存在结晶学关系时,在基片上取向或单晶生长同一物质的方法。外延来自于希腊词"epi"和"taxis","epi"意思是"在……上面","taxis"意思是"排列"。当外延膜在同一种材料上生长时,称为同质外延;如果外延膜是在不同材料上生长则为异质外延。外延用于生长元素、半导体化合物和合金薄膜。这一方法可以较好地控制薄膜的纯度、膜的完整性以及掺杂级别。通过分子束外延(MBE)、液相外延(LPE)、热壁外延(HWE)、碳化硅外延生长法和有机金属化学气相沉积(MOCVD)等外延过程可实现薄膜的制备。

(1)分子束外延(MBE)。

分子束外延是在超高真空条件下精确控制原料中的分子束强度,并使其在加热的基片上进行外延生长的一种技术。从本质上讲,分子束外延也属于真空蒸发方法,但与传统真空蒸发不同的是,分子束外延系统具有超高真空,并配有原位监测和分析系统,能够获得高质量的单晶薄膜。因此,分子束外延生长有许多独特之处:①由于系统是超高真空,所以杂质气体(如残余气体)不易进入薄膜,薄膜的纯度高;②外延生长一般可在低温下进行;③可严格控制薄膜的成分以及掺杂浓度;④对薄膜进行原位检测分析,可以严格控制薄膜的生长和性质。当然,分子束外延生长方法也存在一些问题,如设备昂贵、维护费用高、生长时间过长及不易大规模生产等。

分子束外延装置如图 2-93 所示。分子束外延的基本装置由超高真空室(背景气压 1.3×10^{-9} Pa)、基片加热块、分子束盒、反应气体进入管、交换样品的过渡室组成。此外,生长室包含许多其他分析设备用于原位监视和检测基片表面和膜,以便使连续制备高质量外延生长膜的条件最优化。除了具有使用高纯元素源产生高纯外延层、原位监测以控制组分和结构的特点外,分子束外延的其他特点是在超

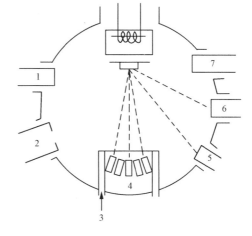

图 2-93　分子束外延装置示意图
1. 反射电子衍射;2. 俄歇谱仪;3. 液 N_2;4. 蒸发源;
5. 离子枪;6. 电子枪;7. 四极质谱仪

高真空条件下成膜生长。因此,在背景气体中,O_2、H_2O 和 CO 的浓度很低,而且对沉积率和组分的高度精确控制可以快速改变成分、掺杂浓度等。目前 MBE 方法可用来广泛制备Ⅲ～Ⅴ族、Ⅱ～Ⅵ族、Ⅳ～Ⅵ族等化合物。

（2）液相外延生长（LPE）。

液相外延生长为制备高纯半导体化合物和合金提供了快速而又简单的方法。由液相外延生长所获得薄膜的质量优于由气相外延或分子束外延所得到的最好薄膜的质量。但是,液相外延生长薄膜的表面远非所希望的那样理想,在许多情况下,系统的热力学性质决定了这一方法的应用较为困难。

液相外延生长原则上讲是从液相中生长薄膜,溶有待镀材料的溶剂是液相外延生长的必要条件。当冷却时,待镀材料从溶液中析出并在相关的基片上生长。对于液相外延生长制备薄膜,溶液和基片在系统中保持分离。在适当的生长温度下,溶液因含有待镀材料而达到饱和状态,然后将溶液与基片的表面接触,并以适当的速度冷却,一段时间后即可获得所要薄膜,同时在膜中也很容易引入掺杂物。

液相外延生长已发展成为制备各种材料薄膜（经常用于制备Ⅲ～Ⅴ族化合物和合金薄膜）的一种非常有用的技术。尽管也可以利用其他生长技术,但要获得高质量的薄膜材料,液相外延生长仍是主导技术。在设计液相外延系统时,要严格控制合金组分、载流子浓度、单一外延层。

（3）热壁外延生长（HWE）。

热壁外延是一种真空沉积技术,在这一技术中外延膜几乎在接近热平衡条件下生长,这一生长过程是通过加热源材料与基片材料间的容器壁来实现的,其示意图见图 2-94。三个电阻加热器（一个为源材料加热、一个为管壁加热、一个为基片加热）相互独立。基片作为封盖使石英管封闭,整个系统保持在真空中,热壁作为蒸发源直接将分子蒸发到基片上。这一系统具有如下特点:①蒸发材料的损失保持在最小;②生长管内清洁;③管内可以保持相对较高的气压;④源和基片间的温差可以大幅度降低。热壁外延生长的薄膜主要是Ⅱ～Ⅵ、Ⅳ～Ⅵ和Ⅲ～Ⅴ族化合物,表 2-14 总结了此法制备薄膜的部分示例。

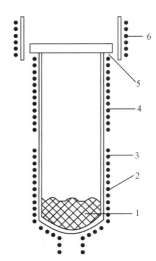

图 2-94　简单热壁系统示意图
1. 源材料;2. 加热炉;3. 石英管;
4. 壁炉;5. 基片;6. 基片炉

表 2-14　热壁外延生长的薄膜种类及工艺参数

薄膜种类	基片衬底	温度 / ℃		
		源	壁	基片
Bi_2S_3	NaCl			30～250
PbTe	(111)取向 BaF_2	545	560	250～500

续表

薄膜种类	基片衬底	温度/℃		
		源	壁	基片
(PbSn)Te	(111)取向 BaF₂	500	500	500
Cd	玻璃	375～450	365～435	6～80
ZnS－ZnSe	GaAs(100)			300
CdTe	GaAs	500		400
PbTe	KCl	550	550	450
Cd₃P₂	云母			150～300
PbI₂	单晶 CdI₂(001)	250	150	75～120
Zn₃Pt	玻璃	800～850	400～450	300～320
CdTe	(100)GaAs	430～480	430～480	300

（4）碳化硅外延生长法。

碳化硅外延生长法以 SiC 单晶片为原料，进行去氧化物处理，然后在高温（通常＞1400 ℃）和超高真空（通常＜10^{-6} Pa）（或氩气等稀有气体保护气氛）条件下使其表层中的 Si 原子蒸发，表面剩下的 C 原子通过自组形势发生重构，即可得到基于 SiC 单晶基底的石墨烯。图 2-95 为原理图。过程（1）为高温条件下 Si 原子蒸发过程，过程（2）为剩下 C 原子重组形成石墨烯过程。采用碳化硅外延生长法，以 4H－SiC 为原料可制备出单层和少层的石墨烯，载流子迁移率高达 2.7×10^{4} cm²/(V·s)（T＝4 K）。在超高真空（压力＜10^{-6} Pa）环境中，用射频加热炉于(1200～1600) ℃×(10～90)min 条件下以 4H－SiC 为原料可制备出单层、少层及多层石墨烯，载流子迁移率高达 2.5×10^{5} cm²/(V·s)（T＝4.2 K）。图 2-96 为碳化硅外延生长法制备石墨烯流程简图。Ar 为保护气体，H₂ 主要用于刻蚀 SiC 晶体表面，二者进给均可由气阀精确控制，反应室和出口气泵分别可提供高温和超高真空条件。制备工艺有 3 要点：生长基体的选择、高温炉和生长条件的控制（气压、温度和载气等）。具体步骤：先通 H₂ 加热一定时间后再通 Ar（保护气氛），然后高温制备

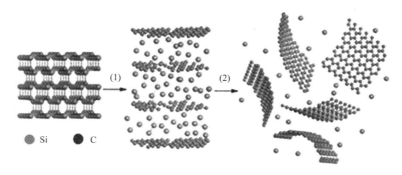

图 2-95　蒸发碳化硅晶体中 Si 原子制备石墨烯原理

石墨烯。其中,使用原料主要有高质量的 4H-SiC、6H-SiC 和 3C-SiC 等单晶体。制成基板后可在其表面刻蚀不同几何形状的凹槽,制备得到仅有几纳米宽的石墨烯带;由于高温条件要求,目前反应室主要使用有 CVD 反应装置、射频加热炉、分子束外延系统装置、物理气相输运炉等,生长条件根据不同生产要求进行相应控制调整。

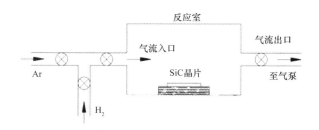

图 2-96　碳化硅外延法制备石墨烯简图

此方法通过适当控制条件可获得较大面积的、具有较好均一性的单层或少数层石墨烯,通过对基板的预处理工艺调控直接生产出符合要求的条状石墨烯,并且由于 SiC 基底的选择与运用,该法制得的石墨烯最有可能取代晶体硅与当前的集成电路技术进行兼容,因而被广泛认为是实现石墨烯在大规模集成电路中应用的唯一途径。但目前控制工艺不成熟,产生的缺陷较难有效控制,能耗高,且基底表面的石墨烯转移时很难做到只腐蚀基底 SiC 而不破坏石墨烯结构,因此该方法制备的石墨烯主要限于半导体方面的应用。

(5)有机金属化学气相沉积(MOCVD)。

有机金属化学气相沉积是采用加热方式将化合物分解而进行外延生长半导体化合物的方法。作为含有化合物半导体组分的原料,化合物有一定的要求:①在常温下较稳定而且较易处理;②反应的副产物不应阻碍外延生长,不应污染生长层;③在室温下应具有适当的蒸气压($\geqslant$133 Pa)。能满足上述原料化合物要求的物质是强非金属性氢化物(如 AsH_3、NH_3、PH_3、SbH_3、SiH_4、$GeHe$、H_2S、H_2Se、H_2Te 等)和金属烷基化合物〔如 $(CH_3)_2Zn$、$(CH_3)_2Cd$、$(CH_3)_2Hg$、$(CH_3)_3Al$、$(C_2H_5)_3Ga$、$(C_2H_5)_3In$、$(C_2H_5)_4Sn$、$(C_2H_5)_4Pb$ 等〕。与其他外延生长法,如液相外延生长、气相外延生长相比,有机金属化学气相沉积有以下特点:①反应装置较为简单,生长温度范围较宽;②可对化合物的组分进行精确控制,膜的均匀性和电学性质重复性好;③原料气体不会对生长膜产生蚀刻作用,所以在沿膜生长方向上可实现掺杂浓度的明显变化;④只需改变原材料即可生长出各种成分的化合物。

在外延技术当中,外延生长温度最高的是液相外延生长法,分子束外延生长法的生长温度最低,而有机金属化学气相沉积法居中,其生长温度接近于分子束外延法。从生长速率上看,液相外延方法的生长速率最大,而有机金属化学气相沉积方法次之,分子束外延方法最小。在所获得膜的纯度方面,以液相外延法生长膜的纯度为最高,而有机金属化学气相沉积和分子束外延方法生长膜的纯度次之。总之,有机金属化学气相沉积方法的特点介于液相外延生长和分子束外延生长方法之间,而有机金属化学气相沉积法所用的有机金属原料一般具有自燃性,AsH_3 等 V、Ⅵ族原料气体有剧毒。

2.5.2.5　激光诱导技术

激光诱导石墨烯(laser induced graphene,LIG)技术是一种利用激光照射碳基材料产生多孔石墨烯的技术。当碳基材料表面在激光照射下达到能量阈值时会迅速碳化,SP^3 杂化的碳原子会迅速转化为 SP^2 杂化,并得到一种多孔结构。相比于化学气相沉积(chemical vapor deposition,CVD)生长石墨烯等方法,这种制备石墨烯的方法操作简单、成本低、在空气环境中即可操作,同时所制备的 LIG 也展现出良好的导电性和高稳定性。

LIG 主要由激光切割机制备,聚酰亚胺(polyimide,PI)是最常见的制备 LIG 电极的材料。首先将厚度为 150 μm 的 PI 薄膜分别用酒精和去离子水清洗,待干燥后固定在亚克力板上防止 PI 薄膜移动影响扫描精度。所使用的激光切割机型号为 E5030,可以产生波长为 1060 nm,扫描速率为 50 mm/s,最大功率为 75 kW 的 CO_2 激光。通过使用不同功率的 CO_2 激光照射 PI 薄膜,可以得到提前设计好形状的 LIG 电极。通过使用扫描电子显微镜(scanning electron microscope,SEM)来表征石墨烯的表面形貌。拉曼光谱是用来表征碳材料最常用、高分辨率的技术,因此对 LIG 进行拉曼光谱表征。测试结果如图 2-97 和图 2-98 所示。通过 SEM 正面图可以看出,LIG 的表面呈多孔结构。图 2-98 中为 11 %最大功率下的 LIG 截面图,可以看出在 PI 薄膜表面存在一层很薄的 LIG,其厚度约为 20 μm,剩余 PI 的厚度约为 130 μm。图 2-98 右为 12 %最大功率下的 LIG,其厚度约为 40 μm,剩余 PI 的厚度约为 110 μm。从截面图可以看出 LIG 的厚度随着激光的功率增加而增加。在拉曼光谱中可以看到明显的 D 峰、G 峰和 2D 峰,表明了多层石墨烯的存在。

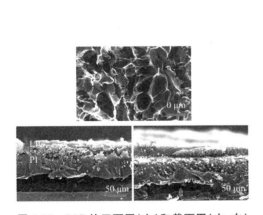

图 2-97　LIG 的正面图(左)和截面图(中、右)

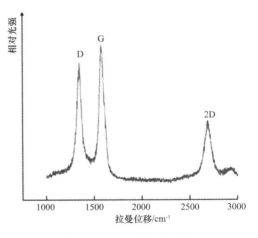

图 2-98　LIG 的拉曼光谱

2.5.2.6　剥离法

(1)机械剥离法。

所谓的机械剥离法(Mechanical cleavage),就是通过胶带反复地撕块体单晶,利用胶带的黏附力来破坏范德华晶体的层间相互作用,从而不断地减薄样品,最终将带有薄层样品的胶带粘在衬底(一般是 SiO_2/Si)上,这时会随机在衬底上留下不同厚度和大小的二维材料。该方法以其相对简便的操作和剥离程度高的特点,后来被广泛地用于少层甚至单层二维材料的制备。

通过胶带粘贴、超声分散等方法将石墨烯从石墨中剥离出来,是机械剥离的传统方法。采用胶带反复粘贴石墨的方法可制备少量单层石墨烯,首先在石墨上刻蚀出沟槽并转移至玻璃衬底上,再通过胶带反复粘贴并进行超声处理。将表面镀有 SiO_2 薄膜的硅基片放入溶液中,通过范德华力的作用促使一些厚度小于 10 nm 的石墨烯片层吸附于硅基片上,达到石墨烯片层的分离。以石墨粉为原料,将樟脑磺酸(CAS)溶液与石墨粉混合均匀后加入 H_2O_2,对石墨溶液进行一定时间的超声,使其分散得到单层石墨烯,其溶液浓度可达到 3 mg/mL。该方法制备的石墨烯能耗低,工艺流程简单,生产成本低,制备过程绿色、无污染且可得到宽度达微米尺寸的石墨烯片,并可保持较完美的晶体结构,缺陷含量较低,并且与块体材料具有相同的晶体结构,非常适合于后续的性质研究及单一电子器件的装配。但该方法也存在许多缺点:①使用该方法的前提条件是需要先获得块体的单晶材料;②得到样品的厚度是随机的,并不可控;③机械剥离得到的样品尺寸往往很小,很难得到较大尺寸的材料,而且产量很低;④这种方法仅适用于具有范德华层状结构的材料,并且需要材料的层间相互作用力和层内原子间的键能差别较大。

(2)机械球磨剥离法。

有学者以原始机械剥离法为基础进行工艺改进,得到了一种新的方法——机械球磨剥离法。以固体颗粒和液体(或气体)作为工作介质,利用球磨法原理剥离碳素原料(石墨粉、氧化石墨粉、膨胀石墨或非膨胀石墨粉),然后分离获得单层或少层(2~10 层)石墨烯或氧化石墨烯,产率在 90% 以上。亦有学者用机械球磨剥离法制备出单层及少数层(≤3 层)的石墨烯,其电导率约为 1.2×10^3 S/m。该方法具体步骤:将碳素材料粉体及固体颗粒和液体介质(或气体介质)混合,然后送入特制球磨机中剥离一定时间,之后转移至分离器中分离,去除固体颗粒和液体介质,即可得到石墨烯或氧化石墨烯。

机械球磨剥离法相比于机械剥离法在剥离工艺上进行了改进,大大提高了生产效率;生产设备无大型精密仪器,其中剥离设备可由球磨机改造而成,节约硬件成本;生产过程无高温膨胀,可以通过控制相应条件(转速、时间、介质和磨球等)实现对石墨烯层数和尺寸的控制;产品综合性能非常好,具有原始机械剥离法的绝大部分优点,具有很大的研究和应用价值。

(3)超临界流体剥离法。

超临界流体剥离法利用超临界流体的许多性质(液体溶解、气体扩散等),来完成对石墨烯的扩散并通过相互作用剥离除掉超临界流体得到石墨烯,其中 CO_2 和有机溶剂是主要的超临界流体介质。采用超临界二氧化碳剥离石墨,在特定的温度、压强下可制得 10 层以上的石墨烯,这种方法可以很快地制得石墨烯,并且石墨烯生产率可达到 30% 以上;采用 N-甲基吡咯烷酮、超临界乙醇、二甲基甲酰胺 3 种有机溶剂对石墨进行剥离,在温度 300~400 ℃、压力 38~40 MPa 条件下可制备高质量(90%~95%)的石墨烯,并且石墨烯层数多为 8 层以下;以石墨薄片为原料,采用超临界乙醇剥离法,在温度 250 ℃、压力 26 MPa 下进行剥离,其中石墨/乙醇浓度为 0.32 mg/mL,剥离时间为 0.5 h,此时得到的石墨烯收率最高可达 12.49%。当冷热循环次数增加时,石墨烯收率也随之增大,当冷热循环次数为 6 次时,石墨烯收率最高可为 21.43%。对石墨烯进行 AFM 表征发现,石墨烯样品中有 6％为单层石墨烯,其余 94％的石墨烯层数均小于 8 层。通过拉曼光谱和 XRD 测试表明,石墨烯具有较完整的晶格结构并且品质较高;可在高温高压条件下采用超声辅助超临界乙醇流体法,对石墨插层剥离后得到石墨烯。通过进一步实验发现,在 280 ℃、20 MPa 下能够快速制得缺陷较少且层数小于 6 层的石墨烯。

为了提高石墨烯规模化制备的稳定性,可通过探索超临界流体的优点来制备纳米薄层材料(图 2-99),经实验发现,利用硝酸预处理后的天然石墨表面更能吸附大量的 DMF 分子,提高石墨烯产率。

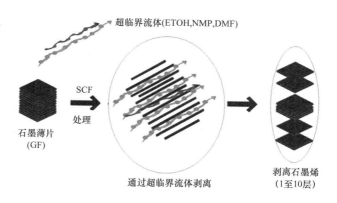

图 2-99　超临界流体剥离法制备石墨烯

另外,通过超临界水与 DMF 的对比实验发现,超临界法能够高效还原石墨烯的主要原因是当利用典型的质子性溶剂(水)为超临界溶体时,在一定温度下能够产生大量的 H^+,对氧化石墨烯的脱水还原反应有着快速催化作用,大大提高石墨烯的还原程度和效率。超临界流体溶解、扩散能力强,缩短了剥离时间,并且对于石墨烯层数的控制有着显著作用,工艺简单,适合规模化生产,但是反应过程中表面活性物质等大分子易吸附于石墨烯表面,影响石墨烯质量,并且生产过程中高温高压环境下的安全问题仍然是较大的隐患。

(4)超声液相剥离法。

超声液相剥离法最先是一种分离石墨烯的方法,随后利用该方法陆续剥离得到 MoS_2、$NbSe_2$、$TaSe_2$、$MoTe_2$、$b-BN$ 和 Bi_2Te_3 等。该方法是利用超声波造成溶液空化,并诱发气泡的产生,当气泡破裂时,产生的微喷流和冲击波将会穿过分散在溶液中的块体材料,从而在材料中产生较强的应力,进而破坏层状晶体的层间范德华相互作用,最终将块体材料剥离成为超薄的纳米片。但同时超薄纳米片的面内结构也容易在超声的过程中被震碎,因此该方法很难得到尺寸较大的薄层样品。此外,得到的样品厚度也无法做到均一、可控。该方法的优势在于操作过程较为简单,并且可以实现二维超薄纳米片的宏量制备。这种利用超声打破层间范德华力,实现材料从本体剥离的过程类似于聚合物在特殊溶液中的溶解,可以用热力学的混合焓理论以及分子层与溶剂分子之间的电子传输作用来解释。因此,选择表面能与分子层间界面能相匹配的溶剂,可以有效提高剥离效率。常用的溶剂有三类:有机溶剂、离子溶剂和水-表面活性剂混合溶液。

有学者研究了多种溶剂对 MoS_2 和 WS_2 剥离效率的影响,发现 N-2-甲基-吡咯烷酮(NMP)的匹配效果最好,可获得 0.3 mg/mL 的 MoS_2 和 0.15 mg/mL 的 WS_2。利用 N-甲基吡咯烷酮(NMP)、N-乙烯基吡咯烷酮(NVP)和环己基吡咯烷酮(CHP)作为超声剥离介质,其中 NMP 为介质时所得产物中大约 39％的 MoS_2 纳米片厚度小于 5 nm。此外,在有机溶剂中加入辅助剂可以改善剥离的效果。例如在 NMP 或者环己酮中添加

NaOH,可以通过增大材料的层间距来提高剥离效果。直接采用水作为溶剂,同时加入胆酸钠作为表面活性剂以抑制产物团聚,构成水-表面活性剂体系也可得到多种 TMDCs 和 BN 纳米材料(图 2-100)。样品产量与表面活性剂浓度、初始 TMDCs 浓度以及超声时间有关,这为 TMDCs 纳米材料的批量制备提供了参考。

图 2-100   利用超声液相剥离法得到的二维 TMDCs 及 BN 分散液

有学者利用超声液相剥离法制备了二维铁磁性的 $\alpha - Fe_2O_3$ 纳米片。实验中选用来源于自然的原材料赤铁矿矿石(成分为 $\alpha - Fe_2O_3$),首先使用丙酮润湿,接着用研钵将其研磨成细小的粉末,称取 50 mg 该赤铁矿粉末,分散在 200 mL 的 N,N-二甲基甲酰胺溶剂(DMF)中,然后在超声机内超声 50 h,通过高速离心、抽滤就可以得到毫克级别的二维铁磁性 $\alpha - Fe_2O_3$ 纳米片。如图 2-101 所示,赤铁矿会从(001)和(010)两个晶面进行剥离,剥离之后的 DMF 溶液呈现红褐色。

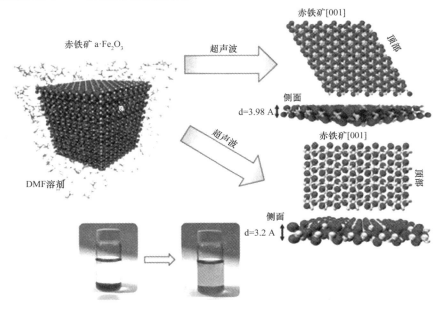

图 2-101   超声液相剥离法制备超薄铁磁性的 $\alpha - Fe_2O_3$ 纳米片示意图

超声液相剥离法工艺简单,可以大批量工业化生产,获得的产物可应用于纳米复合热电材料、超级电容器和锂离子电池等方面,尤其是最近有关在水相条件下成功剥离 MoS_2 的文献报道更彰显了这一制备方法的工业化应用前景。但是该方法的剥离效果受到超声功率、超声时间以及剥离介质等多种因素的影响,并且产品厚度难以控制、形貌单一。此外,有毒的有机溶剂是有害的,在剥离过程中使用的聚合物/表面活性剂对于一些进一步的应用是不可取的。

（5）电化学剥离法。

电化学剥离法即是利用外加电场驱动电解液中的带电离子插入到待剥离的范德华晶体的层与层之间，使得晶体结构发生膨胀，然后再利用外部作用力如超声作用来进一步破坏层间的相互作用力，并增大层间距，进而实现范德华层状晶体的有效剥离。近年来，研究人员利用这种方法制备得到了大量的少层甚至单层的二维材料，如石墨烯、h－BN、MoS_2 和 WS_2 等。

VSe_2 作为一种具有范德华层状结构的二维磁性材料，近年来引起了人们的广泛关注。2019 年，Loh 等首次通过电化学剥离的方法制备得到了单层的 VSe_2 纳米片。实验中采用四丙基氯化铵作为有机插层分子，碳酸丙烯酯作为溶剂，采用两电极系统进行电化学剥离，如图 2-102（a），利用 Pt 电极作为对电极，使用工作电极夹住块体 VSe_2 单晶，通过电化学工作站施加－4 V～－2 V 的电压，季铵盐离子就会在电压的驱动下插层进入到 VSe_2 层间，大约半个小时，VSe_2 晶体就会膨胀变成非常蓬松的絮状物。接下来将工作电极移出电解池，转移到小的样品瓶中进行超声分散，即可以得到黑色的 VSe_2 分散液，通过丁达尔效应可以看到，VSe_2 在溶剂中能够很好地分散，呈胶体状。将该液体滴在 SiO_2/Si 衬底上，如图 2-102（b）所示，衬底上分散着许多薄层的样品，通过光学显微镜下的衬度，可以判断通过电化学剥离得到的 VSe_2 厚度很薄，并且非常均匀。通过大量统计，如图 2-102（c）所示，93.9% 的样品厚度分布在 1～5 层，其中单层的样品居多，横向尺寸最大的样品可达 120 μm。通过 SQUID 对剥离得到的少层 VSe_2 进行了磁性表征，如图 2-102（d）所示，少层的 VSe_2 在 10 K 甚至 300 K 时，均展现出了明显的铁磁信号。

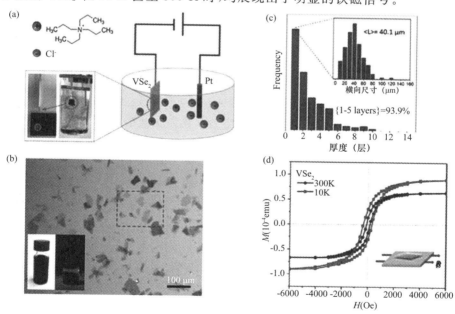

图 2-102

（a）电化学剥离 VSe_2 的装置示意图；（b）在 SiO_2/Si 衬底上的超薄 VSe_2 纳米片的显微镜图像；
（c）剥离得到的 VSe_2 纳米片的厚度和尺寸的统计直方图；（d）超薄 VSe_2 纳米片在 10 K 和 300 K 下的 M－H 曲线

（6）插层剥离法

插层剥离法（Intercalation-Exfoliation）是通过在层间插入小分子或者在片层上加上非共价连接的分子或聚合物以获得层间化合物，达到削减层间作用力和剥离层状材料的目的。

采用锂离子插层法可获得 MoS_2。其基本原理是先利用锂离子插层剂嵌入到 MoS_2 粉末中，形成 Li_xMoS_2（x≥1）插层化合物，再通过插层化合物与质子性溶剂剧烈反应所产生出的大量 H_2 增大 MoS_2 的层间距，进而得到多层甚至单层 MoS_2。采用相同方法，将块体材料浸入丁基锂溶液中 100 ℃处理 72 h，可得到单层及少层 MoS_2 和 WS_2。进一步对 MoS_2 产物的晶体结构进行研究，结果发现：室温下获得的产物为 1T 相和 2H 相的混合物，二者各占约 50%。随着退火处理温度的提高，热力学非稳定相 1T 逐渐消失，300 ℃下热力学稳定相 2H 可达到 95%。为了改进化学锂离子插层法反应温度高、时间长等缺点，运用电化学锂离子插层剥离法，将层状块体材料作为阴极，锂箔作为阳极，充电过程锂离子插入层状材料层隙中，放电过程锂与水反应生成 H_2 以达到剥离目的。利用该思路还可以制备多种二维过渡金属硫族化合物（MoS_2，WS_2，TiS_2，WSe_2，$NbSe_2$ 等）、BN 和石墨烯纳米片。这种方法可以在室温下进行，反应时间较化学锂离子插层法更短，并且制备过程可通过放电曲线调控。锂离子插层法剥离效率高、应用范围广，几乎可以将所有的层状材料剥离至单层或者少层，但是该过程的操作比较复杂，可能会改变样品的电学性质，限制了其在电子器件方面的应用。

2.5.2.7　石墨插层法

利用客体插层物插层制备石墨烯是一种有效的方法。石墨插层法类似于氧化石墨还原法，在石墨层间作用力的减弱处理原理之处存在不同，后者仅借助于氧化剂的氧化反应，而前者利用多种不稳定的插入试剂并借助于高温、超声或化学反应等方法分离石墨层。插入试剂可用热稳定性差的浓硫酸、发烟硝酸等，也可用化学性质不稳定的碱金属（如 Li、K、Ru、Cs 等），插入方法主要有气相插入法、液相插入法及电化学插入法等。采用剥离-插层-膨胀的方法可制得石墨烯。具体方法是用发烟硫酸及四丁基氢化胺对热膨胀后的石墨进行插层，然后通过超声波处理在含有表面活性剂的 N，N-二甲基甲酰胺溶液中制得稳定可溶的石墨烯。测试结果表明，制备所得石墨烯的质量分数约为 90% 的为单层，热稳定性高，缺陷很少，但此方法的制备过程中因为超声处理的原因导致产品尺寸较小。用碱金属对石墨复合物插层，然后将复合物置于 N-甲基吡咯烷酮中制备石墨烯分散液。此方法无超声处理过程，避免了产品尺寸变小的问题。

与氧化石墨还原法相同，石墨插层法是一种可在常温下进行的简单而温和的石墨烯制备方法，均使用原料为鳞片石墨及石墨复合物，工艺设备简单，较易实现产业流程化；但制备过程污染较为严重，需要后处理，且制备的石墨烯尺寸面积相对其他方法较小。同样，目前工艺水平无法保证插层试剂有效插层，因而需要进一步研究插层物种类及相应插层方法。

2.5.2.8　逐层沉积法（LBL）

逐层沉积（LBL）法是利用逐层交替沉积的原理，通过溶液中目标化合物与基片表面功能基团的弱相互作用（如静电引力、氢键等）或强相互作用（如化学键等）驱使目标化合物自发地在基板上缔合形成结构完整、性能稳定、具有某种特殊功能薄膜的一门技术。其中最常见的组装驱动力是静电引力,即基于表面带有相反电荷的不同化合物间的交替吸附,实现正负电荷的过度补偿,从而得到具有特定厚度的薄膜。LBL 法突出的优点在于只需改变电解溶液的离子强度和调节溶液的 pH 值,就能改变组装膜内吸附分子的链结构和组装膜的表面结构,从而实现对组装膜的厚度、组分、密度的有效调控。与 CVD 法相比,LBL 法制备复合薄膜具有方法简单、成本低、应用范围广等诸多优点。

2.5.2.9　电泳沉积法

电泳沉积法是一种既经济又应用广泛的沉积技术,其基本原理为:在胶体溶液中对电极施加电压时,带电胶体粒子移向电极表面放电而形成沉积层。由于其潜在的技术应用,在所有的沉积方式中,电泳沉积被认为是其中最吸引人的一个。现在,电泳沉积法已经被广泛用在导电基片上沉积薄膜,而且用该方法制作的薄膜有很多突出的优点,例如沉积速率高、均质性好、膜厚易控且不需添加粘接剂等。近年来,使用电泳沉积法制备碳材料薄膜,也逐渐得到人们的重视,例如,使用电泳沉积法制备出单层石墨烯并研究它的场致发射特性。此外,电泳沉积法也开始被用来制备复合薄膜材料。

2.5.2.10　真空抽滤法

真空抽滤法是一种简单的成膜技术,在制备高性能导电薄膜等方面具有广泛的应用前景。近年来,在制备碳材料薄膜方面,已有人利用真空抽滤法制备出高透明导电性的石墨烯薄膜和碳纳米管薄膜,也可用此法制备石墨烯/碳纳米管复合膜。真空抽滤法制备的薄膜厚度可以通过配置不同浓度和体积的悬浮液得到精确的控制,此外,它还具有操作简单、成膜均匀以及原料利用率高等优点,适合实验室条件下的基础科学研究。但是抽滤成膜的面积受滤纸面积的限制,而且在石墨烯/碳纳米管的抽滤过程中,由于石墨烯片层的层层叠加,使得抽滤速度越来越慢直至停止,从而限制大厚度薄膜的制备。

2.5.2.11　涂制成膜法

与抽滤成膜相似,涂制成膜也是一种简单的成膜技术。涂制成膜一般要首先配置分散均匀的复合分散液,然后选用不同的仪器,在目标基底上涂制成膜,根据成膜的仪器不同,涂制成膜还可分为喷涂法和旋涂法。相对于抽滤成膜技术,涂制成膜制得薄膜的面积由衬底的尺寸进行控制,厚度也可以通过改变仪器的参数进行调节,制膜工艺简单高效。但是该方法制得的薄膜厚度不均匀,而且原料的利用率也相对较低。

2.5.3　薄膜纳米材料的其他制备方法

2.5.3.1　掺杂法

石墨烯表层的能带结构易受到表面吸附、晶格突变、晶格异位替换等影响,通过其他元素的掺入导致石墨烯产生掺杂现象从而得到掺杂石墨烯。目前,对于掺杂法制备石墨烯,N 掺杂一直是主要的研究方向。采用电弧放电掺杂法,利用氮苯蒸气或 NH_3 提供掺杂元素 N,在一定条件下可制得 N 掺杂石墨烯,层数多为 2 层或 3 层,单层结构占少数。经研究发现,N 掺杂石墨烯的结构缺陷比 RGO 更少,并且电化学性能及其他性能都有着显著提高。采用改良的 Hummers 法,将经过预反应后的 GO 于 N_2 气氛下进行 800 ℃ 炭化 2 h,将炭化后的样品研磨成粉并加入规定浓度的 KOH 溶液中搅拌 24 h,然后在

100 ℃下干燥至水蒸发完全,再将混合物继续在 N₂ 气氛下进行 800 ℃炭化 2 h,最后冲洗至中性并研磨干燥从而制得 N 掺杂石墨烯。通过 SEM、TEM 分析得到,当 GO 的添加量为 3.75％时,N 原子的掺杂可以有效减少石墨烯晶体的结构缺陷,从而提高其化学性能。

通过 BET 表明,N 掺杂石墨烯相比于 RGO,其比表面积显著增大,最多可达到554.32 m²/g。通过电化学测试表明,N 掺杂石墨烯的比电容相比于 RGO 高出 4.69 倍,可达 312 F/g,比电容在 1000 次循环后仍高达 94.5％,具有优异的储电性能和循环寿命。以 GO 为原料,利用氨水提供氮元素并作为还原剂,混合反应得到了 N 掺杂石墨烯水凝胶。分析得到,N 掺杂石墨烯的比热容相比于单纯石墨烯更高,并且循环性能更强。研究表明,当以 4∶1 的质量比混合 GO 和氨水,掺杂反应时间为 10h 时,得到的 N 掺杂石墨烯水凝胶其比电容达到最高值,并且比电容性能最强。另外,采用自上而下热解法可制备出均匀、连续、致密的硫掺杂石墨烯,得到的微型超级电容器具有功率密度高、循环稳定性好等特点(图 2-103)。氮元素的掺入能够有效地增强石墨烯的电负性,创造更好的催化环境,使其在超级电容器、生物医学等领域有着巨大潜力。N 掺杂石墨烯的制备合成过程仍存在许多尚未解决的问题,其稳定存在的机理和简单的大规模合成法仍需进行更深入研究,以及石墨烯的团聚现象等问题也存在。因此,对于掺杂法制备出性能优异的改性石墨烯,仍有很大的探索空间。

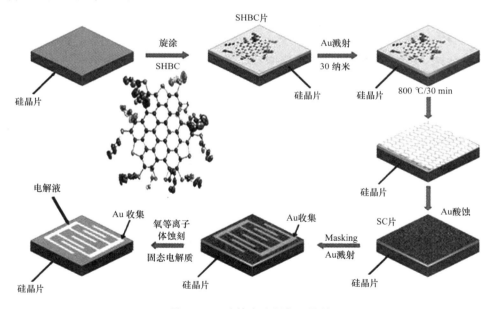

图 2-103　硫掺杂法制备石墨烯

2.5.3.2　有机合成法

有机合成法又被称为"自下而上"的反应,一般采用小分子芳香化合物为原料,通过有机反应制得石墨烯纳米带或多环芳烃,再经过脱氢处理制得石墨烯(图 2-104)。采用多环芳烃化合物为前驱体,通过环化脱氢和平面作用可制得厚度低、片层大的石墨烯。利用乙醚、甲苯和四氢呋喃等物质,在无水氩气下可制备出尺寸可调节、性质稳定的胶态石墨烯量子点。有机合成法具有良好的溶解性、加工性能,并且制备的石墨烯质量较好,但是利用该方法制备石墨烯的过程多、效率低、成本也较高,而且还存在因反应过程中脱氢效率不高造成环境污染等问题。

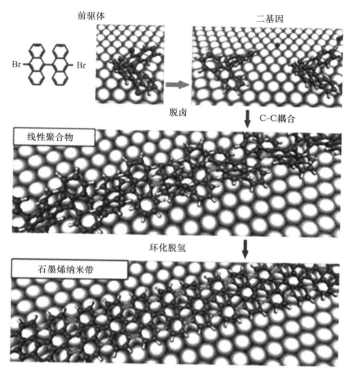

图 2-104　有机合成法制备石墨烯纳米带

对一些相关制备方法的优缺点进行了总结,详见表 2-15。

表 2-15　一些相关制备方法的优缺点

制备方法		优点	缺点
化学气相沉积(CVD)法	常规CVD法	能制备出均匀的薄膜,而且薄膜的成分易于控制,重复性好,不受基体表面形状的限制	CVD技术操作起来需要大于800℃的高温,而有些器件在高温环境下不稳定,从而限制了常规CVD法在某些材料制备上的应用
	等离子体增强CVD法	可以在较低的温度下进行化学气相沉积,而且其沉积速度快,成膜质量好,不易龟裂	成本大,对气体纯度要求高,且在反应过程中会产生剧烈噪音、强光辐射、有害气体等影响
逐层沉积法(LBL)		只需改变电解溶液的离子强度和pH值,就能改变组装膜内吸附分子的链结构和组装膜的表面结构,对组装膜的厚度、组分、密度进行调控.与CVD法相比,LBL法制备石墨烯/碳纳米管复合薄膜方法简单、成本低、应用范围广	使用的原材料一般带有活性官能团,例如羧基、氨基等.当用作电化学器件时,在电流的催化下,这些游离的官能团易发生不可逆的氧化还原反应,将会严重影响器件的整体性能,最终缩短其使用寿命

续表

制备方法	优点	缺点
电泳沉积法	沉积速率高、均质性好、膜厚易控且不需添加粘接剂,成本低等	对于基底的表面清洁度要求高
真空抽滤法	该法制备的薄膜厚度可通过配置不同浓度和体积的悬浮液得到精确的控制,操作简单、成膜均匀以及原料利用率高,适合实验室条件下的基础科学研究	成膜的面积受滤纸面积的限制,而且在抽滤过程中,由于片层的层层叠加,使得抽滤速度越来越慢直至停止从而限制大厚度薄膜的制备
涂制成膜法	相对于抽滤成膜技术,该法制得薄膜的面积由衬底的尺寸进行控制,厚度可通过改变仪器的参数进行调节,制膜工艺简单高效	该方法制得的薄膜厚度不均匀,而且原料的利用率也相对较低
原位化学还原法	方法简单,制备速度快,产量比较大	产品质量低,氧化基团难以除净

2.6 三维块体纳米材料的制备方法

三维块体纳米材料是纳米材料的重要组成部分,制备高质量三维大尺寸纳米块体材料是实现纳米材料大范围应用的关键。自 1984 年德国科学家 H. V. Gleiter 等成功采用惰性气体凝聚原位加压法制取纯物质纳米块体材料并提出纳米晶的概念后,纳米块体材料的研究及其制备技术就引起了材料科学科研工作者们的普遍重视。到目前为止,如何获得高致密度的纳米陶瓷还处于发展的初期阶段,这是当前纳米材料科学工作者所关心的重要课题之一。只有制备出三维大块、无微孔隙的纳米块体材料,才能真正突破纳米材料目前不能大范围应用的"瓶颈"。

目前,制备块体纳米材料的方法有许多,一般可形象地分为"由小到大"的合成法和"由大到小"的细化法。所谓"由小到大"合成法就是先制备出纳米小颗粒或纳米粉,再通过烧结和压制等工艺获得块体纳米材料,如惰性气体蒸发原位加压法、机械合金及高压凝固法、机械诱导粉末冶金法等均属于这一类。这类方法在制备块体纳米材料时普遍存在一定的缺点,主要是制备的块体纳米材料较易被污染,污染源主要包括制粉过程中外界带来的杂质和纳米粉自身的氧化,制备的块体纳米材料存在孔隙、不致密,从而严重影响纳米材料的性能。"由大到小"的细化法是将块体粗晶材料通过一些特殊工艺和设备处理使材料结构细化至纳米级,如非晶晶化法、大塑性变形法、急冷法等便属于这一类。与合成法相比,这类方法从根本上避免了合成法难以解决的粉末污染和残留孔隙的危害,可直接制备出二维或三维块体纳米材料,便于研究和应用。目前三维块体纳米材料研究较为广泛的有纳米陶瓷、纳米晶金属块体材料、块体金属基纳米复合材料、钙钛石型纳米块体复合氧化物和三维金属氧化物纳米材料等,本节主要通过以上五种块体纳米材料来介绍三维块体纳米材料制备方法的研究进展情况。

2.6.1　纳米陶瓷

纳米陶瓷是指在纳米长度范围内的微粒或结构、结晶或纳米复合的陶瓷材料。由于纳米微粒有小尺寸效应、表面界面效应,使纳米陶瓷具有锻造、挤压、拉拔、弯曲等特种加工性能。纳米陶瓷可在比普通陶瓷低几百度的温度下完成烧结,这样不仅可以节省大量宝贵的能源,同时也利于环境的净化。另外,纳米复相陶瓷是复相材料和纳米材料结合的产物,它已经成为提高陶瓷材料性能的一个重要途径,所以高温结构纳米复相陶瓷是目前的研究热点之一。

烧结是陶瓷材料致密化、晶粒长大、晶界形成的过程,是陶瓷制备过程中最重要的阶段。纳米陶瓷的烧结与其他陶瓷的烧结不同,普通陶瓷的烧结一般不必过分考虑晶粒的长大,而纳米陶瓷的烧结则需要尽量避免晶粒的长大,否则就失去了纳米陶瓷的意义。纳米陶瓷的烧结过程与普通陶瓷不同,主要表现为烧结温度低、烧结初期变短。要制得高质量的纳米陶瓷,首先需要研究烧结过程中陶瓷坯体的显微结构变化,然后考虑运用适当的方法与工艺过程来实现。

密度与晶粒的变化是烧结过程中最基本的变化,但由于纳米陶瓷的素坯晶粒很小,素坯的致密度一般没有普通陶瓷高,所以它的烧结过程与普通陶瓷类似,但又有其特有的性能。

2.6.1.1　无压烧结

无压烧结设备简单、易于工业化生产,是目前最基本的烧结方法。这种方法也被广泛地应用于纳米陶瓷的烧结,主要通过烧结制度的选择来达到在晶粒生长程度最小的前提下使坯体实现致密化。在烧结过程中,颗粒粗化、素坯致密化、晶粒生长三者的活化能有不相同的依赖关系,即颗粒粗化、素坯致密化、晶粒生长三者主要在不同的温度区间进行。利用这种关系,就可通过烧结温度的控制,获得致密化速率大、晶粒生长较慢的烧结条件。烧结制度的控制,主要是控制升(降)温速度、保温时间及最高温度等,最常用的无压烧结为等速烧结。

在无压烧结中,由于温度是唯一可控制的因素,故对材料烧结的控制相对比较困难,致密化过程受到粉体性质、素坯密度等因素的影响十分严重。将粒径为 $30\sim35$ nm 的 β - SiC 粉加入亚微米尺寸的 α - Al_2O_3 粉料中,通过无压烧结工艺可以制备出 Al_2O_3/SiC 纳米复相陶瓷。烧结体的相对密度达到 98.82%,抗弯强度和断裂韧性分别达到 489 MPa 和 6.67 MPa · $m^{1/2}$。SEM 分析发现纳米 SiC 颗粒镶嵌于氧化铝晶界,形成了由 Al_2O_3 - SiC - Al_2O_3 晶粒间搭桥联结的界面与 SiC - Al_2O_3 之间牢固结合的相界组成的复合界面,改善了晶界结构,极大地提高了强度和韧性,同时发现纳米强化相中的 O_2 含量对烧结体的密度和组织结构有重要影响。

2.6.1.2　热压烧结

热压烧结是指纳米陶瓷粉体在加热的同时还受到外加压力的作用,陶瓷体的致密化主要是靠外加压力作用下物质的迁移而完成。为了获得高致密度,在适当温度下用热压处理,热压造成颗粒重排和塑性流动、晶界滑移、应变诱导孪晶、蠕变以及后阶段体积扩散与重结晶相结合等物质迁移机理。热压烧结在惰性气氛或真空中进行,一般热压温度

2200～2300 ℃,压力 20～40 MPa,保温时间 0.5～2 h,这是纳米陶瓷烧结的常用方法之一。

热压烧结分真空热压烧结、气氛热压烧结、连续热压烧结等。对很多微米、亚微米材料的研究表明,热压烧结与常压烧结相比,烧结温度低得多,而且烧结体中气孔率也低。另外,由于在较低温度下烧结,抑制了晶粒的生长,则所得的烧结体晶粒较细,且有较高的强度。热压烧结广泛地应用于在普通无压条件下难致密化的材料的制备,近年来也在纳米陶瓷的制备中得到应用。

很多材料的热压烧结表明样品可在比无压烧结低几十甚至几百摄氏度的温度下达到致密,同时晶粒生长较少,从而可得到细晶粒的陶瓷材料。但当人们将热压烧结用于纳米材料制备时,却发现有很多新的特点或局限,比如普遍存在"阈值",即在一定温度下,外压必须大于一定值才能促进材料的致密化,而低于这一数值时,外压的作用可以忽略不计。如热压烧结纳米 ZrO_2 时,所用压力达数百兆帕,而低的外压如 40 MPa 对提高致密度没有作用。有人认为"阈值"就是塑性滑移所需克服的屈服力。研究表明"阈值"与晶粒大小有关,晶粒越小,"阈值"越大,而对于亚微米或更大的颗粒,"阈值"几乎可忽略不计,这表明纳米材料的热压烧结与普通材料存在很大的区别。

对热压烧结制备纳米 Y - TZP(氧化钇稳定四方氧化锆多晶材料)的研究表明热压烧结纳米 Y - TZP 材料有一些新的特点,主要是纳米 Y - TZP 材料在热压烧结中,由于软团聚未能有效地破碎,造成烧结过程中团聚体内部首先出现致密化,与基体之间产生张力,导致裂纹状大气孔的出现,同时因石墨模具的限制,热压时的外压不足以克服塑性滑移产生所需的"阈值",因此大气孔无法"压碎",使材料的烧结密度比相同温度下无压烧结还低。针对热压烧结纳米 Y - TZP 的局限性,采用热煅压烧结,可在 1100 ℃ 的低温下获得致密的纳米 Y - TZP 材料,晶粒尺寸仅约 85 nm。

热压烧结过程中,可能至少存在以下几种物质迁移方式:一是扩散,包括在颗粒表面能的作用下的扩散和在外在压力作用下的扩散。另一种致密化途径是颗粒间的塑性滑移,即在外力的作用下,使颗粒间产生滑移,气孔被"压碎",从而迅速致密化。研究表明材料中大气孔的排出主要是通过塑性滑移进行,但塑性滑移的产生必须首先克服屈服力,而对纳米材料而言,这一屈服力是比较大的。因此当外压较小时,滑移不能产生,大气孔也就无法"压碎",材料的致密度无法提高。

根据以上分析可知,热压烧结纳米 Y - TZP 材料效果不理想的主要原因不是材料的初始密度太低,而是由于外压太低,坯体中的团聚都未能压碎,使得坯体在烧结过程中产生裂纹状大气孔。同时由于烧结过程中的外压较低,不足以产生塑性滑移,因此裂纹状大气孔无法"压碎",致使材料密度无法提高。因此,提高纳米 Y - TZP 材料的烧结密度,应从两方面着手:一是提高初始压力,以彻底破碎粉体中的软团聚;二是提高烧结中的外压,以促进塑性滑移的进行。但是,由于热压烧结通常使用石墨模具,而石墨模具所能承受的应力有限,进一步提高压力比较困难,为此可采用热煅压的烧结方式,即首先将粉体经等静压成形以压碎粉体中的软团聚,并将素坯在一定温度下预烧以提高坯体的强度,再进行热压,烧结时样品仅上下两面与压头接触,模具不受力,因此压力可大大提高。

2.6.1.3 热等静压烧结

热等静压(hot isoslatic pressing,HIP)是一种成形和烧结同时进行的方法。它利用常温等静压工艺与高温烧结相结合的新技术,解决了普通热压中缺乏横向压力和制品密度不均匀的问题,并可使纳米陶瓷的致密度进一步提高。

热等静压的基本原理是:以气体作为压力介质,使材料(粉末、素坯或烧结体)在加热过程中经受各向均衡的压力,借助于高温和高压的共同作用促使材料致密化。热等静压在工艺上优于常压烧结和热压烧结(HP),现已广泛应用在 Si_3N_4、SiC 等陶瓷的烧结中。HIP 设备已商业化,在同一台 HIP 设备上,可配置不同最高工作温度、不同气氛的加热炉,实现同台设备炉型多样化。HIP 设备的控制、监视信号采用计算机系统,实现 HIP 工艺参数精确控制和安全可靠工作,这些为开发各种纳米陶瓷、复相陶瓷等提供了良好的工艺条件。

热等静压烧结纳米陶瓷的工艺路径有四种:①陶瓷材料与添加剂混合制得陶瓷粉体,装入包套内,直接在 HIP 设备内致密烧结成形,这种工艺流程能制作形状简单的陶瓷制品。②陶瓷材料与添加剂混合制得陶瓷粉体,压模成形,制得陶瓷素坯,包套封装,再进行 HIP 致密烧结成形。③陶瓷材料与添加剂混合制得陶瓷粉体,压模成形,预烧结使陶瓷体密度达到理论致密度的 97% 左右,再进行 HIP 致密化处理。④陶瓷粉体压模成形,在 HIP 中将素坯一次完成陶瓷预烧结和烧结体致密化处理,此工艺路径可减少烧结时间且节能,是目前广受关注的工艺。在上述工艺中,压模成形可分干压成形、冷等静压成形和凝胶—注模成形。

包套又称包封,它在 HIP 工艺中有两个作用:一是作为阻隔层阻挡压力介质随压力进入带孔的预烧结体或素坯内;二是作为陶瓷粉体直接 HIP 烧结成形的模具,最后得到致密的、具有闭合形状的陶瓷制品。包套材料通常是金属或玻璃,金属是低碳钢,如 Ni、Mo 等,玻璃为 Na-Ca-Si 玻璃。特种陶瓷使用玻璃包套,比金属包套的成本还低,烧结后玻璃易与陶瓷分离。

2.6.1.4　放电等离子烧结

放电等离子烧结(spark plasma sintering,SPS)也称等离子活化烧结(plasma activated sintering,PAS),其历史可追溯到 20 世纪 30 年代,当时脉冲电流烧结技术引入美国。后来日本研究了类似更为先进的技术——电火花烧结,并于 20 世纪 60 年代末获得专利。但由于当时缺少有关的应用技术,也没有解决与工业生产、设备造价及烧结效率有关的技术问题,所以一直没有得到广泛应用。1988 年,日本井上研究所研制出第一台 SPS 装置,该装置具有 5 吨的最大烧结压力,在材料研究领域获得应用。最近推出的 SPS 装置是这种技术的第三代产品,它具有产生 10~100 吨最大烧结压力的直流脉冲发生器,可用于工业生产。由于 SPS 技术具有快速、低温、高效率等优点,近几年国外许多大学和科研机构都相继配备了 SPS 烧结系统,并利用 SPS 进行新材料的研究和开发。1998 年瑞典购进 SPS 烧结系统,对碳化物、氧化物、生物陶瓷进行了较多的研究。

SPS 是利用放电等离子体进行烧结的,与自身加热反应合成法和微波烧结法类似,SPS 能有效利用粉末内部的自身发热作用而进行烧结。SPS 升温速度快、时间短、烧结效率高,可获得高致密度的产品,其独特的等离子体活化和快速烧结作用,抑制了晶粒长大,较好地保持了原始颗粒的微观结构,从而在本质上提高了材料性能,并为纳米晶粒材料和新性能材料的制备技术可以通过控制模具的形状等因素来改变和控制提供了可能。SPS

技术可以通过控制模具的形状等因素来改变和控制温度场分布,有望获得形状复杂的梯度功能材料。

放电等离子烧结系统利用脉冲能、放电脉冲压力和焦耳热产生瞬时高温场来实现烧结过程,其主要特点是通过瞬时产生的放电等离子能使烧结体内部的各个颗粒均匀地自身发热和颗粒表面活化,因而具有非常高的热效率,样品内的传热过程可瞬间完成。因此,通过采用适当的烧结工艺可以用来实现纳米功能陶瓷烧结的超快速致密化。外加脉冲电流使晶粒表面大大活化。激活能与无压力烧结相比大幅度下降,同时能实现试样整体快速加热至烧结温度,并借助压力驱动使致密化加速而不使晶粒迅速长大。能使高能脉冲集中在晶粒结合处是放电等离子烧结过程不同于其他烧结过程的一个主要特点。

一般认为 SPS 烧结可能存在以下两种致密化途径:①晶粒间的放电(尤其在烧结初期),这会瞬时产生高达几千至一万摄氏度的高温,在晶粒表面引起蒸发和熔化,并在晶粒表面接触点形成"颈部",从而促进了材料的烧结。②在脉冲电流作用下,晶粒表面容易活化,各种扩散作用都得到加强,从而促进了致密化的进程。总之,放电等离子能使烧结体内部每个颗粒均匀地自身发热和颗粒表面活化,因而具有很高的热效率,可在相当短的时间内使被烧结体达到致密。

SPS 过程是给一个承压导电模具加上可控脉冲电流,脉冲电流通过模具也通过样品本身。关于其原理,目前的一种观点认为:通过样品的部分电流激活晶粒表面,击穿孔隙内残留气体,局部放电,甚至产生等离子体,促进晶粒间的局部接合;通过模具的部分电流加热模具,给样品提供一个外在的加热源。因此在 SPS 过程中样品同时被内外加热,加热可以很迅速,又因为仅仅模具和样品导通后得到加热,断电后它即迅速冷却,冷却速度可达 300 ℃/min 以上。

传统的热压烧结主要是由模具热辐射和加压造成的塑性变形这两个因素促进烧结过程的进行,而 SPS 过程除上述作用外,在压实颗粒样品上施加了由特殊电源产生的直流脉冲电流,并有效地利用了在粉体颗粒间放电所产生的自身热作用,具有不同于传统烧结方法的特点:

(1)表面活化作用。在 SPS 过程中晶粒表面容易活化,通过表面扩散的物质传递也得到了促进,晶粒受脉冲电流加热和垂直单向压力的作用,体扩散和晶界扩散都得到加强,加速了致密化进程。

(2)自发热作用。在 SPS 过程中,当在晶粒的空隙处放电时,会产生高达几千至一万摄氏度的局部高温,在晶粒表面引起蒸发和熔化,并在晶粒接触点形成颈部,促进材料的烧结。又由于局部发热,因此所形成的颈部快速冷却,使颈部的蒸气压降低,引起物质的蒸发—凝固传递。与传统的烧结方法相比,SPS 过程中蒸发—凝固的物质传递要强得多,这进一步促进了材料的致密化。

(3)能量集中。在 SPS 过程中,放电点(局部高温源)可在压实颗粒间移动而布满整个样品,这样就使样品均匀地发热并节约了能源,因此能将高能脉冲集中在晶粒结合处是 SPS 过程不同于其他烧结过程的又一个主要特点。

SPS 系统可用于短时间、低温、高压(500～1000 MPa)烧结,也可用于低压(20～30 MPa)、高温(1000～2000 ℃)烧结,因此可广泛地用于金属、陶瓷和各种复合材料的烧结,包括一些用通常方法难以烧结的材料,特别适合纳米陶瓷的制备。如表面容易生成硬的氧化层的金属钛和铝,用 SPS 技术可在短时间内烧结到 90%～100% 的致密度。

在 SPS 过程中,每一个粉末及其相互间的孔隙都是发热源,因此烧结时传热时间极短,可以忽略不计,烧结温度也大为降低,还可通过增大形核率来降低晶粒尺寸,因此可以获得高致密的细晶或纳米陶瓷材料。

2.6.1.5　微波烧结

微波是一种电磁波,它遵循光的有关定律,可以被物质传递、吸收或反射,同时还能透过各种气体,很方便地实现各种气氛保护下的微波加热及有气相参与的合成反应。材料在微波场中可简要分为下列三种类型:

(1)微波透明型材料:主要是低损耗绝缘体,如大多数高分子材料及部分非金属材料,可使微波部分反射及部分穿透,很少吸收微波。这类材料可以长期处于微波场中而不发热,可用作加热腔体内的透波材料。

(2)全反射微波材料:主要是导电性能良好的金属材料,这些材料仅极少数入射的微波能量能透入,可用作微波加热设备中的波导、微波腔体、搅拌器等。

(3)微波吸收型材料:主要是一些介于金属与绝缘体之间的电介质材料,包括纺织纤维材料、纸张、木材、陶瓷、水、石蜡等。

关于微波能在陶瓷中的应用大家早已熟知的主要是在干燥陶瓷湿坯方面,其最高温度一般在 200 ℃ 左右,至于将微波作为烧结手段应用于陶瓷材料(处理温度可达 2000 ℃以上)的研究则要晚得多。所谓微波烧结是指利用微波将材料生坯升温至 1000 ℃ 至 2000 ℃ 以上使之转化为制品的整个物理化学过程。微波烧结是利用微波加热来对材料进行烧结,不同于传统的加热方式。传统的加热是依靠发热体将热能通过对流、传导或辐射方式传递至被加热物而使其达到某一温度,热量从外向内传输,烧结时间长,很难得到细晶。微波烧结是利用微波将具有的特殊波段与材料的基本细微结构耦合而产生热量,材料在电磁场中的介质损耗使其材料整体加热至烧结温度而实现致密化的方法。对 TiO_2 纳米陶瓷的微波烧结,在 950 ℃ 下可使 TiO_2 达到理论密度 98% 的致密度。为了阻止烧结过程中的晶粒长大,可采用快速微波烧结的方法,例如含钇 ZrO_2 纳米粉(10～20 nm)坯体的烧结,若升温、降温速率保持在 500 ℃/min,在 1200 ℃ 下保温 2 min,烧结体密度可达理论密度的 95% 以上,整个烧结过程仅需 7 min,烧结体内的晶粒尺寸可控制在 120 nm 以下。

微波烧结的特点:

①整体微波加热。微波烧结是将材料吸收的微波能转化为材料内部分子的动能和势能,热量从材料内部产生,而不是来自于其他发热体,这种内部的体加热所产生的热力学梯度和热传导方式与传统加热不同。在这种体加热过程中,电磁能以波的形式渗透到介质内部引起介质损耗而发热,这样材料就被整体同时均匀加热,而材料内部温度梯度很小或者没有,因此材料内部热应力可以减小到最低程度,即使在很高的升温速率(500～600 ℃/min)情况下,一般也不会造成材料的开裂。

②降低烧结温度。在微波电磁能的作用下,材料内部分子或离子动能增加,降低了烧结活化能,从而加速了陶瓷材料的致密化速度,缩短了烧结时间,同时由于扩散系数的提

高,使得材料晶界扩散加强,提高了陶瓷材料的致密度,从而实现了材料的低温快速烧结。因此,采用微波烧结,烧结温度可以低于常规烧结的温度,且材料性能会更优,并能实现一些常规烧结方法难以做到的新型陶瓷烧结工艺,有可能部分取代目前使用的极为复杂和昂贵的热压法和热等静压法,为高技术新陶瓷的大规模工业化生产开辟新的途径。

③改善材料性能。材料的自身吸热,提高了加热效率,易获得 2000 ℃ 以上的高温,不仅缩短了烧结时间,而且可以改善烧结体的显微结构,提高材料的性能。例如,陶瓷材料的韧性是一个重要指标,提高陶瓷材料韧性的有效途径之一无疑就是降低晶粒尺寸,即形成细晶粒或超细晶粒结构,由于微波烧结速度快、时间短、温度低,因而这无疑是形成细晶或超细晶陶瓷的有效手段。

④选择性加热。对于多相混合材料,由于不同材料的损耗不同,因而材料中不同成分对微波的吸收耦合程度不同。热效应不同,产生的耗散功率也不同。可以利用这点来实现微波能的聚焦或试样的局部加热,从而实现对复合材料的选择性烧结,以获得微观结构新颖和性能优良的材料,并可以满足某些陶瓷特殊工艺的要求,如陶瓷密封和焊接等。

⑤瞬时性和无污染。微波加热过程中无须经过热传导,因而没有热惯性,即具有瞬时性,这就意味着热源可以瞬时被切断和及时发热,体现了节能和易于控制的特点。同时,微波热源纯净,不会污染所烧结的材料,能够方便地实现在真空和各种气氛及压力下的烧结。更值得一提的是,微波烧结不会像其他燃烧矿物,如煤、石油、轻柴油及煤气等产生 SO_2、NO_x、CO、CO_2 等有害物污染环境及大气。

尽管至今已对几乎所有陶瓷材料的微波烧结可行性进行了研究,但可成功烧结的材料种类并不是很多,一个重要原因就是烧结材料的介质损耗过小或过大,使之不能进行有效的微波加热。对于介质损耗过低的材料,主要采取添加介质损耗较高的第二相作为微波耦合剂,或者采取混合加热的方法。对于介质损耗过高的材料,如 TiB_2、B_4C 等,一般要对这些材料的表面进行涂层处理后再进行微波烧结。微波烧结中存在的另一个问题是,大尺寸、复杂形状的陶瓷材料在烧结过程中还是很容易出现非均匀加热现象,严重时还会导致陶瓷材料开裂。其原因主要有:①微波场分布不均匀;②特有的微波加热现象,如热失控、热点、选择加热等;③陶瓷材料本身的原因,如热膨胀系数大、导热率低、形状复杂、尺寸过大等。解决这些问题主要是采用混合加热、对原材料进行预处理以及能量分配等方法。

但微波烧结方法还不能用于所有纳米陶瓷材料,因为有些纳米陶瓷材料本身性能不适合微波烧结,以及存在以下有待解决的问题:如缺乏系统的陶瓷材料高温介电常数及对不同频率下各种材料介电常数的变化规律,而这些数据和规律对于优化微波烧结工艺和设备设计是很重要的;微波烧结后的样品易发生屈服弯曲和开裂,在烧结过程中的温度均匀性有待提高;微波烧结纳米陶瓷的性能指标尚未达到常规法的最佳水平;微波烧结纳米陶瓷材料的反应机理有待进一步深入研究。微波技术最终能否大规模应用,取决于微波烧结生产的陶瓷产品的性能价格比是否优于甚至大大超过常规烧结技术,或者能否开发出常规烧结技术无法实现的功能。最近几年的努力,已使微波烧结在关键技术方面取得了重要进展,在烧结产品的性能价格比方面已显示出优于常规烧结的潜力,但总的来说离大规模实用化尚有较大距离。要集中力量解决现有阻碍实用化的关键技术问题,必须进一步加强微波工程与陶瓷材料工程技术专家的合作,并力争陶瓷工业界的加入以形成研究、生产、应用的一条龙,缩短成果向实用化转变的周期。

2.6.1.6　预热粉体爆炸烧结

爆炸烧结是 20 世纪 50 年代发展起来的,从 20 世纪 80 年代开始用于陶瓷的制备,并很快成为研究的热点。在纳米陶瓷的烧结过程中,利用外压促进坯体的致密化是一种非常有效的方法。但由于技术设备及成本问题,在一般压力辅助烧结如热压、热等静压或超高压烧结下,其外加的压力很难进一步提高。因此,预热粉体爆炸烧结法便被引入并发展起来。爆炸烧结具有能使烧结后的材料保持其原有粉体特性,且能同时烧结性能相差悬殊的不同材料的优点。由于它克服了常规烧结因烧结时间相对较长,易导致烧结物结晶长大,且性能(加热膨胀、熔点、强度等)相差悬殊的材料难于烧结的不足,因此近年来采用这种爆炸烧结新工艺来烧结新材料开始引起重视。

预热粉体爆炸烧结法的原理是:粉体在冲击波载荷下,受绝热压缩及颗粒间摩擦、碰撞和挤压作用,在晶界区域产生附加热能而引起的烧结。爆炸烧结持续时间极短 (10^{-6} s),可以抑制晶粒生长,同时冲击波产生极高动压(几十吉帕)可使粉体迅速形成致密块体,因此有利于制备纳米功能陶瓷。

预热粉体爆炸烧结工艺跟其他方法相比,其突出的特点是:①烧结时间极短,整个持续时间是微秒量级,在 0.1 μs 时间内可使颗粒表面升温到 1000 ℃,并使之熔融而相互结合,这种瞬间态加温可以阻止超细粉和纳米粉末在烧结时的晶粒生长;②能产生极高的动态压力,它在瞬间内产生的聚合激波可达几吉帕的动压,因此微粉在围压作用下产生收缩致密,瞬间内可形成高致密陶瓷;③由于通过预热粉体升高了粉末的温度,增加了粉体的自由能,它可以解决常温下爆炸烧结难于烧结亚微米及纳米级粉体的困难。

2.6.1.7　激光选择性烧结

激光选择性烧结(selective laser sintering,SLS)是采用激光有选择地分层烧结固体粉末,并使烧结成的固化层层层叠加生成所需形状零件的工艺。其整个工艺过程包括模型的建立及数据处理、铺粉、烧结以及后处理等。纳米陶瓷材料的激光烧结过程实际上就是纳米粉末陶瓷在激光作用下快速熔凝致密化的过程。这个过程中,纳米陶瓷粉末受到激光的照射作用,部分激光能量被材料表面所反射,加热周围环境;另一部分能量被粉末材料吸收,粉体温度上升,同时疏松粉末中蕴涵的空气也接收激光能量,温度上升、体积膨胀,部分气体通过粉体颗粒之间的缝隙释放到周围环境。随着激光作用时间的延续,粉末温度达到材料熔点甚至气化点,激光作用区内粉末发生熔化甚至气化,形成熔池,粉末中的空气被封闭在熔池内,会同部分气化的粉末不断"窜动"、汇聚、膨胀,长大到一定程度,发生破裂,形成材料的剧烈气化飞溅。激光烧结工艺控制的目的就在于抑制烧结过程中的剧烈气化、飞溅、气泡的形成等不良现象,保证烧结过程的平稳持续,形成质量良好的烧结层。

SLS 法对粉末烧结具有如下明显优势:①和其他的加工方法比较,SLS 能获得优良的材料性能。同时,它的加工范围比较宽(聚合物、金属、陶瓷、铸造砂等)。②易于实现液相烧结,烧结周期比较短。③比传统的烧结方法更易得到密实的以粉末金属为原料的产品。④工艺比较简单,烧结路线、烧结温度便于控制。

纳米材料激光烧结快速成形技术是以纳米粉体或纳米增强粉体材料为研究对象,利用激光快速成形技术,实现基于纳米粉末材料的零件烧结直接成形。纳米粉末激光烧结主要是利用激光能量集中、方向性好而且能量、照射时间和聚焦光斑可调的特点,实现对纳米晶粒生长的控制。理论及实验表明,应用此种方法进行烧结,可得到以下效果:①通过对激光能量、烧结激光光斑大小的控制,达到对纳米晶粒长大进行控制的目的。②激光烧结时,纳米粉末受热区域小、烧结时间极短;而纳米材料具有巨大的比表面积,扩散率高,从而通过对纳米颗粒扫描、烧结之后,能量迅速扩散,即达到骤热骤冷的效果,使纳米颗粒失去生长的空间,达到烧结实体晶粒细化目的。③SLS 对纳米粉末进行烧结,简化了成形工艺,不依赖于金属模具和热压炉等设备,消除了纳米粉末其他烧结方法对纳米烧结母体的依赖性,同时也消除了对纳米烧结母体中的气孔、纳米材料中结块的严格要求。④SLS 技术的铺粉方式为纳米块体材料得以致密化提供了必要条件,烧结过程中收缩及气体溢出所产生的空洞,将被新粉层所填充,同时多次重复烧结能够在最大程度上消除下层空洞,以提高致密性。⑤采用 SLS 技术对纳米粉末进行烧结,可以实现多组分混合粉末的烧结,按性能要求添加的粗颗粒粉末,对纳米粉末在烧结过程中的晶粒长大又起到了抑制作用。

2.6.1.8　原位加压成形烧结

原位加压成形烧结法是指纳米粉末制备、成形、烧结在一个设备中连续完成的一种制备纳米陶瓷的方法。该方法的工艺为:首先将某种原料蒸发,然后冷凝为纳米粉,随后在高真空下进行原位加压成形和烧结,即可得到纳米陶瓷。用该制备方法烧结时,微粉具有纳米级粒度的表面高洁净度,使成形烧结时物质传递扩散路径变短,驱动力极大,并产生无污染的晶粒间界。

采用直流电弧氮等离子体蒸发,并与之发生氮化反应,反应产物迅速冷却沉积在装有冷却介质的冷凝器上,旋转冷凝器,在刮刀作用下将产物刮入收集装置中,得到纳米粒子,然后在高真空下进行原位加压(2.5 GPa)烧结,即可得到 TiN 纳米陶瓷。TiN 纳米陶瓷不但具有硬度高、熔点高和化学性质稳定等特点,而且还具有较高的导电性和超导临界温度,是一种很优异的耐磨材料和电触头等功能材料。

2.6.1.9　烧结—煅压法

烧结—煅压法是一种对粉体素坯同时施加高温和压力,使其发生连续致密和变形的烧结方法。烧结—煅压法的应力状态通常是简单的单向压制,在这一点上,类似于热压,但不使用模具,因此粉体素坯压制过程中不受横向变形的约束。这种排列方式,允许较大的剪切应力产生,这对于烧结体中某些孔隙形成闭孔是很重要的。

最早的烧结—煅压法在纳米晶陶瓷上的应用是由于无压烧结应用的失败,在大多数情况下,无压烧结难以在将纳米陶瓷烧结致密化的同时,又保持其晶粒尺寸。因此,研究者们将研究目标转到烧结—煅压法,并且很快得出烧结—煅压法在低温下就能制备出完全致密化的纳米陶瓷,且晶粒尺寸很小。烧结—煅压法所使用的温度大概相当于无压烧结初级阶段的温度,所使用的压力通常低于热压、热等静压和其他方法所采用的压力值。另外,烧结后的材料微观结构中的裂纹得到释放,从而使机械性能得到提高,且晶界杂质较少,从而导致电学性质提高。

相对无压烧结,烧结—煅压法最基本的长处就是能够使大的孔隙崩塌,形成闭孔孔隙,从而大大提高迁移性,使团聚的纳米粉体烧结成致密的纳米陶瓷材料。但是烧结—煅压工艺所要求的设备比无压烧结更复杂,操作也更复杂,大大提高了成本。

2.6.1.10　快速无压烧结

快速无压烧结的基本原理就是使用最快的加热速率加热陶瓷粉体素坯,尽快避开低温状态所发生的表面扩散,表面扩散机制使晶粒发生明显长大,却几乎不发生致密化。直接升到一个较高的烧结温度,使在该温度下更有效的致密化机制发生作用,从而达到阻止早期晶粒长大和限制晶粒长大的作用。从理论上来说,纳米陶瓷应该是快速烧结方法最理想的对象,因为纳米粉体巨大的表面积使作为烧结驱动力的表面能剧增,扩散速率增大,烧结速率本身就有加快的现象。而事实上,并不是所有的纳米陶瓷通过快速无压烧结后质量都更好。

在纳米氧化锆快速无压烧结研究中,用了不同的烧结速率($2\sim200$ K/min)加热,且都保温 2 h,快速烧结致密化效果与材料导热性和制成样品尺寸大小有关。若材料本身导热性不好或样品尺寸太大,在快速烧结条件下,会使样品内部产生热梯度,从而发生热还没有传到样品内部,样品外部就已经硬化的现象,最后抑制了样品内部的致密化。因此,可用快速无压烧结方法制备的纳米陶瓷材料必须具有较好的热传导性或者样品有较薄的几何尺寸。

2.6.1.11　震动压制烧结

震动压制烧结是用高速压缩波压制和连续烧结陶瓷粉体材料的方法,也可以用来烧结纳米陶瓷材料。这种震动波不仅会诱发高压,还可对粒子表面局部加热(由于邻近、相接触的粒子间的摩擦作用产生),产生局部熔化,使粒子间形成黏结。纳米晶粒在震动压制烧结中还有一个优点,由于纳米粉体尺寸小,能较快地将表面的热迅速地传到粒子中心,因此在震动波完全经过粒子前,就能使整个粒子都在高温下加热。在这样的高温下,许多陶瓷材料都具有一定塑性,所以粒子在震动波经过的时候都会相应地发生塑性变形,而不是简单的断裂。

对不同陶瓷材料(如纳米金刚石)进行震动压制烧结方法的研究结果发现,烧结后的材料相对致密度都超过 97%,且晶粒长大很小,这是由于震动波作用时间很短和升温很快引起的。然而,利用震动压制烧结方法成功制备纳米陶瓷材料,必须使震动波发生时间、预热温度、材料的热导率和陶瓷粒子尺寸之间达到一个微妙的平衡关系,才能协调加热和由此产生的应力之间的关系。

2.6.2　纳米晶金属块体材料

纳米晶金属块体材料是指晶粒的特征尺寸在纳米数量级范围的金属单相或多相块体材料,其特点是晶粒细小、缺陷密度高、晶界所占的体积百分数很大。由于纳米晶金属块体材料具有高强度、高电阻率和良好的塑性变形能力等许多传统材料没有的优异性能,所以受到人们的特别关注。各种制备纳米晶金属块体材料的新技术和新工艺相继涌现,各有特点,也各有局限性。纳米晶金属块体材料的力学性能与传统粗晶金属材料不同,许多研究人员研究了其强度、延伸率、超塑性、断裂等力学性能,并借助计算机模拟技术研究了纳米晶金属块体材料的变形机制与断裂机制。制备纳米晶金属块体材料的方法可分为两大类:一是先制备纳米级的金属小颗粒,再经过压制、烧结的途径来获得纳米晶金属块体材料,如惰性气体冷凝法、机械球磨法、粉末冶金法;二是对宏观的大块固态材料进行特殊的工艺处理从而获得纳米晶金属块体材料,如非晶晶化法、严重塑性变形法,或者经过特殊工艺直接制备纳米块体材料,如快速凝固法、电沉积法、磁控溅射法、放电等离子烧结法、燃烧合成熔化法等。

2.6.2.1 惰性气体冷凝法

惰性气体冷凝法的原理是将金属在惰性气体中蒸发,蒸发出的金属原子与惰性气体相碰后动能降低,凝结成的小粒子通过热对流输运到液氮冷却的旋转冷底板的表面,成疏松的金属纳米粉末。对收集到的粉末在高真空($10^{-6} \sim 10^{-5}$ Pa)下冷压(压力通常为 $1 \sim 5$ GPa)制成纳米晶金属块体材料,其示意图如图 2-105 所示。使惰性气体强制性对流可以提高粉末的生产效率,避免金属粒子在生产过程中的长大和团聚,有效降低粒子的平均尺寸。该方法适用范围广,微粉颗粒表面洁净,块体纯度高,相对密度较高。但由于为了防止氧化,制备的整个过程是在惰性气体保护和超高真空室内进行的,所以存在设备昂贵、对制备工艺要求较高的缺点,所以制备难度较大。另外,加上制的固体纳米晶体材料中都不可避免地存在杂质和孔隙等缺陷,从而影响了块体纳米材料的性能,也影响了对纳米材料结构与性能的研究。

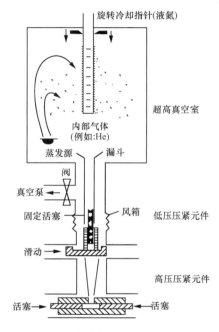

图 2-105　惰性气体冷凝法示意图

2.6.2.2 高能球磨法

高能球磨法(mechanical attrition,MA)亦称机械合金化(mechanical alloying)。利用球磨机内部磨球的转动或相互之间的碰撞、磨球与料罐之间的碰撞,对金属或合金粉末进行强烈的撞击、研磨和搅拌,使金属或合金粉末粉碎,破碎的粉末在随后的球磨过程中又发生冷焊后再次被破碎,合金化使晶粒不断细化,最终达到纳米量级,然后再经过压制成形,获得纳米晶块体材料。近年来,该方法已经成为制备纳米材料的一种重要方法,但存在如下缺点:颗粒尺寸分布不均匀、粉末容易受到来自球磨介质(球与球罐)和气氛杂质的污染,容易发生氧化和形成应力,在固结过程中晶粒粗化,很难得到洁净的纳米晶体界面和无微孔的纳米晶金属块体材料,不利于基础性研究工作的开展。

2.6.2.3 粉末冶金法

粉末冶金法(powder metallurgy)是指把纳米粉末经过加压成块、烧结,从而获得块体纳米晶材料的方法。制备过程主要是控制压力和烧结工艺参数,由于纳米粉体颗粒尺寸小、表面能高,高的表面能为原子运动提供驱动力,有利于块体材料内部空洞的收缩,故在较低的烧结温度下也能使块体材料致密化。但该法也存在晶粒尺寸容易长大、尺寸分布不均匀、微孔隙、致密度较低等问题。

2.6.2.4　非晶晶化法

非晶晶化法（crystallization of amorphous materials，CAM）制备纳米固体材料是首先制备非晶态材料，然后经过适当热处理，控制非晶态固体的晶化动力学过程使非晶态材料转变成纳米尺寸的多晶材料。其主要过程是非晶态固体的获得和控制晶化过程，一般可以通过熔体激冷、高速直流溅射、等离子流雾化、固态反应等技术制备块状非晶材料。晶化过程可采用等温退火、分级退火、脉冲退火、激波诱导等方法来实现。采用非晶晶化法已成功制得铁、镍、钴基合金等纳米块体材料。该方法的优点是制备的纳米块体材料的晶粒界面清洁致密、样品中无微孔、晶粒度容易控制、成本低廉、产量大。局限性在于必须以块状的非晶体材料为前驱材料，仅适合于容易形成非晶的合金系。虽然采用这种方法很难获得大尺寸的块体纳米材料，但近年来对大块非晶晶化得到非晶纳米复合材料的研究取得了显著的成果。因此，非晶晶化法是很受关注的纳米晶块体材料制备方法之一。

2.6.2.5　严重塑性变形法

严重塑性变形法（severe plastic deformation，SPD）可制备块体纳米材料，并可分为高压力旋转法和等通道角挤压法两种方法，其示意图见图 2-106。采用严重塑性变形法可获得纳米晶金属块体材料，目前已成功制得 Fe、Fe-1.2C、Al-Mg-Li-Zr、Ni_3Al、$Zn_{78}Al_{22}$ 等纳米纯金属和纳米合金块体材料。近十几年来，对严重塑性变形法的工艺参数（如变形压力、通道角度等）对纳米晶块体材料的影响的研究已取得许多成果。该工艺的特点是适用范围较宽，可制备体积大、致密度高、晶粒界面洁净的纳米块体材料，局限性在于制备成本较高，晶粒度范围较大。

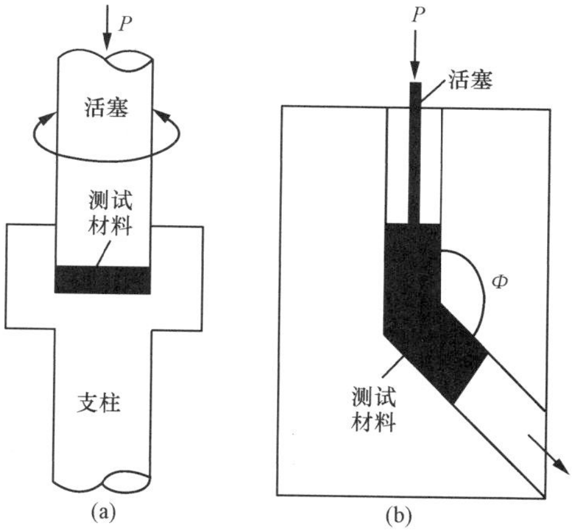

图 2-106　严重塑性变形法示意图
(a)高压力旋转法；(b)等通道角挤压法

2.6.2.6　快速凝固法

快速凝固法（rapid solidification，RS）是通过传导传热或对流传热等方式加快熔体的冷却速度和凝固，在凝固过程中，控制形核率和长大速率，从而获得超细晶粒的方法。常用的快速凝固方法是快淬法，即单辊熔体激冷法。

2.6.2.7　电解沉积法

电解沉积法（electrodeposition）是在传统的电镀基础上，注重电化学的生产方法。电解沉积法的主要优点是：①可沉积大量晶粒尺寸在纳米量级的纯金属、合金以及化合物。②投资少，生产率高，不受试样尺寸和形状的限制，可制成薄膜、涂层或块体材料。③疏松孔洞少，密度较高，且在生产中无须压制，内应力较小。④电沉积产物微观结构可控，可以是等轴的，也可以是随机取向或织构。⑤属室温技术，费用和成本相对低廉，可进行大规模生产。但是该方法只能获得厚度较薄的纳米晶金属块体材料。

2.6.2.8 磁控溅射法

磁控溅射(magnetron sputtering, MS)是物理气相沉积薄膜的重要方法之一,其工作原理如图 2-107 所示。在真空室($10^{-7}\sim 10^{-3}$ Pa)内充入一定压力的工作气体,提高阴、阳两极之间的电压使气体发生辉光放电,放电产生的正离子在电场作用下以一定动能轰击阴极靶而将靶材料原子溅射出来,溅射出的原子被吸附在衬底表面并最终生长成连续薄膜状的纳米块体材料。

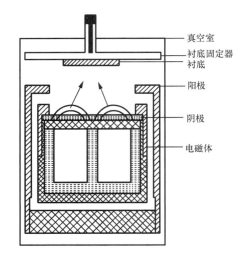

图 2-107　磁控溅射法示意图

2.6.2.9 燃烧合成熔化法

燃烧合成也称为自蔓延高温合成(self propagating high-temperature synthesis, SHS),是 20 世纪 70 年代发展起来的合成高熔点材料的一项新技术。通过选择和设计反应时释放高热量的化学反应体系,利用金属、非金属及其氧化物粉体之间的燃烧合成反应生成金属、合金、金属间化合物或陶瓷,同时生成的物质在反应瞬时释放的高热量作用下处于液态,且高温熔体可有效去除原料中带入的杂质。具有高纯净度的高温熔体在凝固时有较大的过冷度,并以均质成核的方式凝固。这种具有较大过冷度的液态熔体在惰性气体(气压为 4～8 MPa)保护下,原位沉积在具有高导热系数的底材上。其凝固时将具有较快的冷却速度,可使熔体中形成的大量均质晶核的生长限制在纳米尺寸上,从而可将金属及其氧化物粉体制备成具有纳米晶结构的金属、合金、金属间化合物和陶瓷材料,其制备装置示意图见图 2-108。与已有的块体纳米晶材料制备技术相比,燃烧合成熔化法具有制备气压与温度低(250～300 ℃)、工艺简

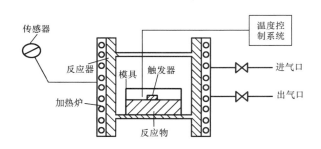

图 2-108　燃烧合成熔化制备装置示意图

单、成本与能耗低、能制备大尺寸纳米块体材料等优点。我国薛群基院士运用该制备工艺已制备出了晶粒尺寸小于 10 nm、厚度大于 3 mm、具有优异力学和抗磨损性能的块体纳米 Ni_3Al、Fe_3Al、WC_x 材料。

纳米晶体材料的制备方法还有放电等离子烧结法、激光气相合成法、高能粒子辐射法、化学气相沉积法、高温高压固相淬火法、高速射击法等。但要真正获得界面清洁、无微孔、高质量的纳米晶金属块体材料还必须对现有技术进行优化,或寻找新的技术,开发出适合大量生产无微孔、高质量块体纳米材料的成熟技术,使纳米块体材料早日走向产业化。

2.6.3　块体金属基纳米复合材料

块体金属基纳米复合材料(MMNCs)具有高的比强度、比刚度和良好的热稳定性等,在航空航天、汽车制造等领域有着潜在的应用前景。MMNCs 的制备工艺可分为液态铸造法和固态烧结法两种,前者具有操作简单、成本低且可获得复杂零件等特点,后者尽管只能获得简单的小型零件,但材料的成分易于控制且性能较高。类似地,目前 MMNCs 的制备技术也可分为液态法和固态法两大类。其中,液态法的关键是如何将纳米增强颗粒均匀弥散到金属或合金熔体之中,而固态法则是如何抑制烧结过程中纳米颗粒尺寸的长大或如何将固体材料中微米级的晶粒细化成纳米尺寸。

2.6.3.1　高能超声—铸造工艺

作为制备 MMNCs 的传统工艺,搅拌铸造法因其操作简单、成本低等特点一直备受人们的重视。但是由于纳米颗粒与金属熔体的润滑性差及本身具有的表面效应和高的活性,加入到熔体中的纳米颗粒常聚集成团,欲采用传统的机械搅拌使其在熔体中均匀分散是非常困难的,从而难以得到纳米颗粒弥散强化的 MMNCs。高能超声波在熔体介质中会产生周期性的应力和声压,并由此会导致许多非线性效应,如声空化和声流效应等。高能超声的这些效应可在数十秒内显著改善微细颗粒与熔体的润湿性,并迫使其在熔体中均匀分散。因此,将高能超声处理与传统的铸造成形工艺结合起来,不仅可实现纳米颗粒在熔体中的弥散分布,而且还保留了传统铸造法近净成形的特点,从而使块体 MMNCs 的制备成为可能。

最近,美国 Wisconsin-Madison 大学的研究人员利用 20 kHz、600 W 的超声波发生器,采用高能超声—铸造工艺制备了纳米 SiC 颗粒(30 nm)增强的镁基和铝基块体MMNCs。当未进行超声处理时,加入到熔体中的纳米 SiC 颗粒成团聚集而形成团簇,并偏聚于凝固的晶粒边界上,见图 2-109(a)。当超声波功率达到 80 W 时,在循环高能超声波的作用下,熔体产生许多微小气泡核和空穴。这些气泡核在循环负压下生长并膨胀,在随后的循环正压下发生崩溃,即完成一个空化周期。这一过程在很短的时间内(约100 ms)完成,并循环进行。当一个空化周期结束,空化泡崩溃产生瞬间高温(>5000 K)和高压($>5 \times 10^7$ Pa),形成所谓的"微热点"。瞬时空化形成的冲击波和伴生的微区高温,不仅改善了纳米颗粒与熔体的润湿性,而且迫使纳米颗粒在熔体中逐渐分散。如此循环作用,直至使纳米颗粒均匀分布在熔体中,最后实现纳米颗粒在凝固组织中的弥散分布,见图 2-109(b)。

然而在超声空化效应产生的瞬时高温和高压的作用下,外加的纳米颗粒容易与金属基体发生界面反应,产生不必要的界面化合物而降低两者的结合强度。为此,人们又将原位(in situ)自生复合技术引入到上述工艺中,开发了高能超声—原位复合工艺。如将CuO、TiO_2、ZnO 等粉末分别加入到高温 Al 液中,在高能超声波的作用下,不仅使加入的氧化物粉末能均匀分散到熔体中,而且还促进这些氧化物粉末与 Al 液的反应,生成所需的 Al_2O_3 增强颗粒。如果合理控制反应条件(如 Al 液温度和氧化物的加入量)和超声处理工艺(如频率和功率等),则 Al 液中原位自生的 Al_2O_3 颗粒不仅弥散性好,而且其尺寸可控制在 200 nm 以下,接着通过随后的铸造成形工艺即可获得纳米 Al_2O_3 颗粒增强的

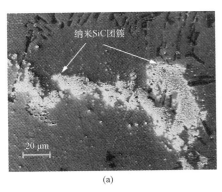
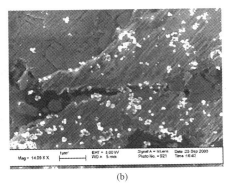

(a)   (b)

图 2-109　超声处理前后纳米 SiC 颗粒在凝固组织中的分布

(a)超声处理前；(b)超声处理后

Al 基原位纳米复合材料。

2.6.3.2　机械合金化—放电等离子烧结工艺

该工艺包括两个过程：①通过机械合金化（MA）获得纳米晶粉末，在这一过程中，将一定配比的粗粉原料放入真空或 Ar 气保护的高能球磨机中，利用高速运行的硬质钢球与研磨体之间的相互碰撞，对粉末粒子反复进行熔结、断裂、再熔结过程，使晶粒不断细化，直至达到纳米尺寸，获得纳米晶粉末。②采用放电等离子烧结（SPS）工艺，将纳米晶粉末固结成高致密度的块体纳米复合材料。一般来讲，机械合金化得到的纳米晶粉末存在巨大的表面能和晶格畸变能，这些能量在高温、长时的烧结过程中得以充分释放，从而导致晶粒迅速长大。因此，采用普通烧结工艺难以保持原有纳米颗粒的尺寸和特性，这也是采用固态烧结法制备块体 MMNCs 的主要难点。

SPS 是近年来备受重视的一种烧结新技术，其基本原理是通过一对电极板在粉体间施加直流脉冲电流，引起粉末间产生放电等离子体、放电冲击压力、焦耳热和电场扩散等综合作用，并在伴随的加压作用下，实现对粉末的低温（<1000 ℃）、短时（<10 min）和高效（致密度>98%）的烧结。SPS 的这些特点不仅可获得近理论密度的块体材料，而且可有效地控制纳米晶粒的长大，从而实现块体 MMNCs 的制备。目前，利用机械合金化—放电等离子烧结（MA‐SPS）工艺已成功制备了 Al_2O_3/Cu、AlN/Al、SiC/Al 等块体 MMNCs。例如以 10 μm 的 Al 粉和 100 μm 的 SiC 粉末为原料，首先通过机械合金化制备出由 Al 和 SiC 组成的复合粉末，随着球磨时间的延长，Al 和 SiC 粉末的尺寸逐渐减小，且由于 Al 和 SiC 粉末硬度和塑韧性的巨大差异，高硬度的 SiC 颗粒能嵌入到高塑性的 Al 颗粒中，形成复合颗粒。当球磨时间达到 24 h 后，复合颗粒的形态圆整、表面光滑且粒径细小（<0.5 μm），见图 2-110(a)。复合颗粒由 Al 基体和 3~5 nm 的 SiC 组成，且纳米 SiC 在 Al 基体中分布均匀，见图 2-110(b)。随后，利用该复合颗粒，在烧结温度为 823 K、烧结时间仅为 5 min、施加压力为 20 MPa 的条件下，采用 SPS 技术制备了尺寸为 <20 mm×20 mm 的纳米 SiC/Al 复合材料。通过所得复合材料的 SEM 和 TEM 测试表明，在 SPS 过程中，纳米 SiC 颗粒的长大不显著，其尺寸仍在 20 nm 以下，且在 Al 基体中

分布均匀。随着纳米 SiC 颗粒的含量增加,所得 SiC/Al 纳米复合材料的密度、硬度和弹性模量均增加,当纳米 SiC 颗粒的质量分数为 10% 时,所得纳米复合材料的密度 $\rho=$ 2.77 g·cm^{-3},硬度 HV$=2.6$ GPa,弹性模量 $E=100$ GPa。

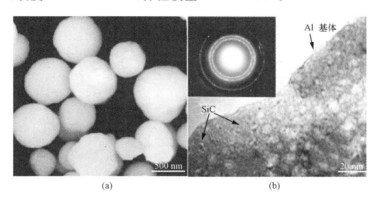

(a)   (b)

图 2-110　机械合金化形成的 SiC/Al 复合粉末

(a)SEM 图像;(b)TEM 图像,左上角插入图为相应的 SAED 衍射花样

2.6.3.3　高压扭转(HPT)变形技术

早在 20 世纪 90 年代初,俄罗斯科学院 R. Z. Valiev 等便采用纯剪切大变形方法获得了亚微米级晶粒尺寸的纯铜组织,并由此拉开了大塑性变形(severe plastic deformation,简称 SPD)技术制备块体金属纳米材料的序幕。迄今为止,制备金属纳米材料的 SPD 技术已包括高压扭转(HPT)、等通道角挤压法(ECAP)、多向锻造(MF)、多向压缩(MC)、板条马氏体冷扎(MSCR)和反复弯曲平直(RCS)等工艺,利用这些工艺已制备出了晶粒尺寸为 20~200 nm 的纯铁、纯铜、碳钢、合金钢、金属间化合物及其复合材料等块体纳米材料。其中,高压扭转(high pressure torsion,HPT)工艺一直以来是人们开发研究的热点。HPT 的原理见图 2-111,在一定温度下,模具中的试样被施以 GPa 级的高压,同时通过转动冲头来扭转试样,试样的变形量由冲头转数来控制。在 HPT 加工过程中,试样中的晶粒和晶界都会发生变形,且随着变形量的增加,晶界发生转动和滑动,晶粒中的位错密度也增加。在形变诱导晶粒细化、热机械变形晶粒细化和形变组织再结晶晶粒细化机制的共同作用下,试样中的晶粒细化至 200 nm 以下,即可获得块体金属纳米材料。

俄罗斯科学院 R. K. Islamgaliev 等首先用内氧化法制备出 Cu - 0.5Al$_2$O$_3$ 复合材料(Al$_2$O$_3$ 颗粒大小 2~3 μm),然后在 6 GPa 的高压下,利用 HPT 工艺得

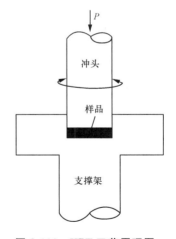

图 2-111　HPT 工艺原理图

到了 Cu - Al$_2$O$_3$ 纳米复合材料(Cu 基体的晶粒尺寸为 80 nm,而 Al$_2$O$_3$ 颗粒的尺寸为 20 nm),所得 Cu 基纳米复合材料具有高的强度(680 MPa)、硬度(HV 为 2300 MPa)、良

好的塑韧性(伸长率为 25%)和导电性能(1.69×10^{-6} Ω)。因此,HPT 技术为纳米金属及其复合材料提供了又一可行的制备工艺。

2.6.4　钙钛石型纳米块体复合氧化物

钙钛石型氧化物是一类含稀土元素的复合氧化物,根据钙钛石型氧化物的成矿机理,可成功地合成所需的复合氧化物。由于该类复合氧化物组分丰富多样,结构复杂多变,且具有一系列优异的性能,极具应用前景和研究价值,可广泛应用于电子、机械、化工、航天和通信等众多领域。将纳米块体材料的制备技术和分析手段应用到钙钛石型复合氧化物的研究领域将是功能材料领域的高技术生长点。

2.6.4.1　钙钛石型复合氧化物的结构

钙钛石型复合氧化物因具有天然钙钛石($CaTiO_3$)结构而命名,其化学组成可用 ABO_3 来表达,空间群为 Pm3m,其典型结构如图 2-112 所示。图 2-112(a)中,A 分居立方体的 8 个角上,晶胞中心由 B 占据,氧则位于立方体 6 个面的面心处,B 离子占据着由 O^{2-} 形成的全部氧八面体空隙,具有 6 个氧配位。图 2-112(b)中,B 分居立方体的 8 个角上,晶胞中心由 A 占据,氧则位于立方体各棱边中点处,A 具有 12 个氧配位,A 与 O^{2-} 形成立方最密堆积。图 2-112(c)是(a)和(b)的组合,A 位于 8 个 BO_6 八面体形成的空穴中。在配位多面体中,配位数越大,空洞也越大。离子半径大的阳离子占 A 位,离子半径小的占 B 位。一般来说,A 位为稀土或碱土离子(La^{3+}、Ce^{4+}、Pr^{3+}、Nd^{3+}、Ca^{2+}、Sr^{2+}、Ba^{2+}、Pb^{2+} 等,$r_A > 0.090$ nm)。B 位为过渡金属离子(Co^{2+}、Mn^{2+}、Ni^{2+}、Fe^{2+}、Cr^{3+} 等,$r_B > 0.051$ nm)。A、B 位离子均可被其他离子部分取代,而仍然保持原有钙钛石结构。借助这种同晶取代的特点,人们可以设计出成千上万种不同的钙钛石型氧化物。理想的

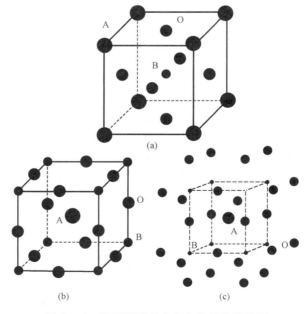

图 2-112　钙钛石型复合氧化物晶体结构图

钙钛石型出现在 $t=1$ 时,为立方晶系。随 t 值的增加,晶体的扭曲度增加,逐渐向 A 离子周围的氧离子配位数少、对称性低的四方、正交、单斜晶系转变。多数结构都是它的不同畸变形式,这些畸变结构在高温时将转变为立方结构。

2.6.4.2　高温高压法

该方法是先将制备出的粉末预压成块状试样(素坯),然后在六面顶压机上进行高压实验,加压至数吉帕后升温、保温保压一定时间。此过程主要是通过高压来抑制原子的长程扩散和晶体的生长速度,从而实现晶粒的纳米化,然后再在高温下固相淬火,以保留高温高压状态下的组织形态。目前已采用此方法制备出了钙钛石型 $(Sr,Ba)_{1-x}Eu_xTiO_3$、$MgSiO_3$、$La_{0.7}Sr_{0.3}MnO_3$、$La_{0.7}Sr_{0.3}Mn_{0.952}Fe_{0.05}O_3$ 和 $La_{0.7}Ca_{0.3}MnO_3$ 等纳米粉末及其纳米块体样品。需要注意的是,一些具有钙钛石结构的物质在高温高压下可能会发生晶型转变,高压对晶体单胞的压缩在一定程度上改变了晶体中原子之间的键长和键角,引起能带结构的相应变化,从而导致了电子结构相变的发生。高温可以使晶粒长大,而高压会使晶粒碎化。

该方法工艺简单、界面清洁,且能直接制备出致密的大块纳米晶,但是也有较多的不足之处。因为此种方法需要很高的压力、工艺要求苛刻、设备构造很复杂,所以要用该方法制备出大尺寸的纳米晶块体样品比较困难。

2.6.4.3　聚合物化学与高温材料加工法

美国康涅狄格大学材料科学研究所与史帝文斯工艺学院化学与化学工程系合作,利用该技术开发出纳米复合材料。该技术的关键在于液体前驱物超快速转变成中间体陶瓷初坯的纳米粒子,利用该技术生产出的陶瓷初坯粉体既可经受现场的激光凝固(烧结),也可以经受集中加工而形成大块的纳米晶体材料。但目前有关利用该方法制备纳米块体晶材料的研究报道还不多,技术也不够成熟。

2.6.4.4　深过冷直接晶化法

快速凝固对晶粒细化有显著效果,深过冷凝固技术通过避免或清除熔体中的异质晶核来实现大热力学过冷度下的快速凝固,使凝固组织得到细化,而其晶粒生长不受外界散热条件限制,完全由熔体本身特殊的物理机制所支配。

目前,大多采用电磁或声悬浮、玻璃融覆、落管、乳化等方法来提高深过冷技术中的过冷度,脉冲电磁场技术发展得尤为突出。由于理论上所要求的一些金属纳米化的临界脉冲电磁场强度在工程上能够达到,加之脉冲电磁场所具有的快速弛豫特征可有效限制纳米晶粒的长大,所以随着对脉冲电磁场对金属凝固组织细化的影响机制的深入研究和实验装置的继续完善,完全有可能采用该技术制备大块纳米块体材料。从目前的实验结果来看,深过冷晶粒细化的程度与合金的化学成分、相变类型、熔体净化所获得热力学过冷度的大小以及凝固过程中的组织粗化密切相关。为进一步提高细化效果,发展更有效的净化技术是关键。另外,探索深过冷技术与其他晶粒细化技术相结合的复合细化技术,也为钙钛石型复合氧化物纳米块体材料的成功制备带来了希望。

2.6.5　三维金属氧化物纳米材料

金属氧化物纳米材料（metal oxide nanomaterials，MONs）因其独特的纳米尺寸，表现出高的比表面积、电子迁移率、热稳定性、机械强度和表面缺陷等突出的理化性质，使其具有优异的光、电、磁性、催化等性能，在吸附材料、催化材料、污染物传感器、高迁移率晶体管、储能装置等领域得到广泛应用，吸引了科研工作者的广泛关注。近年来，对金属氧化物纳米材料的研究由传统的低维纳米颗粒、纳米棒、纳米纤维和纳米片等，扩展到具有连续多孔网络框架的三维金属氧化物纳米材料（three-dimensional metal oxide nanomaterials，3D-MONs）。3D-MONs作为一种新兴的连续多孔结构纳米材料，不仅最大限度地保留了金属氧化物的固有属性，而且赋予了其高孔隙率、高比表面积、低热导率等优异的物理性能，进一步拓宽了MONs的应用领域。3D-MONs的整体结构作为另一个突出优点，不仅可以有效地防止低维MONs在大多数工程应用过程中自发地团聚和堆积，延长材料的使用寿命，更便于MONs在实际应用过程中的回收。同时，3D-MONs结构中大量孔洞的存在，使其与相同体积大小的块状金属氧化物材料相比，在质量上占有明显的优势。已报道的3D-MONs大都具有超轻的特性，其密度可以低至$0.53\sim340$ mg/cm³。例如，有学者报道了低密度（0.34 g/cm³）多孔固态MnO_2气凝胶，其密度为同等体积块状MnO_2的1/15。亦有学者制备了由二维纳米片搭建的密度低至0.53 mg/cm³的三维多孔MnO_2气凝胶，其密度仅为其固体材料的1/9000，是迄今为止最轻的金属氧化物气凝胶。这一超轻优势使3D-MONs在水面溢油吸附、空气净化、电化学、隔热材料、航空航天等多个领域中表现出良好的应用潜力。因此，探究不同的合成方法制备3D-MONs，进而拓展MONs应用领域，引起了学术界的关注。

3D-MONs的应用性能取决于其组成和结构，合成方法和合成条件对3D-MONs的形貌结构影响显著。表2-16是有关3D-MONs组成、性质及制备方法的总结。由表2-16可见，主要合成方法有水热合成法、溶胶-凝胶法、模板法、溶液喷射法、直接发泡法等，以下将对各合成方法及其合成机理进行详细介绍。

表 2-16　现有 3D-MONs 组成、性质及制备方法的总结

3D-MONs 种类	合成方法	材料性质			
		形貌	密度/（mg/cm³）	比表面积/（m²/g）	孔隙率/%	强度
α-MnO_2 气凝胶	水热合成法	纳米线相互交联的三维网络	50	—	—	—
$K_{2-8}Mn_8O_{16}$ 气凝胶	水热合成法	纳米线交联的多孔网络	2.9	80	—	超弹性
MnO_2 气凝胶	水热合成法	纳米片组装的三维多孔网络	0.53	—	99.9	—

续表

3D-MONs 种类	合成方法	材料性质				
		形貌	密度/ (mg/cm^3)	比表面积/ (m^2/g)	孔隙率 /%	强度
3D-MnO$_2$	水热合成法	连续的三维互连网络结构	7.3	—	—	—
MnO$_2$ 气凝胶	水热合成法	纳米线交联的多孔网络	—	—	—	—
3D-γ-MnOOH	水热合成法	纳米棒搭建的多孔网络	78	—	—	—
3D-Mn(OH)$_4$	水热合成法	纳米线交联的三维多孔网络	83	63	—	—
γ-AlOOH 气凝胶	溶胶—凝胶法	纳米线交联的多孔网络	1.2~19	385	>99	—
TiO$_2$ 泡沫	溶胶—凝胶法	纳米片相互连接成多孔网络	5	185	99.88	超弹性
MnO$_2$ 气凝胶	溶胶—凝胶法	纳米颗粒堆积的多孔网络	340	239.6	89	—
Al$_2$O$_3$ 气凝胶	模板法	纳米管搭建的三维多孔网络	1.2	265	—	高热弹性
Al$_2$O$_3$ 气凝胶	模板法	纳米管搭建的三维多孔网络	0.68	—	>99.9	—
3D-MNCo$_3$O$_4$	模板法	纳米颗粒堆积的多孔网络	—	—	—	—
SnO$_2$ 泡沫	模板法	三维有序蜂窝结构	—	—	—	—
TiO$_2$ 海绵	溶液喷射法	纳米线交联的三维网络	8~40	—	99.7	高温弹性
Al$_2$O$_3$ 泡沫	直接发泡法	纳米颗粒堆积的蜂窝结构	67	—	94.7	抗压强度高
Al$_2$O$_3$ 泡沫	直接发泡法	纳米颗粒堆积的蜂窝结构	—	280	99	抗压强度高
MgAl$_2$O$_4$ 泡沫	直接发泡法	三维蜂窝结构	—	—	87	抗压强度高

2.6.5.1　水热合成法

水热合成法是指在密闭反应容器中,以水溶剂为反应介质,通过对反应容器进行加热形成高温高压的反应环境,使那些在常压下不溶或难溶的物质溶解再结晶。采用简单的水热法,选用 $MnSO_4 \cdot H_2O$ 和 $(NH_4)_2S_2O_8$ 为反应原料,通过调控反应温度,在 120 ℃ 密封条件下反应 12 h,可成功地制备由 α-MnO$_2$ 纳米线搭建的具有连通多孔网络结构的密度低至 50 mg/cm^3 的宏观三维柱状体。三维 α-MnO$_2$ 柱状体的形成机理是氢键的相互作用,如图 2-113 所示。大量的 O 原子暴露在 α-MnO$_2$ 纳米纤维表面,它们与水分子中

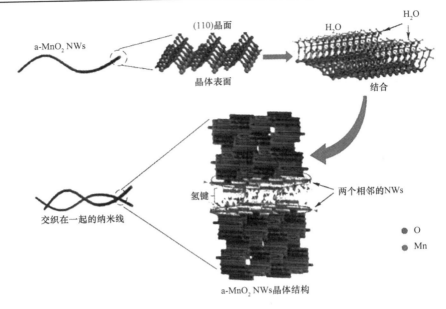

图 2-113　三维 α - MnO₂ 宏观结构的形成机理

的 H 原子结合形成氢键,使得三维结构中随机排列的 α - MnO_2 纳米线相互连接,即 O—
Mn—O···H···O—Mn···,因而 α - MnO_2 柱状体表现出良好的机械强度。采用水热合成
法,通过改变合成原材料,除了 $MnSO_4$ · H_2O 外,还引入了 K_2SO_4 和 $K_2S_2O_8$,可制备由
无机纳米线相互交联而成的密度低至 2.9 mg/cm³ 的三维 $K_{2-x}Mn_8O_{16}$ 气凝胶。如图 2-
114 所示,$K_{2-x}Mn_8O_{16}$ 气凝胶表现出优异的柔韧性和抗压特性。不同于氢键相互作用机
理,$K_{2-x}Mn_8O_{16}$ 气凝胶的形成机制主要是通过纳米线之间的范德华力相互作用。通过调
整反应前体的初始成分、浓度以及反应时间,可获得不同孔隙率、密度以及机械强度的
$K_{2-x}Mn_8O_{16}$ 气凝胶,以适应不同的应用需要。采用类似的合成方法,可制备密度低至
7.3 mg/cm³ 的 3D MnO_2。

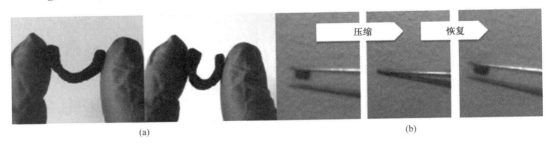

(a)　　　　　　　　　　　　　　(b)

图 2-114　$K_{2-x}Mn_8O_{16}$ 气凝胶的柔性和可弯曲性
(a)以及超弹性;(b)特征图

通过水热合成法,在碱性环境中,以 $KMnO_4$ 和 $MnCl_2$ · $4H_2O$ 为锰源,控制水热温
度为 180 ℃反应 10 h,可制备出密度低至 78 mg/cm³ 的 3D - γ - MnOOH 纳米材料。详
细地探讨了 3D - γ - MnOOH 的形成机理,如图 2-115 所示。首先,在水热反应初期,无

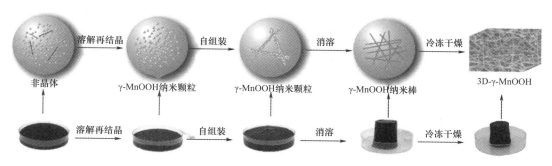

图 2-115　3D - γ - MnOOH 合成机理图

定形的锰氧化物经历了快速地溶解再结晶过程,转化为(002)晶型的 γ - MnOOH 纳米颗粒;随后,相邻的 MnOOH 纳米颗粒将沿着(11 - 1)晶面进行自组装;之后,在 Ostwald 熟化机制下,纳米颗粒相互消溶,形成表面光滑的 MnOOH 纳米棒,纳米棒相互交联形成三维网状结构。最后,通过冷冻干燥过程使纳米棒间的冰晶升华,形成三维多孔结构。得益于具有超低密度、三维多孔网状结构以及充满空气的内部孔道,3D - γ - MnOOH 能够在水中漂浮至少 4 个月,并维持三维网状结构不塌陷。通过调节上述合成工艺中反应试剂的比例、水热温度和时间,可再次制备出密度低至 83 mg/cm^3 的 3D - Mn(OH)$_4$ 纳米材料。不同于 3D - γ - MnOOH 的微观结构,3D - Mn(OH)$_4$ 由平均直径为 10 nm 的超长 Mn(OH)$_4$ 纳米线相互交联而成。由于合成工艺参数的变化,Mn(OH)$_4$ 纳米纤维的合成机理较 γ - MnOOH 纳米棒有很大差异,如图 2-116 所示。首先,水热初期,前体 K$_2$Mn$_4$O$_8$ 纳米颗粒经过自组装及溶解-再结晶过程形成花瓣状 Mn$_7$O$_{13}$ 纳米片;随后,纳米片为降低表面能会发生自卷曲形成纳米管;最后,纳米管经过溶解-再结晶过程生成针状 Mn(OH)$_4$ 纳米棒,并随着水热时间的延长,纳米棒不断生长成具有高纵横比的纳米线。因此,反应试剂的种类及比例、水热温度和时间等因素对水热法制备 3D - MONs 的组成、形貌和结晶性有重要影响,例如,改变反应试剂的比例会引发产物组成的改变;反应

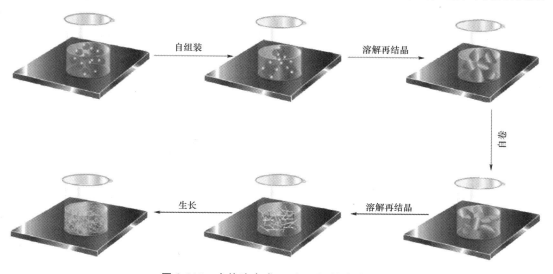

图 2-116　水热法合成 Mn(OH)$_4$ 纳米线机理

时间不足会导致产物无法完全由低维纳米材料组装成具有多孔结构整体网络框架。另外，三维超轻锰氧化物合成机理的深入探究，将对采用水热合成法制备其他 3D - MONs 具有指导意义。

2.6.5.2 溶胶-凝胶法

溶胶-凝胶法是目前应用最多的制备纳米材料的方法，该方法以无机盐或金属醇盐为前体，经水解、缩合形成凝胶，最后将凝胶干燥煅烧得到产物。

采用溶胶-凝胶法，通过调节勃姆石（γ - AlOOH，BNF）纳米纤维分散液的 pH 使其凝胶化可制备 BNF 气凝胶。这是因为溶液 pH 从酸性到弱碱性时，BNF 纳米纤维间的静电斥力减小，会引起 BNF 纳米纤维的聚集。合成过程如下：（1）将 $0.11\% \sim 2.1\%$（质量）的 BNF 纳米纤维分散在醋酸水溶液（pH$\approx$4）中，然后采用六亚甲基四胺调节溶液 pH 至 6.18 以上，在 80 ℃下搅拌 3 min 后恒温 4 h，以促进 BNFs 的聚集；（2）用甲醇和 2 -丙醇多次洗涤；（3）在 80 ℃和 14 MPa 的超临界 CO_2 下干燥 12 h 得到 BNF 气凝胶。BNF 气凝胶表现出超低密度（$1.2 \sim 19$ mg/cm^3）、高孔隙率（$>99\%$）、高比表面积（约 385 m^2/g）、高透明度等优异的物理性能。BNF 气凝胶不是通过纳米纤维之间的化学键或纳米纤维的溶解-再沉淀等形态变化组装而成，而是通过物理吸引作用形成的，这种相互作用的强度足以支撑超低密度结构。事实上，当加入碱性较强的氨水溶液后，BNF 溶胶会立即形成凝胶，并且会因局部 pH 的快速增加导致纤维的不均匀聚集，使气凝胶透明度降低。将 BNF 气凝胶进行煅烧处理，可以得到 Al_2O_3 气凝胶。此简单的合成方法可应用于其他会随 pH 变化发生聚合的金属氧化物纳米纤维的凝胶化，以获得密度可控且高透明度的 3D - MONs。

采用溶胶-凝胶法可制备钛酸盐胶体悬浮液，对合成的悬浮液进行剥离得到钛酸盐纳米片，再经冷冻干燥处理可制备密度低至 5 mg/cm^3 三维 TiO_2 泡沫，如图 2-117 所示。此新颖的 TiO_2 泡沫是由相互连接的厚度为 1 nm TiO_2 纳米片构建的柔性三维多孔网

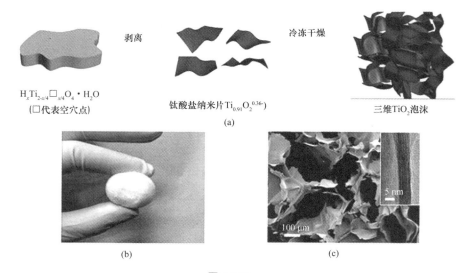

图 2-117

（a）TiO_2 泡沫合成工艺过程；（b）冷冻干燥处理得到的 TiO_2 泡沫体（密度 HRTEM 5 mg/cm^3）；

（c）密度为 12 mg/cm^3 的 TiO_2 泡沫体的 SEM 图

络,它具有多孔层状结构、大层间距、高比表面积以及表面带负电荷的优异特性。此合成工艺中只有当分散液的浓度达到一定值时,才更易于纳米片相互交织,从而有效阻止纳米片间水分子的流动并形成凝胶。因此,溶液的 pH、胶体悬浮液的浓度、干燥温度等合成参数是影响溶胶-凝胶法制备 3D-MONs 的重要因素。

2.6.5.3　模板法

模板法是一种常用于合成多孔无机纳米材料的制备方法,主要包括四个步骤:(1)模板的合成;(2)对模板表面进行功能化修饰以获得优异的表面特性;(3)用不同的方法在模板表面生长所需的材料;(4)选择性除去模板获得多孔结构。其中模板去除的方法主要是在高温下对模板进行煅烧处理或者选用合适的溶剂对模板进行选择性刻蚀。

选用碳纳米管(CNTs)为牺牲模板,通过化学气相沉积技术将热解炭(PyC)沉积到碳纳米管薄片上,在 CNTs 连接处产生物理交联。随后采用常压氧等离子体技术对 PyC 包覆的碳纳米管表面进行功能化处理,再利用原子层沉积技术,在 CNTs 表面沉积一层非常薄的 Al_2O_3 纳米颗粒薄膜,形成核-壳结构。最后通过在空气中煅烧移除 CNTs,留下相互连接和排列的 Al_2O_3 纳米管搭建的独立三维网络,如图 2-118 所示。此 Al_2O_3 气凝胶具有超低密度($1.2\ mg/cm^3$)、高比表面积($265\ m^2/g$)且机械强度坚固等独特性能。采用类似的方法,利用 ALD 法在聚乙烯吡咯烷酮(PVP)纳米纤维海绵上沉积 Al_2O_3 层,煅烧去除聚合物纳米纤维模板后,制得超低密度($0.68\ mg/cm^3$)、高孔隙率($>99.9\%$)的半透明 Al_2O_3 纳米管气凝胶。合成的超轻三维 Al_2O_3 纳米管气凝胶具有良好的热稳定性、低导热性和高回弹性。通过改变 ALD 循环次数,可以实现 Al_2O_3 纳米管管壁厚度的控制,从而实现对 Al_2O_3 纳米管气凝胶密度的调控。

选用三维掺氮碳网络(N-CN)为牺牲模板,并利用浸渍法使 N-CN 吸附 Co 离子(N-CN-Co)。随后,在空气氛围下升温至 500 ℃,将 N-CN-Co 中的 Co 离子转化为 5～10 nm 的 Co_3O_4 纳米粒子,同时去除超薄 N-CN 模板。模板消失的同时,将诱导 Co_3O_4 纳米颗粒进行自组装,并阻碍纳米颗粒间的 Ostwald 成熟过程,从而构建由纳米颗粒搭建的三维互连网络结构,如图 2-119 所示。此制备工艺可以有效地应用于其他三维多孔结构过渡金属氧化物的合成,包括 Fe_2O_3、ZnO、Mn_3O_4、$NiCo_2O_4$ 和 $CoFe_2O_4$。同样基于模板法可制备出有序蜂窝状 SnO_2 泡沫。这些研究表明,3D-MONs 的结构形貌是由牺牲模板的微观形貌决定的,因此合适的牺牲模板的选择在模板法制备 3D-MONs 工艺中至关重要。

2.6.5.4　溶液喷射法

溶液喷射法以高速气流作为驱动力,溶液经喷丝孔挤出后在高速气流的驱动下形成射流,在到达接收装置的过程中,射流被进一步牵伸细化,伴随着溶剂的挥发及不稳定运动,最终纳米纤维被收集在接收装置上。

采用溶液喷射法可制备三维多孔结构 TiO_2 纳米纤维海绵。首先将质量比为 2∶1 的钛酸四丁酯($Ti(OBu)_4$)和聚乙烯吡咯烷酮(PVP)与质量比为 3∶1 的乙醇和乙酸混合,在室温下搅拌约 6 h 得到前体溶液;随后,前体溶液被泵入直径为 0.16 mm 的注射器内,同时,空气以 21 m/s 流过直径为 1 mm 的同心外喷嘴,前体溶液在气流的作用下自然拉伸,并通过溶剂蒸发固化成直径为数百纳米的纤维;喷射出的纳米纤维最终在透气的笼状

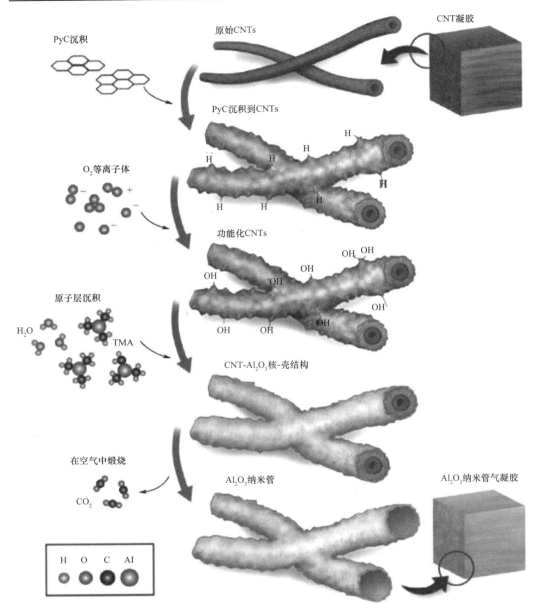

PyC沉积

原始CNTs

CNT凝胶

PyC沉积到CNTs

O₂等离子体

功能化CNTs

原子层沉积

H₂O

TMA

CNT-Al₂O₃核-壳结构

在空气中煅烧

CO₂

Al₂O₃纳米管

Al₂O₃纳米管气凝胶

H O C Al

图 2-118　超轻 Al₂O₃ 海绵的合成工艺过程

收集器中被收集,形成一个三维多孔的 Ti(OBu)₄/PVP 纳米纤维海绵,如图 2-120(a) 和 (b)所示。然后在 450 ℃下煅烧 200 min 后,去除 PVP,且 Ti(OBu)₄ 水解成超低密度 (8~40 mg/cm³)的纯 TiO₂ 海绵,如图 2-120(c)。TiO₂ 海绵由直径约为 180 nm 的均匀 纳米纤维相互交织搭建而成,具有开放多孔的三维网络结构,如图 2-120 (e)~(g)。研究 表明,TiO₂ 纳米纤维的陶瓷特性使海绵能够承受高温火焰而不会出现任何可见的塌陷和 变形,如图 2-120 图 8(d)。采用相同的制备工艺,还可制备出具有三维网络框架的 ZrO₂、 氧化钇稳定的 ZrO₂ 和 BaTiO₃ 纳米纤维海绵。研究表明,前体溶液种类、浓度及煅烧温

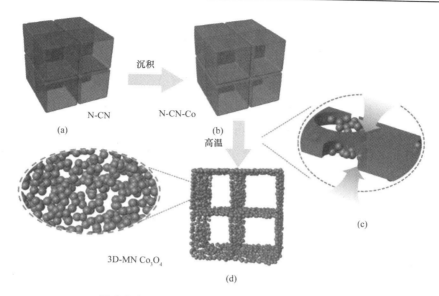

(a)

沉积

N-CN　　　　N-CN-Co

(b)

高温

3D-MN Co₃O₄

(d)

(c)

图 2-119　3D - MN Co₃O₄ 的合成过程示意图

度等因素对溶液喷射法制备 3D - MONs 有重要影响,例如,当前体溶液中 PVP 的浓度由 3.5％增加至 11.5％时,TiO_2 纳米纤维的平均直径由 47 nm 增加至 815 nm,从而使得 TiO_2 纳米纤维海绵的密度由 8 mg/cm³ 增长到 40 mg/cm³。

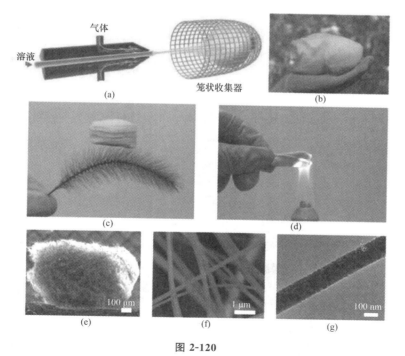

气体

溶液

笼状收集器

(a)　　　　　　　　(b)

(c)　　　　　　　　(d)

100 μm　　　　1 μm　　　　100 nm

(e)　　　　　　(f)　　　　　　(g)

图 2-120

(a)溶液喷射法示意图;(b)$Ti(OBu)_4$/PVP 前体海绵照片;(c)站在狗尾草上的超轻 TiO_2 海绵;
(d)酒精灯加热后,海绵结构没有坍塌;((e),(f))TiO_2 海绵的 SEM 图和(g)TEM 图

2.6.5.5　直接发泡法

直接发泡法是指通过将空气加入含有表面活性剂或短链两亲性物改性的部分疏水性粒子的水悬浮液中,这些表面改性的部分疏水性粒子不可逆地吸附在气液界面上,阻止气泡的合并,稳定液体泡沫,然后经过干燥和烧结,获得 3D - MONs 的方法。

以长链表面活性剂十二烷基硫酸钠(SDS)为粒子疏水改性剂,可制备出孔隙率为 $94.7\% \sim 98.3\%$、密度为 $67 \sim 210 \ mg/cm^3$ 的 Al_2O_3 泡沫。Al_2O_3 泡沫的制备工艺过程如图 2-121 所示。首先,制备 Al_2O_3 水悬浮液,在悬浮液中加入 SDS 溶液,对 Al_2O_3 颗粒进行原位疏水化,然后调节 pH,并用搅拌器全速(2000 r/min)搅拌 5 min,获得细小且均匀的泡沫;将制得的湿泡沫浇注到上下连接的矩形不锈钢模具中,然后进行脱模,在石膏板上干燥 24 h(室温下);最后,将干燥后的泡沫在烧结炉中进行煅烧,得到超轻的 Al_2O_3 泡沫。如图 2-122 所示,干燥后的 Al_2O_3 泡沫呈现蜂窝状三维多孔结构,其泡孔分布均匀,呈封闭状,且泡孔壁是由纳米颗粒组成的无缺陷的致密薄壁,厚度为 $0.5 \sim 0.7 \ \mu m$。这主要是因为原位吸附 SDS 后,Al_2O_3 颗粒具有部分疏水性,并进一步在气液界面不可逆地黏附,形成了一个坚硬的网状结构,它会强烈阻碍泡沫的崩塌、歧化以及 Ostwald 熟化,这有助于颗粒网络在烧结过程中保持泡孔壁的完整性,从而形成三维多孔结构。采用相同的直接发泡工艺流程,以勃姆石溶胶为陶瓷源和气泡界面稳定剂,同样采用 SDS 为改性剂,可合成孔隙率高达 99.08%,比表面积约 $280 \ m^2/g$ 的整体气凝胶状 Al_2O_3 泡沫,

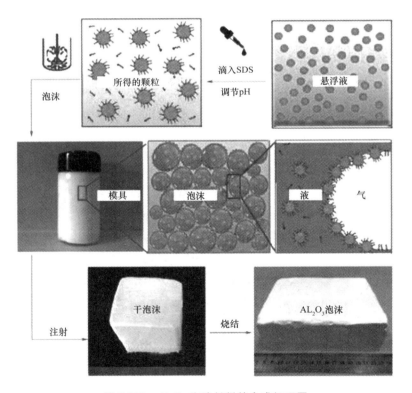

图 2-121　Al_2O_3 泡沫材料的合成机理图

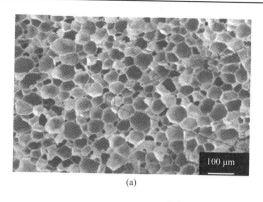
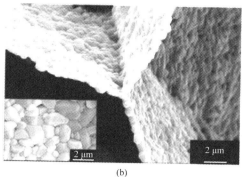

(a)　　　　　　　　　　　　　　　　(b)

图 2-122　烧结后 Al₂O₃ 的 SEM 图

此泡沫材料同样具备由纳米颗粒组装而成的均匀的蜂窝状结构和纳米尺度的泡壁,厚度为 30～90 nm。

　　虽然直接发泡法是有效地制备 3D-MONs 的方法,但上述方法制备的金属氧化物泡沫的抗压性能较差(<1.18 MPa),这将影响金属氧化物泡沫材料在一些重要工程领域适用性。因此,应提出一种简单、环保的制备方法来提高金属氧化物泡沫的强度。通过煅烧凝胶化 Mg(OH)₂/MgO－SiO₂－ H₂O(MSH)骨架结合的 Al₂O₃ 颗粒稳定泡沫,可制备出具有层次结构的三维多孔 MgAl₂O₄ 材料。此制备工艺不仅使三维多孔金属氧化物材料的抗压强度增加至 7.93 MPa,而且改善了材料的孔连通性。这主要是因为纳米 MgO 的水化以及形成的 MSH 胶体骨架使其具有了良好的力学性能;随后胶体物质在高温下分解,在泡壁上形成小孔,从而形成层次的多孔结构,提高孔连通性。采用类似的制备方法,可合成出 TiO₂/Al₂O₃ 泡沫和 ZrO₂/Al₂O₃ 泡沫。上述研究表明,通过调节溶液的 pH 可以改变颗粒表面电荷,从而影响颗粒稳定泡沫的稳定性;并且,疏水改性剂的含量对湿泡沫的膨胀率有很大影响,从而导致 3D-MONs 的孔隙率及密度发生改变。因此,溶液的 pH、反应试剂的种类及配比是影响直接发泡法制备 3D-MONs 的关键因素。

　　综上所述,这些合成方法制备的 3D-MONs 均具有良好的分散性以及连续的多孔网络结构。3D-MONs 的多孔结构主要来源于每种合成方法中“造孔剂”的去除,例如,水热合成法和溶胶-凝胶法制备的凝胶物质中的水分子在冷冻干燥过程中会形成冰晶,然后在真空状态下升华形成多孔结构;模板法和直接发泡法通过煅烧工艺分别去除模板剂和粒子疏水改性剂形成连续多孔的网络结构等。它们的区别在于:水热合成法用于 3D-MONs 的制备,具有步骤简单、易于操作,且水热产物纯度高、结晶度高等优点,但此法目前仅成功地制备了三维锰氧化物纳米材料,并且由于传热、传质的不均匀性,会影响纳米晶体的均匀生长,这限制了采用此方法对 3D-MONs 的工业化生产;溶胶-凝胶法适用于不同 3D-MONs 的合成,且产物具有形貌丰富、低密度、高比表面积、高孔隙率等优异特性,但其反应周期长,煅烧过程会产生团聚,且产物力学性能较差,这限制了其在大多数实际工程中应用;模板法可以克服溶胶-凝胶法煅烧过程中产物团聚的局限性,通过调控模板的形状和大小,可以很好地控制产物的形貌和孔隙率,但制备具有所需尺寸、形状且能与金属氧化物外壳表面相容性的模板仍然不容易；直接发泡法作为一种成熟的泡沫陶瓷制备工艺，可以克服前面几种方法制备的 3D - MONs 抗压性能差的局限，此法制备的 3D - MONs 不仅机械强度较高，而且仍可保持高孔隙率，但存在发泡剂发泡时间间隔短、气泡分布不均匀、产品重现性差等不足；溶液喷射法作为近年来新兴的 3D - MONs 制备方法，与溶胶-凝胶法相结合，可以很容易地制备出不同类型的 3D - MONs，但存在纳米纤维易附着、沉积的缺点。因此，进一步探索易于工业放大的 3D - MONs 合成方法，丰富其组成和结构，提高其强度，仍是未来的研究重点。

第3章
纳米材料的分析与表征

纳米材料的分析方法是指关于纳米材料的成分、结构、尺寸、微观形貌、缺陷及其性能等的分析测试技术,以及有关的理论基础的科学。不同种类的纳米材料在制备和使用过程中的许多概念、现象和转变都有相似性。通过对所表征的纳米材料的物理或物理化学性质参数及其变化(测量信号或特征信息)的检测来实现,即采用各种不同的测量信号(相应具有材料的不同特征关系)形成各种不同的材料分析方法。分析的对象不同,所用的分析方法也不同。

对纳米材料常用分析方法的研究对象主要为材料的化学组成(能量色散 X-射线 EDS 能谱、X 射线荧光光谱、电子探针微区分析、原子发射光谱及原子吸收光谱、能量损失光谱等)、物相组成(X-射线衍射、红外及拉曼光谱、核磁共振等)、结构分析(X-射线衍射、电子显微镜、电子衍射、近边 X-射线精细结构光谱等)、表面与界面分析(电子显微镜、电子衍射等)、微区分析(电子显微镜、电子衍射等)、形貌分析(各类显微镜,如扫描电子显微镜、透射及高分辨透射电子显微镜、扫描隧道显微镜及原子力显微镜等)、尺寸分析(粒度分析仪、电子显微镜等)以及物理化学性能分析等。

按表征方法分主要有:扫描电镜、透射电镜、激光粒度分析、紫外可见光吸收、X 射线衍射、小角 X 射线散射、X 射线吸收精细结构等。这些表征手段在纳米材料研究领域中都发挥着重要的作用,但也都有各自的优缺点。比如,电子显微镜方法研究纳米颗粒有着直观、快捷等优点,但其观察结果统计性差,并且难以对材料进行原位观察;紫外可见光吸收方法方便快捷,原位实验开展方便,但是对样品浓度要求高,波长范围有限,且信号单一,难以进行定量的分析;激光粒度分析实验方法自动化程度高,测定速度快,但是对样品要求也很高(浓度不能过高,形状需要是规则的球体),而且实验误差较大;X 射线衍射技术的实验过程主要适用于晶体材料,且扫描时间普遍较长,不适合用于开展原位实验;小角 X 射线散射有对样品要求小、原位实验开展方便、统计性高等诸多优点,但是该方法直观性比较差,而且数据解析过程复杂,此外小角 X 射线散射手段还存在一个不足,即无法区分"互补体系"。根据上述表征方法,可将其分为常规表征手段和基于 X 射线的表征手段。采用常规表征手段研究纳米材料时,科研人员遇到了诸多的困难,有些依靠改进和完善常规表征手段是难以解决的,主要因为纳米材料尺寸较小,其单体信号较弱,且纳米材料的长程有序结构较差,导致用于块体材料的手段研究纳米体系时会导致纳米材料的失效。基于 X 射线的表征手段能够更好的适用于纳米材料的原位、实时和动态的表征。但实验室的 X 光机功率较低,这使得实验信噪比较差,原位实验开展困难,只有采用更好的

X 光源才能够在纳米材料的原位、实时和动态表征过程中获得更好的信噪比与更高的时间分辨率。目前,同步辐射光源是一种很好的选择,作为一种新型光源,其波长范围覆盖硬 X 射线、软 X 射线、紫外光、可见光和红外光,是目前覆盖波长范围大且亮度高的唯一一种光源。

考虑到纳米材料的分析与表征方法种类繁多,本章主要介绍纳米材料分析及表征通用的分析测试方法,比如各类电子及其相关的显微镜,包括扫描电子显微镜、透射及高分辨透射电子显微镜、扫描隧道显微镜及原子力显微镜等,X-射线衍射(XRD)分析,常用的光谱分析技术,如红外、拉曼光谱、光致发光(荧光)光谱、核磁共振光谱、X-射线精细结构吸收光谱等,粒度分析以及电学性能测试分析等分析方法的基本原理及其在纳米材料方面的应用研究进展情况。本章的目的在于描述这些分析表征技术用于纳米材料表征方面的物理机理及其具体应用,以便于读者较全面地了解纳米材料的形态、结构、表面和原子水平的微结构及其相关特性。

3.1 电子显微镜与显微结构分析

电子显微分析主要是使用电子显微镜来进行分析,它的优点是:①可做形貌观察且具有高空间分辨率,透射电子显微镜的分辨率高达 1 Å,扫描电子显微镜的分辨率高达 6 Å。②可做结构分析,如选区电子衍射、微衍射、会聚束衍射。③可做成分分析,如采用 X-射线能谱、X-射线波谱、电子能量损失谱等。④可观察材料的表面与内部结构。⑤可同时研究材料的形貌、结构与成分,这是其他微结构研究方法无法做到的。电子显微分析的局限性在于:仪器价格昂贵、结果分析较困难、仪器操作复杂及样品制备较复杂。电子显微镜的主要种类有:扫描电子显微镜、透射电子显微镜、高分辨透射电子显微镜等。本节主要介绍以上数种电子显微镜的工作原理、主要功能及在纳米材料中的应用。

3.1.1 扫描电子显微镜(SEM)

1935 年 Knoll 提出了 SEM 的原理,1942 年制造出了第一台扫描电子显微镜 SEM,现代的 SEM 是 Oatley 和他的学生 1948—1965 年在剑桥大学的研究成果。第一台商用 SEM 是 1965 年由英国的剑桥仪器公司生产的。目前,最好的场发射 SEM 分辨率可达 6 Å。SEM 是目前常见的广泛使用的表面形貌分析仪器。材料表面微观形貌的高倍数图像是通过能量高度集中的电子扫描光束扫描材料表面而产生的。具有 0.5～30 keV 能量的基本电子进入材料表面后变成了许多低能量的二次电子,这些二次电子的强度随着样品表面形貌的变化而不同。一张微观图像就是通过测量扫描区域内二次电子的强度随不同位置的变化函数而得到的。

3.1.1.1 SEM 的工作原理

扫描电镜是用聚焦电子束在试样表面逐点扫描成像,其工作原理如图 3-1 所示。试样为块状或粉末颗粒,成像信号可以是二次电子(外层价电子激发出的电子)、背散射电子(经弹性散射或一次非弹性散射后逸出的电子)或吸收电子,其中二次电子是最主要的成像信号。由电子枪发射的能量为 5～35 keV 的电子,以其交叉斑作为电子源,经二级聚光镜及物镜的缩小形成具有一定能量、一定束流强度和束斑直径的微细电子束,在扫描线圈驱动下,于试样表面按一定时间、空间顺序作栅网式扫描。聚焦电子束与试样相互作用,产生二次电子发射以及其他物理信号,二次电子发射量随试样表面形貌而变化。二次电子信号被探测器收集转换成电讯号,经视频放大后输入到显像管栅极,调制与入射电子束同步扫描的显像管亮度,得到反映试样表面形貌的二次电子像。

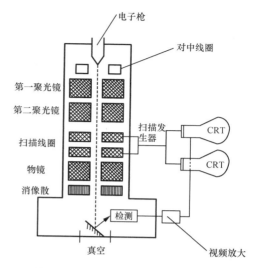

图 3-1　扫描电镜工作原理示意图

电子束和样品作用时会出现入射电子、透过电子、吸收电子、二次电子(低能量)、背散射电子、俄歇电子、特征 X 射线及阴极发光,如图 3-2 所示。透过电子包括透射电子、布拉格衍射电子,能量损失电子有弹性、非弹性散射电子。二次电子像立体感强,图像清晰。背散射电子像的分辨率比二次电子像的分辨率低,对样品表面形貌的变化不太灵敏,但是对于成分很敏感。因此,在 SEM 中,用来成像的信号主要是二次电子,其次是背散射电子和吸收电子。用于分析成分的信号主要是 X 射线和俄歇电子。

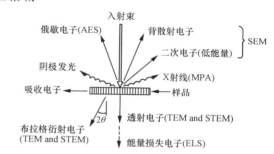

图 3-2　由入射电子波的弹性散射及非弹性散射引起的从样品上发射的各种电子及电磁波信息示意图

3.1.1.2　SEM 的基本结构

扫描电镜主要有真空系统、电子束系统以及成像系统。

(1)真空系统。

真空系统主要包括真空泵和真空柱两部分。真空柱是一个密封的柱形容器,用来在真空柱内产生真空。有机械泵、油扩散泵以及涡轮分子泵三大类。机械泵与油扩散泵的组合可以满足配置钨枪的扫描电镜的真空要求,但对于装置了场致发射枪或六硼化镧枪的扫描电镜,则需要机械泵加涡轮分子泵的组合。成像系统和电子束系统均内置在真空柱中。真空柱底端为密封室,用于放置样品。使用真空的原因是:电子束系统中的灯丝在普通大气中会迅速氧化而失效,所以除了在使用扫描电镜时需要用真空以外,平时还需要以纯氮气或惰性气体充满整个真空柱,这样可增大电子的平均自由程,从而使得用于成像的电子更多。

(2)电子束系统。

电子束系统由电子枪和电磁透镜两部分组成,主要用于产生一束能量分布极窄、电子能量确定的电子束用以扫描成像。电子枪用于产生电子,主要有两大类,共三种。一类是利用场致发射效应产生电子,称为场致发射电子枪。这种电子枪极其昂贵,在十万美元以上,且需要小于 10^{-1} Torr 的极高真空,但它具有至少 1000 h 以上的寿命,且不需要电磁透镜系统。另一类则是利用热发射效应产生电子,有钨枪和六硼化镧枪两种。钨枪寿命在 30~100 h 之间,价格便宜,但成像不如其他两种明亮,常作为廉价或标准扫描电镜配置。六硼化镧枪寿命介于场致发射电子枪与钨枪之间,为 200~1000 h,价格约为钨枪的 10 倍,图像比钨枪明亮 5~10 倍,需要略高于钨枪的真空,一般在 10^{-7} Torr 以上,但比钨枪容易产生过度饱和和热激发问题。

热发射电子需要电磁透镜来成束,所以在用热发射电子枪的扫描电镜上,电磁透镜必不可少。通常会装配两组:其一是汇聚透镜,顾名思义,汇聚透镜用汇聚电子束,装配在真空柱中,位于电子枪之下,通常不止一个,并有一组汇聚光圈与之相配。但汇聚透镜仅仅用于汇聚电子束,与成像聚焦无关。其二是物镜,物镜为真空柱中最下方的一个电磁透镜,它负责将电子束的焦点汇聚到样品表面。

(3)成像系统。

电子经过一系列电磁透镜成束后,打到样品上与样品相互作用,会产生二次电子、背散射电子、俄歇电子以及 X 射线等一系列信号,所以需要不同的探测器譬如二次电子探测器、X 射线能谱分析仪等来区分这些信号以获得所需要的信息。虽然 X 射线信号不能用于成像,但习惯上仍然将 X 射线分析系统划分到成像系统中。有些探测器造价昂贵,比如 Robinsons 式背散射电子探测器,这时可以使用次级电子探测器代替,但需要设定一个偏压电场以筛除次级电子。

3.1.1.3 SEM 的分类

依据电子枪种类的不同,SEM 可以分为如下两类:

(1)热电子发射型 SEM。

灯丝为阴极,加速管为阳极。加速管一侧作为地电位,灯丝上加一个负高压,在紧靠灯丝的下面接一个韦氏极,在韦氏极上加一个比灯丝更负的电压(叫偏压)。韦氏极作用是显示发射的电子束流,使发射的电子束保持稳定。根据灯丝不同又可分为钨灯丝及 LaB_6 单晶灯丝,JSM - 6380LV 型钨灯丝扫描电镜的实物图如图 3-3 所示。

(2)场发射型 SEM。

如果在金属表面加一个强电场,金属表面的势垒就会变浅,由于隧道效应,金属内部的电子穿过势垒从金属表面发射出来,这种现象叫场发射。当电子被激发到较高能量时,所穿过的是一个薄而且低的势垒,因此隧穿概率增

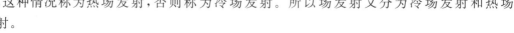

图 3-3 JSM - 6380LV 型钨灯丝扫描电镜实物图

加,这种情况称为热场发射,否则称为冷场发射。所以场发射又分为冷场发射和热场放射。

以金属尖端为阳极,当施以高电压时,吸附在金属尖上的气体将以离子状态发射出

来,在荧光屏上可看到场离子发射图样。由于离子的质量远比电子大,故发射路线直,使得场发射显微镜分辨能力很高,可直接观察到表面原子的排列。冷场发射式最大的优点为电子束直径最小、亮度最高,因此影像分辨率最优,能量散布最小,所以也能改善在低电压操作的效果。为避免针尖被外来气体吸附而降低场发射电流,并使发射电流不稳定,冷场发射式电子枪必须在 10^{-10} Torr 的真空度下操作。冷场发射 SEM 实物图如图 3-4 所示。热场发射式电子枪是在 1800 K 温度下操作,避免了大部分气体分子吸附在针尖表面,热能维持较佳的发射电流稳定度,并能在较差的真空度(10^{-9} Torr)下操作。虽然亮度与冷式相类似,但其电子能量散布却比冷式大 3~5 倍,影像分辨率较差,通常使用不多,其热场发射 SEM 实物图如图 3-5 所示。表 3-1 是热电子和场发射型电子枪的特性比较。

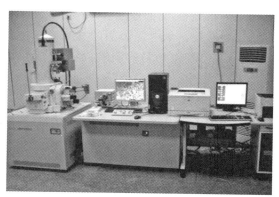

图 3-4　JSM - 6700F 型冷场发射扫描电镜实物图

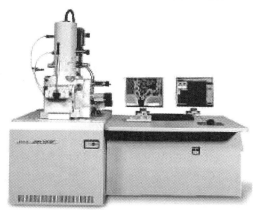

图 3-5　JSM - 7000F 型热场发射扫描电镜实物图

表 3-1　热电子和场发射型电子枪的特性

	热电子发射		场发射	
	钨(W)	LaB$_6$	冷场(W)	热场(W)
亮度	5×10^5	5×10^6	5×10^8	5×10^8
光源尺寸	50 μm	10 μm	10~100 nm	10~100 nm
能量发散度/eV	2.3	1.5	0.3~0.5	0.6~0.8
使用条件(真空度/Pa)	10^{-3}	10^{-5}	10^{-8}	10^{-7}

3.1.1.4　SEM 的性能特点及其分辨率

①可以观察直径为 0~30 mm 的大块试样,制样方法简单。

②场深大,适用于粗糙表面和断口的分析观察;图像富有立体感、真实感。

③放大倍数变化范围大,一般为 15~200 000 倍,最大可达 10~1 000 000 倍,对于多相、多组成的非均匀材料便于低倍下的观察和高倍下的观察分析。

④具有相当高的分辨率,一般为 2~6 nm,最高可达 0.6 nm。

⑤可进行多种功能的分析,与 X 射线能谱仪配接,可在观察形貌的同时进行微区成分分析等。

⑥可使用加热、冷却和拉伸等样品台进行动态试验,观察不同环境条件下的相变及形态变化等。

3.1.1.5 SEM 的样品制备

扫描电镜是通过接收从样品中"激发"出来的信号而成像的,不要求电子透过样品,可以使用块状样品,所以扫描电镜的样品制备远比透射电镜的样品制备简单。扫描电镜样品的尺寸不像 TEM 样品那样要求小和薄,可以是粉末状,也可以是块状,只要能放到扫描电镜样品台上即可,所以扫描电镜的样品可大到 10 cm。

对于其他导电性好的样品如金属、合金以及半导体材料,薄膜样品基本不需要进行样品处理,就可以直接观察。一般玻璃、纤维、高分子以及陶瓷材料几乎都是非导电性的物质,在利用扫描电镜进行直接观察时,会产生严重的荷电现象,影响对样品的观察,因此需要在样品表面蒸镀导电性能好的金、碳等导电薄膜层。在样品表面镀金属层不仅可以防止荷电现象,还可以减轻由电子束引起的样品表面损伤,增加二次电子的产率,提高图像的清晰度,并可以掩盖基材信息,只获得表面信息。一般金属层的厚度在 10 nm 以上,不能太厚。镀层太厚就可能会盖住样品表面的细微结构,得不到样品表面的真实信息。假如样品镀层太薄,对于样品表面粗糙的样品,不容易获得连续均匀的镀层,容易形成岛状结构,从而掩盖样品的真实表面。

表面镀膜最常用的方法有真空蒸发和离子溅射两种方法,其中真空蒸发一般是在 10^{-7} $\sim10^{-5}$ Pa 的真空中蒸发低熔点的金属。一般经常采用的是蒸镀金薄膜,但当要求高放大倍数时,金属膜的厚度应该在 10 nm 以下。从经验上看,先蒸发一层很薄的碳,然后再蒸镀金属层可以获得比较好的效果。离子溅射也是常用的表面镀膜方法,与真空蒸发相比,当金属薄膜的厚度相同时,利用离子溅射法形成的金属膜具有粒子形状小、岛状结构小的特点。

3.1.1.6 能谱仪与波谱仪

当电子束辐照到样品表面时,可以产生荧光 X 射线,可使用能谱和波谱分析来获得样品微区的化学成分信息,X 射线的信息深度是 0.5~5 μm。每一种元素都有它自身的特征 X 射线,根据特征 X 射线的波长和强度就能得到定性和定量的分析结果,这是用 X 射线做成分分析的理论依据。

(1)X 射线能谱仪(EDS)。

EDS 能谱仪是用 X 光量子的能量不同来进行元素分析的方法,其结构示意图如图 3-6 所示。X 光量子由锂漂移硅探测器接收后给出电脉冲信号,由于 X 光量子的能量不同,产生的脉冲高度(幅度)也不同,经过放大器放大整形后送入多道脉冲高度分析器。要严格区分光量子的能量和数目,每一种元素的 X 光量子有其特定的能量 $\Delta E=E_{n1}-E_{n2}$,例如铜的 K_a X 光量子能量为 8.02 keV,铁的 K_a X 光量子能量为 6.40 keV,X 光量子的数目是用作测量样品中铁元素的相对百分比。不同能量的 X 光量子在多道分析器的不同道址出现,然后在 X-Y 记录仪可显像管上把"脉冲数-能量"曲线显示出来,这是 X 光量子的能谱曲线。横坐标是 X 光量子的能量,纵坐标是对应某个能量的 X 光量子的数目。Si-Li 探测器的分辨率为 133 eV,而高纯锗探测器的分辨率为 115 eV,可分析 4 号 Be 到 92 号 U 之间的元素,最大探测限度为 0.01%,定性分析时间约数分钟。

(2)波谱仪。

X-射线在晶体上的衍射规律服从布拉格定律 $2d\sin\theta=n\lambda$,用一块已知晶面间距为 d 的单晶体,通过实验测定衍射角 θ,再由布拉格定律计算出波长 λ,由它来研究 X 射线

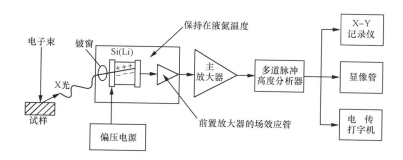

图 3-6　EDS 能谱仪的结构示意图

谱。从试样激发出来的 X 射线经过适当的晶体分光(d 已知),波长不同的 X 射线将有不同的衍射角 θ,利用这个原理制成的谱仪称为波长色散谱仪(简称波谱仪/WDS)。

WDS 主要由分光晶体(衍射晶体)、X 射线探测器组成。在 WDS 中,X 光源不变,一般改变晶体和探测器的位置来探测 X 射线。晶体和探测器位置的运动要服从一定规律,这由一些复杂的机械装置来保证。WDS 的优势是分辨率高达 5 eV,最高探测精度可达 0.001%。缺点是分析速度比 EDS 慢,EDS 和 WDS 两者互为补充,其比较见表 3-2。目前大多数 SEM 都配有 EDS,WDS 用得少。

表 3-2　EDS 和 WDS 性能比较

项　目	EDS	WDS
探测效率	高(并行)(快几十到几万倍)	低(串行)
峰值分辨率	差(133 eV),谱峰重叠	好(5 eV),谱峰分离
分析元素范围	4Be~92U	4Be~92U
最高探测精度	0.01%	0.001%
定性分析	快,1 min	慢,30 min
定量分析	差	好
设备维护	难,需要液氮	容易,不需液氮
样品制备	无严格要求,可分析不平样品	要求平行度较好,表面光滑
分析区域大小	小(约 5 nm)	大(约 200 nm)
多元素同时分析	容易	难
用于 TEM	能	不能

(3)X 射线谱仪的分析方法。

①点分析。将电子束照射在所要分析的点上,接受由此点内得到的 X 射线分析,就得到了 EDS 点分析谱,可用于纳米材料某点的成分分析。

②线分析。将谱仪设置在测量某一波长的位置(例如 Ni λ_{Ni} 的 K_α 的位置),使试样和电子束沿着指定的直线做相对运动,记录得到的 X 射线强度就得到了某一元素在某一指定直线上的强度分布曲线,也就是该元素的浓度曲线。

③面分析。把谱仪固定在测量某一波长的地方,利用 SEM 中的扫描装置使电子束在试样某一选定区域(一个面,不是一个点)上扫描,同时,显像管的电子束受同一扫描电路的调制做用步扫描,显像管的亮度由试样给出的信息调制。这样图像上的衬度与试样中

相应部位的该元素的含量成正比,越亮表示该元素越多。

  X射线显微分析对微区、微粒和微量的成分分析具有分析元素范围广、灵敏度高、准确、快速、不损伤样品等优点,可做定性、定量分析。这些优点是其他化学分析方法无可比拟的,因此在各个领域中都得到了广泛应用。

  SEM在纳米材料研究中用得最多的是对纳米材料进行形貌观察与成分分析,可对零维、一维、二维薄膜及三维块体纳米材料进行形貌观察及微区成分分析。以纳米硅线的SEM形貌及成分分析为例来说明SEM在纳米材料的形貌观察及成分分析方面的应用。在一定温度、压力下通过水热沉积过程在硅片上可以得到高质量的硅纳米线,如图3-7(a)所示。从图中可看出一簇纳米线四处分散,随机自由生长,似菊花状,纳米线从中心向四周辐射分散开来。簇状纳米线中心的纳米线稍少一些,四周较多,而边缘的大量纳米线较分散。由于这是一种随机自由生长的硅纳米线,其形态各异,有直线结构,也存在弯曲结构,这与采用激光烧蚀法、热蒸发等方法制备出的硅纳米线是相似的。除了簇状硅纳米线外,硅片上还存在一些尺寸为几百纳米的纳米颗粒,这可能是保温保压结束后,由于较大的纳米颗粒未能熔化为液滴,或虽然熔化但是未能达到硅纳米线的生长条件而沉积于硅片上所导致的。

  为了验证所得纳米线的成分,采用场发射扫描电镜附带的EDS能谱仪研究了纳米线的生长头部、整根纳米线及一定面积纳米线的元素构成,如图3-7(b)、(c)、(d)所示。从图可看出纳米线主要由元素硅构成,而含有较少的元素氧,未观察到其他元素,如金属元素,这也进一步证明了所得纳米线是一种不含金属催化剂的本征硅纳米线。对纳米线的生长头部[图3-7(a)位置A]的点扫描结果表明纳米线生长头部元素氧含量最少,而在整根及一定面积的纳米线[图3-7(b)位置B和C]中氧含量有所增加,表明纳米线中的元素氧分布特点是:从纳米线的初始生长端到生长头部不断减少,随后进行的HRTEM研究也验证了这一点,这可能是由纳米线在生长过程中熔融饱和的硅不断析出,而在纳米线最后生长阶段没有及时吸收硅氧化物所引起的。

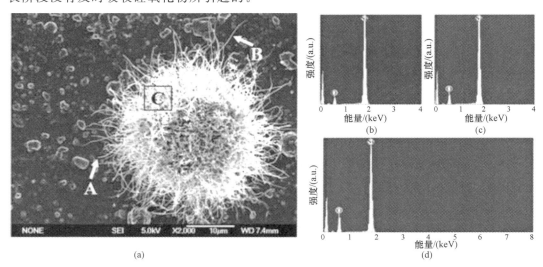

(a)

图 3-7 硅纳米线的 SEM 图像及相应 EDS 能谱

(a)硅纳米线的 SEM 图像;(b)、(c)、(d)分别为图(a)中 A、B 和 C 三处的扫描能谱

3.1.1.7　环境扫描显微镜(ESEM)

一般的扫描电镜只能在高真空下工作,这就无法观察带有水分的样品(如生物样品、水泥样品)、有挥发的样品(如含油、水及会产生气体的样品)。现在已经开发出了一种环境扫描显微镜,如图 3-8 所示,可以在差真空(约 10^3 Pa)下工作,这就可以观察带有水分及有挥发性的样品。样品不需喷碳或金,可在自然状态下观察图像和元素分析。样品室内的气压可大于水在常温下的饱和蒸汽压。在 $-20 \sim +20$ ℃ 的环境状态下可对二次电子及背散射电子成像,可观察样品的溶解、凝固、结晶等相变动态过程。

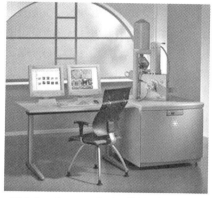

图 3-8　Quanta 系列环境扫描显微镜

图 3-9 是采用 ESEM 拍摄的杜鹃花粉收缩后和小麦白粉病菌的环境扫描显微图像。采用 ESEM 可以拍摄杜鹃花粉等生物样品的新鲜状态及逐步收缩变形[图 3-9(a)],最后呈现与高真空扫描电镜像一样的形态,表明采用 SEM 拍摄到的杜鹃花粉形态是因真空失水而形成的人工假象。小麦白粉病菌采用锇酸熏蒸固定镀金或常规临界点干燥处理,在高真空扫描电镜下菌丝和分生孢子均皱缩变形[图 3-9(b)],无法得到完整满意的图像。在图 3-9(c)和(d)中的白粉病菌的菌丝、分生孢子梗和分生孢子均保持了饱满的形态,菌丝分布在小麦叶片表面,产生吸器伸入小麦表皮细胞内吸取养分,分生孢子梗从菌丝上垂直生长出来,其顶端的孢子母细胞向外不断分割形成串生的分生孢子。

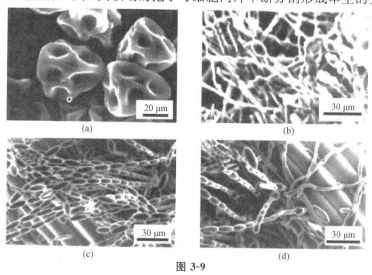

(a)　　　　　　　　　　　　　　(b)

(c)　　　　　　　　　　　　　　(d)

图 3-9

(a)杜鹃花粉收缩后的 ESEM 图像;(b)小麦白粉病菌的 SEM 图像;
(c)小麦白粉病菌分生孢子的 ESEM 图像;(d)小麦白粉病菌在小麦叶片表面的自然状态

ESEM 适合多种高含水的生物样品观察,由于样品不作任何处理,重要的结构保持在原位,结果更具真实性。ESEM 的操作要求比较高,依据水的相态变化曲线,掌握样品冷台的温度和样品室气压,灵活地使水分在样品表面处于凝结或蒸发状态,是得到理想结果的关键。相信随着仪器和技术的不断改进,ESEM 将会在生命科学等领域显现其独特的魅力,得到更广泛的应用。

3.1.2 透射电子显微镜(TEM)

1925 年 de Broglie 发现了波粒二象性,1926 年 Busch 指出具有轴对称性的磁场对电子束起着透镜的作用,有可能使电子束聚焦成像。1927 年进行了电子衍射实验,1931 年 Knoll 和 Ruska 制造了带双透镜的电子源,获得了放大 12～17 倍的电子光学系统中光阑的像。1932 年 Knoll 和 Ruska 提出了电子显微镜的概念,制造出了第一台电子显微镜,其分辨率为 500 Å,比光学显微镜高 4 倍,Ruska 为此获得了 1986 年诺贝尔物理学奖。1936 年英国制造出了第一台商用 TEM。1956 年,门特(Menter)发明了多束电子成像方法,开创了高分辨显微术,获得了原子像。目前 TEM 的最高空间分辨率可高达 1 Å。

透射电子显微镜是以波长很短的电子束做照明源,用电磁透镜聚焦成像的一种具有高分辨本领、高放大倍数的电子光学仪器,主要特点是测试的样品要求厚度极薄,可低至几十纳米,以便使电子束透过样品。

3.1.2.1 TEM 基本构造

透射电子显微镜主要由三部分组成,即电子光学部分、真空部分和电子学部分,其结构示意图如图 3-10 所示。图 3-11 是日本电子 JEOL 公司早期生产的 H800 型透射电子显微镜实物图,晶格分辨率为 2.04 Å,点分辨率 4.5 Å,倾转角度 $\alpha = \pm60°$。

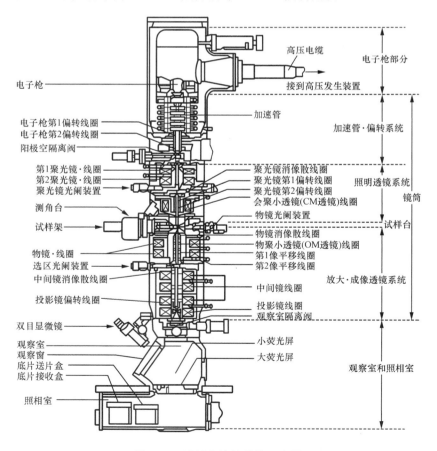

图 3-10　透射电镜的结构示意图

（1）电子光学部分。

电子光学部分是透射电子显微镜的最主要部分，由照明系统、成像系统和像的观察记录系统组成。

①照明系统。照明系统由电子枪和几个聚光镜组成，其功能是为成像系统提供一个亮度大、尺寸小的照明光斑。电子枪的灯丝通常为普通钨灯丝，为了提高灯丝亮度，后来发展了六硼化镧（LaB_6）灯丝和钨单晶灯丝，使用钨单晶灯丝的电子枪又称场发射枪。六硼化镧灯丝比普通钨灯丝亮几十倍，而钨单晶灯丝比普通钨灯丝亮一万倍，且电子束可做到小于

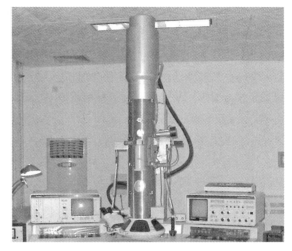

图 3-11　H800 透射电子显微镜

0.5 nm，而且单色性很好，适合做一些高要求的电镜精细分析工作，但场发射枪价格昂贵，约达几十万美元。

②成像系统。成像系统包括物镜、中间镜和投影镜，其中物镜是成像系统的关键部分。

物镜的任务是形成第一幅电子像或衍射谱，完成物到像的转换并加以放大，既要求像差尽可能小又要求高的放大倍数（100～200 倍）。一般物镜的焦距为 2～3 mm，球差系数为 1～2 mm。为了消除像散和其他色差，在物镜附近还装有消像器和防污装置。通常样品放在物镜的前焦面附近，物镜光阑在后焦面附近。物镜光阑的作用有以下几点：一是挡掉大角度散射的非弹性电子，使色差和球差减少，在提高衬度的同时，还可以得到样品更多的信息。二是可选择后焦面上的晶体样品衍射束成像，获得明、暗场像。这在观察电子衍射像时有重要意义。

中间镜是弱激磁长焦距可变倍率透镜，其放大倍数有 0～20 倍，它的作用是把物镜形成的一次中间像或衍射谱投射到投影镜的物平面上。中间镜控制透射电镜总的放大倍数。

投影镜是一个短焦距强磁透镜，它把经中间镜形成的二次中间像及其衍射谱投影到荧光屏上，形成最终放大的电子像及衍射谱。

③像的观察记录系统。在投影镜之下，高性能透射电镜除了荧光屏外，还配有用于单独聚焦的小荧光屏和 5～10 倍的光学放大镜。荧光屏的分辨率为 50～70 μm。因此，在观察细微组织时要有足够高的放大率，以使荧光屏能分辨并为人眼所见，如要观察 5 Å 的颗粒就需要放大 10 万倍的电子光学放大镜，再加上 10 倍的光学放大即可。

由于荧光屏的分辨率远比照相乳胶（用于相片）的分辨率低，因此，为了得到更多的信息，总把最终像拍照记录下来。典型的底片用的颗粒乳剂，由大约 10% 的卤化银颗粒分散在厚度约为 25 μm 的明胶层中。存在一最佳曝光时间和电子束强度（约为 0.5～2 s），高性能透射电镜有自动曝光时间控制。采用 TV camera 可做动态记录，采用 CCD（charge-coupled device）相机与计算机相连接，可直接存储电子图像。

（2）真空部分。

因为高速电子与气体分子相遇和相互作用导致随机电子散射引起炫光或减低成像衬度，电子枪会发生电离和放电现象，使电子束不稳定。另外，残余气体会腐蚀灯丝，缩短其寿命，且会严重污染样品，所以透射电镜需要真空环境。透射电镜对真空的要求是越高越好，通常为 10^{-5} Pa。电子枪、照相室和样品预抽室与样品高真空部分隔开，可保证各部分有自己的真空度，提高效率。

（3）电子学部分和其他。

电子学部分提供电源与控制系统，对电源的要求是最大透镜电流和高压的波动引起的分辨率下降要小于物镜的极限分辨本领。对力学的要求是没有振动，对电磁学的要求是电镜室要防电磁干扰。

（4）样品台。

透射电镜样品小而薄，常用带有许多网孔的直径 3 mm 的样品铜网和样品支持架来支持。样品台的作用是承载样品，并使样品能在物镜极靴孔内平移、倾斜、旋转，以选择感兴趣的样品区域进行研究。样品台分顶插式和侧插式两种，顶插式以前主要用于高分辨电镜，目前很少用。现在大部分透射电镜都用侧插式样品台。根据实验要求的不同，有各种不同的侧插式样品台：单倾台、双倾台、加热台、冷台、分析用样品台等。

（5）透射电镜的合轴调整。

透射电镜在工作状态时要求精确的合轴。要求从电子枪到各透镜，直到荧光屏中心，各光学部件的轴彼此重合，位于同一轴线上。合轴的基本调节有：照明系统的合轴，电子枪和聚光镜要准确合轴；成像系统的合轴，各透镜和物镜合轴和照明系统与物镜合轴。合轴可依一定的步骤做，现代电镜有计算机系统帮助尽快合轴。

3.1.2.2　TEM 成像原理

阿贝首先提出了相干成像的新原理，即频谱（傅里叶变换）和两次衍射成像的概念，并用傅里叶变换阐明了显微镜成像的机制。1906 年波特以一系列实验证实了阿贝成像原理。现在透射电镜的成像原理仍然采用阿贝成像原理。

当一束平行光束照射到具有周期性结构特征的物体时，便产生衍射现象。除零级衍射束外，还有各级衍射束，经过透镜的聚焦作用，在其后焦面上形成衍射振幅的极大值，每一个振幅极大值又可看成为次级相干源，由它们发出次级波在像平面上相干成像，光路原理图见图 3-12。

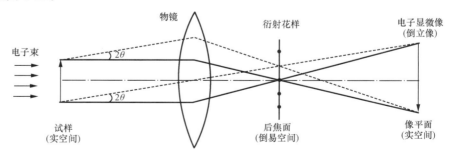

图 3-12　利用光学透镜表示电子显微像成像过程光路图

阿贝透镜衍射成像可分为两个过程：①平行光束受到有周期性特征物体的散射作用形成各级衍射谱，同级平行散射波经过透射后都聚焦在后焦面上同一点。②各级衍射波通过干涉重新在像平面上形成反映物的特征像。在透射电子显微镜中，用电子束代替平行入射光束，用薄膜状的样品代替周期性结构的物体，就可以重复以上衍射成像过程。在后焦面上的衍射波向前运动时，衍射波合成，在像平面上形成放大的像（电子显微像）。通常将生成衍射花样的后焦面上的空间称为倒易空间（倒易晶格空间），将试样位置或成像平面称为实空间。从试样到后焦面上的电子衍射，即是从实空间到倒易空间的变化，在数学上用傅里叶变换来表示。对于透射电镜，改变中间镜的电流，使中间镜的物平面从一次像平面移向物镜的后焦面，可得到衍射谱。反之，让中间镜的物平面从后焦面向下移到一次像平面，就可得到像，其示意图见图 3-13。这就是为什么透射电镜既可以观察到像又可以得到衍射谱的原因。

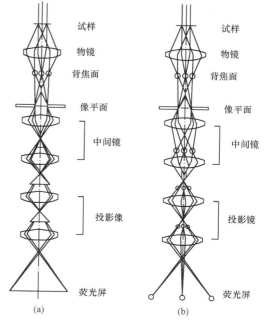

图 3-13　TEM 中成像和成衍射谱的光路图

(a)TEM 中成像；(b)成衍射谱的光路图

3.1.2.3　电子衍射

透射电镜的两个基本功能既能观察电子衍射衬底像又能做电子衍射。电子衍射的基础是布拉格定律 $2d\sin\theta=\lambda$。只有满足布拉格定律才有可能产生衍射。而满足布拉格定律时，不一定会产生衍射。产生布拉格衍射的必要条件是满足布拉格定律，它决定衍射点的位置，充分条件是结构因子 $F_{hkl}\neq 0$，它决定衍射点的强度。通过测量材料的电子衍射，对其进行标定，可以确定材料的微观结构信息。目前采用透射电镜最常用的电子衍射为选区电子衍射、会聚束衍射和纳米束衍射。

(1)选区电子衍射(SAED)。

在透射电子显微镜中使用得最多的电子衍射为选区电子衍射，即用衍射光阑选择一个区域，对其做电子衍射。选区衍射可把晶体试样的微区形貌与结构对照地进行研究。做选区电子衍射的步骤是：①在物镜像的平面内插入一个孔径可变的选区光阑，套住那个想要分析的微区；②降低中间镜激磁电流，使中间镜的物平面落在物镜的后焦面上，使电镜从成像模式转变为衍射模式，通常选区范围是 $0.5\sim1\ \mu m$。

选区电子衍射谱有三类，如图 3-14 所示。图 3-14(a)是非晶体的衍射谱，它的特点是谱由弥散的同心圆环组成；图 3-14(b)是多晶体的衍射谱，其特点是谱由同心圆环组成；图 3-14(c)是单晶体的衍射谱，其特点是谱由规则排列的点阵组成。根据谱的形状，可以很容易地确定所观察的区域是单晶体、多晶体还是非晶体。

对于单晶谱和多晶谱，可以对衍射花样进行标定，以决定晶体的结构，或确定已知晶

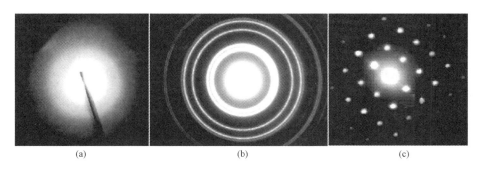

图 3-14　不同种类材料的衍射花样

(a)非晶体；(b)多晶体；(c)单晶体

体的位向等,也可从衍射谱求出晶面间距及某些晶面的夹角。

(2)会聚束衍射(CBED)。

普通电子衍射适用物体的最小尺寸为 $0.5~\mu m$,现代电镜甚至可对 $0.1\sim0.5~\mu m$ 大小的物体做电子衍射。但材料中含有许多相组织及缺陷,它们的线度小于普通电子衍射可做的线度,因此发展了会聚束衍射,可在数纳米到几十纳米的微区上做 CBED。图 3-15 是在 JEOL JEM-2010 透射电镜上获得的包含高阶衍射信息的 $BaTiO_3$ 的会聚束电子衍射花样。有的衍射盘内会有菊池线,用 CBED 花样及盘内的菊池线对可测定微小盘的结构和位相。小盘的结构及对称分析可研究晶体的结构对称性(点群和空间群)。用 CBED 可测试样品的厚度、晶格参数的微小变化及晶格形变。

不同于选区电子衍射,会聚束电子衍射是以具有一定会聚角的电子入射到样品内,其透射束和衍射束在物镜后焦面上扩展成盘,盘内形成二维强度分布。它能在一定程度上给出材料三维结构的

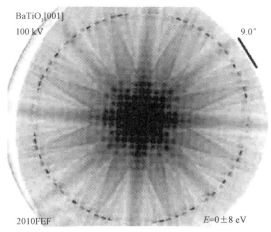

图 3-15　在 JEM-2010FEF 上获得的包含高阶衍射信息的会聚束电子衍射花样

信息,比一般的电子衍射图提供更多的晶体结构信息。会聚束电子衍射可以提供缺陷的结构、非中心对称晶体的极性、局部晶体对称性、应力场、样品厚度、温度因子(也称德拜瓦勒因子,Debye Waller factor)和电荷密度等信息。类似于中子衍射和 X 射线衍射中使用的 Rietveld 方法,采用循环拟合的办法能够导出晶体的这些结构信息,这也是定量会聚束电子衍射(quantitative convergent beam electron diffraction,QCBED)常用的方法。

(3)微衍射(纳米束衍射,NED)。

普通电子衍射不能用于太小的区域是由于电子束斑较大,通常都大于 $1~\mu m$,要做 $0.1\sim0.5~\mu m$ 的衍射,必须用光阑来选定区域,称为选区电子衍射。由于球差限制了选区的范围,只能是 $0.1\sim0.5~\mu m$。现代电镜,特别是场发射枪电镜,可把电子束斑做得很细,通

过特别的透镜组合照射到样品上的平行电子束斑的大小为 10～100 nm,故可不用光阑来选择区域,从而使得做微衍射的区域小至 100 nm 以下。做微衍射的缺点是电子束太细,使电子衍射强度太弱,不利于观察和拍照。

图 3-16 是 SnO_2 纳米棒的 TEM 图像及相应的 NED 衍射花样,从图中可看出所得纳米棒的直径仅有 30 nm 左右,而图 3-16(a)中所选纳米棒的边缘部分尺寸低于 20 nm。通过对此部分进行 NED 衍射花样测试及分析,可得到纳米棒细微结构的晶体结构及取向变化。

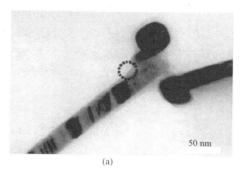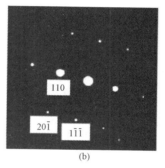

(a)　　　　　　　　　　　　(b)

图 3-16　SnO_2 纳米棒的 TEM 图像及图(a)黑色圆圈处相应的 NED 衍射花样

(a)TEM 图像;(b)NED 衍射花样

3.1.2.4　高分辨电子显微术(HRTEM)

20 世纪 70 年代初,日本的 Ijima 用分辨率为 3.5 Å 的 TEM 拍到了一系列复杂氧化物的 HRTEM 图像,Cowley 和 Moodie 提出的电子衍射的多片层传播动力学理论计算电子衍射波振幅与相位趋于成熟,为 HRTEM 提供了理论基础。HRTEM 发展迅速,除了观察反映晶面间距的晶格条纹像外,还拍摄了反映晶体结构中原子或原子团配置情况的结构像及单个原子的原子像。HRTEM 已成为深入探测晶体结构的最直接的方法,也是对 X 射线方法(XRD)研究晶体结构的一种验证。目前较常使用的 HRTEM 电镜型号有日本电子的 JEOL JEM－2010、2100、3010 等,加速电压也由 200 kV 提高到了 300 kV,其分辨率也有了进一步的提高,如图 3-17 所示。

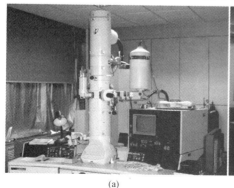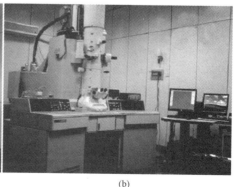

(a)　　　　　　　　　　　　(b)

图 3-17　JEOL 高分辨透射电镜实物图

(a)JEM－2010;(b)JEM－3010

（1）成像原理。

观察电子显微镜时,先观察衍射花样,将光阑插入物镜的后焦面,在电子衍射花样中选择感兴趣的衍射波,调节透镜应能得到电子显微像,这样就能有效识别夹杂物和观察晶格缺陷,如图 3-18(a)所示。用物镜光阑选择透射波、观察电子显微镜的情况称为明场方法,观察到的像叫做明场像(bright-field image)。另外,如图 3-18(b)所示,用物镜光阑选择一个衍射波观察时称为暗场方法,观察到的像称为暗场像(dark-field image)。对于这样的像,其透射波或衍射波的振幅随着区域受到不同的吸收和散射产生的衬度叫做吸收衍射衬度(或叫衬幅衬度)。如图 3-18(c)所示,在后焦面上插入大的物镜光阑时,可以使两个以上的波合成(干涉)成像,称为高分辨电子显微方法(HRTEM),观察到的像称为高分辨电子显微镜图像。高分辨电子显微像的衬度是由合成的透射波和衍射波之间的相位差形成的,称为相位衬度(phase contrast)。使透射波和透镜系统的光轴合轴时,它作为其他衍射波的中心一起进入光阑成像的情况特别称为轴向照明法。透射波偏离光轴(使入射束倾斜)观察的情况,称为非轴向照明法,现在一般都使用轴向照明法。

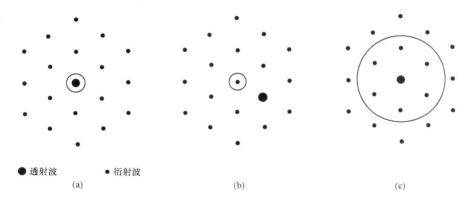

●透射波　　●衍射波

(a)　　　　　　　　　　　(b)　　　　　　　　　　　(c)

图 3-18　各种电子显微观察方法中物镜光阑插入的模式

（使圆形的物镜光阑中心与透镜的光轴一致）

（a）明场方法；（b）暗场方法；（c）高分辨电子显微方法（轴向照明法）

（2）HRTEM 图像的种类。

高分辨像主要有一维晶格条纹像、二维晶格像(单胞尺度的像)及单原子像等。

①一维晶格条纹像。如果用物镜光阑选择后焦平面上的两个波来成像,由于两个波的干涉,得到一维方向上强度呈周期变化的条纹花样,就是晶格条纹像。如果让电子束从某一组晶面产生反射可得一维晶格像。从一维晶格像中可得到该组晶面的配置细节,可直接测得晶面间距,观察孪生、晶粒晶界和长周期层状晶体的结构,图 3-19 为所得三元铜锗氧纳米线典型的一维晶格像。

②二维晶格像。如果电子束平行于某晶带轴入射,就可以满足二维衍射条件的衍射花样,在透射波附近出现反映晶体单胞的衍射波。在衍射波和透射波干涉生成的二维像中,能观察到显示单胞的二维晶格像。该像虽然含有单胞尺度的信息,但不含原子尺度的信息,称为晶格像。二维结构像和实际晶体中原子或原子团的配置有很好的对应性,可直接观察位错和晶界结构,如图 3-20 所示。

③单原子像(图 3-21)。单原子像是晶体结构的发展,可直接看到原子的位置。拍高

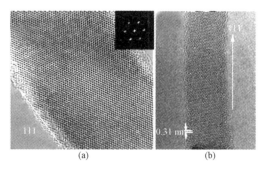

图 3-19　三元铜锗氧纳米线典型的一维晶格像　　图 3-20　硅纳米线典型的二维晶格像

分辨率要求晶体很薄,一般小于 100 Å,细节部分要求小于 10 Å。由于高分辨像在不同的欠焦量下变化很大,要通过实验选择最佳的欠焦量。高分辨像对厚度也很敏感,故对高分辨像的解释要特别慎重,要用计算机模拟的理论像与实验结果比较。而计算理论像,首先要弄清楚晶体结构的模型,所以 HRTEM 像一般用于已知结构的材料。

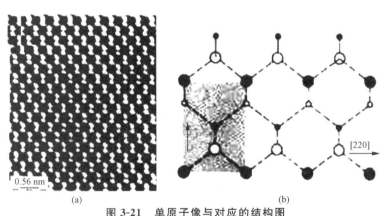

图 3-21　单原子像与对应的结构图

(a)单原子像;(b)对应的结构图

3.1.2.5　电子能量损失谱(EELS)

除了可以定性及定量测量纳米材料微区的化学成分的能量色散 EDS 能谱外,采用 EELS 损失谱可同时测量纳米材料微区的化学成分及结构等信息。在 TEM 探针提供的最佳分辨率下,EELS 能够提供样品的元素、化学组成,甚至电子结构的技术。EELS 所提供的电子能量损失信号为 TEM 开辟了一个全新的视野。EELS 是测量通过样品的非弹性散射电子损失的能量分布,这些非弹性散射电子带有许多关于电子结构的信息,可以测量:

(1)纳米材料的元素构成。

可测量 1～92 号元素,EELS 对轻元素敏感,而 EDS 对重元素敏感。图 3-22 是 BN 化合物能量损失谱图。该谱大体上分为三个区域:零损失谱区、低能损失谱区(5～50 eV)和高能损失谱区(>50 eV)。低能损失区是由入射电子与固体中原子的价电子非弹性散射作用产生的等离子体峰和若干个带间跃迁小峰组成。对低能损失区进行分析可以获得有关样品厚度、微区化学成分、电子密度及电子结构等信息。高能损失区由迅速下降的光滑背景和一般呈三角形状的电离吸收边组成。电离吸收边是内壳层电子被激发产生的,是样品中所含元素的一种特征,用于元素的定性和定量分析。另外如果对这些谱区内电离吸收边精细结构和广延精细结构进行细致的分析研究,同样也可获得样品电子结构方面的信息,如样品区域内元素的价键状态、配位状态、电子结构、电荷分布等。

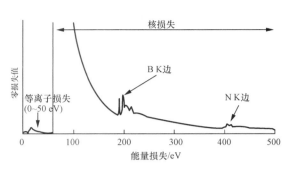

图 3-22　用 EELS 测量元素 B 和 N

(2)能量过滤像。

EELS 可选用不同能量的电子成像,如图 3-23 所示为直径约 20 nm 的 SiC/SiO_x 纳米线的能量过滤像,从图中可很直观地看出 Si、C 及 O 三种元素在纳米线中的分布状态。另外,通过 EELS 损失谱还可以得到纳米材料的能带结构、电子态密度及原子的最近邻分布等信息。

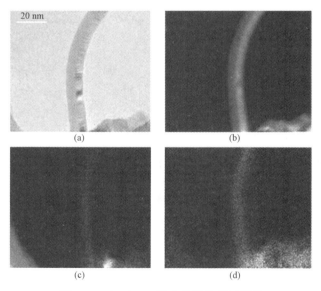

图 3-23　SiC/SiO_x 纳米线的能量过滤像

(a)TEM 图像;(b)Si 元素能量过滤像;(c)C 元素能量过滤像;(d)O 元素能量过滤像

3.1.2.6　透射电镜样品制备

透射电镜的样品制备是一项较复杂的技术,它对能否得到较好的 TEM 像或衍射谱至关重要。透射电镜是利用样品对入射电子的散射能力的差异而形成衬度,这要求制备出对电子束"透明"的样品,并要求保持高分辨率和不失真。电子束穿透固体样品的能力主要取决于加速电压、样品的厚度以及物质的原子序数。一般来讲,加速电压越高,原子序数越低,电子束可穿透的样品厚度就越大。对于 $100\sim200$ kV 的透射电镜,要求样品的厚度为 $50\sim100$ nm,做透射电镜高分辨像,样品厚度要求约 15 nm,越薄越好。

(1)粉末样品。

因为透射电镜样品的厚度一般要求在 100 nm 以下,如果样品厚于 100 nm,则先要用研钵把样品的尺寸磨到 100 nm 以下,然后将粉末样品溶解在无水乙醇中,用超声分散的方法将样品尽量分散,然后用高分辨用微栅捞起或在微栅上滴加数滴溶液即可。

(2)薄膜样品。

薄膜样品可做静态观察,如金相组织、析出相的形态、分布、结构与基体取向关系、位错类型、分布及密度等。也可做动态原位观察,如相变、形变、位错运动及其相互作用。制备薄膜样品分四个步骤:①将样品切成薄片,厚度约 100～200 μm,对韧性材料(如金属),用线锯将样品割成小于 200 μm 的薄片,对脆性材料(如 Si、GaAs、NaCl、MgO)可用刀将其解理或用金刚石圆盘锯将其切割,或用超薄切片法直接切割。②切割成直径为 3 mm的圆片,用超声钻将直径为 3 mm 的薄圆片从材料薄片上切下来。③终减薄,对导电的样品如金属,采用电解抛光减薄,此方法速度快,没有机械损伤,但可能改变样品表面的电子状态,使用的化学试剂可能对人体有害。

对非导电的样品,如陶瓷,采用离子减薄,用离子轰击样品表面,使样品材料溅射出来,以达到减薄的目的。离子减薄要调整电压、角度,选用适合的参数,选得好,减薄速度快。离子减薄会产生热,使样品温度上升至 100～300 ℃,所以最好用液氮冷却样品。样品冷却对不耐高温的材料是非常重要的,否则材料会发生相变,样品冷却还可以减少污染和表面损伤。离子减薄是一种普适的减薄方法,可用于陶瓷、复合物、半导体、合金、界面样品,甚至纤维和粉末样品也可以用离子减薄(把它们用树脂拌合后,装入直径为 3 mm 的金属管,切片后再用离子减薄)。对于软的生物和高分子样品,可用超薄切片方法将样品切成小于 100 nm 的薄膜。这种技术的特点是样品的化学性质不会改变,缺点是会引起形变。

(3)金属样品。

为了观察样品的表面形貌可以通过复型的方式把样品复制到中间媒体上,如碳以及塑料薄膜。利用透射电镜的质厚衬度效应,通过对中间媒体的形貌观察获得材料表面形貌。复型样品是一种间接制样方式。一般有两种复型方法,分别是塑料—碳二级复型技术和萃取复型技术。所谓复型技术就是把金相样品表面经浸蚀后产生的显微组织浮雕复制到一种很薄的膜上,然后把复制膜(称做"复型")放到透射电镜中去观察分析,这样才使透射电镜应用于显示金属材料的显微组织有了实际的可能。常用的复型材料是塑料和真空蒸发沉积碳膜,碳复型比塑料复型要好。常见的复型有塑料一级复型、碳一级复型、塑料—碳二级复型、萃取复型等。用于制备复型的材料必须满足以下特点:①本身必须是"无结构"的(或"非晶体"的),也就是说,为了不干扰对复制表面形貌的观察,要求复型材料即使在高倍(如十万倍)成像时,也不显示其本身的任何结构细节。②必须对电子束足够透明(物质原子序数低)。③必须具有足够的强度和刚度,在复制过程中不致破裂或畸变。④必须具有良好的导电性,耐电子束轰击。

塑料—碳二级复型技术是复型制备中最稳定和应用最广泛的一种技术,具有在样品制备过程中不损坏样品表面、重复性好及导热性好等特点。具体制备方法如下:①在样品表面滴上一滴丙酮,然后用 AC 纸贴在样品表面,不留气泡,待干后取下。反复多次清除样品表面的腐蚀物以及污染物,最后一张 AC 纸就是需要的塑料一级复型。②把复型纸的复型面朝上固定在衬纸上,利用真空镀膜的方法蒸镀上重金属,最后再蒸镀上一层碳,获得复合复型。③将复合复型剪成直径 3 mm 的小片,放置到丙酮溶液中,待醋酸纤维素溶解后,用铜网将碳膜捞起。经干燥后,样品即可使用。

萃取复型技术的目的是如实复制样品表面的形貌,同时又把细小的第二相颗粒(如金属间化合物、碳化物和非金属夹杂物等)从腐蚀的金属表面萃取出来,被萃取出的细小颗粒的分布与它们原来在样品中的分布完全相同,因而复型材料就提供了一个与基本结构一样的复制品。萃取出来的颗粒具有相当好的衬度,还可以在电镜下做电子衍射分析。萃取复型的方法很多,最常用的是碳萃取复型和火棉胶—碳二次萃取复型方法。

3.1.2.7 透射电子显微镜应用实例

透射电子显微镜在纳米材料的研究方面具有重要及广泛的应用,可以得到纳米材料的形貌、结构、成分及其分布等多种信息,下面以几种研究较广泛的纳米材料来做说明。

(1)GaN 纳米线/纳米带。

GaN 是一种优异的宽带隙Ⅲ～Ⅴ族半导体材料,室温下禁带宽度为 3.4 eV,击穿电压和饱和电子漂移速率都高于 Si 和 GaAs,是制作蓝、绿发光二极管(LED),激光二极管(LD)和高温大功率集成电路的理想材料,在高密度信息存储、高速激光打印、动态高亮度显示、固体照明光源和通信等方面也具有广阔的应用前景。GaN 作为一种重要的第三代半导体材料,研究其低维材料的制备和物性不仅可以深入认识其新的物理特性,如量子尺寸效应,而且可以为将来制备纳米器件提供技术支持。从理论上说,利用纳米线制备的发光及激光二极管能够显著改善其光学性能,例如出现较低的阈值电流和阈值电流对温度的依赖性小等,当颗粒尺度小于其激子玻尔半径时,就会出现量子限域效应,并进而导致更佳的非线性光学性能及发射性能。因此,GaN 纳米材料能够在很大程度上改善蓝/绿光和紫外光电器件的性能,所以 GaN 纳米线及纳米带等一维 GaN 纳米材料的制备备受关注。

以 Ni 为催化剂采用化学气相沉积(CVD)法可以制备 GaN 纳米线,如图 3-24(a)所示。从图可看出纳米线的纯度较高,平均直径约 26 nm,长数微米,纳米线的生长头部存在纳米颗粒。图 3-24(b)是直径约 50 nm 的单根 GaN 纳米线,SAED 衍射花样表明纳米线为六方结构,沿[$10\bar{1}0$]方向生长。由于 GaN 纳米线的生长头部存在金属纳米颗粒,所以采用 VLS 生长机理可以解释纳米线的形成与生长。

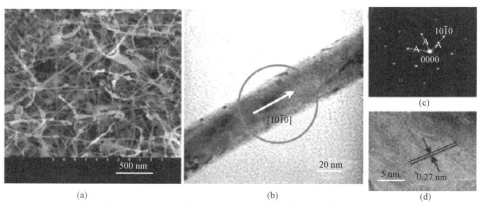

(a)   (b)   (c)(d)

图 3-24 Ni 催化 CVD 所得 GaN 纳米线的电镜图像

(a)SEM 图像;(b)TEM 图像;(c)SAED 衍射花样;(d)HRTEM 图像

除了实心结构的 GaN 纳米线外，采用 CVD 法在 NH₃ 气环境中沉积 Ga/Ga₂O₃/B₂O₃/C 混合物还可以大量制备出多孔结构的 GaN 纳米线。如图 3-25(a) 所示，在纳

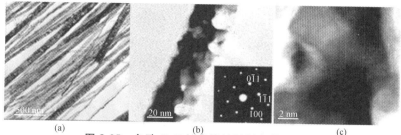

图 3-25　多孔 GaN 纳米线的透射电镜图像

(a)(b)TEM 图像；(c)HRTEM 图像

米线的生长头部未观察到任何催化剂颗粒，直径约 40 nm，长度达 1 mm，纳米线中孔的尺寸约 5～20 nm。SAED 衍射花样[图 3-25(b)中的插入图]显示纳米线为六方铅锌矿结构，沿[011]方向生长，HRTEM 研究表明纳米线中部分多孔 GaN 晶体完整，未观察到缺陷，由无定形 BCN 外层所覆盖，EELS 能量损失谱显示 BCN 外层的成分比为 1:2:1。

采用 CVD 法还可以制备出 GaN 纳米带状结构，如图 3-26 所示。从图 3-26(a) 和(b)可看出所得 GaN 纳米带的表面光滑，一些纳米带缠绕在一起，其厚度与宽度的比例约为 1:20，宽度是采用相同方法所得 GaN 纳米线直径的几十倍，长度为几十微米。不加金属 Ni 在相同条件下实验时得不到任何一维纳米材料，说明 Ni 对 GaN 的形成起到了重要催化作用。对产物进行 EDS 能谱分析表明 Ga 与 N 的原子比为 1:1，与 GaN 的元素构成是一致的。图 3-26(c)、(d)、(e)分别是 GaN 纳米带的 TEM 和

图 3-26　GaN 纳米带的电镜图像

(a)(b)FESEM 图像；(c)(d)TEM 图像；(e)HRTEM 图像

HRTEM 图像，从图中可看出纳米带表面光滑，ED 衍射结果表明纳米带为六方铅锌矿结构，沿[0001]方向生长，晶面间距为 0.2741 nm，对应于 GaN 的(100)面。纳米带中存在液滴[图 3-26(a)右上角白色箭头所指]说明 GaN 纳米带的生长可以采用金属 VLS 生长机理来解释，由于同时存在轴向和径向生长，且轴向生长速率较快，所以形成了纳米带状结构，而不是纳米线。

（2）一维氧化物纳米材料。

在 2003 年首次报道了 Ga_2O_3 - ZnO 同轴纳米管的合成。根据反应条件的不同，可以控制得到全空、部分充满 Ga 和完全充满 Ga 的 Ga_2O_3 - ZnO 同轴纳米电缆。该制备中选用了 Ga_2O_3 为原料，然后通过高温还原和 VS 生长机理得到 Ga_2O 纳米管，所得 Ga_2O 纳米管再被进一步还原得到充满 Ga 的 Ga_2O 纳米管（如图 3-27 所示），该产物经过 O_2 氧化可控制得到全空或被填充的 Ga_2O_3 纳米管。以此为模板，通过 ZnO 的蒸发沉积，即可在外层形成 ZnO 包覆层的最终产物。

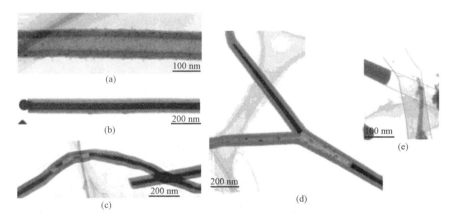

图 3-27　Ga_2O_3 - ZnO 同轴纳米管和填充 Ga 时的 TEM 图像

（a）均一和笔直的 Ga_2O_3 - ZnO 同轴纳米管 TEM 图像；（b）完全填充 Ga 的纳米管；（c）部分填充 Ga 的纳米管；
（d）具有 Y 形貌的纳米管；（e）超薄管壁的 Ga_2O_3 - ZnO 同轴纳米管

以 SnO_2 纳米颗粒为原料，利用渗入法以多孔氧化铝（AAO）为模板，可制备出具有多晶结构的 SnO_2 纳米管。作为原料的 SnO_2 纳米颗粒尺寸大约 $10\sim15$ nm，SnO_2 纳米颗粒悬浮液在渗入模板前要经过超声处理以防止聚集，同时作为模板的 AAO 膜事先也要经过浸泡和去气泡处理。SnO_2 悬浮液的浸泡次数可以根据制备的需要进行调节，以得到期望的产物。浸泡后含有 SnO_2 的 AAO 模板经过加热处理后，用 NaOH 溶液溶解除去 AAO 模板后就得到了 SnO_2 多晶纳米管，如图 3-28 所示。利用该方法得到的 SnO_2 多晶纳米管形貌单一，同时纳米管的管径、长度、壁厚和结构都可以通过调节 AAO 模板的结构、渗透循环的次数、初始颗粒尺寸和加热温度来进行进一步控制。相对于零维 SnO_2 纳米颗粒，管状 SnO_2 在电化学性能如循环寿命和存储容量等方面均有显著提高，以其为电极构成的电池在经过 80 次充放电循环后容量仍然能够达到 525 mAh/g，在锂离子电池方面具有潜在的应用价值。

在室温下利用简单的离子插入和剥离手段，通过二维纳米片层的直接卷曲得到管状结构，可以制备出 MnO_2 纳米管。利用该方法也可以得到 TiO_2 和 $Ca_2Nb_3O_{10}$ 层状卷曲结构。该合成路线为两步法，首先在对应胶体片层中插入 Na^+ 可导致单个片层结构的堆积，然后在水溶液中将已经形成的堆垛结构中的 Na^+ 剥离和交换出来，促使层状结构发生卷曲形成纳米管，图 3-29 中的 TEM 图像显示了 MnO_2 纳米管的形貌和结构信息。

纳米材料的力学性能和电学性能测量是纳米材料研究中的一个困难问题，而采用透射电镜技术可以测量纳米材料的力学性能（单根纳米材料的弹性模量）和电学性能（单根

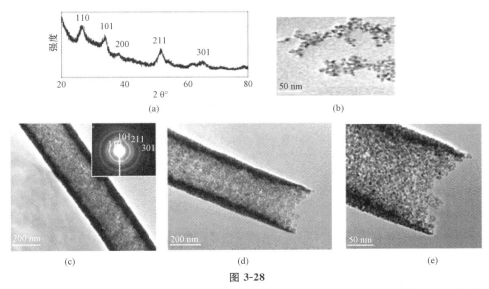

图 3-28

(a)经过 8 次渗入循环后得到的 SnO_2 纳米管的 XRD 谱图;(b)作为原料的 SnO_2 纳米颗粒的 TEM 图像;

(c)经过 8 次渗入循环后得到的 SnO_2 纳米管的 TEM 图像;

(d)(e)同一根纳米管开口端不同放大倍数的 TEM 图像

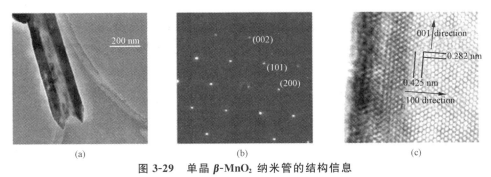

图 3-29　单晶 β-MnO_2 纳米管的结构信息

(a)TEM 图像;(b)相应的 SAED 衍射花样;(c)MnO_2 纳米管管壁的 HRTEM 图像

纳米材料的电导、场发射特性),通常采用原位透射电镜技术来测量。这方面的工作可参见美国佐治亚理工学院王中林等的综述文献[Z. L. Wang, P. Poncharal, W. A. de Heer. Microscopy and Microanalysis, 2000, 6: 224; Z. L. Wang, P. Poncharal, W. A. de Heer. Pure and Applied Chemistry, 2000, 72: 209.]。

3.2　扫描探针显微镜(SPM)

扫描探针显微镜(scanning probe microscopes,简称 SPM)包括扫描隧道显微镜(STM)、原子力显微镜(AFM)、激光力显微镜(LFM)、磁力显微镜(MFM)、静电力显微镜以及扫描热显微镜等,是一类完全新型的显微镜。它们通过尖端粗细只有一个原子大小的探针在非常近的距离上探索物体表面的情况,便可以分辨出其他显微镜所无法分辨的极小尺度上的表面细节与特征。由于采用了扫描探针技术,该显微镜克服了光学显微镜所受的局限,能够以空前的高分辨率探测原子与分子的形状,确定物体的电、磁与机械特性,甚至能确定温度变化的情况。这种显微镜在物理学、化学、生物、微电子学与材料科学等领域获得了极为广泛的应用,以至于人们逐渐认识到这类显微镜的问世不仅仅是显微技术的长足发展,而且标志着一个科技新纪元——纳米科技时代的开始。表 3-3 是 SPM 与其他显微镜技术的比较结果。

表 3-3　SPM 与其他显微镜技术的比较

显微镜种类	分辨率	工作环境	温度	样品破坏程度	检测深度
SPM	原子级(0.1 nm)	大气、溶液、真空	室温或低温	无	100 μm 量级
TEM	点分辨率 (0.3～0.5 nm) 晶格分辨率 (0.1～0.2 nm)	高真空	室温	小	接近 SEM,但实际上受样品厚度所限,一般小于 100 nm
SEM	6～10 nm	高真空	室温	小	100 nm(10 倍时)
FIM(场离子显微镜)	原子级	超高真空	30～80 K	有	原子厚度

1982 年,国际商业机器公司苏黎世实验室的 Gerd Binnig 和 Heinrich Rohrer 共同研制成功了世界第一台扫描隧道显微镜(STM)。它的出现使人类第一次能够实时地观察单个原子在物质表面的排列状态和与表面电子行为有关的物理、化学性质,在表面科学、材料科学、生命科学等领域的研究中有着重大的意义和广阔的应用前景,被国际科学界公认为 20 世纪 80 年代世界十大科技成就之一。为表彰 STM 的发明者们对科学研究的杰出贡献,1986 年 Binnig 和 Rohrer 被授予诺贝尔物理学奖。

在 STM 出现以后,又陆续发展了一系列工作原理相似的新型显微技术,包括原子力显微镜、横向力显微镜等,这类基于探针对被测样品进行扫描成像的显微镜统称为扫描探针显微镜 SPM。扫描探针显微镜以其分辨率极高(原子级分辨率)、实时、实空间、原位成像,对样品无特殊要求(不受其导电性、干燥度、形状、硬度、纯度等限制),可在大气、常温环境甚至是溶液中成像,同时具备纳米操纵及加工功能,系统及配套相对简单、廉价等优点,广泛应用于纳米科技、材料科学、物理、化学和生命科学等领域,并取得了许多重要成果。扫描探针显微镜的基本原理是:控制探针在被检测样品的表面进行扫描,同时记录下扫描过程中探针尖端和样品表面的相互作用,就能得到样品表面的相关信息。显然,利用这种方法得到被测样品表面信息的分辨率取决于控制扫描的定位精度和探针作用尖端的大小,即探针的尖锐度。

SPM 所具有的独特优点可归纳为以下五条:①原子级高分辨率。如 STM 在平行和垂直于样品表面方向的分辨率分别可达 0.1 nm 和 0.01 nm,即可以分辨出单个原子,具有原子级的分辨率。②可实时得到实空间中表面的三维图像,可用于具有周期性或不具备周期性的表面结构研究。这种可实时观测的性能可用于表面扩散等动态过程的研究。

③可以观察单个原子层的局部表面结构,而不是体相或整个表面的平均性质。因而可直接观察到表面缺陷、表面重构、表面吸附体的形态和位置,以及由吸附体引起的表面重构等。④可在真空、大气、常温等不同环境下工作,甚至可将样品浸在水和其他溶液中,不需要特别的制样技术,并且探测过程对样品无损伤。这些特点适用于研究生物样品和在不同试验条件下对样品表面的评价,例如对于多相催化机理、超导机制、电化学反应过程中电极表面变化的监测等。⑤配合扫描隧道谱 STS(scanning tunneling spectroscopy)可以得到有关表面结构的信息,例如表面不同层次的态密度、表面电子阱、电荷密度波、表面势垒的变化和能隙结构等。此外,SPM 具有设备相对简单、体积小、价格便宜、对安装环境要求较低、对样品无特殊要求、制样容易、检测快捷、操作简便等特点,同时 SPM 的日常维护和运行费用也十分低廉,因此,SPM 技术一经发明,就带动了纳米科技快速发展,并在很短的时间内得到广泛应用。目前 STM 和 AFM 是 SPM 显微镜中应用最广泛的两种显微镜,所以本节主要介绍这两种探针显微镜的基本原理及在纳米材料方面的应用情况。

3.2.1　扫描隧道显微镜(STM)

1982 年第一台扫描隧道显微镜问世,使人们第一次实时观察到了原子在物质表面的排列状态和与表面电子行为有关的物理化学性质,对表面科学、材料科学、生命科学和微电子技术的研究有着重大的意义和广阔的应用前景,被科学界公认为是表面科学和表面现象分析的一次革命。1983 年利用 STM 在实空间观察到 Si(111)的 7×7 结构,如图 3-30 所示。STM 可以解决每一种导电的固体表面在原子尺度上的局域电子结构,因而可以获得局域原子结构。AFM 可以获得绝缘体表面的局域原子结构。STM 和 AFM 可以在不同环境下具有成像能力、对样品无损伤等优点,可以用来进行过程的观察。

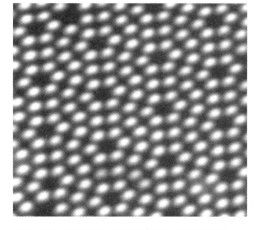

图 3-30　Si(111)-7×7 表面的 STM 图像

3.2.1.1　STM 原理

STM 的基本原理是利用量子理论中的隧道效应,将原子线度的极细探针和被研究物质的表面作为两个电极,当样品与针尖的距离非常接近时(通常小于 1 nm),在外加电场的作用下,电子会穿越两个电极之间的势垒流向另一个电极,这种效应即是隧道效应。隧道电流的强度对针尖与样品表面之间的距离非常敏感,如果距离减小 0.1 nm,隧道电流将增加一个数量级,因此利用电子线路控制隧道电流的恒定,并用压电陶瓷材料控制针尖在样品表面的扫描,则探针在垂直于样品方向上高低的变化就反映出了样品表面的起伏,将针尖在样品表面扫描运动时的轨迹直接在荧光屏或记录纸上显示出来,就得到了样品表面态密度的分布或原子排列的情况。表面结构可以用恒定电流模式显示,这时记录的是受反馈控制的针尖的上下运动,而在每一个 $x-y$ 位置上,隧道电流恒定。也可以用恒定高度模式显示,这时记录的是隧道电流随位置的变化,而针尖在表面之上保持恒定高度。

恒高模式在高速扫描时使用,但要求表面很光滑时才能使用。对于粗糙表面的形貌,需要采用恒流模式。STM 的针尖和样品的关系示意图及 STM 的扫描模式如图 3-31 所示。

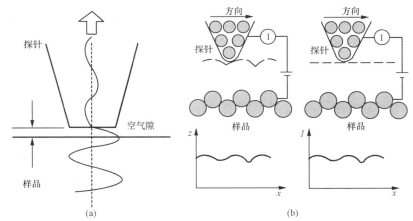

图 3-31 **STM 的针尖和样品的关系示意图及 STM 的扫描模式**

(a)STM 的针尖和样品关系示意图;(b)STM 的两种工作模式,左图为恒流模式,右图为恒高模式

3.2.1.2 STM 信息

(1)隧道效应和隧道电流。

扫描隧道显微镜的基本原理是基于量子力学的隧道效应。根据量子力学理论计算和科学实验证明,当具有电位势差的两个导体之间的距离小到一定程度时,电子将存在一定的概率穿透两导体间的势垒从一端向另一端跃迁。这种电子跃迁的现象在量子力学中被称为隧道效应,而跃迁形成的电流称作隧道电流,之所以称为隧道,是指好像在导体之间的势垒中开了个电流隧道一样。在 STM 中将原子线度的极细针尖和被研究物质的表面作为两个电极,当样品与针尖的距离非常接近时(通常小于 1 nm),在外加电场的作用下,电子会穿过两个电极之间的绝缘层流向另一个电极,这种现象称为隧道效应,如示意图 3-32 所示。隧道电流强度对针尖与样品表面之间的距离非常敏感,如果距离小于 0.1 nm,电流将增加一个数量级。隧穿电阻与针尖垂直移动距离具有如下关系:$R(s) = \exp(A\varphi^{1/2} s)$,$A = 1.025 \text{ eV}^{-1} \cdot \text{A}^{-1}$,$s$ 为间距。

(2)电子结构和 STM 像。

STM 通常被认为是测量表面原

图 3-32 隧道效应示意图

子结构的工具,具有直接测量原子间距的分辨率,但必须考虑电子结构的影响,否则容易产生错误的信息。其实,在考虑了隧穿过程以及样品表面与针尖的电子态的性质后,STM 代表的应该是表面的局部电子结构和隧穿势垒的空间变化。

（3）态密度效应。

电极的态密度对隧道谱和隧道像有重要的影响。隧道电流等值图表明电流局域于吸附原子，并由于吸附原子比衬底突出，而得到大大的增强。此外，隧道电流随 E_F 附近的态密度的增加而增加。计算发现 s 和 p 电子态的贡献最大，而 d 电子态几乎没有贡献。

（4）扫描隧道谱。

电荷密度的分布反映了原子的起伏，通过在每一原子位置改变偏压，用 STM 记录 $I-V$ 关系，就是扫描隧道谱（STS）方法。STS 可以测量表面上局部位置的能级，经过处理可以绘出单个表面电子态的位置。STS 也可以用于半导体材料的表面与界面研究。

（5）从隧穿到点接触模式的过渡。

在密接的针尖—表面距离内，除隧穿效应外，还存在两种传导模式：电子接触和点接触。电子接触是指当针尖接近样品到充分近的距离，以致影响了各自的波函数，导致在 E_F 以上出现针尖诱发的亚能带。点接触是指由于在 E_F 以下产生亚能带，随着弹道输运起动，能量势垒崩塌。

3.2.1.3　STM 成像过程

一个原子级锐利的针尖，相对于样品加一偏压，并位于样品表面 1 nm 处。由于穿过缝隙区域的真空势垒产生电子隧穿，在样品和针尖之间产生一个纳安级的电流。该电流随狭缝间距的增加，以指数形式降低。针尖的运动由三个方向上的压电传感器控制，通过在传感器上加一定的电场，使之发生变形来推动针尖的移动。基本上每增加 1 V，就可以产生 1 nm 左右的膨胀和收缩，从而使针尖在纳米量级移动。假定电子态局域在每一个原子的位置上，则测量在表面上扫描的针尖的信号就可以给出表面原子结构图。STM 要求扫描的范围从 10 nm 到 1 μm 以上，可以用来观察原子水平的样品形貌。图 3-33 是典型的 Fe 原子在 Cu 原子上的 STM 图像。

图 3-33　Fe 原子在 Cu 原子上的 STM 图像

（1）工作模式。

通过监测样品上每一点的电流，样品表面的电子图形就被实时保存下来。当针尖与样品间距保持不变时，每点上的电流值就被记录，我们把这种操作称为恒高模式（CHM）。相应地，扫描样品时如果隧道电流保持不变的话，此模式为恒流模式（CCM）。每种模式都有它自己的优势，恒高模式主要用来研究样品的电特性及光谱学特性。而恒流模式是最普通的一种，它可以复制样品的表面图像。对于这两种模式，图像都是那种灰色图片，亮点对应高电流值或样品上的"山峰"，而暗点则表示低电流或"山谷"。

（2）仪器构造。

STM 是近场成像仪器，由 STM 头部、电子学处理部分、减震系统以及计算机系统（含软件)组成,如图 3-34(a)所示,其头部[图 3-34(b)]由支架、针尖驱动机构(扫描器)、针尖和样品组成,这是 STM 仪器的工作执行部分。而它基于原子级锐利的探针和样品表面之间的隧穿原理而工作,通过隧穿过程中针尖在表面上横向扫描,以恒流或恒高模式得到表面的像。这就要求仪器具有准确稳定的隧道结构、很高的机械稳定性、抗振动和抗冲击的隔离性能以及热漂移补偿功能。图 3-35 为 STM 的仪器原理框图及基本结构示意图。主要利用压电器件进行细调节,可以从 0.5 nm 至几十微米。为了保证 0.01 nm 的扫描精度,扫描电压的精度必须在 3 mV 以上。

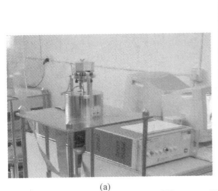 

(a)   (b)

图 3-34 STM 的实物图

(a)STM 的实物图;(b)STM 头部结构

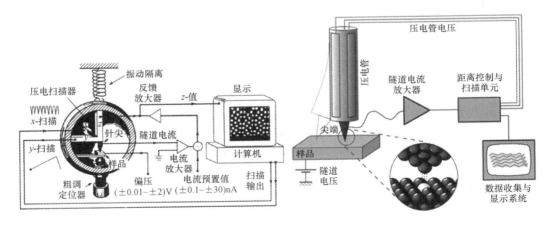

图 3-35 STM 的仪器原理框图及基本结构示意图

(3)针尖。

STM 能达到的横向分辨率直接与针尖所具有的原子级的锐度有关。表面起伏不平的振幅由下式给出:Δ 正比于 $\exp[-\beta(R+d)]$,其中 d 为间隙距离,R 为针尖半径,β 为逆衰减长度。针尖表面的材料很重要,因为对谱的分析依赖于针尖和样品之间的联合态密度,一般采用 Pt、Pt-Ir、W 等材料,如图 3-36 所示。STM 探针的最尖端是非常尖锐的,通常只有一两个原子,这是因为只有原子级锐度的针尖才能得到原子级分辨率的图像,正好比只有刻度精确的尺子才能测量得到精确的尺度一样。STM 探针通常是用电化学的方法制作的,目前也有人用剪切的简单方法得到尖锐的针尖。

(4)位置调控。

STM 的另一个重要器件是压电陶瓷。压电陶瓷是一种性能奇特的材料,当在压电陶瓷对称的两个端面加上电压时,压电陶瓷会按特定的方向伸长或缩短,而伸长或缩短的尺寸与所加的电压的大小呈线性关系。也就是说,可以通过改变电压来控制压电陶瓷的微小伸缩。把三个分别代表 X、Y、Z 方向的压电陶瓷块组成三角架的形状,通过控制 X、Y 方向伸缩达到驱动探针在样品表面扫描的目的,通过控制 Z 方向压电陶瓷的伸缩达到控制探针与样品之间距离的目的。

(5)样品的制备。

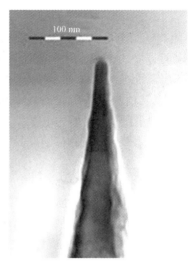

图 3-36　STM 针尖

在 STM 研究中,要求样品表面光滑和清洁,此外还需要很好的导电性能。人们发现即使这些材料本质上是非导体,但是当它们被置于一个导电培养基上的薄膜时,也可出现微弱的隧道电流。在培养基上得到图像的原理还不是很清楚,但是有人认为培养基和上面的分子形成了一种混合状态,该状态是活泼的能量态和可以映射被吸附物的分子几何图像的电子分布状态的合成。在 STM 的实验中,用于培养基最普通的材料是石墨,其他的层状物质如 MoS_2、WSe_2 等也可用来进行 STM 研究。

3.2.1.4　STM 图像的解释

STM 图像反映的是样品表面局域电子结构和隧穿势垒的空间变化,与表面原子核的位置没有直接关系,并不能将观察到的表面高低起伏简单地归纳为原子的排布结构。

在 STM 图像解释时应注意下面的几个问题:

(1)STM 图像并不直接反映表面原子核的位置。

它反映的是样品波函数的起伏,在不同的偏压下,探测到的是不同的表面波函数,要么反映费米能级以上的表面电子结构,要么反映费米能级以下的表面电子结构,而不是原子核的具体位置。

(2)针尖电子态的影响。

在解释 STM 图像时,有时需要考虑针尖电子态的影响。严格来讲,隧道电流由样品电子态和针尖电子态的卷积来决定。因此,STM 图像并非单纯地反映样品表面的局域电子态性质,针尖电子态也会影响成像结果。

(3)STM 成像的倒易原理。

在针尖与样品之间存在根本的微观对称性:在观测中把针尖与样品中“起作用的”电子态加以交换,所得像应该相同。换言之,微观尺度的成像可以解释为或者是用针尖态来探测样品态,或者是用样品态来探测针尖态。STM 成像的倒易原理可以很好地解释金属表面大的 STM 图像起伏现象。

3.2.1.5　STM 的特点

与其他表面分析技术相比,STM 有许多优点。它由于原子级分辨率,平行和垂直于表面方向的分辨率分别高达 0.1 nm 和 0.01 nm,即可分辨出单个原子。它可以得到单原子层表面的局部结构,可以直接观测到局部的表面缺陷、表面重构、表面吸附的形态和位置,以及由吸附体引起的表面重构等。在获得样品表面形貌的同时,也可得到扫描隧道谱,可用于研究表面的电子结构等。STM 可实时得到实空间中表面的三维图像,可用于研究具有周期性或不具有周期性的表面结构,非常有利于对表面反应、扩散等动态过程的研究。

3.2.1.6　STM 的应用

高分辨率的 STM 的应用范围不只局限在操纵物质,最近,在生命系统(被誉为生物导体)中的应用吸引了人们的研究兴趣,某些材料已经得到观测,这些材料包括规则的单层体(液晶)、多肽物质、导电聚合体及生物材料等。

(1)纳米加工技术。

基于扫描探针显微镜的纳米加工技术,包括了一种纳米刻蚀技术(nanolithgraphy),这种技术可以实现在纳米尺度上制备产品。目前刻蚀图形的线宽约为 10 nm。日本 NEC 公司已研制出超高密度记录技术,记录密度为目前磁盘的 3000 倍。若将 STM 刻蚀技术与分子束外延薄膜生产技术相结合,即可用于制造三维尺寸均是纳米级的量子器件。例如利用砷镓和砷铝镓多层分子束外延薄膜材料加上纳米刻蚀,即可构成电或光的量子器件,这将对微电子、激光技术和光电技术带来革命性的影响。扫描探针显微镜所提供的单个原子、分子的操纵手段还可能导致原子级的计算机开关器件的诞生。1991 年,IBM 公司科学家 O. Eigler 利用 STM 能快速重复地在镍表面同一位置"拾"起或"放"下一个氙原子,原则上创造了一个单原子双向开关,目前更为专用的操纵原子的"原子加工显微镜"已由美国科学家研制成功。扫描探针显微镜在光盘、磁盘的表面结构分析中也获得了广泛应用。此外,扫描探针显微镜还可以用于修整材料缺陷,改变材料特性,或是修整电子器件,从而使材料和电子器件的特性达到最佳化。美国能源部实验室的科学家卡兹墨斯基借助于原子加工显微镜在材料表面掺杂后,n 型材料变成了 p 型材料。

(2)原子操纵。

扫描探针显微镜所提供的单个原子、分子的操纵手段还可能导致原子级的计算机开关器件的诞生。它可以相当方便地移走材料表面的某一种原子和搬来另一种原子,从而形成一种新材料,这一切在数分钟内就可以完成。这种显微镜最激动人心的用途就是用于制造"原子尺寸"的计算机和毫微芯片。图 3-37 为利用 STM 针尖控制铜的电化学沉积,间接地在 Au(111)上制备出了高度仅为 2~4 个原子层的 Cu 纳米簇阵列。Cu 首先通过控制电位沉积在 STM 针尖上,然后通过施加外部电压脉冲使针尖与 Au 表面接触,将其转移到 Au 表面,当针尖从表面撤离后,溶液中的 Cu^{2+} 再次沉积到针尖表面,从而可以保证纳米结构的连续制备。

(3)金属和半导体表面的 STM 研究。

STM 是一新型、先进的表面分析技术,它能在多种实验环境(真空、大气、溶液、低温等)下高分辨地实时观察导体和半导体的表面结构,提供其他表面分析技术不能提供的新

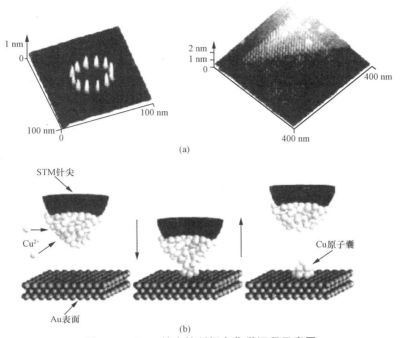

图 3-37 STM 针尖控制铜电化学沉积示意图

(a)STM 针尖电化学沉积–控制转移法制备的 Cu 纳米簇阵列，基底：Au(111)，
电解液：0.05 mol/L H_2SO_4＋1 mmol/L $CuSO_4$；(b)Cu 在 Au 表面沉积的机理示意图

信息。STM 的出现，使得金属、半导体表面几何结构和电子结构的研究进入了一个新的层次。

从理论上讲，某些金属的表面结构可以根据晶体的结构推断，但实际上许多表面为了达到能量最低往往发生重构。化学吸附引起的表面重构，用 STM 研究有独特的优点。它不仅能实现实时观察具有或不具有周期性结构的金属表面，而且通过比较具有不同气体覆盖度的金属表面 STM 图像，可以研究化学吸附诱导金属表面重构的成核和生长等的微观机理。

STM 图像反映的是表面局域态密度的形貌，就清洁金属表面而言，这些形貌通常正好反映了表面势垒的形状，表面势垒的形状与表面原子的位置密切相关，因此可用 STM 图像直接观测金属表面的几何结构。对金(110)表面的研究说明金的表面由一系列相互平行的山形结构组成，沿[110]方向长达几十纳米、在空气中对 Au(334)表面进行 STM 观察时，通过大范围扫描发现表面有几十纳米宽、几纳米高平整的平台，小范围的扫描还能观察到平台上有相互平行的单原子台阶。在清洁的退火单晶 Au(111)表面的 STM 研究中发现表面非常平整，没有观察到单个的金属原子，仅仅在某些区域观察到了周期性排列的单原子台阶，台阶的取向为[112]方向。在另一区域观察到了多原子台阶。Au(111)表面的 STM 研究中观察到了宽度为八个原子的平台，也观察到了单原子台阶和多原子台阶。STM 研究表明 Au(111)表面并不像人们想象的那么稳定，仍发生了重构，而且重构不是模型预测的表面顶层原子的简单收缩。对外延蒸发沉积的 Au(111)薄膜表面的

STM 研究发现,不仅在真空中,而且在空气中也获得了原子级分辨的 STM 图像,分析表明 STM 图像真实反映了清洁 Au 表面的形貌。

综上所述,在某些情况下,STM 能分辨出具有密堆积结构的金属表面的单原子,通常能实时观察到金属表面的主要特征,如台阶、平台以及平整度等微观结构。

氧化学吸附常常诱导金属表面发生复杂的重构,金属铜就是其中一例。当在 100 ℃时,把 Cu(110)表面暴露在 $0.1 \sim 1$ L(1 L$=1.33^{-4}$ Pa·s)的氧气中,STM 观察发现沿着[001]方向形成了孤立的 Cu－O－Cu 原子链,而且链的最小尺寸是 6×0.36 nm。当把 Cu(110)表面暴露在 $1 \sim 2$ L 的氧气中,发现表面有 Cu－O－Cu 原子链构成的岛,它们的单位网络在[110]方向有两倍周期性。STM 在半导体材料科学领域中应用的另一个重要方面是研究半导体表面的电荷密度波,它能同时直接观察原子晶格和电荷密度波有关的电荷密度调制,由此获得电荷密度波的振幅、相位、取向相转移以及电荷密度波相种类与温度的关系等微观结构信息。

(4)表面吸附质的结构与表面研究。

STM 的研究不仅仅是观察表面的物理性质,另一个重要方面是研究表面上发生的物理与化学过程。例如观察金属膜与半导体硅化物形成的初始阶段,进而研究 Schottky 势垒的形成及晶体取向生长的性质。通过观察半导体样品表面的能隙状态来研究费米能级的钉扎,研究表面化学反应的原子级细节,对原子簇化合物进行深入研究,以寻求更新更多的特种催化剂。

利用 STM 在表面有序动力学方面已有人进行了细致的研究。首先从二维有序角度出发,观察了 Si 在(100)表面的有序过程,对有序过程的观察由二维扩展到三维;在对相邻 Si(111)面台阶成束过程的观察中,可以看到平衡的晶相转变;其后又观察到 Si 在(001)上的次单层生长,观察到了各向异性的岛状物。在金属薄膜及高温超导薄膜的研究方面,也有人进行过一些初步研究,目前在室温下已经获得了真空沉积在 MoS_2 表面的金薄膜的 STM 图像,通过对面积为 40×30 nm^2 的区域扫描,观察到了由几个原子层构成的准二维生长的金岛,其形状为扁球状。同时也观察到了反映 Au(111)面的原子态密度起伏,在观察过程中发现随着针尖的扫描,吸附岛在不断移动并改变形状。利用 STM 在原子级细节上研究表面化学反应,现阶段主要是通过比较清洁的、有明显特征的表面与一定量的反应性气体接触前后的 STM 图像来进行。

NH_3 在 Si(111)－7×7 表面反应的 STM 研究,不仅揭示了表面悬键态与表面反应性之间的关系,而且还提供了有关表面悬挂键本身状态的新知识。STM 的谱学研究使人们能够深入研究电荷转移、与反应有关的能级移动、局域电子结构与化学反应性之间的关系。在研究表面扩散过程的微观细节方面,STM 同样是一种有效的实验工具。以金属表面电子扩散为例,在清洁、退过火的 Au(111)表面看到了室温下 Au 原子表面扩散的效果,STM 有足够高的分辨率用以监测扩散过程中连续变化的金属表面形貌,还能看到单原子台阶水平的表面形貌特征。在研究表面电子结构方面,STM 能够以谱图方式显示表面状态的能量和空间位置,通过 STM 观察 HOPG(高定向取向石墨)表面上的单层金属岛状吸附的局域原子结构,发现晶格是长方形的,而不是密堆积,与体相的情形不同。

（5）STM 在生命科学研究领域的应用。

STM 在核酸结构、蛋白质和酶的结构、生物膜结构以及超分子水平的生命结构的研究中取得了一系列的成果。STM 能够在较高的分辨率水平上观察样品的实三维表面结构，适用于不同的探测环境，可改变观测范围，为研究各种不同层次的生命结构提供了可能，能在接近原子水平、分子水平、超分子水平、亚细胞水平等方面全面研究生物样品的结构。对裸露的 I 型胶原蛋白进行的 STM 获得了高分辨率的图像，能够看到单个胶原蛋白链上约 9 nm 的周期性峰，这一周期反映了胶原蛋白单体链的周期性。

（6）扫描隧道谱（STS）的应用。

通过扫描隧道谱可以测得纳米材料的电子态密度、带隙宽度，直接观察到纳米材料的量子限制效应等信息。香港城市大学对小直径硅纳米线的表面做了隧道扫描光谱分析，所用硅纳米线的直径可小至 1 nm，直接观察到了硅纳米线的量子限制效应，其结果发表在了"Science"上，单根纳米线的 STM 图像如图 3-38 所示。获取单根纳米线的信息可能

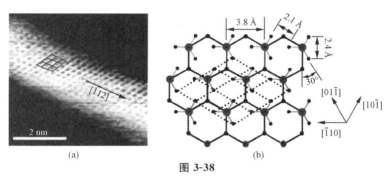

图 3-38

（a）硅纳米线的 STM 图像；（b）SiH_3 在 Si 上沿［111］方向示意图

需要数小时到数天的时间，这样才可以确定线的位置并使原子较好地分解。研究表明去氧后，氢化硅纳米线结构在空气中具有较好的抗氧化性。STS 的 $I-V$ 测量仅能在超高真空下进行。图像显示大部分纳米线都沿［112］方向生长，只有很少一部分沿着［110］方向生长。图 3-39（a）为由超真空 STS 测得的 $I-V$ 曲线，硅纳米线的尺寸从 1.3 nm 到 7 nm，图 3-39（b）为相应的 dI/dV 曲线。曲线 3 记录了（110）方向上的（110）晶面向上的（111）晶面的 $I-V$ 曲线，研究认为隧道电导率与硅纳米线表面电子局部态密度成比例，因为偏压被限制在 2 V，只有小范围表面局部态密度可以通过。曲线 6 由 STM 测量，由于它具有较大带隙，需要增加偏压电压至 2.5 V。所有电导率曲线都具有相似形貌［图 3-39（b）］，在间隙边上具有两个独特峰，而且在价带、导带之间有弱峰。随着间隙变大弱峰会移到偏压以外。图 3-39（b）中的能隙不对称地位于零偏压附近，表明硅纳米线已被掺杂。图 3-39（b）中的零偏压附近的两个峰间的间隔可以直接而可靠地测定带隙。直径 1.3 nm 的硅纳米线的测试结果与计算结果不同，这可能是因为所测试的线直径小于其计算值。直径大于 3 nm 硅纳米线的带隙变化相对较小，而且可以根据有效质量理论（$1/d^2$）估计出能隙变化值，而实验测得直径 2.5 nm 及 3.0 nm 的硅纳米线在（112）与（110）方向上的带隙大约都在 1.5 eV 左右。而理论上也已预见了直径为 3 nm 或直径更大的硅纳米线生长方向带隙的敏感度很低。

（7）STM 用于表面手性问题的研究。

近年来，借助 STM 等多种先进表面表征技术，科学家在表面手性这一领域进行了多方面的探索，建立了研究二维手性现象的方法学。表面分子的手性识别除了对吸附（或反应）于表面的手性分子对映异构体绝对手性的识别和确认，还包括对吸附于表面的前手性分子的识别。利用 STM 等先进的表界面分析技术，人们对于在表面发生的手性现象的研究取得了新的进展。从对于分子手性的判断到手性分子堆积形成的组装结构，再到分子吸附引起的特殊表面结构的研究获得了许多重要成果。这些结果对于不同手性异构体的分离、催化不对称合成的机理研究以及对于手性起源的探索都具有十分重要的价值。

手性修饰的表面最直接的应用价值在于对不对称异相催化机理的理解和新型催化剂的探索。例如在 R,R-酒石酸/

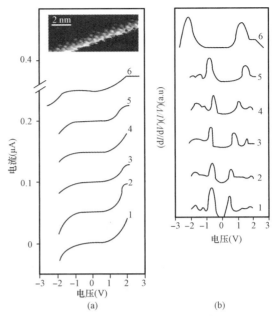

图 3-39　硅纳米线表面的电子性能

（a）采用 STS 测量的六根硅纳米线的 I-V 曲线，
纳米线的直径分别为 7、5、3、2.5、2 及 1.3 nm，
插入图为纳米线的 STM 原子级分辨图像；
（b）相关隧道电导率 dI/dV 曲线

Cu(110)体系中发现的手性分子通道就为一些不对称催化反应的机理提供了很好的模型，事实上，BNSH/Au(111)表面的手性孔的确具有立体选择性。利用 STM 进行手性对映异构体的识别与分离也具有重要价值，对于手性分子绝对手性的判别和不同对映异构体的分离一直是立体化学研究的重点问题。如前所述，利用 STM 的高分辨成像能力，并结合理论模拟等手段能够对一些分子的绝对手性进行判别。另外，由于具有特定结构的手性分子能够自发形成手性分离的二维晶畴，利用 STM 进行外消旋体的分离和拆分是可能的。以半胱氨酸为模型分子可以研究表面的手性识别现象，同一手性的两个分子以二聚体形式吸附在 Au(110)表面，当外消旋的半胱氨酸吸附在表面时，同种手性的分子互相识别形成二聚体，而不会发生错配。

在超高真空或溶液中，利用 STM 技术对芳香化合物的研究已经取得了很大进展。对许多芳香烃类化合物，已经在不同的条件下，如低温和室温、物理吸附和化学吸附、低覆盖度和饱和覆盖度、不同的隧道电压和电流参数，成功得到了高分辨率的 STM 图像。通过苯与 CO 在 Rh(111)上的共吸附，使人们第一次得到了有机分子的高分辨率 STM 图像。同时，芳香化合物由于其结构简单，含有大的 π 共轭体系等优点，被广泛用于 STM 成像机理的研究。通过理论计算成功地模拟了苯分子的 STM 图像，解释了三圆瓣结构，并把不同类型的 STM 图像与苯在不同吸附位上的吸附联系起来。另外，芳香烃类化合物主要通过 π 共轭体系与基底发生作用，对苯、萘及蒽等系列芳香化合物的比较研究中可以看出芳香化合物与基底的作用,随着环的增加而增加。

STM 不仅仅是观测表面结构的工具,现在正越来越多地被用来能动地诱导表面发生局部的物理或化学性质的变化,以对表面进行纳米尺度的加工,构建新一代的纳米电子器件,或者发展新一代的超高密度信息存储器件。自 20 世纪 90 年代以来,许多研究人员开始利用 STM 进行超高密度的数据存储的探索。

3.2.2 原子力显微镜(AFM)

尽管 STM 有许多其他现代表面分析技术无法相比的优点,但由于成像原理的原因所造成的局限也很多,只能对导体和半导体进行研究,不能直接研究绝缘体和有较厚氧化层的样品。为了弥补 STM 的这一缺陷,1986 年由 Binnig、Quate 和 Gerber 发明了 AFM,或者称为扫描力显微镜(SFM)。AFM 提供一种使锐利的针尖直接接触样品表面而成像的方法,绝缘样品和有机样品均可以成像,可以获得原子分辨率的图像。AFM 的应用范围比 STM 更为广阔,可以在大气、超高真空、溶液以及反应性气氛等各种环境中进行。除了可以对各种材料的表面结构进行研究外,还可以研究材料的硬度、弹性、塑性等力学性能以及表面微区摩擦性质,也可以用于操纵分子、原子进行纳米尺度的结构加工和超高密度信息存储。

3.2.2.1 仪器结构和工作原理

如图 3-40 所示,二极管激光器(laser diode)发出的激光束经过光学系统聚焦在微悬臂(cantilever)背面,并从微悬臂背面反射到由光电二极管构成的光斑位置检测器(PSD)。在样品扫描时,由于样品表面的原子与微悬臂探针尖端的原子间的相互作用力,微悬臂将随样品表面形貌而弯曲起伏,反射光束也将随之偏移,因而,通过光电二极管检测光斑位置的变化,就能获得被测样品表面形貌的信息。

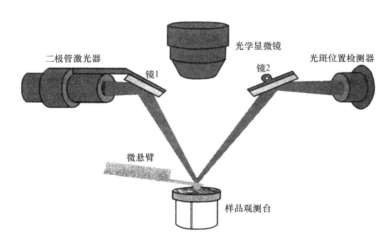

图 3-40 激光检测原子力显微镜的工作原理示意图

(1)仪器结构。

原子力显微镜系统可分为探头、电子控制系统、计算机系统和光学显微镜系统四个子系统,其硬件架构示意图如图 3-41 所示。探头主要包括探针、样品扫描和逼近、前置放大

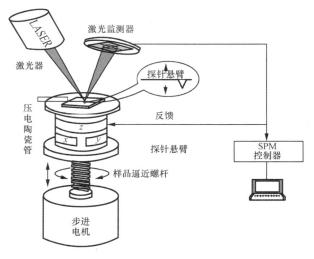

图 3-41　AFM 的硬件架构示意图

器,实现自动进入工作状态、信号采集及放大等功能。电子控制系统一方面自动识别探头类型并将其送入的相应信号进行各种运算和处理,提供给计算机系统。另一方面,将计算机系统输出的扫描信号进行高压放大,驱动样品扫描器工作。光学显微镜系统包括光学显微镜、CCD 和视频采集卡,是一个数字化的样品——探针监测系统。

跟所有的扫描探针显微镜一样,AFM 使用一个极细的探针在样品表面进行光栅扫描。探针位于一悬臂的末端顶部,可对针尖和样品间的作用力作出反应,如图 3-42 所示。当悬臂弯曲时,激光器发出的光将被反射到分裂的光二极管上,通过测量不同的信号在悬臂上的弯曲变化值就可以得到。因为悬臂在小位移范围内符合库克定律,在针尖和样品间的作用力可以得到测量。针尖和样品的相对运动需要一种极为精确的定位系统来控制,这种设备是用压电陶瓷制成的,扫描管可以在 X、Y、Z 方向上精确定位到亚埃级,Z 轴通常垂直于样品。

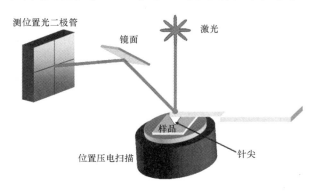

图 3-42　AFM 的工作原理示意图

（2）工作模式。

AFM 可以以两种模式工作:有反馈控制和无反馈控制。如果电子反馈开始工作,可使样品（或针尖）上下运动的定位压电器开始对检测到的作用的变化作出反应,并改变针尖和样品间的距离,从而根据预定值记下力的大小。这种工作模式被称为恒力模式,通常可以得到相当可靠的图像。如果电子反馈不工作的话,那么显微镜将要以恒高或偏转模式运行,当样品非常平坦时这种模式可以保证获得高分辨率的图像。如果再加上少量的反馈增进,效果更佳,可以避免温度起伏或由于样品粗糙破坏针尖和/或悬臂等问题的出现。严格来说,这种模式被称为误差信号模式。误差信号模式也可以在电子反馈工作时运行。这样拓扑图像将滤去微小的变形,而突出样品图像的边缘。

（3）针尖—样品的相互作用。

图像的对比度可以通过多种方式获得,针尖—样品的相互作用主要有三种:接触模式、点击模式和非接触模式。接触模式是 AFM 工作的最普通模式。正如其名,在扫描中针尖和样品保持近距离的接触,"接触"意味着可以以排斥模式得到分子作用力曲线,如图

3-43 所示，X 轴上部的曲线表示排斥区
域。保持与样品的接触带来一个缺点，就
是当针尖在样品表面"拖"行的时候，存在
很大的侧面摩擦力。

（4）点击模式。

点击模式是 AFM 工作的又一普通模
式，当需要在大气中或其他气体中工作时，
悬臂在达到共振频率（经常是数百千赫）时
会振动，并被置于样品表面，从而能在振动
期间点击样品的极小一点。同接触模式一
样，这也需要接触样品，但是接触时间非常

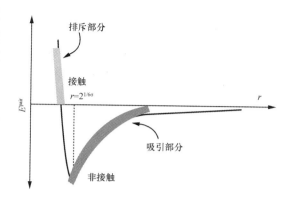

图 3-43　原子作用力曲线示意图

短暂，这意味着针尖在样品表面扫描时侧面摩擦力极大减少。当图像很难稳定下来或样
品很软时，点击模式是比接触模式好得多的一种选择。在恒力模式中，反馈回路开始调
整，从而悬臂的振动振幅保持近似不变。通过这个振幅信号，图像就可以形成，当然这个
振动振幅还有微小变化，这主要是电子学控制部分不能对样品表面的变化迅速作出反应
的缘故。

最近，人们对相位图像给予了很多关注。它是通过测量在驱动电压所致的悬臂振动
和检测到的振动间的相位变化来工作的。图像对比会随着样品的硬度和黏度的不同而有
所变化。非接触模式是 AFM 工作的另一种模式。悬臂必须在样品表面上部振动，针尖
和样品的距离不再属于分子作用力曲线的排斥模式，对于 AFM 而言这是在一般环境下
极难进行的一种工作模式。样品表面存在的一层水雾将在针尖和样品间不断形成一毛细
桥，这导致针尖从非接触式转为"接触式"。即使在液体中和真空中，这种转变也是极为可
能出现的，而使用点击模式可能更好。一种不同以往的几何学有可能会应用到剪应力显
微镜上，因此，真正意义上的非接触模式也是可能的。

（5）提点模式。

AFM 的几种技术有赖于从一些信号中滤去拓扑图形信息。磁力显像和电子静位力
显像是沿着扫描线先决定拓扑图形，然后针尖再沿着样品表面的等高线，同时与样品保持
一预定距离并重新开始扫描。以这种方式，针尖—样品的距离可以不被拓扑图形所影响，
图像是利用记录较长的力相互作用而发生的变化得以产生的，比如磁力。

（6）图像展示。

AFM 提供的高度图像数据是三维的，通常表现这些数据的方法是对高度数据提供一
有色的映射。举例来说，就是低的地方用黑色，高的地方用白色。

（7）针尖影响。

影响 AFM 分辨率的最重要的因素之一是探针的尖度。AFM 的发明者最初使用的
针尖是在几张铝箔上沾上钻石制成的，如今使用的是制造成本较低的探针，最好的针尖的
曲率半径可能只有 5 nm。对针尖的需求通常由于"针尖打卷"而引起，这种说法（虽然不
十分精确）经常用来表示针尖对样品图像的许多影响。主要的影响如下：增宽、压缩、相互
作用以及纵横比。当针尖的曲率半径与样品相当或者较大时，针尖的增宽作用就会增大。

当针尖在样品表面扫描时,针尖将和样品接触;针尖与样品的顶部接触时,显微镜就开始对高低作出反应,这就是为什么我们说针尖会打卷。

当针尖在样品上会产生压缩,很难说明这种影响有多大,但是对一些软性生物分子(如 DNA)的研究表明,DNA 分子的明显变宽就是因为针尖作用力的存在。针尖和样品间的作用力只有几纳牛顿,而压强却有数兆帕。针尖和样品间的作用力是 AFM 图像形成对比的原因。当然,被认为是决定拓扑图形的一些变化可能取决于作用力的变化。由于针尖的化学特性,作用力可能最为重要,由于材料的问题,对特殊针尖的选择同样非常重要。化学表面样品需要特殊处理的针尖,这是如今 SPM 领域研究中的另一个重要课题。当样品具有陡峭的表面时,特殊针尖的纵横比(或圆锥角)是至关重要的。电子束沉淀针尖已经用于扫描表面陡峭的样品,这比金字塔形的针尖更好,在酶对淀粉颗粒进行降解的 AFM 实验中这种性能得以明显展现。

(8)侧面力显微镜。

早期对悬臂弯曲的讨论主要针对激光器和分裂光二极管。侧面力显微镜(LFM)使用一根 4 段(或象限)光二极管来测量悬臂的扭转。当悬臂在样品表面扫描时,悬臂以与快速扫描方向垂直的长轴进行扫描,样品和针尖的摩擦力变化可使针尖在扫描期间轻扫样品,从而悬臂发生扭转。化学力显微镜结合了 LFM 和处理过的针尖,从而可以控制针尖和样品间的作用力。

3.2.2.2　AFM 的特点

AFM 具有以下几个特点:①AFM 技术的样品制备简单,甚至无须处理,对样品破坏性较其他生物学常用技术(如电子显微镜)要小得多。②AFM 在操作时样品无须导电、无须低温真空等条件。③AFM 能在多种环境(包括空气、液体和真空)中操作,生物分子可在其生理条件下直接成像,还能对活细胞进行实时动态观察。④AFM 能提供生物分子和生物表面的分子/亚分子高分辨率的三维图像。⑤AFM 也能以纳米尺度的分辨率观察局部的电荷密度和物理特性,测量生物大分子间(如受体和配体)的相互作用力。⑥AFM能对单个生物分子进行操纵,如可搬动原子、切割染色体、在细胞膜上打孔等。⑦现场操作性好,载体选择更简单。⑧由 AFM 获得的信息还能与其他的分析技术和显微镜技术互补。

通过进一步改进 AFM 设备,可以专为生命科学研究之用,具有如下特点:①最大扫描范围:$100\ \mu m \times 100\ \mu m \times 15\ \mu m$。②样品最大直径 140 mm、高度 19 mm。③X、Y 轴电容式平面扫描器,采用非管状设计可以减少扫描大样品时的误差;Z 轴独立扫描仪(SGS),再现性高。④超高精度扫描仪,可提供最佳的再现性,不错失样品位置以及长时间的稳定性。⑤适用于各种光学显微镜,如相位差、微分干涉、荧光、倒立式显微镜等。⑥拆卸式探针夹具,可使用清洁剂或超声波清洗,避免污染样品。⑦控制器采用工业级计算机,增加系统稳定性,并可同时输出八种讯号。

3.2.2.3　AFM 样品的制备

AFM 技术可以在大气、高真空、液体等环境中检测导体、半导体、绝缘体样品以及生物样品的形貌、尺寸以及力学性能等材料的特性,使用的范围很广,样品制备简单。

纳米粉体材料应尽量以单层或亚单层形式分散并固定在基片上,应该注意以下三点:

①选择合适的溶剂和分散剂将粉体材料制成稀溶液,必要时采用超声分散以减少纳米粒子的团聚,以便均匀分布在基片上。②根据纳米粒子的亲水、疏水特性,表面化学特性等选择合适的基片衬底,常用的有云母、高序热解石墨(HOPG)、单晶硅片、玻璃、石英等,如果要详细研究粉体材料的尺寸、形状等性质,要尽量选择表面原子级平整的云母、HOPG等作为基片。③样品尽量牢固地固定到基片上,必要时采用化学键合、化学特定吸附或静电相互作用等方法,如金纳米粒子,采用双硫醇分子作为连接层可以将其固定到镀金基片上,在 350 ℃时烧结也可以把金纳米粒子有效固定在半导体材料表面上。

　　生物样品也需要固定到基片上,原则上与粉体材料基本相同,只是大多数时候都需要保持生物样品的活性,所以大多在溶液中进行,如成像、测定力曲线以及研究其构型、构象转变等特性,所以应该选择合适的方法比较牢固地固定生物样品,同时仍保持其生物活性。纳米薄膜材料,如金属、金属氧化物薄膜、高聚物薄膜、有机—无机复合薄膜、自组装单分子膜等一般都有基片衬底支持,可以直接用于 AFM 研究。

3.2.2.4　AFM 在纳米材料方面的应用

(1)纳米材料的形貌研究。

　　TEM 只能在横向尺度上测量纳米粒子、纳米结构的尺寸,而对纵深方向上尺寸的检测无能为力。然而 AFM 在三个维度上均可以检测纳米粒子的尺寸,纵向分辨率可以达到 0.01 nm。一般可以结合 TEM 和 AFM 或 STM 对纳米结构进行研究。AFM 除了可以用来表征导体、半导体的形貌以外,还可以直接用于绝缘体样品研究,现在已经获得了许多材料的原子级分辨图像,图 3-44 所示为硬盘表面的 AFM 图像。除了观察样品表面

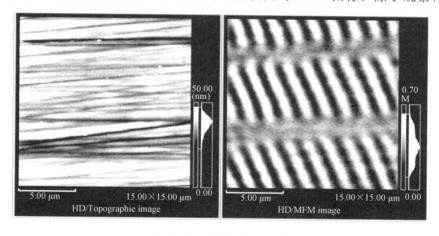

图 3-44　硬盘表面的 AFM 图像

的原子分辨图像以外,近年来 AFM 技术对纳米材料的表征和研究也越来越普遍,其中纳米颗粒、纳米薄膜、纳米管是目前研究最多的几类材料。AFM 对层状材料、离子晶体、有机分子膜等材料的成像可以达到原子级分辨率,已经获得了碳纳米管、硅纳米线、云母、石墨、LiF 晶体、PbS 晶体以及有机分子 LB 膜等材料的原子或分子分辨图像,如图 3-45 所示为碳纳米管的 AFM 图像。但是由于原子尺度上的反差机理还难以解决,所以原子分辨图像的获得很困难。

　　AFM 可在真空、大气、液体及控温条件下对 DNA、RNA、蛋白质、类脂、碳水化合物、

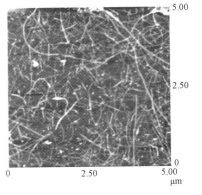

图 3-45　碳纳米管的 AFM 图像

生物分子及菌类等生物样品进行探测，得到样品表面的结构、性质及动力学等方面的信息，对样品进行定性或者定量分析。AFM 形貌扫描还可为某些生物分子作用机制研究提供新信息。例如用 AFM 可研究自然状态下矿物质溶解暴露出的骨和牙质胶原的图像，对其在完全矿化和破骨细胞调节骨吸收后的形貌进行研究，结果表明 AFM 原位分析骨胶原质的形貌性质可用来研究骨骼组织机械性能减弱的作用机制。

具有不同机械性能和黏附性的样品，在驱动频率和悬臂的实际频率之间，相信号振荡频率产生滞后现象，这种图像将和形貌图一起产生，称为相图，相图一般运用轻敲模式得到。由于黏度、扫描速度、卸载力及样品表面形貌和物质性质等参数的影响，相图只能显示样品表面材料性质的变化，提供定性分析的数据，很难进行定量分析。对形貌图而言，相图具有辅助说明的作用。例如，通常在大气或者液体条件下，DNA 的高度图和相图是相同的，但在某些情况下，样品中的水分或者探针的影响，运用高度图无法很好地识别 DNA，此时运用相图就能很好地识别 DNA 的形貌。高度图无法分辨出固定在低密度聚乙烯的纤维蛋白原，而相图则可成功地表征纤维蛋白原的分散状态。利用 AFM 相图可以清楚分辨出人类精子脱膜后头部边缘残留的膜块，而高度图则无法分辨。

（2）纳米材料的机械性能研究。

在 AFM 设备内，基于原子力显微镜内可设定力—位移关系曲线的功能，分别是单点、多点的力曲线测试功能、疲劳特性测试和单线扫描等功能。以接触法测试悬臂梁的弹性系数为例说明 AFM 在力学测试过程中的基本原理。测试悬臂梁的弹性系数在原子力显微镜中分两个步骤完成，首先将弹性系数为 k 的未知悬臂梁与一个硬基底接触获得其总形变量，然后将未知悬臂梁与弹性系数已知的参考悬臂梁相互接触获得在参考悬臂梁上的形变量。考虑到原子力显微镜中悬臂梁是以一定倾斜角度 θ 放置的，θ 为两个悬臂梁之间的夹角，如图 3-46 所示。其中图 3-46（a）为一个悬臂梁在硬基底上的测试过程，图 3-46（b）为一个悬臂梁在另外一个悬臂梁上的测试过程。

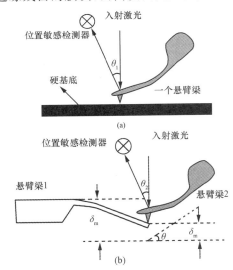

图 3-46　已知参考悬臂梁测试未知悬臂梁的弹性系数的方法

（a）在硬基底上；（b）一个悬臂梁在另外一个悬臂上

图中的 PSD（position sensitive detector）是四象限位置敏感检测器。目前采用 AFM 已经对单根硅纳米线、碳纳米管等纳米材料的机械性能进行了研究。

AFM 除了可以研究物质表面的形貌以及针尖和样品之间的纵向相互作用力外，还可以利用横向力研究微区的摩擦、磨损性质。AFM 还可以对表面微区硬度、弹性模量、杨氏模量等进行精确测定。

（3）纳米尺度的电学性质研究。

利用导电 AFM(conducting AFM)可以对纳米尺度材料结构的电学特性进行研究。所谓导电 AFM，就是将商用的 Si_3N_4 针尖表面镀上导电层，或直接用导电材料（如高掺杂硅）制备针尖，利用导电针尖作为一个可以在纳米尺度移动的微电极，利用 AFM 的超高空间分辨能力和可靠的定位能力对纳米结构进行局域电学性质的研究。导电 AFM 除了可以进行电学性质测试外，还可以对原子、分子、纳米粒子、纳米管进行操纵，将两者结合起来就可以根据需要制备纳米器件结构，同时测量器件的电学性质。

（4）纳米材料加工。

利用 AFM 针尖与样品之间的相互作用力可以搬动样品表面的原子、分子，而且可以利用此作用力改变样品的结构，从而对其性质进行调制。采用 AFM 可以进行机械加工制备纳米结构。机械加工法是指通过增加针尖对样品表面的相互作用力来实现对表面的机械改造，通常的方法有机械刮擦、挤压等。一般而言，针尖材料的硬度应大于样品以降低磨损。

另外，AFM 还具有对接近生理条件下的细胞进行加工的能力，可实现细胞表面的打孔、切割等。结合 AFM 和苷片钳技术可以对核膜进行操作。将 AFM 和全内反射荧光显微镜结合起来，可以对单个细胞进行纳米操作。首先采用化学法将荧光珠固定在 ZnO 须状晶体上，再将其黏合到 AFM 针尖上，将 AFM 针尖连同修饰物刺入活 BALBG/3T3 细胞中，可观察到细胞中的荧光珠。这一技术对细胞内分子标记、细胞中生物大分子的运动和功能的探测及研究具有较大的价值。用全内反射显微镜针尖将荧光探针注入单个活细胞，通过荧光检测系统对荧光探针进行高灵敏度的定位与追踪。这种联用技术将 AFM 的精确定位功能与荧光显微镜的高灵敏度分析能力结合起来，在细胞生物学研究中将发挥重要作用。

3.3　X 射线衍射分析(XRD)

XRD(X-ray diffraction)物相分析是基于多晶样品对 X 射线的衍射效应，对样品中各组分的存在形态进行分析测定的方法，测定的内容包括各组分的结晶情况、晶相、晶体结构、各种元素在晶体中的价态及成键状态等等。物相分析与一般元素分析有所不同，它在测定了各种元素在样品中含量的基础上，还要进一步确定各种晶态组分的结构和含量。例如石英的化学成分是 SiO_2，它既可以是非晶态石英玻璃，也可以是晶态石英晶体。同样是石英晶体，还可能有六种不同的晶体结构（三斜相、单斜相、正交相、四方相、六方相和立方相），通过 XRD 物相分析可以测定样品中各种不同石英晶相的含量。XRD 物相分析也有其不足之处。首先是灵敏度较低，一般只能测定样品中含量在 1‰ 以上的物相。同时，定量测定的准确度也不高，一般在 1‰ 的数量级。另外，进行 XRD 物相分析所需样品量较大，一般需要几十至几百毫克的样品，才能得到比较准确的结果。当然，由于非晶态样品不会对 X 射线产生衍射，所以一般不能用此法对非晶样品进行分析。

3.3.1　X射线衍射分析基础

3.3.1.1　X射线分析历史

1895年,德国物理学家伦琴发现了具有特别强的穿透力的新型X射线。1912年德国物理学家劳厄发现X射线通过晶体时产生了衍射现象,证明了X射线的波动性和晶体内部结构的周期性。1912年,小布拉格(W. L. Bragg)提出了著名的布拉格方程: $2d\sin\theta = n\lambda$,成功解释了劳厄的实验事实以及X射线晶体衍射的形成,这一结果为X射线分析晶体结构提供了理论基础。1913年老布拉格设计出第一台X射线分光计,并发现了特征X射线。小布拉格利用特征X射线分析了一些碱金属卤化物以及金刚石的晶体结构,X射线衍射用于分析晶体结构的有效性,使其开始为物理学家和化学家普遍接受。X射线被广泛应用于晶体结构的分析等领域,对于促进20世纪的物理学以至整个科学技术的发展产生了巨大而深远的影响。同样,X射线分析在纳米材料的研究上也具有重要应用前景。

3.3.1.2　X射线的产生

X射线是一种波长很短的电磁波,波长范围是 $0.05\sim0.25$ nm,具有很强的穿透力。在实际应用中,X射线通常是利用一种类似热阴极二极管装置获得。X射线管由阳极靶和阴极灯丝组成,两者之间加有高电压,并置于玻璃金属管壳内。当高速运动的热电子碰撞到阳极靶上突然动能消失时,电子动能将转化成X射线,一般仅有1%的能量转换为X射线。常用的阳极靶的材料有Cr、Fe、Co、Ni、Cu、Mo、Ag、W等高熔点金属。对于一些需要大功率X射线的装置,一般采用旋转阳极靶,功率可以达到几十千瓦。

3.3.1.3　X射线谱

由X射线装置发射出来的X射线一般由连续谱X射线(白色X射线)和特征谱X射线组成。连续谱X射线是由高速电子与阳极靶的原子碰撞时,电子失去动能所发射出的光子所形成。特征X射线的产生机理与阳极物质的原子内部结构是紧密相关的,可以用量子理论来解释。当高速电子与原子发生碰撞时,电子就可以将原子核内K层上的一个电子击出并产生空穴,此时原子就处于高能的不稳定激发状态。在向稳态过渡的退激发过程中,位于次外层具有较高能量的L层电子可以跃迁到K层,并释放出能量。该能量差 $\Delta E = E_L - E_K = h\nu$ 将以X射线的形式发射出去,其波长 $\lambda = h/\Delta E$ 仅仅取决于原子序数的常数。这种由L→K的跃迁产生的X射线我们称为 K_α 辐射,同理还有 K_β 辐射、K_γ 辐射。不过离原子核越远的轨道产生跃迁的几率越小,所以高次辐射的强度也将越来越小。特征X射线的波长仅取决于阳极靶材料的原子结构,与其他外在因素无关,是物质的固有特性,可以用莫塞莱定律来描述。在X射线多晶衍射工作中,主要利用K系辐射,它相当于一束单色X射线。

3.3.2　X射线衍射理论基础

X射线是1895年由德国物理学家伦琴发现的一种波长范围为 $0.001\sim100$ nm的电磁波,介于 γ 射线和紫外线之间。不同波长的X射线适用于不同的领域,适用于衍射分析的X射线波长为 $0.05\sim0.25$ nm。因为这个波长范围与晶体点阵面的间距大致相当,而且波长＞0.25 nm 时,样品和空气对 X 射线的吸收太大。波长小于 0.05 nm 时,样品的衍射线会过分地集中在低角度区,不易分辨。

3.3.2.1　衍射的概念

光线照射到物体边缘后通过散射继续在空间发射的现象称为衍射。如果采用单色平行光,则衍射后将产生干涉结果。相干波在空间某处相遇后,因位相不同,相互之间产生干涉作用,引起相互加强或减弱的物理现象。1913 年,劳厄利用晶体中的原子的规则排列作为 X 射线的三维衍射光栅,进行了 X 射线衍射实验。X 射线波长的数量级是0.01 nm,与固体中的原子间距大致相同。获得了晶体的衍射斑点,这就是最早的 X 射线衍射。显然,在一定 X 射线的情况下,根据衍射的花样可以分析晶体的性质,但为此必须事先建立 X 射线衍射的方向、强度与晶体结构之间的对应关系。

3.3.2.2　X 射线的衍射方向

衍射方向问题实际上就是衍射条件问题,波长为 λ 的入射束分别照射到处于相邻晶面的两原子上,晶面间距为 d,在与入射角相等的反射方向产生其散射线。当光程差 δ 等于波长的整数倍 $n\lambda$ 时,光线就可以出现干涉加强,即发生衍射。因此,衍射条件可用布拉格方程描述:$2d\sin\theta=n\lambda$。

晶体是由原子(或离子、分子)在三维空间周期性地排列而构成的固体物质。当 X 射线照射到晶体时,每个原子就成为一个散射入射 X 射线的次生 X 射线源,其频率与入射波频率相同,而相位差则取决于原子在晶体中的排列方式。一个原子对 X 射线的散射是微不足道的,但是如果千千万万个原子的散射在空间某一个方向上互相叠加就可能达到可以被检出的强度。用各种仪器测得的晶体衍射花样就是晶体内部原子散射波互相干涉的结果,反映了晶体在三维空间中的周期性结构。事实上,晶体产生衍射的方向取决于晶胞的大小和形状,即晶体结构在三维空间中的周期性,而各条衍射线的强度则取决于每个原子在晶胞中的坐标位置。

如果把晶胞内的相关内容(原子、离子或分子)抽象成一个几何点,则无数个周围环境完全相同的这种点的集合就构成空间点阵。空间点阵的特征可以用一个平行六面体来描述,这样的平行六面体就是所谓的晶胞,它的大小和形状是用平行六面体的三条不相平行的边长及其夹角(a、b、c、α、β、γ)来描述的,根据这些边长和夹角之间的关系可以把晶体分成 7 种晶系、14 种布拉维格子。

在空间点阵中选定某一个点阵点作为坐标原点,就可以按照确定的平行六面体对空间点阵进行划分,使点阵中每一个点阵点都可以用一定的指标标记出它的坐标位置(如图 3-47 所示)。相应地,点阵中的每一组互相平行的直线点阵或是平面点阵也可以用一定的指标标记其确定的指向。过点阵中任意三个不共线的点阵

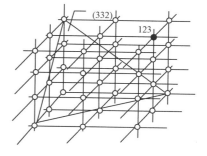

图 3-47　点阵 123 和点阵平面(332)在点阵中的位置

点可以确定一个点阵平面,通过全部点阵点的一族平行的点阵平面,是一族等间距、周围环境相同的点阵平面。在这一族平面中每个点阵平面和三个坐标轴(X,Y,Z)相交,若三个截距的倒数之比为 h,k,l,且 h,k,l 是没有公因子的互质整数,则 (hkl) 称为这一族

平面的指标或者称为晶面指标。晶面指标反映了晶面在空间中的指向。采用截距的倒数比是为了避免在晶面指标中出现 ∞，例如平行于 YZ 平面的晶面指标是(100)，平行于 XZ 平面的晶面指标是(010)，平行于 XY 平面的晶面指标是(001)。

3.3.2.3　XRD 衍射强度

当一束波长为 λ 的平行 X 射线照射在一个点阵平面上时，如果入射 X 射线与点阵平面的交角为 θ，而散射线在相当于镜面反射的方向上，即散射线与点阵平面的交角也是 θ 时，则射到每个点阵点上的入射线和散射线所经过的光程完全相等，根据光的干涉原理，它们能够互相加强，产生衍射。对于互相平行，且间距为 $d_{(hkl)}$ 的整个平面点阵族而言，当一束波长为 λ 的平行 X 射线以入射角 θ 照射到相邻的点阵平面上时，入射线和散射线在相邻的两个点阵平面上光程差为 $2d_{(hkl)}\sin\theta$。根据衍射条件，光程差必须为波长 λ 的整数倍时，散射波才能互相加强，产生衍射。这样就得到 X 射线衍射的布拉格公式：

$$2d_{(hkl)}\sin\theta = n\lambda$$

式中 n 为 1、2、3 等整数，称为衍射级次，θ 为衍射角。这个公式把衍射方向、平面点阵间距 $d_{(hkl)}$ 和 X 射线的波长 λ 联系起来。在 X 射线晶体学中通用的布拉格公式为：

$$2d_{(hkl)}\sin\theta_{hkl} = \lambda$$

式中 hkl 为衍射指标。一般衍射指标不加括号，而平面点阵指标带有括号。衍射指标不要求互质，可以有公因子，平面点阵指标要求互质，不能有公因子。当衍射指标中带有公因子 n 时，所对应的平面点阵族中相邻两平面的间距 d_{nhnknl} 与平面点阵族 (hkl) 中相邻两平面的间距 $d_{(hkl)}$ 的关系为：

$$d_{nhnknl} = \frac{1}{n}d_{(hkl)}$$

由于在布拉格公式中入射角等于衍射角，这一点与镜面反射相似，所以在有些书和论文中用反射代替衍射。但必须注意，X 射线的晶面反射和可见光的镜面反射不同。一束可见光以任意角度照射到镜面上都可以产生反射，而晶面对 X 射线的反射并不是任意的，只有当 λ、θ 和 d 三者之间满足布拉格方程时才能发生反射，所以将晶面对 X 射线的这种反射称为选择反射。

从以上方程式中可以看出，由于 $\sin\theta$ 不能大于 1，因此 $n\lambda/(2d) = \sin\theta \leqslant 1$，即 $n\lambda < 2d$。对衍射而言，n 的最小值为 1($n = 0$，相当于透射方向上的衍射线束，无法观测)，所以在任何可观测的衍射角下，产生衍射的条件为 $\lambda < 2d$。这就是说，能够被晶体衍射的电磁波的波长必须小于参加反射的晶体中最大面间距的 2 倍，否则不会产生衍射。当 X 射线的波长一定时，晶体中有可能参加反射的晶面族也很有限，必须满足 $d > \lambda/2$，即只有晶面间距大于 λ 的 X 射线波长一半的晶面才能发生衍射，所以可以用这个关系来判断一定条件下所能出现的衍射数目的多少。

n 为整数，称为衍射级数，若 $n = 1$，晶体的衍射称为一级衍射，$n = 2$ 则称为二级衍射，依此类推。布拉格方程把晶体周期性的特点 d、X 射线的本质 λ 与衍射规律 θ 结合起来，利用衍射实验只要知道其中两个，就可以计算出第三个。在实际工作中有两种使用此方程的方法。已知 λ，在实验中测定 θ，计算 d 可以确定晶体的周期结构，这是所谓的晶体结构分析。已知 d，在实验中测定 θ，计算出 λ，可以研究产生 X 射线特征波长，从而确定该物质是由何种元素组成的,含量多少,这种方法称为 X 射线波谱分析。

根据布拉格方程,在 λ 一定后,对于一定晶体而言,θ 与 d 有一一对应关系。在研究衍射方向时,是把晶体看做理想完整的,但实际晶体并非如此。既使一个小的单晶体也会有亚结构存在,它们是由许多位相差很小的亚晶块组成。另外,实际 X 射线也并非严格单色,也不严格平行,使得晶体中稍有位相差的各个亚晶块有机会满足衍射条件,在 θ ± Δθ 范围内发生衍射,从而使衍射强度并不集中于布拉格角 θ 处,而是有一定的角度分布。因此,衡量晶体衍射强度要用积分强度的概念,多晶体中某一晶面的衍射强度取决于很多因素,测试时条件必须保持相对一致,否则会产生很大误差。

3.3.3　X 射线衍射仪结构

20 世纪 50 年代以前的 X 射线衍射分析,绝大多数采用照相法,利用感光胶片来记录衍射花样,但近几十年来,采用衍射仪法,利用各种辐射探测器来记录衍射花样已日趋普遍。X 射线衍射仪具有方便、快速、准确等优点,它是当前晶体结构分析的主要设备。近年来由于衍射仪与电子计算机结合,从操作、测量到数据处理上都已实现了自动化和计算机化,其代表性实物图如图 3-48 所示。

X 射线衍射仪主要由 X 射线源、测角器、检测器和控制计算机所组成,如图 3-49 所示。根据 X 射线衍射理论,衍射仪主要由 X 光管、样品台、测角仪以及检测器等部件组成,X 光管和探测器做圆周同向转动,但探测器的角速度是光管的两倍,这样可使两者永远保持 1

**图 3-48　德国 Bruker 公司生产的
D8 X 射线衍射仪**

：2 的角度关系。探测器的作用是使 X 射线的强度转变为相应的电信号,一般采用的是

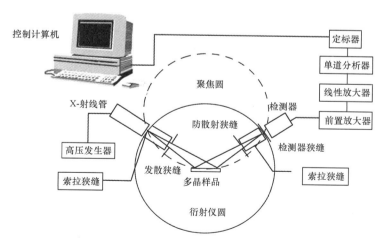

图 3-49　X 射线衍射仪结构示意图

正比计数管。由探测器得到电压脉冲包含了大量的杂乱信号,如果不加以处理,会使输出图像的背底很高,有时甚至会把有用信号淹没掉。为此,在探测器之后还要进行一些电信

号的处理,如用脉冲高度分析器将杂乱信号进行过滤,用定标器进行脉冲计数等,从而最终得到"衍射强度 2θ"衍射曲线。

3.3.3.1　X 射线源

X 射线源一般由 X 射线管、高压发生器和控制电路所组成。在可拆卸的 X 射线源中还会包括一套真空系统,图 3-50 是最简单、最常用的封闭式 X 射线管示意图。封闭式 X 射线管是一支高真空的二极管,当灯丝加上电压(低电压)时,就会在灯丝周围产生热电子。这些电子在高电压的加速之下,以高速度撞击在阳极靶上。运动电子的能量大约只有 1‰ 左右转变为 X 射线,其余绝大部分转变为热能,因此要求用导热性能良好、熔点高的金属,如 Cr、Fe、Co、Ni、Cu、Mo、Ag 和 W 等作为阳极靶材料,同时通冷却水至阳极靶,使热量及时传走。高速电子撞击阳极靶面所产生的 X 射线,其强度的分布以和靶面约为 $6°$ 角处为最强,所以通常按此角度在 X 射线管上开一个铍窗,让 X 射线射出,供衍射仪使用。用这种方法得到的 X 射线一般由连续谱 X 射线(白色 X 射线)和特征谱 X 射线组成。连续谱的产生可以用经典理论加以解释:在 X 射线管中高能电子在轰击阳极靶时,产生不同的负加速度,因而发射各种波长的连续电磁波。由于电子的能量高,发射的电磁波是波长较短的 X 射线。电子与阳极靶面碰撞,产生很高的负加速度而发射连续 X 射线谱的现象,也称为韧致辐射。

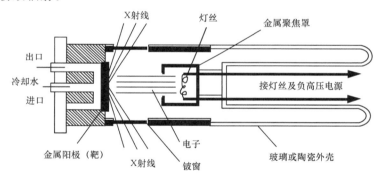

图 3-50　封闭式 X 射线管示意图

特征 X 射线的产生机理与阳极物质的原子内部结构紧密相关,可以用量子理论进行解释。当高速电子与原子发生碰撞时,电子就可以将原子的内层电子激发到激发态,此时原子处于高能的不稳定状态。在向稳态过渡的退激发过程中,具有较高能量的电子可以跃迁到低能级的状态,并以发射 X 射线的形式释放出能量,其波长 $\lambda = h/\Delta E$。外层电子跃迁到 K 层而产生的 X 射线称为 K 辐射,相应地,跃迁到 L 层、M 层而产生的辐射分别称为 L 辐射、M 辐射。不过离原子核越远的轨道产生跃迁的几率越小,所以原子的特征辐射中最强的都是 K 系辐射。在 X 射线多晶衍射工作中,经常使用的 Cu 靶 K 系辐射,包括了波长分别是 0.139 217 nm、0.154 050 nm、0.154 434 nm 的 K_β、$K_{\alpha 1}$ 和 $K_{\alpha 2}$ 辐射。K_β 辐射一般可用 Ni 滤色片或石墨单色器滤除,而 $K_{\alpha 1}$ 和 $K_{\alpha 2}$ 辐射则很难用简单的方法分离,所以在大部分 X 射线衍射实验中使用的并非是单色光,而是 $K_{\alpha 1}$ 和 $K_{\alpha 2}$ 的混合辐射。$K_{\alpha 1}$ 辐射的强度约为 $K_{\alpha 2}$ 辐射强度的两倍,在分辨率较高的衍射仪上,使用质量较好的晶体样品,在 2θ 约为 $30°$ 时,即可观察到由 $K_{\alpha 2}$ 辐射引起的衍射肩峰。目前,许多衍射图谱的处理软件中都带有根据理论值扣除 $K_{\alpha 2}$ 衍射的功能。

3.3.3.2　测角器

测角器是 X 射线衍射仪的核心部件,由光源臂、检测器臂、样品台和狭缝系统所组成。根据测角器的衍射仪取向,可将测角器分为垂直式和水平式。在垂直式测角器上,样品水平放置,一般保持不动或在接近水平的角度范围内转动,因此对于样品的制备要求较低,一些无法研磨得很细的样品,特别是块状样品比较容易处理,而且不会因为粉末样品脱落而污染样品台,所以比较受用户欢迎。但在制造方面,垂直式测角器对于光源臂和检测器臂所用材料的要求较高,光源和检测器的重力对测角精度的影响较大,而且不易用简单的方法校正,所以较早的仪器中使用水平式测角器的居多,而最近几年生产的商品仪器则大多配置垂直式测角器。

根据光源、试样和检测器运动模式的不同,测角器可以分为 θ-θ 型和 θ-2θ 型。θ-θ 型测角器在记录样品的衍射图谱时,样品保持不动,光源和检测器以相同的速度同步转动,使 X 射线的入射角始终等于衍射角。θ-2θ 型测角器在记录样品的衍射图谱时,光源保持不动,检测器的转动速度是样品转动速度的 2 倍,使检测器的角度读数始终是 X 射线的入射角读数的 2 倍。对样品而言,仍是 X 射线的入射角始终等于衍射角。二者均可记录多晶样品满足布拉格方程的衍射图谱。垂直式测角器一般采用 θ-θ 模式,而水平式测角器则往往采用 θ-2θ 模式。图 3-51 为水平式测角器狭缝系统的示意图。

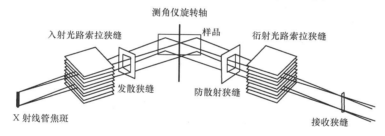

图 3-51　水平式测角器狭缝系统示意图

索拉狭缝用于控制 X 射线在垂直方向上的平行度,由一组平行的金属片组成,所得到的平行光束的发散度由金属片的间距和长度决定,金属片的间距越小,长度越长,则所得平行光束的发散度就越小。发散狭缝、防散射狭缝和接收狭缝则用于控制 X 射线在垂直方向上的平行度,并决定测角器的角度分辨率。一般发散狭缝和防散射狭缝应该是对称的,即狭缝的大小相同。

3.3.3.3　检测器

X 射线衍射仪上常用的检测器有闪烁计数器、正比计数器等,以及一些二维检测器,如 CCD(charge-coupled device)、IP(image plate)和正比多丝计数器等。图 3-52 是测角仪旋转轴入射光路索拉狭缝的结构示意图。闪烁计数器是由闪烁晶体和光电倍增管组合而成的 X 射线检测器。当入射的 X 射线光子被闪烁晶体吸收时,便产生若干数量的可见光光子;可见光光子轰击光电倍增管的光敏阴极时,即引起电子发射;这些电子再依次轰击光电倍增管的各个电极,产生更多的电子。因此每个被吸收的入射 X 射线光子能在光电倍增管的输出端形成经多次放大的电脉冲,其辐度与入射 X 射线光子的能量成正比。光电倍增管输出的电脉冲一般还很小,不宜作稍长距离的传输,紧接光电倍增管的阳极要装一个前置放大器或射极输出器,把此脉冲线性放大,然后再输往后续的单通道分析器和定标器。单通道分析器通过对脉冲高度设置上、下阈值可滤除不同波长杂散光引起的噪声。定标器可把预定时间内通过单道的脉冲数记录下来,从而得到衍射线强度。闪烁计数器对高能 X 射线具有较高的检测效率,但其能量分辨率则低于正比计数器。

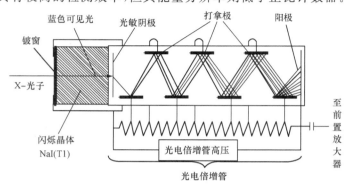

图 3-52　测角仪旋转轴入射光路索拉狭缝的结构示意图

3.3.4　XRD 样品的制备方法

正确制备试样是获得准确衍射信息如衍射峰的角度、峰形和强度的前提条件。在样品的制备过程中,应该注意的问题包括晶粒大小、试样的大小和厚度、择优取向、加工应变、表面平整度等。就多晶试样中的每一粒小晶体而言,当入射光与某一晶面族之间的夹角 θ 满足布拉格方程时,则在衍射角 2θ 处产生衍射,可在与入射光垂直的胶片上感光,显示出一个衍射点。由于多晶样品中含有无数个小晶粒,它们杂乱无章、取向随机地聚集在一起,当单色 X 射线照射到多晶样品上时,同一晶面族可形成分布在张角为 4θ 的圆锥方向上的衍射。

3.3.4.1　粉末样品的制备

由于样品的颗粒度对 X 射线的衍射强度以及重现性有很大的影响,因此制样方式对物相的定量也存在较大的影响。一般样品的颗粒越大,则参与衍射的晶粒数就越少,并还会产生初级消光效应,使得强度的重现性较差。为了达到样品重现性的要求,一般要求粉体样品的颗粒度大小为 $0.1\sim10\ \mu m$。此外,当吸收系数大的样品参加衍射的晶粒数减少,也会使重现性变差。因此在选择参比物质时,应尽可能选择结晶完好、晶粒小于 $5\ \mu m$、吸收系数小的样品,如 MgO、Al_2O_3、SiO_2 等。一般可以采用压片、胶带粘以及石蜡分散的方法进行制样。由于 X 射线的吸收与其质量密度有关,因此要求样品制备均匀,否则会严重影响定量结果的重现性。

3.3.4.2　薄膜样品的制备

对于薄膜样品,需要注意的是薄膜的厚度。由于 XRD 分析的穿透能力很强,一般适合比较厚的薄膜样品的分析,通过一些特殊手段也可以获得薄膜层的信息。因此,在薄膜样品制备时,要求样品具有比较大的面积,薄膜比较平整以及表面粗糙度要小,这样获得的结果才具有代表性。

3.3.4.3　特殊样品的制备

对于样品量比较少的粉体样品,一般可采用分散在胶带纸上黏结或分散在石蜡油中,形成石蜡糊的方法进行分析。要求尽可能分散均匀以及每次分散量控制相同,这样才能保证测量结果的重复性。

3.3.5　XRD 在纳米材料中的应用

材料的成分和组织结构是决定其性能的基本因素,化学分析能给出材料的成分,形貌分析能揭示材料的显微形貌,而 X 射线衍射分析则可给出材料中物相的结构及元素的存在状态信息。通常 XRD 物相分析包括定性分析和定量分析两部分。此外,还涉及 XRD 在一些特殊信息方面的分析,如晶粒度、介孔结构测定等。图3-53 显示了使用常规照相法与 X 射线衍射仪法记录到的衍射图谱之差异。通过常规 X 射线衍射仪测试,一般是将粉末试样压入样品板的凹槽或透孔来制备样品,此时,样品的颗粒度对 X 射线的衍射强度以及重现性有很大影响,

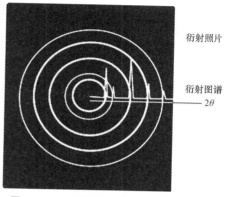

衍射照片

衍射图谱

2θ

图 3-53　常规照相法与 X 射线衍射仪法所得衍射图谱的差异示意图

进而对物相分析的定性和定量结果产生决定性的影响。要使样品在空间内形成连续均匀的衍射环,就要求试样中所含的晶粒为无限多,每粒晶粒指向空间各个方向的概率完全相等。一般样品的颗粒越大,相应所含晶粒数就越少,指向空间各个方向的晶粒数就会不均匀,引起样品衍射环的不连续。在这种情况下,因为衍射仪只是截取衍射环上的一个方向记录样品的衍射图谱,所以同时制备的平行样品的重现性好坏将会是随机的。

3.3.5.1　物相定性分析

每一种物相都有其各自的"指纹"图谱,而混合物的衍射图则是组成该混合物各个物相衍射图的叠加,所以将实测衍射图的特征与数据库中纯相的标准图谱进行比对,就可以鉴定样品中存在的物相。目前最全的多晶衍射数据库是由 JCPDS(joint committeeon powder diffraction standards)编辑的《粉末衍射卡片集》(PDF 卡片,powder diffraction files),到现在为止,已经收集了超过 14 万张多晶衍射标准卡片(其中约有 10 万种无机化合物,4 万种有机化合物),且在不断增加中,同时出版有光盘版,可以利用各种索引,对实测多晶衍射图谱自动进行物相鉴定。

PDF 卡片是进行物相鉴定的重要依据,虽然计算机可以用多种不同的方法将实测图谱与数据库中的标准谱作比对,并对样品的物相作出鉴定,但最基本的一种还是手工检索时最常用的强线法。所谓强线法是从数据库中选出最强衍射线的衍射角与实测图谱中最强线的衍射角之差在误差范围之内的所有可能的卡片,再从这些卡片中选出两者的次强线衍射角之差在误差范围之内的卡片,再进一步比对两者的其他六条强线的衍射角是否匹配,粗选出强线匹配的卡片,然后根据元素分析的结果和实验条件进行筛选,选出最合理的结果。如果试样是数据库收录的单相纯物质,一般都能给出满意的结果。当试样是

二到三相物质的混合物时,由于次强线未必与最强线属于同一物相,检索起来就会困难一些,不过计算机可以很快地对比较强的衍射线组合后分别进行检索,并列出可能的结果供分析者选择,最终的结果由分析者根据已经掌握的信息,如样品的来源、化学组成、实验条件等综合考虑后给出合理的解释。

X射线衍射分析用于物相分析的原理是:由各衍射峰的角度位置所确定的晶面间距 d 以及它们的相对强度 I/I_1 是物质的固有特性。每种物质都有特定的晶体结构和晶胞尺寸,而这些又都与衍射角和衍射强度有着对应关系,因此,可以根据衍射数据来鉴别晶体结构。通过将未知物相的衍射花样与已知物相的衍射花样相比较,可以逐一鉴定出样品中的各种物相。计算机自动检索的原理是利用庞大的数据库,尽可能地储存全部相分析卡片资料,并将资料按行业分成若干分库。然后将实验测得的衍射数据输入计算机,根据三强线原则,与计算机中所存数据一一对照,粗选出三强线匹配的卡片50~100张,然后根据其他查线的吻合情况进行筛选。最后根据试样中已知的元素进行筛选,一般就可给出确定结果。一般情况下,由于计算机容错能力较强,对于其给出的结果还需要进行人工校对,才能得到正确结果。

图3-54是采用水热过程制备的ZnO纳米棒的XRD图,通过对比XRD粉末衍射标准卡片JCPDS PDF No. 36-1451可知,所有的衍射峰对应着六方氧化锌晶相(铅锌矿结构)的衍射峰,晶格常数为 $a=3.2508$ Å和 $c=5.2069$ Å。强烈的衍射峰表明所得氧化锌纳米棒的晶化程度很高,从XRD图谱中未检测到其他杂质特征峰,说明所得为较纯的氧化锌。图3-55为采用水热沉积过程得到的三元铜锗氧纳米线的XRD图,经检索(JCPDS PDF No. 32-0333)可知所有主要的衍射峰对应着斜方结构锗酸铜($CuGeO_3$)晶相的衍射峰,晶胞参数为 $a=4.802$ Å、$b=8.471$ Å、$c=2.943$ Å、$z=2$。这些都说明通过XRD测试可以得到纳米材料的物相结构。

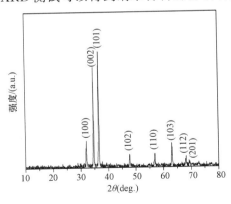

图3-54 ZnO纳米棒的XRD图谱

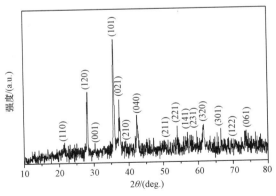

图3-55 三元铜锗氧纳米线的XRD衍射图

3.3.5.2 物相定量分析

普通的分析方法一般给出的是元素含量,并不能提供样品中各个物相的含量。利用XRD不仅可以对样品中的物相进行定性分析,还可以进行定量分析。基本原理是每一种物相都有各自的特征衍射线,而这些特征衍射线的强度与样品中相应物相参与衍射的晶胞数目成正比,各种物相特征衍射线的强度随该相在样品中含量的增加而增加。

　　根据衍射线强度的理论公式,对于混合物相样品中第 J 相物质,指定衍射线的强度可以写为:

$$I_{\mathrm{J}} = K\,\frac{C_{\mathrm{J}}}{\mu}$$

式中 K 是与测试条件、第 J 相的晶体结构以及所选择的衍射线有关的常数,μ 为样品对入射 X 射线的质量吸收系数,随样品中物相组成的改变而变化,C_{J} 为第 J 相在样品中的体积分数,即样品中第 J 相的体积与样品总体积之比。从这个公式可以看出,在理论上样品衍射强度并非和物相在样品中的质量分数成正比,不管是用内标法还是外标法,物相定量分析的工作曲线除了在特殊情况下外都不会是直线,特别是在物相组成变化较大的范围内更是如此。利用这个基本公式可以派生出几种具体的物相定量测试方法。目前 XRD 物相定量分析中最常用的方法主要有单线条法(外标法)、内标法、增量法和直接比较法等。

　　(1)单线条法。

　　单线条法是最简单的定量分析方法。通过两次实验分别测定多相混合物中待测物相的指定衍射线强度,以及纯相试样的同一条衍射线的强度,根据这两个实测强度的比值和事先制好的工作曲线,即可确定待测物相在样品中的含量。由于衍射强度的实测值分别是在两次实验中获得的,所以要求两次实验时仪器的状态和条件必须严格相同,任何影响衍射强度的实验条件的变化都会使测定结果出现偏差。此外,由于在实验中使用纯相样品作为标准样,所以样品中待测物相含量必须接近 100%,才能使工作曲线为直线或接近于直线,获得较为准确的定量分析结果。

　　(2)内标法。

　　内标法是将已知量的标准物质添加到含有未知物相的试样中,充分混合后测定试样的 X 射线衍射图谱,根据标准物的某一衍射线强度与待测物指定衍射线强度的比值确定待测物相在试样中含量的方法。

　　设试样中待测物相 a 的质量分数为 w_{a},向试样中加入一定量的标准物质 s,使试样中标准物质的质量分数为 w_{s},而此时待测物相 a 的质量分数降低为 w_{a}'。此试样的实测 X 射线衍射数据中,选定的待测物相和标准物相的衍射线强度分别为 I_{a} 和 I_{s},则有:

$$\frac{I_{\mathrm{a}}}{I_{\mathrm{s}}} = K'\,\frac{C_{\mathrm{a}}}{C_{\mathrm{s}}} = K'\left(\frac{\rho_{\mathrm{a}}}{\rho_{\mathrm{s}}}\right)\left(\frac{w_{\mathrm{a}}}{w_{\mathrm{s}}}\right) = K\,\frac{w_{\mathrm{a}}}{w_{\mathrm{s}}}$$

式中 C_{a} 和 C_{s} 分别是加入标准物质后待测物相 a 和标准物质 s 的体积分数,ρ_{a} 和 ρ_{s} 是两种物相各自的密度,K' 是与两种物相的晶体结构和实验条件有关的常数,K 则是合并了各个物相的密度和 K' 的常数值,可用以下几种方法获得:一是利用样品中物相 a 的含量为已知值的试样,加入标准物质 s 后,根据实测值算出 K 值;二是当选用物相 a 和 s 的最强衍射线作为检测线时,可利用待测物相和标准物质的多晶衍射卡片上最强衍射线与 $\alpha\text{-}\mathrm{Al_2O_3}$ 最强衍射线的强度比值算出 K 值;三是根据理论公式算出 K 值,所需的公式和数据可从有关的参考书和手册中查到。待测物相 a 的质量分数 w_{a} 可由下式算出:

$$w_a = \frac{W_a}{W} = \frac{\dfrac{W_a}{W + W_s}}{\dfrac{(W + W_s) - W_s}{W + W_s}} = \frac{w'_a}{1 - w_s}$$

式中 W 和 W_a 分别是加入标准物质 s 之前试样的质量和试样中物相 a 的质量，W_s 是向试样中加入标准物质 s 的质量。利用标准物质衍射线强度与试样的衍射线强度的比值可将试样中各个晶态物相的含量逐一测定。因为在测定指定的物相时，只要选定的衍射线与标准物质及试样中其他物相的衍射线不重叠，则其强度就只与待测物相在试样中的含量有关，即使试样中含有非晶态物质也不会妨碍内标法对试样中各个晶态物相的定量测定。

内标法是最常用和最有效的物相定量分析方法。内标法不受试样吸收的干扰，由于它清除了试样基体吸收的影响，有时又称为基体清除法，而将标准物质称为清除剂。

（3）增量法。

如果难以选到衍射峰与试样的衍射峰不重叠的标准物质时，也可以直接选用待测物的纯相作为标准物质，此时称为增量法，也是经常用来进行物相定量分析的一种方法。一般是在多相混合物中添加少量待测物相的纯相，在添加前后分别测定指定衍射线的强度，然后根据两次测定的衍射强度之比值进行计算，获得待测相的含量。

（4）直接比较法。

在含有 n 种物相的系统中，任何两种物相的衍射强度之比正比于它们的质量分数比。选定试样中某一物相作为标准，通过前面内标法中所述的方法分别求出试样中每一种物相 j 与选定的标准物相 s 的衍射强度比和质量分数比之间的比例常数 K_j，并假定样品中不存在非晶态物质，即所有晶态物质的质量分数之和为 1，就可以通过测定试样中每一种物相的特征衍射强度 I_j 确定各自的含量 w_j：

$$w_j = \frac{I_j}{K_j \sum\limits_{j=1}^{n} \dfrac{I_j}{K_j}}$$

这种方法不需要添加外来物质，定量的准确性取决于各个 K_j 值的来源，由于是利用同一试样中的两条衍射线的强度比进行物相的定量计算，因此需要注意有关的强度影响因素，如试样中晶粒的择优取向，由于晶粒度而引起的衍射环不均匀性等。需要强调的是，当试样中含有非晶物质时，此法无效。

3.3.5.3　晶粒大小的测定

多晶材料的晶粒尺寸是决定其物理化学性质的一个重要因素，尤其是对于纳米材料，其晶粒尺寸直接影响到材料的性能。XRD 可以很方便地提供纳米材料晶粒度的数据，用 XRD 测量纳米材料晶粒尺寸的原理是基于衍射线的宽度与材料晶粒大小有关这一现象。利用 XRD 测定晶粒度的大小是有一定的限制条件的，一般当晶粒大于 100 nm 以上，其衍射峰的宽度随晶粒大小的变化就不敏感，而当晶粒小于 10 nm 时，其衍射峰随晶粒尺寸的变小而显著宽化。

用 X 射线衍射的方法测量晶粒大小的原理如下：晶体试样对 X 射线的衍射效应是 X 射线被原子散射后互相干涉的结果，当衍射方向满足布拉格方程时，各个晶面的反射波之间的相位差正好是波长的整数倍,振幅完全叠加,光的强度互相加强,最终达到可被检测器检出的强度。在不满足布拉格方程的方向上,各个晶面反射波之间的相位差不是波长的整数倍,振幅只能部分叠加或互相抵消,当晶面族中晶面数目为无限多时,最终导致其强度为零。当散射方向稍稍偏离布拉格方程,且晶面族中晶面的数目为有限时,各个晶面的散射波因部分叠加而不能完全抵消,其强度也可能达到被检出的程度。这样,就造成了衍射峰的宽化,显然散射角越接近布拉格角,晶面的数目越少,其光强就越接近于峰值强度。对于具体的一粒晶粒而言,衍射 hkl 的面间距 d_{hkl} 和晶面层数 N 的乘积就是晶粒在垂直于此晶面方向上的粒度 D_{hkl}。 试样中晶粒大小可采用 Scherrer 公式进行计算:

$$D_{hkl} = Nd_{hkl} = \frac{0.89\lambda}{\beta_{hkl}\cos\theta}$$

式中 λ 是入射 X 射线的波长,θ 是衍射 hkl 的布拉格角,β_{hkl} 是衍射 hkl 的半峰宽,单位为弧度。注意,这里的 β_{hkl} 是指由于样品的晶粒过小而引起的衍射峰宽化,而不是实测的衍射峰半峰宽。在实测的衍射峰半峰宽中还包括仪器条件,如 X 射线管焦斑大小、实验所用的狭缝系统、测角器的几何设置以及检测器条件等有关的仪器变宽。一般可以通过内标或外标法确定衍射峰的仪器变宽,从实测衍射峰的半峰宽中扣除仪器变宽,得到 β_{hkl}。

使用 Scherrer 公式测定晶粒度大小的适用范围是 5～300 nm,晶粒度过小时,晶体内的重复周期太少,衍射峰过于弥散,使衍射峰半峰宽测定的准确度大幅下降;晶粒度大于 300 nm 时,实测的衍射峰宽与仪器变宽十分接近,也会使定量结果的准确度大幅下降。另一方面使用 X 射线衍射的方法测得的是晶粒的大小,和晶粒之间是否发生紧密的团聚无关,用电子显微镜观察得到的结果则与晶粒是否紧密团聚密切相关。另外,必须注意样品晶体中不能存在微观应力,因为微观应力也会引起衍射峰的宽化。例如,对于 TiO_2 纳米粉末,其主要衍射峰 2θ 为 21.5°,可指标化为(101)晶面。当采用 Cu K_α 作为 X 射线源,波长为 0.154 nm,衍射角的 2θ 为 25.30°,测量获得的半高宽为 0.375°,一般 Scherrer 常数取 0.89。根据 Scherrer 公式,可以计算获得晶粒的尺寸,即 $D_{101} = K\lambda/\beta_{1/2}\cos\theta = $ 21.5 nm。根据晶粒大小还可以计算出晶胞的堆垛层数。根据 $Nd_{101} = D_{101}$,d_{101} 为 101 面的晶面间距,由此可以获得 TiO_2 晶粒在垂直于(101)晶面方向上晶胞的堆垛层数 $N = D_{101}/d_{101} = 21.5/0.352 = 61$,所以 TiO_2 纳米晶粒在垂直于(101)晶面方向上平均由 61 个晶面组成。此外,根据晶粒大小,还可以计算纳米粉体的比表面积。当已知纳米材料的晶体密度 ρ 和晶粒大小,就可以利用公式 $s = 6/\rho D$ 进行比表面积计算。

3.3.5.4　小角 X 射线衍射测定介孔结构

小角度的 X 射线衍射峰可以用来研究纳米介孔材料的介孔结构。由于介孔材料可以形成很规整的孔,所以可以把它看做周期性结构,样品在小角区的衍射峰反映了孔洞的尺寸,这是目前测定纳米介孔材料结构最有效的方法之一。例如,当使用 Cu K_α 辐射作为入射辐射时,测定样品在 2θ 为 1.5°～10°区域内的衍射谱图,反映了约 1～6 nm 的周期性结构。当然样品中具有长周期结构并不一定具有大孔结构,因为在一个周期中包括了孔壁和孔洞,只有当孔壁足够薄时,才可能具有大孔。或者说,在小角度区域出现衍射峰只是具有规整介孔结构的必要条件,而非充分条件。另外,对于孔排列不规整的介孔材料,此方法不能获得孔结构周期的信息。

在纳米多层膜材料中,两薄膜层材料反复重叠,形成调制界面。当 X 射线入射时,周期良好的调制界面会与平行于薄膜表面的晶面一样,在满足布拉格方程时,产生相干衍射,形成明锐的衍射峰。由于多层膜的调制周期比一般金属和小分子化合物的最大晶面间距大得多,所以只有小周期多层膜调制界面产生的 X 射线衍射峰可以在小角度区域中观察到,而大周期多层膜调制界面的 X 射线衍射峰则因其衍射角度更小而无法观测。因此,对制备的小周期纳米多层膜可以用小角度 XRD 方法测定其调制周期。

3.3.5.5　应力的测定

残余应力是指当产生应力的各种因素不复存在时,由于形变、相变、温度或体积变化不均匀而存留在构件内部并自身保持平衡的应力。测定宏观应力的方法很多,但 X 射线衍射法具有无损、快速、可以测量小区域应力等特点。当晶体材料不纯,存在着裂纹、空位、缺陷,或者局部存在无序现象,如化学性质相近,所带电荷数相同的离子无序地占据晶格中同一个位置时,就会使材料内部存在着微观应力。这种应力既没有一定的方向,也没有一定的大小,但它能使晶胞参数产生微小改变,从而引起有关晶面间距的微小变化。由于 X 射线衍射图谱记录的是大量晶胞衍射的统计平均值,部分晶体或局部微观应力最终会导致衍射峰的变宽。平均微观应力为 $(\Delta d/d_{hkl})av = (1/4)\beta_{hkl}\mathrm{ctg}\,\theta_{hkl}$,式中 β_{hkl} 为由于微观应力而引起的衍射线变宽,θ_{hkl} 为布拉格衍射角。由于晶粒度过小和存在微观应力都会引起衍射线的宽化,所以当样品中同时存在着这两种效应时,处理起来就会非常复杂。虽然目前有一些将两种效应分离的办法和计算机软件,但一般误差都很大。

根据微晶宽化的公式 $\beta_{hkl} = \dfrac{0.89\lambda}{D_{hkl}\cos\theta_{hkl}}$ 和微观应力宽化的公式 $\beta_{hkl} = 4\left(\dfrac{\Delta d}{d_{hkl}}\right)\tan\theta_{hkl}$ 的差异,一般可以通过实验方法来区分两种不同的宽化效应:①利用不同波长的 X 射线进行实验,扣除波长对衍射角的影响,微晶的宽化随着波长的变化而改变,而微观应力的宽化则会保持不变。②选用不同衍射级的衍射线,如 200、400 等,观察变宽与衍射角的关系。对于微晶宽化效应,衍射峰的变宽与衍射角的余弦值成反比,而微观应力引起的衍射峰的变宽与衍射角的正切值成正比。

除了以上应用外,研究薄膜的厚度以及界面结构也是 XRD 发展的一个重要方向。通过二维 XRD 衍射还可以获得物相的纵向深度剖析结果,也可以获得界面物相分布的结果。不同的物质状态对 X 射线的衍射作用是不相同的,因此可以利用 X 射线衍射谱来区别晶态和非晶态。一般非晶态物质的 XRD 谱为一条直线,平时所遇到的在低 2θ 角出现的漫散型峰的 XRD 一般是由液体型固体和气体型固体所构成。晶态物质又可以分为微晶态和晶态,微晶态具有晶体的特征,但由于晶粒小会产生衍射峰的宽化弥散,而结晶好的晶态物质会产生尖锐的衍射峰。

3.4　光谱技术

广义来讲,纳米材料是指在三维空间中至少有一维处于纳米尺度范围或由它们作为基本结构单元构成的材料。将物质加工到纳米尺度时,会表现出奇特的表面效应、体积效应、量子尺寸效应和宏观隧道效应等,物质的光学、热学、电学、磁学、力学和化学等性质也就相应地发生十分显著的变化。为揭示纳米材料的功能特性,光谱技术是必不可少的实验方法。本节主要介绍各种光谱的基本原理及在纳米材料中的应用。

3.4.1　红外(IR)和拉曼(Raman)光谱

3.4.1.1　分子的振动光谱

振动光谱是指物质受光的作用,引起分子或原子基团的振动,从而产生对光的吸收。对一个简单的双原子分子来讲,可以把键的振动近似为谐振子的振动,其振动能量的量子力学表达式可简单表示为:

$$E_{振动} = \left(n + \frac{1}{2}\right)\frac{h}{2\pi}\sqrt{\frac{k}{\mu}}$$

式中 n 为振动量子数,μ 为所关联的两个原子的折合质量,h 为普朗克常数,k 为化学键力常数。若分子从基态 $n=0$ 跃迁到 $n=1$ 的激发态,根据两能级的差就可以求得吸收谱带的位置(cm^{-1})。对于实际的分子不可能是谐振子,不能简单地用谐振子来描述,而应进行适当的修正,至于多原子分子的振动光谱就更加复杂。

产生振动吸收的必要条件是振动的频率与光波的某频率相等,即光波中某一波长恰与分子中的某一个基本振动形式的波长相等,吸收这一波长的光,可以把它的能级从基态激发到激发态。在分子的振动模式中,原子间的距离(键长)和夹角(键角)都会发生变化,进而又会引起分子的偶极矩发生变化,结果产生一个稳定的交变电场。它的频率等于振动的频率,从而吸收光波的能量产生吸收光谱。如果分子在振动中没有偶极矩的变化,就不会产生吸收光谱。由吸收光谱选律可知,分子的振动从一个能级跃迁到相邻的高一能级,由这类吸收产生的波谱频率称为基频,基频的吸收谱带就称作基础工作频带。很多情况下,分子振动能级的能级跃迁是两个以上的能级跃迁,由此产生的吸收谱带称为倍频带,但其谱带强度很低。如果吸收谱带是在两个以上的基频波数之和或差处出现,此谱带称为合频带。

分子中存在着多种不同类型的振动,其振动自由度与原子数有关,含 N 个原子的分子有 $3N$ 个自由度,除去分子的平动和转动自由度外,振动自由度应为 $3N-6$(线性分子是 $3N-5$)。这些振动模式可分为两大类,即伸缩振动和弯曲振动。伸缩振动指键合原子沿键轴方向的振动,这是键的长度因原子的伸缩运动而变化,又可分为对称伸缩振动和反对称伸缩振动。弯曲振动是指原子沿垂直于键轴方向的振动,又分为变形振动、摇摆振动和卷曲振动三类。分子的振动能级只是分子的运动总能量(包括移动、转动、振动和分子内的电子运动)的一部分,其所对应的能级间隔介于 $0.05\sim1.0$ eV 之间,它所吸收的辐射主要是中红外区。振动光谱可以用分子对红外辐射的吸收(红外光谱)或光散射(拉曼光谱)来测定和研究。

3.4.1.2　红外光谱

红外辐射现象是 Willian Herschel 于 1860 年发现的,自 1835 年被 Ampere 确认它具有与可见光一样的性质后,对红外光的研究才陆续展开。1935 年制造出了第一台岩酸棱镜和热电偶检测器的红外分光光度计。此后,红外光谱在化合物结构的确定上发挥了非常重要的作用。红外光只能激发分子内转动和转动能级的跃迁,所以红外吸收光谱是振动光谱的重要部分,红外光谱主要是通过测定这两种能级跃迁的信息来研究分子结构的。习惯上,往往把红外区按波长分为三个区域,即近红外区(0.78~2.5 μm)、中红外区(2.5~25 μm)和远红外区(25~1000 μm)。化学键振动的倍频和组合频多出现在近红外区,所形成的光谱为近红外光谱。最常用的是中红外区,绝大多数有机化合物和许多无机化合物的化学键振动跃迁均出现在此区域,因此在结构分析中非常重要。另外,金属有机化合物中金属有机键的振动、许多无机键的振动、晶架振动以及分子的纯转动光谱均出现在远红外区。因此,该区域在纳米材料的结构分析中非常重要。

从红外光谱的发展历史可以看出,红外光谱法的确立、发展和应用,除了依赖于光谱理论、检测方法、测定技术以及实验数据的积累外,在很大程度上还取决于仪器的性能,红外光谱仪性能的提高与完善反映着红外光谱的进展程度。第一代红外光谱仪采用棱镜作色散元件,第二代红外光谱仪开始用光栅作色散元件。到 20 世纪 70 年代,出现了基于光的相干性原理而设计的第三代红外光谱仪,即干涉型傅里叶变换红外光谱仪,近几年采用激光器代替单色器研制成了激光红外光谱仪。由于目前广为使用的是傅里叶变换红外光谱仪,下面简单介绍干涉型红外光谱仪的基本工作原理。

傅里叶红外光谱仪的特点是同时测定所有频率的信息,得到光强随着时间变化的谱图,然后经傅里叶变换获得吸收强度(或透过率)随着波数的变化关系。这种红外光谱仪采用了不同于传统色散元件的光路设计,不仅可以大大缩短扫描时间,同时也提高了测量

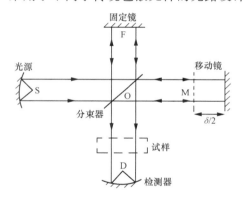

图 3-56 迈克尔逊干涉仪原理图

灵敏度和频率范围,分辨率和波数精度也有了大幅度提高。傅里叶变换红外光谱仪的主要光学部件是迈克尔逊干涉仪,其原理如图 3-56 所示,主要由光源(S)、移动镜(M)、固定镜(F)、分束器(O)和检测器(D)等几个部分组成。移动镜和固定镜互成 90°角,光学分束器具有半透明性质,与固定镜和移动镜呈 45°角放置。它使入射单色光的 50%通过,50%反射,可将光源来的光分成两束光,即透射光和反射光。透射光经移动镜反射到分束器,又经分束器反射透过样品池后到检测器,反射光经固定镜反射回到分束器,然后透过

分束器经样品池到达检测器。这样到探测器上的两束光实际上又会合到一起,但性质已经发生了变化,它们之间因光程差形成了相干光。当两束光的光程差是半波长的偶数倍时,则落到检测器的干涉光是相长干涉,产生明线,其相干光的强度有最大值。当两束光的光程差是半波长的奇数倍时,落到检测器的干涉光是相消干涉,产生暗线,其相干光的强度有最小值。当移动镜移到不同位置时,即能得到不同光程差的干涉光。干涉光的信号强度的变化可用余弦函数表示:

$$I(x) = B(\nu)\cos(2\pi\nu x)$$

式中 $I(x)$ 表示干涉光的强度,I 是光程差 x 的函数,$B(\nu)$ 表示入射光的强度,B 是频率 ν 的函数。 若光源发出的是多色光,干涉强度应是各单色光的叠加,可用上式的积分形式来表示:

$$I(x) = \int_{-\infty}^{\infty} B(\nu)\cos(2\pi\nu x)\mathrm{d}\nu$$

干涉光包含着光源的全部频率和与该频率对应的强度信息,如果将样品放在干涉仪的光路中,由于样品会吸收某些频率的能量,结果使得干涉图强度发生一些变化,但很难从极为相似的干涉图中直接获取在样品各个波长下吸收光谱的特性。凭借数学上的傅里叶变换技术,对每个频率的光强进行计算,便可以得到我们熟悉的红外光谱,即用 $I(x)$ 就可以计算出光谱的分布:

$$B(\nu) = \int_{-\infty}^{\infty} I(x)\cos(2\pi\nu x)\mathrm{d}x$$

一束连续的红外光与分子相互作用时,若分子间原子的振动频率恰好与红外光的某一频率相等,就可引起共振吸收,使光的透射强度减弱,所以在红外光谱图中,纵坐标一般用线性透光率(%)表示,称为透射光谱图。也有用非线性吸光度来表示的,称为吸收光谱图,横坐标一般以红外辐射光的波数为标度。

在解释红外光谱图时,要从谱带数目、吸收带位置、谱带的形状和强度等多方面来考虑。图 3-57 给出了一些常见基团的特征频率位置。采用红外光谱可以定向分析纳米材

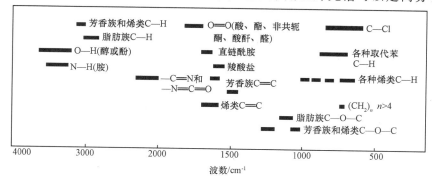

图 3-57　一些常见有机基团的特征吸收频率位置

料中所含的分子、原子基团等信息。图 3-58 为碳化硅纳米管的 IR 光谱,从图中可看到在 791 cm^{-1} 位置处有一吸收峰,为 β-SiC 特征吸收波段,在 472 cm^{-1} 和 1107 cm^{-1} 处的吸收峰为二氧化硅的特征吸收波段。在 791 cm^{-1} 处的 IR 吸收峰向低频偏移了大约 19 cm^{-1},可以采用量子尺寸限制效应来解释。二氧化硅的特征峰较强,可能是由于碳化硅纳米管的外层及未反应的二氧化硅引起的,同时也表明较多的二氧化硅引起了 Raman 光谱在 LO 模式出现了一定的蓝移现象。

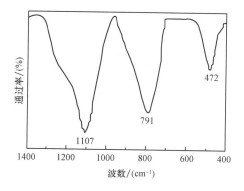

图 3-58　碳化硅纳米管的 IR 光谱

235

3.4.1.3　拉曼光谱

早在 1923 年,德国科学家 Semkal 就从理论上预言了光的拉曼散射。1928 年,印度物理学家 C. V. Raman 和 Krishan 在溶液体系中发现了拉曼散射效应,并获得了散射光谱。在 1930 年,42 岁的 Raman 就因发现和系统研究了拉曼散射而获得诺贝尔物理学奖。拉曼效应发现以后,很快就以拉曼效应为基础建立了拉曼光谱分析法。拉曼光谱和红外光谱一样,也属于分子振动光谱,但在机理上有很大差异。红外光谱是分子对红外光的吸收,而拉曼光谱是分子对光的散射。拉曼光谱的光散射频率位移与分子的能级跃迁有关,因此,拉曼光谱技术同样与分子结构有着密切关系,是分子价键结构分析的重要手段。由于拉曼散射信号很弱,一直到 20 世纪 60 年代随着激光光源的发展,拉曼光谱分析才逐渐成为分子光谱分析的重要分支。激光拉曼光谱以其信息丰富、制样简单、水的干扰小等优点,广泛应用于生物分子、高聚物、半导体、陶瓷、药物等分析中。

（1）拉曼光谱原理。

拉曼光谱是分子的非弹性光散射现象产生的。当光子与物质分子发生相互碰撞后,光子的运动方向要发生变化,如果光子仅改变运动方向而在碰撞过程中没有能量的交换（弹性碰撞）,这种散射称为瑞利散射;如果光子在碰撞过程中不仅改变了运动方向,而且发生了能量交换（非弹性碰撞）,这种散射就是拉曼散射。图 3-59 有助于我们更加清楚地了解光的散射过程。处于基态 E_0 的分子受入射光 $h\nu_0$ 的激发跃迁到受激虚态,受激虚态不稳定,分子很快又跃迁回到基态 E_0,把吸收的能量 $h\nu_0$ 以光子的形式释放出来,这就是上面提到的弹性碰撞,即瑞利散射。跃迁到受激虚态的分子还可以跃迁到电子基态中的振动激发态 E_n 上,这时分子吸收了部分能量 $h\nu$,并释放出能量为 $h(\nu_0-\nu)$ 的光子,这就是非弹性碰撞,所产生的散射光为 Stokes 线。若分子处于激发态 E_n 上,受能量为 $h\nu_0$ 的入射光子激发跃迁到受激虚态,然后又很快跃迁回到原来的激发态上放出 Rayleigh 散射光。处于受激虚态的分子若是跃迁回到基态,则放出能量为 $h(\nu_0+\nu)$ 的光子,即为反 Stokes 线,这时分子失掉了 $h\nu$ 的能量。由于常温下处于振动基态的分子数远多于处于振动激发态的分子数,所以 Stokes 谱线要比反 Stokes 线强得多。拉曼光谱所关心的是拉曼散射光与入射光频率的差值,即为拉曼位移。不同的激发光所产生的拉曼散射光频率也不同,但是拉曼位移相同。

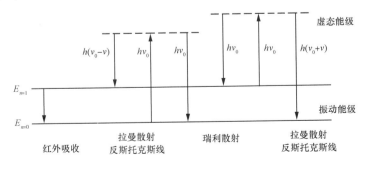

图 3-59　瑞利散射、拉曼散射和红外吸收的能级图

同红外光谱一样,拉曼光谱也是用来研究分子的转动和振动能级的。具有红外活性的振动要分子有偶极矩的变化,而拉曼活性却要分子有极化率的变化。按照极化原理,把一个原子或分子放到静电场 E 中,感应出原子的偶极子 μ,原子核移向偶极子负端,电子云移向偶极子正端,这个过程应用到分子在入射光的电场作用下同样是合适的。这时,正负电荷中心相对移动,极化产生诱导偶极矩 P,它正比于电场强度 E,有 $P = \alpha E$ 的关系,比例常数 α 是分子的极化率。拉曼散射的发生必须有相应极化率 α 的变化才能实现,这与红外光谱不同。因此,红外和拉曼光谱研究分子结构及振动模式是相互补充的。

由于光源的限制,拉曼光谱学在实验技术上的发展上远不如红外光谱学。自 20 世纪 60 年代将激光器用于拉曼光谱仪后,拉曼光谱的实验技术得到了飞速发展。激光拉曼谱仪主要由光源、外光路系统、样品池、单色器、信号处理输出系统等五部分组成,如图 3-60 所示。激光器输出的光经滤光器滤掉多余的紫外线和可见光,然后经透镜聚焦到样品池上,激发样品产生拉曼散射光。其实除了拉曼散射光以外,还有频率十分接近的瑞利散射光及其他一些杂散光,因此在散射光进入检测器之前要用单色器去除瑞利散射光和其他杂光。单色器的主要作用就是将散射光分光并减弱瑞利散射光和其他一些杂散光,最后拉曼散射光进入检测器记录下拉曼光谱。

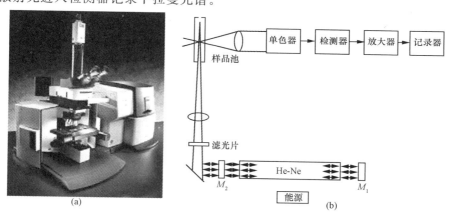

图 3-60

(a)Almega XR 激光拉曼光谱仪实物图;(b)激光拉曼光谱仪示意图

(2)拉曼光谱和红外光谱的比较。

拉曼光谱和红外光谱都是起源于分子的振动和转动,但两种光谱的产生机制和实验技术有着本质的差别。在产生机制上,红外光谱是分子对红外光的吸收所产生的光谱,拉曼光谱则是分子对可见单色光(傅里叶变换拉曼光谱中用近红外光)的散射所产生的光谱。红外吸收光谱对应于 $h\nu = E_{n=1} - E_{n=0}$ 的跃迁,落在光谱的红外和近红外区。由图 3-59 可知,拉曼散射是从激发虚态到振动态 $E_{n=1}$ 和 $E_{n=0}$ 的跃迁辐射所产生的可见光。但拉曼光谱的波数位移为 $h\nu_0 - h(\nu_0 \pm \nu) = \pm(E_{n=1} - E_{n=0})$。可见同一振动模式的拉曼位移和红外吸收光谱的频率是相同的,但同一分子的红外和拉曼光谱不尽相同。

分子的某一振动谱带是在红外光谱中出现还是在拉曼光谱中出现,是由光谱的选律所决定的。光谱选律的直观说法是:若在某一简正振动中分子的偶极矩变化不为零,则是红外活性的,反之是红外非活性的。若某一简正振动中分子的感生极化率变化不为零,则是拉曼活性的,反之是拉曼非活性的。如果某一简正振动对应于分子的偶极矩和感生极化率同时发生变化,则是红外和拉曼活性的,反之是红外和拉曼非活性的。一般来讲,对于具有中心对称的分子,红外和拉曼是彼此排斥的,在红外光谱中是允许跃迁的(红外活性),在拉曼光谱中却是被禁阻的(拉曼非活性),反之,在拉曼光谱中允许跃迁(拉曼活性),在红外光谱中却是被禁阻的(红外非活性)。所以拉曼光谱常作为红外光谱分析的补充技术,俗称"姐妹光谱"。

在实验技术上,红外和拉曼光谱主要存在以下几个方面的不同:①拉曼光谱的频率位移 $\Delta\nu$ 不受单色光源频率的限制,可根据样品的不同性质选择。而红外光谱的光源不能随意调换。②由于激光方向性强,光束发散角小,故拉曼光谱可以对微量样品进行测定。③测定拉曼光谱时不需要制样,而红外光谱在测量时必须对样品进行一定的处理,如压片或制成石蜡糊等。④由于水分子的不对称性,对称伸缩振动在拉曼光谱中是非活性的,并且其他谱带也很弱,使得拉曼光谱可以很方便地在水溶液中测量。⑤拉曼散射的强度通常与散射物质的浓度呈线性关系,而红外吸收与物质的浓度则成对数关系。

(3)拉曼光谱在纳米材料中的应用实例。

无论是液体、薄膜还是粉体,在测定拉曼光谱时均不需要特殊的样品制备,可以直接测定。而对于一些不均匀的样品,如陶瓷的晶粒与晶界的组成,断裂材料的端面组成以及一些不便于直接取样的样品分析,利用显微拉曼具有很强的优势。一般利用光学显微镜将激光会聚到样品的微小部位(直径小于几微米),采用摄像系统可以把图像放大,并通过计算机把激光点对准待测样品的某一区域。经光束转换装置,即可将微区的拉曼散射信号聚焦到单色仪上,获得微区部位的拉曼光谱图。显微拉曼分析的最大特点是无损分析,在常温、常压下操作,同时直接测得样品的放大图像和拉曼谱图。

图 3-61 是采用水热沉积过程所得三元铜锗氧纳米线的 Raman 光谱。从图中可观察到一系列的 Raman 峰,分别位于 217.5 cm^{-1}、327.5 cm^{-1}、413.8 cm^{-1}、591.5 cm^{-1}、706.2 cm^{-1} 和 852.9 cm^{-1},根据 CuGeO$_3$ 的拉曼结果可知以上峰位是典型的斜方 CuGeO$_3$ 晶体拉曼特征峰。进一步与锗酸铜粉末的 Raman 结果进行对比可知,591.5 cm^{-1}、852.9 cm^{-1} 和 327.5 cm^{-1} 位置处的 Raman 峰对应于晶体锗酸铜的 A$_g$ 模式,217.5 cm^{-1} 和 413.8 cm^{-1} 位置处的 Raman 特征峰对应于晶体锗酸铜的 B$_{2g}$ 模式。而在 706.2 cm^{-1} 位置处较弱的 Raman 特征峰对应于晶体锗酸铜的 B$_{3g}$ 模式。在 217.5 cm^{-1}、327.5 cm^{-1}、413.8 cm^{-1}、706.2 cm^{-1} 和 852.9 cm^{-1} 位置处的 Raman 特征峰分别红移了 2.5 cm^{-1}、2.5 cm^{-1}、16.2 cm^{-1}、3.8 cm^{-1} 和 3.1 cm^{-1}。声子限制效应会引起纳米材料的 Raman 峰向低能量的低频移动,所以认为由于声子限制效应可能引起了样品的 Raman 峰出现较大的红移现象。图 3-62 是 ZnO 纳米棒的典型拉曼光谱,考虑到铅锌矿型 ZnO 具有 P6$_3$mc 空间群,ZnO 的拉曼光谱会出现声子模式 E$_2$(低频和高频)、A$_1$(横向 TO 声学模式和纵向 LO 光学模式)和 E$_1$(TO 和 LO 模式)。在 437.8 cm^{-1} 位置处的高强度拉曼峰为氧化锌的高频 E$_2$ 模式,宽度约为 50 cm^{-1},表明所得氧化锌具有很高的晶体质量。由于纳米尺寸效应,所以所得氧化锌的拉曼光谱带的宽度会更宽。在 379.4 cm^{-1} 位置处比较弱的拉曼峰为氧化锌结构的 A$_1$ 模式。437.8 cm^{-1} 位置处强烈的 E$_2$ 模式拉曼峰是 ZnO 铅锌矿结构的拉曼特征峰。

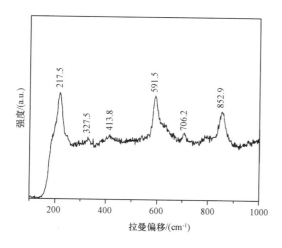
图 3-61　铜锗氧纳米线的 Raman 光谱

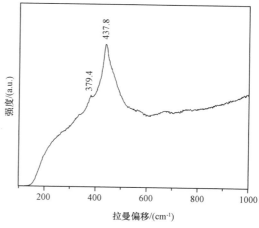
图 3-62　ZnO 纳米棒的 Raman 光谱

3.4.2　光致发光(PL)光谱

光致发光是发光现象中研究最多、应用最广的领域之一,对 PL 现象的研究也是了解其他发光现象的基础。光致发光的优点在于其高灵敏度,尤其是它在光吸收试验灵敏度差的频段内有较高的灵敏度,另外还具有试验数据采集和样品制备的简单性。由于发光器件和半导体激光器的重大应用,发光成为光学性质研究的一个重要方面。

3.4.2.1　PL 发光原理

PL 是采用紫外、可见光或红外辐射激发发光材料而产生的发光。物体依赖外界光源进行照射,从而获得能量,产生激发导致发光的现象,大致经过吸收、能量传递及光发射三个主要阶段,光的吸收及发射都发生于能级之间的跃迁,都经过激发态,而能量传递则是由于激发态的运动。紫外辐射、可见光及红外辐射均可引起光致发光,如磷光与荧光,激发态的分布按能量的高低可以分为三个区域。低于禁带宽度的激发态主要是分立中心的激发态。关于这些激发态能谱项及其性质的研究,涉及杂质中心与点阵的相互作用,可利用晶体场理论进行分析。随着这一相互作用的加强,吸收及发射谱带都由窄变宽,温度效应也由弱变强,特别是猝灭现象变强,使一部分激发能变为点阵振动。在相互作用较强的情况下,激发态或基态都只能表示中心及点阵作为一个统一系统的状态,通常用位移坐标曲线表示。电子跃迁一般都在曲线的极小值附近发生。但是,近年关于过热发光的研究证明发光也可以从比较高的振动能级开始,这在分时光谱中可得到直观的图像,反映出参与跃迁的声子结构。

接近禁带宽度的激发态是比较丰富的,包括自由激子、束缚激子及施主—受主对等。当激发密度很高时,还可出现激子分子,而在间接带隙半导体内甚至观察到了电子—空穴液滴。激子又可以和能量相近的光子耦合在一起,形成电磁激子(excitonic polariton)。束缚激子的发光是常见现象,它在束缚能上的微小差异常被用来反映束缚中心的特征。在有机分子晶体中,最低的电子激发态是三重激子态,而单态激子的能量几乎是三重态激子能量的两倍。分子晶体中的分子由于近邻同类分子的存在,会出现两种效应:"红移"和"达维多夫劈裂",这两种效应对单态的影响都大于对三重态的影响。

能量更高的激发态是导带中的电子,包括热载流子所处的状态。后者是在能量较高的光学激发下,载流子被激发到高出在导带(或价带)中热平衡态的情况,通常可用电子(或空穴)温度(不同于点阵温度)描述它们的分布。实验证明热载流子不需要和点阵充分交换能量直至达到和点阵处于热平衡的状态即可复合发光,尽管它的复合截面较后者小。热载流子也可在导带(或价带)内部向低能跃迁,这类发光可以反映能带结构及有关性质。

PL 荧光测量系统是用短波长氙灯或激光(如 325/442 nm 等)激发半导体材料产生荧光,其 PL 光谱测量系统示意图如图 3-63 所示。通过对其荧光光谱的测量,分析纳米材料的光学特性,典型应用于 LED 材料的研究。另外,光致发光还可以提供有关材料的结构、成分及环境原子排列的信息,是一种非破坏性、灵敏度高的分析方法。激光的应用更使这类分析方法深入到微区、选择激发及瞬态过程的领域,使它又进一步成为重要的研究手段,应用到物理学、材料科学、化学及分子生物学等领域,逐步出现新的边缘学科。

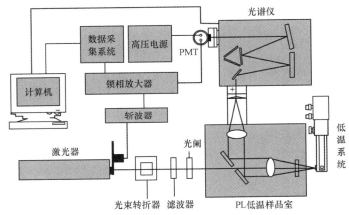

图 3-63　PL 测量系统示意图

3.4.2.2　PL 光谱在纳米材料中的应用实例

在低维硅结构中,硅的能带结构会发生重大变化,由间接带隙变为直接带隙半导体,且能隙增大。低维结构出现量子限制效应时其 PL 光谱表现为谱线的蓝移和强度的明显增强。多孔硅和硅纳米晶的 PL 研究表明量子限制效应在硅低维结构中的光致发光中起着关键作用。一维硅纳米材料具有较好的 PL 性能,此性能主要由其纳米尺寸决定。

图 3-64 为不同温度下未经处理的本征硅纳米线的 PL 光谱。低温时测得的 PL 光谱在 455 nm 及 525 nm 位置处分别有绿光及蓝光峰位。根据理论预测,只有当硅纳米晶的尺寸小于其玻尔半径时才有可能发射出可见光,所以以上两个波峰与量子效应无关。有研究认为绿色和蓝色 PL 发射光谱是由于硅纳米线中的缺陷中心及晶核与无定形硅氧化物层的界面引起的。随着温度的增加,本征硅纳米线的 PL 光谱强度迅速降低。

通过对硅纳米线的不同处理可改善其 PL 性能。图 3-65 为经过不同氧化处理后硅纳米线的 PL 光谱。通过氧化处理后硅纳米线芯部的平均直径分别为 7 nm[图 3-65(a)]、5.5 nm[图 3-65(b)]、4 nm[图 3-65(c)]及 0 nm[图 3-65(d)],即硅纳米线转变成了非晶二氧化硅纳米线。从图中可知非晶二氧化硅纳米线仅有两个峰,峰位分别为 486 nm(绿色)和 420 nm(蓝色),作者认为这是由二氧化硅层中的氧空位形成的。经不同氧化处理后硅纳米线的 PL 谱中有三个峰,峰位分别位于红、绿和蓝光区。700 ℃ 时随氧化时间的延长,位于绿和蓝光区的两个波峰的位置不变而强度增加。其中蓝峰峰位(420 nm)与非晶二氧化硅纳米线的蓝峰峰位[图 3-65(d)]完全一致,而绿峰峰位(515 nm)相对于非晶二氧化硅的绿峰(486 nm)有 29 nm 的位移,显然此位移与存在非晶二氧化硅和晶态硅的界面有关,随氧化时间的增加,红峰峰位从 804 nm 蓝移到 786 nm,且峰强度迅速增加,但经 900 ℃/30 min 氧化处理后,红峰则完全消失。作者认为绿峰和蓝峰是由非晶二氧化硅形成的,其中绿峰的位移与量子限制效应无关,随氧化时间的延长,非晶二氧化硅层增厚,因此绿峰和蓝峰的强度增加;红峰来自硅纳米线的芯部,随芯部直径减小,红峰蓝移且强度增加,这是由量子限制效应造成的。量子限制效应使硅纳米线的能隙增大,从而造成红峰的蓝移,使硅纳米线的能带结构由间接带隙变为直接带隙,从而使量子发光效率(红峰的强度)明显提高。对退火处理后硅纳米线的 PL 光谱研究表明在 538.6 nm 处有很强的波峰,其对称性良好,说明退火后硅纳米线消除了缺陷及内应力。这种强的可见光波段(538.6 nm)的光致发光可能暗示了量子限域效应,使硅纳米线转变为直接带隙。因此,通过仔细"裁剪"和控制硅纳米线的直径、长度及生长方向等微观参数,完全有可能将其应用于未来的纳米级光学器件中。

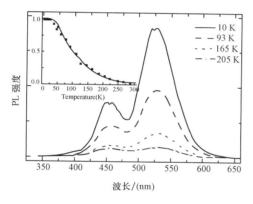 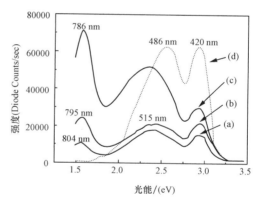

图 3-64　不同温度下硅纳米线的 PL 光谱,插入图为温度与 PL 强度的关系

图 3-65　经不同氧化处理后硅纳米线的 PL 光谱
(a) 700 ℃, 5 min;(b) 700 ℃, 10 min;
(c) 700 ℃, 15 min;(d) 900 ℃, 30 min

图 3-66 为硅纳米线阵列的 PL 光谱,由图 3-66(a)可看出,直径为 50Å 和 45Å 的硅纳米线(Si50 和 Si45)分别在 1.79 eV、2.01 eV 和 1.98 eV、2.05 eV 时有两个 PL 发射峰,而直径为 73Å 的硅纳米线(Si73)只有很微弱的 PL 发射峰。随着纳米线直径的减小,其 PL 光谱强度逐渐增加,发射峰向高能量波段偏移,这与当硅纳米线的直径小于其玻尔半径(5 nm)时对其 PL 光谱的预测结果是一致的。硅纳米线阵列在高能量时会发射出超紫外 PL 光谱,如图 3-66(b)所示,随着硅纳米线直径的减小,其 PL 光谱发生了蓝移,Si73、Si50 和 Si45 分别在 2.93 eV、3.3 eV 和 3.49 eV 时具有 PL 发射峰,表明随着纳米线直径的减小其发射波长出现了线性变化。

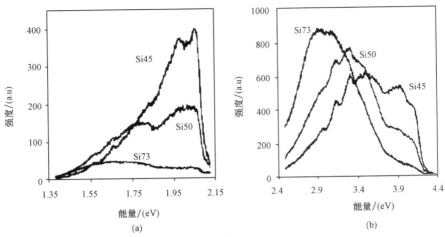

图 3-66　嵌于多孔二氧化硅衬底中硅纳米线阵列的 PL 光谱

（a）可见 PL 光谱；（b）紫外 PL 光谱

3.4.3　X 射线光电子能谱（XPS）

自从德国物理学家伦琴 1895 年发现 X 射线以来，与其有关的分析技术不断问世，X 射线光电子能谱分析法就是其中的一种，它在材料的基础研究和实际应用中都起着非常重要的作用。当 X 射线与样品相互作用后，激发出某个能级上的电子，测量这一电子的动能，可以得到与样品有关的电子结构信息，这就是 XPS 方法的最简单描述。XPS 的早期实验室工作可追溯到 20 世纪 40 年代，到了 20 世纪 60 年代末，出现了商品化的 XPS 仪器。随着真空技术的发展，1972 年有了超高真空 XPS 仪器。在 XPS 的研发过程中，瑞典 Uppsala 大学的 K. M. Siegbahn 教授作出了特殊贡献，为此获得了 1981 年的诺贝尔物理学奖。应用 XPS 技术，可以测出固体样品中的元素组成、化学价态，得到许多重要的电子结构信息，XPS 在金属、合金、半导体、无机物、有机物、各种薄膜等许多固体材料的研究中都有很多成功应用实例，其实物图如图 3-67 所示。

图 3-67　XPS 能谱仪实物图

3.4.3.1　XPS 原理简介

XPS 是测量电子能量的谱学技术，原子是由原子核及绕核运动的电子组成，电子在一定的轨道上运动，并具有确定的能量。当一束有足够能量（$h\nu$）的 X 射线照射到某一固体样品（M）上时，便可激发出某原子或分子中某个轨道上的电子，使原子或分子电离，激发出的电子获得了一定的动能 E_k，留下一个离子 M^+。这一 X 射线的激发过程可表示如下：

$$M + h\nu \rightarrow M^+ + e^-$$

其中 e^- 被称为光电子。若这个电子的能量高于真空能级,就可以克服表面位垒,逸出体外而成为自由电子,这一过程的示意图如图 3-68 所示。光电子发射过程的能量守恒方程为:

$$E_K = h\nu - E_B$$

式中 E_K 为某一光电子的动能, E_B 为结合能,这就是著名的爱因斯坦光电发射方程,它是光电子能谱分析的基础。在实际分析中,采用费米能级(E_F)作为基准(结合能为零),测得样品的结合能(B_E)值,就可分析出被测元素。由于被测元素的 B_E 变化与其周围的化学环境有关,根据这一变化可推测出该元素的化学结合状态和价态。

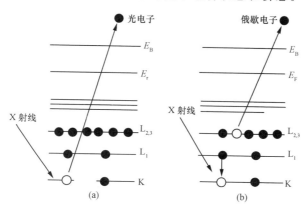

图 3-68
(a) X 射线引发的芯能级电离;(b) 俄歇电子产生过程

在 X 射线引发的芯能级电离过程中,还涉及俄歇(Auger)电子发射,如图 3-68(b) 所示。样品由于 X 射线的入射而产生电离,在电离的过程中,某壳层形成空穴,当邻近轨道的电子填充这个空穴时,多余的能量又将某轨道上的另一个电子击出,这就是俄歇电子。这一电子是 Auger 在 1925 年的 X 射线实验中发现的。俄歇电子涉及三个能级,其动能取决于元素的种类。图 3-68(b) 表示的是电离过程中在 K 壳层形成空穴,L 壳层的电子向空位跃迁时,释放的能量将邻近轨道的另一个电子击出,此过程即 KL_1L_{23} 俄歇电子的发射过程,可简写为 KLL,依此类推。在 XPS 分析中常用到俄歇电子,在专用的俄歇电子能谱中,俄歇电子可用作元素鉴定,且迅速准确。图 3-69 给出了 XPS 仪器的简单示意图。当具有一定能量的 X 射线与物质相互作用后,从样品中激发出光电子,带有一定能量的电子经过特殊的电子透镜到达分析器,光电子的能量分布并被测量,最后由检测器给出光电子的强度。由计算机组成的数据系统用于收集谱图和数据处理,由于电子能谱中所测的电子动能在电子伏特范围,电子从样品到达分析器之间不能与任何物质相互作用,这就需要包括各种真空泵在内的高真空或超高真空系统。图 3-69 的虚线范围内表示系统必须在真空条件下工作。在实际测量中,真空一般在 $10^{-8} \sim 10^{-11}$ mbar 范围。XPS 通常用 Al 或 Mg 靶作为 X 射线源(其能量分别是 1486.6 eV 和 1253.6 eV),用以激发元素各壳层,如内壳层和外壳层的电子。同步辐射源也常用作 XPS 的入射源,由于 X 射线不能聚焦,早期的 XPS 仪器空间分辨率较差。随着科学技术的飞速发展和仪器厂商对新技术的开发应用,近年来 XPS 的空间分辨率有很大提高,可达几个微米。用 XPS 可以对选定的某一元素进行图像扫描,即给出化学相,得到元素的空间分布情况。XPS 技术对样品的损伤很小,基本是无损分析。但在 X 射线的长时间照射下,可能引发元素的价态变化,在实际工作中应引起足够的重视。XPS 探测样品的深度受电子的逃逸深度所限,一般在几个原子层,故属表面分析方法。

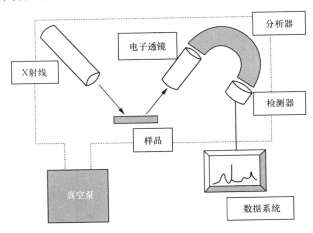

图 3-69　XPS 工作示意图

3.4.3.2　XPS 定性分析

定性分析就是根据所测得谱的位置和形状来得到有关样品的组分、化学态、表面吸附、表面态、表面价电子结构、原子和分子的化学结构、化学键合情况等信息。元素定性的主要依据是组成元素的光电子线的特征能量值,因为每种元素都有唯一的一套芯能级,其结合能可用作元素的指纹。

(1)元素组成鉴别。

每种元素都有唯一的一套芯能级,通过测定谱中不同元素芯光电子峰的结合能可进行元素组成鉴别。要知道样品的表面元素组成可以通过全谱扫描,要鉴别某特定元素的存在可通过窄区扫描,如图 3-70 所示。对于一个化学成分未知的样品,首先应做全谱扫描,以初步判定表面的化学成分。通过对样品的全谱扫描,在一次测量中就可检出全部或大部分元素。就一般解析过程而言,首先鉴别那些总是存在的元素的谱线,其次鉴别样品中主要元素的强谱线和有关的次强谱线,最后鉴别剩余的弱谱线。鉴别元素时须排除光电子谱中包含的俄歇电子峰。由图 3-70 可知样品由 Cu、Ge、O 三种元素构成。对要研究的几个元素的峰,进行窄区域高分辨细扫描,以获取更加精确的信息,如结合能的准确位置、鉴定元素的化学状态或为了获取精确的线形,或为了定量分析获得更为精确的计数,或为了扣除背底或峰的分解或退卷积等数据处理。

(2)化学态分析。

一定元素的芯电子结合能会随原子的化学态(氧化态、晶格位和分子环境等)发生变化(典型值可达几个 eV),这个变化就是化学位移,这一化学位移的信息是元素状态分析与相关结构分析的主要依据。XPS 通过测定内壳层电子能级谱的化学位移可以推知原子

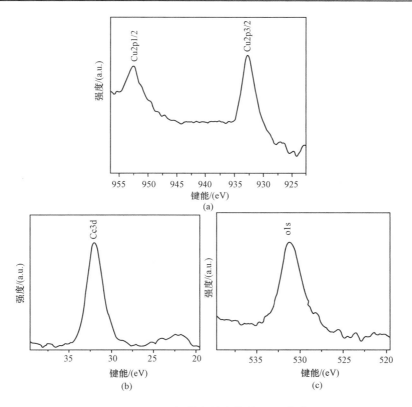

图 3-70　三元铜锗氧纳米线的 XPS 光谱

结合状态和电子分布状态。元素因为原子化学态变化而产生的化学位移有时可达几个 eV,可以在谱图上很明显地分开。但有时化学位移可能只有零点几个 eV,这时不同化学态的峰就会相互重叠形成"宽峰"。这时要想准确定出各化学位移峰的位置,就必须把测得的宽峰还原成各个单峰,这种处理方法就称为谱峰的退卷积,或者解叠。退卷积有两种

基本方法,其一是根据谱峰包络线的大致起伏特征,给定单峰的个数、峰位、峰宽等参数后,由计算机经过迭代拟合出其他诸如单峰的强度、面积等参数。计算机拟合的结果是否可信,往往要结合所研究问题的基本物理化学属性一起考虑。其二是直接从与试验测得宽峰相关的基本问题着手,通过傅里叶变换剥离仪器分辨率对谱的贡献,还原出本征峰形。

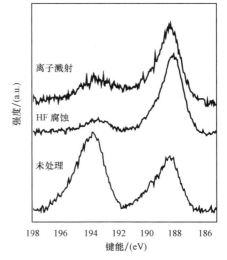

图 3-71　B 1s XPS 光谱

　　以上这些 XPS 分析表明内层电子结合能的化学位移可以反映原子化学态变化,而原子化学态变化源于原子上电荷密度的变化。为了测定硼原子是否真正掺杂在了硅纳米晶中,可用 XPS 测定元素硼 1s 轨道的化学偏移量,图 3-71 为硼掺杂的硅

纳米材料经过不同处理后元素硼 1 s 轨道跃迁光谱。在 193.8 eV 和 188.5 eV 两个位置时存在两个强度最大的波峰,分别为硼氧化物(B — O 键)及硼化物(包括 B — Si 键)相应的波峰。随着 HF 酸腐蚀时间的增加,B — O 键的强度有所减弱,而 Si — B 键、B — B 键的强度明显增强,证实了 B 原子掺杂在了 Si 核内。

3.4.3.3 XPS 定量分析

在表面分析研究中除了要确定试样元素种类及其化学状态外,还要求测得含量,对谱线强度作出定量解释。在电子能谱中,定量分析的应用大多以能谱各峰强度的比率为基础,把所观测到的信号强度转变成元素的含量,即将谱峰面积转变成相应元素的含量。目前定量分析多采用元素灵敏度因子法,该方法利用特定元素谱线强度作参考标准,测得其他元素相对谱线强度,求得各元素的相对含量。大多数分析都使用由标样得出的经验校准常数,也就是元素灵敏度因子,对某一固体试样中两个元素 i 和 j,如已知它们的灵敏度因子 S_i 和 S_j,并测出各自特定谱线强度 I_i 和 I_j,则它们的原子浓度之比为:$\dfrac{n_i}{n_j} = \dfrac{I_i/S_i}{I_j/S_j}$。例如一样品的全谱扫描检测到有铁和氧存在,其 XPS 谱峰峰位及面积列于表 3-4。根据所得谱峰的强度(面积)和元素灵敏度因子计算 Fe/O 原子浓度比为:$\dfrac{n_{Fe}}{n_O} = \dfrac{I_{Fe}/S_{Fe}}{I_O/S_O} = \dfrac{1921/0.22}{786/0.4} = 1.34$,由此可以判断被测样品的成分可能为 Fe_3O_4。

表 3-4 样品的 XPS 谱峰、峰位及面积

谱峰	结合能/eV	面积
O 1s	530.6	1921
Fe 2p	710.7	786

XPS 定量分析除了可以利用相对灵敏度因子计算不同元素的相对原子浓度外,对于同一种元素在不同化学态下的原子相对浓度也可以进行分析。这类分析相对来说有一定难度,因为同一元素不同化学态下的原子,它们的 XPS 谱峰峰位很靠近,常常不是形成分立的峰,而是叠加在一起形成"宽峰"。这时要想通过分析这些原子的峰强度(面积)比来获得它们的相对含量,就需要将"宽峰"还原成组成它的各个单峰,也就是退卷积。对谱峰进行退卷积一般有专门的软件,尽管计算机程序会设置好一套最佳拟合参数,但是在实际操作中,应该根据探讨问题的需要选择合适的拟合参数,诸如将宽峰退卷积成单峰的个数,确定背景扣除的范围、扣除方式(线性扣除或 Shirley 式扣除),一般可选用 Shirley 式扣除,确定 Gaussian/Lorentzian,就是在拟合中高斯函数和洛伦兹函数的贡献比例。

XPS 能快速测量除 H 和 He 以外的所有元素,基本属于无损分析。XPS 分析技术能给出样品的元素组成、化学价态以及有关的电子结构等重要信息,在固体材料的制备和表征中起着重要的作用。但受多种因素的影响,XPS 的灵敏度和空间分辨率还不够高,其定量分析的准确性较差。另外,XPS 仪器必须在超高真空条件下工作,要用到真空系统和各种真空泵,仪器价格昂贵。因真空条件和电子特性所限,分析的样品只能是低蒸汽压的无磁固体材料。由于 XPS 是表面分析方法,样品的表面处理和制备对实验结果有很大影

响。在真空中配合离子刻蚀技术,可以对所测样品进行深度剖析,但离子束对样品的破坏应引起足够重视。在实际应用中,结合多种探测技术,如用 X 射线衍射法分析样品的结构,采用各种电镜和扫描隧道微探针分析法观测样品的表面形貌和成分,对未知样品进行综合分析和研究尤为重要,只有对样品进行全面的了解和探究,才能为新材料的研制提供有价值的信息。

3.4.4　X 射线精细结构吸收光谱(XAFS)

3.4.4.1　同步辐射介绍

当高能带电粒子(如电子或质子)以接近光速的速度绕圆形轨道高速运动时,将沿轨道的切线方向产生电磁辐射,这种辐射叫同步辐射或同步光,如图 3-72 所示。这种光在 1947 年美国通用电器公司的一台 70 MeV 的同步加速器中首次被肉眼看到。

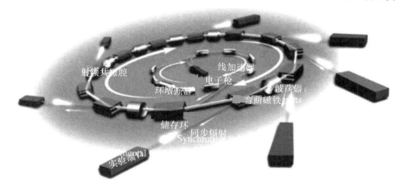

图 3-72　同步辐射光的产生示意图

在经典电子动力学中,当加速电子的速度远低于光速时,加速电子的辐射功率 P 可以用拉莫尔公式描述,而在同步辐射中,电子是接近于光速运动的。对于一个速度比光速 c 小得较多、在圆形轨道上移动的电子,在向心加速度 $\mathrm{d}v/\mathrm{d}t$ 驱动下,在单位时间单位立体角内发射出的偶极辐射的功率由如下公式给出:

$$\frac{\mathrm{d}p(\chi)}{\mathrm{d}\Omega}=\frac{e^2}{4\pi c^2}\left(\frac{\mathrm{d}v}{\mathrm{d}t}\right)^2\sin^2\chi$$

式中 t 为时间,Ω 为立体角,χ 为加速度方向与辐射方向间夹角,将上式对积分得到辐射功率:

$$P=\frac{2}{3}\frac{e^2\gamma^2}{m_0^2c^3}\left|\frac{\mathrm{d}p}{\mathrm{d}t}\right|^2$$

其中 m_0 为带电粒子的静止质量,e 为电子电荷,c 为光速,$P=m_0v$ 为动量,$(\mathrm{d}p/\mathrm{d}t)$ 为加速度,γ 为运动电子的相对质量与静止质量之比,由如下公式表示:

$$\gamma=\frac{E}{m_0c^2}=\frac{1}{\sqrt{1-\beta^2}},\quad \beta=\frac{v}{c}$$

同步辐射光实际上是电子以束团的形式在存储环中运动,束团中的电子并不全在理想的平衡轨道上,是有偏离的,存在一定的发射度。图 3-73 为在理想平面上平衡轨道上运动的一个电子发射同步辐射光的辐射分布示意图。对 $v\ll c$ 的电子,辐射在空间的分布并不是均匀的,是 χ 角的正弦分布,其最大值在 $\pi/2$ 处,即 v 的方向,圆形轨道的切线方向,它是以 $\mathrm{d}v/\mathrm{d}t$ 为轴的一个圆环,如图 3-73(a) 所示。对于 v 接近 c 的电子,辐射的分布情况发生了变化,可以证明在 $\theta=1/\gamma$ 时(θ 为辐射方向与速度方向的夹角),辐射强度已为零,辐射只集中在向前的一个小的圆锥内,此圆锥的轴为圆形轨道的切线,它的半顶角 $\varphi=1/\gamma$,如图 3-73(b)所示,是为电子的本征角发散。进一步的研究发现,辐射的角分布还与波长有关,波长短的辐射,随着波长的增加强度下降较快,随着波长的增加这种强度下降的趋势逐渐变缓,其分布范围越来越宽。

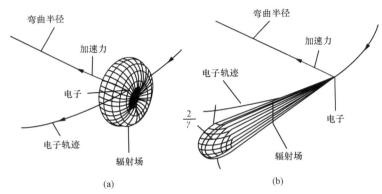

图 3-73 在理想平面上平衡轨道上运动的一个电子发射
同步辐射光的辐射分布示意图

同步辐射较之常规光源有许多突出的优点。如它的频谱宽,从红外一直到硬 X 射线,是一个包括各种波长光的综合光源,可从其中得到任何所需波长的光。其突出的优点是亮度大,对第一代光源,亮度可达 $10^{14}\sim10^{15}$,比之转靶 X 射线发射器的特征谱的亮度 10^{11} 高出三四个数量级;第三代光源还可以再高五个数量级,亿倍的光强可作空前的高分辨(空间分辨、能量分辨、时间分辨)实验,这些都是常规光源无法完成的;还有发射角小,光线是近平行的,其利用率、分辨率均大大提高;其他还具有时间结构,有偏振性,有一定的相干性及可准确计算等等。归纳起来,同步辐射光源具有以下其他光源不具备的特性(优点):①高通量、高亮度;②频谱宽广且连续;③高偏振性;④准直性;⑤脉冲时间结构;⑥超高真空洁净环境;⑦光源稳定。正因为有以上优点,它在科学、技术、医学等众多方面得到了广泛应用,解决了一批常规实验室无法解决的问题。

同步辐射技术的发展经历了实验室的初期观察到今天的第三代储存环的演化过程。虽然第四代环(如自由电子激光和能量回收线性加速器)正在发展之中,但大量证据表明第三代储存环是目前用途最多的同步辐射技术,采用此技术,大量不同的实验可以组合用来进行无数的理论研究和工业化应用。X 射线吸收谱技术(XAS)揭示了具有光子能量物质的吸收系数的变化;当单色的 X 射线束穿过物质时,由于各种相互作用过程(散射、吸收等),其强度降低。对于高强度 X 射线而言(大于 1000 eV),光电效应占优势,核原子电子由于光子吸收而受到排斥。吸收系数 μ 可以定义为:$I=I_0\mathrm{e}^{-\mu t}$,式中,I 是穿透强度,t 是穿过材料的厚度,I_0 为入射波束强度,系数 μ 依赖于材料性质和光子能量(E)。

入射 X 射线光子的能量等于被照射样品某内层电子的电离能时,会被大量吸收,使电子电离为光电子,故在其两侧的吸收系数很不相同,产生突跃。对于原子中有不同主量子数的电子,能量有较大的不同,与它们对应的吸收边相距颇远。具有相同主量子数的电子,由于其他量子数的不同,能量也有差别,从而也形成独立的吸收边,但因能量差别不大,这些吸收边就靠得较近,与发射谱类似,按主量子数命名为 K、L……系。一般而言,当光子能量增加时,吸收系数逐渐降低,直到达到临界能量,会突然发生急剧变化。这些不连续变化,被称为吸收边,它们在光子能量达到核电子激发的能量 E_0 时发生。吸收边能量对应于特定的化学元素,因为它对应于光电子的结合能。

当这种吸收过程发生在凝聚态物质中时,被排斥的光电子与近邻的原子相互作用,导致吸收边之外的吸收系数发生变化。这些变化在一个实验谱中很容易被鉴别,基于排斥电子的能量 $E-E_0$,按照原子周围的不同作用区域,将吸收谱粗略地划分为两个区域:① NEXAFS(近边 X 射线吸收精细结构)在 E_0 以上大约 0～40 eV,发生多重散射事件,给出关于对称性和化学态信息;②EXAFS(扩展 X 射线吸收精细结构)40～1000 eV,单散射事件占优势,提供结构信息,如配位数和原子间距。

3.4.4.2　X 射线精细结构吸收(XAFS)光谱

XAFS 是一种同步辐射特有的结构分析方法。XAFS 的信号是由吸收原子周围的近程结构决定的,因而它提供的是小范围内原子簇结构的信息,包括电子结构和几何结构,许多材料的特征正是由这小范围内的原子簇结构决定的。也正因为它与长程有序无关,因而它不像 X 射线衍射那样使用的样品必须是晶体,它可以是晶体,也可以是非晶体;可以是固体,也可以是液体,甚至是气体;可以是单一的物相,也可以是混合物等等。

20 世纪 20 年代,发现凝聚态物质对 X 射线的吸收系数 $\mu(E)$,在吸收边附近存在量级为 10^{-2} 的震荡,这一震荡称为 X 射线精细结构吸收(XAFS)。20 世纪 70 年代,Stern、Sayers、Lytle 从理论、实验两方面成功地解释了产生振荡的机制,推导了 EXAFS 的基本公式,提出了处理实验数据的方法和计算机程序,并将它们用于凝聚态物质的结构分析。随着同步辐射的发展,XAFS 已成为研究凝聚态物质,特别是长程无序、短程有序的非晶态、液态、熔态、溶液、生命物质的原子、电子结构的有力工具。

XAFS 可分为两部分:①EXAFS(扩展 X 射线精细结构吸收)吸收边高能侧(30～50)eV 至 1000 eV 的吸收系数 $\mu(E)$ 的震荡,称为 EXAFS。它含有吸收原子的近邻原子结构信息(近邻原子种类、配位数、配位距离等)。②XANES(X 射线吸收近边结构)吸收边至高能侧(30～50)eV 的吸收系数 $\mu(E)$ 的震荡,称为 XANES。它含有吸收原子近邻原子结构和电子结构信息,如图 3-74 所示。

X 射线吸收是芯能级电子吸收了光子能量后跃迁到空态或部分填充的态。近边 X 射线吸收精细结构又分为低能 NEXAFS(前边区)和 NEXAFS(近边区)。低能 NEXAFS 的特点是有

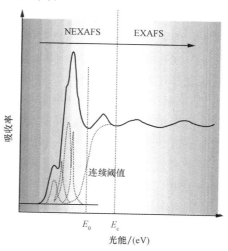

图 3-74　全边、近边及扩展边分段示意图

一些分立的吸收峰,因此也称分立部。其形成的原因是入射的 X 射线光子的能量较小,还不足以使光电子电离,而是使光电子跃迁到外层的空轨道。由于电子轨道的能量范围较小,故形成尖锐的分立峰,这些峰的宽度是与对应的激发态的存活时间有关的,存活时间长,峰就宽。对不同类型的物质,其特点还有一些区别。对于原子,如惰性气体,这些分立峰是很陡峭的,称为 Rydberg 态。对于 K 边它是电子从 1s 至 np 的跃迁,而 L 边是 $2p_{1/2}$、$2p_{3/2}$ 至 $nd(n=3、4\cdots)$ 或 $ns(n=4、5\cdots)$ 的跃迁,对于分子、原子的外层价轨道转变成分子轨道,而较重元素的内层轨道还留在原子轨道,因而分子的 NEXAFS 在电离阈以下会出现两种结构,一为 Rydberg 态,另一为与分子轨道对应的束缚共振。束缚共振形成宽而矮的峰,数量也不多,Rydberg 态一般重叠在这些共振峰上。NEXAFS 段是在电离阈以后的一段,称为连续段。在此,光电子已经电离,随入射 X 光子能量的增加,光电子的动能也是增加的,其吸收谱的变化似应是连续单调下降,遵从 Victoreen 公式。

为了理解和构造 NEXAFS 光谱区域模型,通常需要烦琐、复杂的多重散射计算。另一方面,EXAFS 谐振是由单电子散射过程支配,可以按简单数学方法来处理。获得可信的和简化的数据处理已经使变换 EXAFS 广泛应用于结构表征,并且可以解释在这一谱区大多数 XAS 已有的结果。特别是由于 EXAFS 可以探测激发原子的局部环境,已经用作 XRD 的一种替代或补充。EXAFS 可以被认为是一种低能电子衍射过程,其中有来自能量选择元素的光电子。关于纳米结构材料,很多研究者利用 EXAFS 来处理测定内部原子间距的问题。由于小粒子长程有序的本征缺陷,利用其他方法获得这些体系中测定原子间距的实验相当困难。

EXAFS 产生的基本原理:当 X 光照射物质,在某能量位置处,X 光能量正好对应于物质中元素 A 内壳层电子的束缚能,吸收系数突增,即吸收边位置。中心原子 A 吸收 X 光后,内层电子由 n 态激发出来向外出射光电子波,此波在向外传播过程中,受到邻近几个壳层原子的作用而被散射,散射波与出射波的相互干涉改变了原子 A 的电子终态,导致原子 A 对 X 射线的吸收在高能侧出现振荡现象。要理解 EXAFS 偏振的物理本质,首先需要知道核电子吸收 X 射线光子的概率依赖于最初和最后的状态。在边缘以上,源于吸收电子的最后状态可以通过外在的球面波描述,这种波被相邻原子散射,结果形成干涉花样,如图 3-75 所示。最后的状态依赖于外部和散射波相位,相位反过来又依赖电子波矢量(κ),或者相应的出射能。因此,近邻原子的精确位置会影响激活核电子的可能性,这也导致作为光电子能量函数的吸收系数的偏振行为。

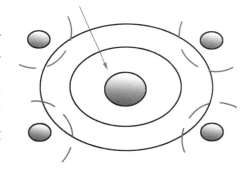

图 3-75　EXAFS 扩展产生原理图

3.4.4.3　在纳米材料方面的应用

随着对纳米线/管材料的进一步深入研究,X 射线吸收谱逐步成为纳米材料的重要表征工具。同步辐射在纳米材料的生长、机理、缺陷、旋度、取向和电子结构等方面的研究具有传统方法无法比拟的优势,同时,由于总电子产额(TEY)和荧光产额(FLY)具有不同的取样探测深度,分别对样品的表面和体内敏感,也为纳米材料的整体鉴定提供了强有力的工具,是 TEM、XRD 等传统方法分析纳米材料时重要的补充,为确定纳米材料是否整体为纳米材料提供了有力的依据。实际上,同步辐射中的 X 射线吸收谱除了用于上述各方面的研究外,人们已经在纳米薄膜,如采用 X 射线吸收谱整体鉴别纳米薄膜是否为纳米薄膜、纳米多层超晶格的结构和电子性能以及纳米结构复合材料的设计等方面采用 X 射线吸收谱进行了初步的研究。总之,同步辐射因其独特的性能和所蕴涵的丰富信息,将成为纳米材料领域最重要的表征工具之一。

(1)研究碳纳米线/管。

自 1991 年 Iijima 发现碳纳米管以来,人们对纳米管的生长机理进行了大量的研究。虽然提出各种生长模型,如卷曲模型和 lip-lip 键合模型等,但碳纳米管的生长机理仍然不清楚。通过 TEY 和 FLY 记录的碳 K 边近边 X 射线吸收精细结构谱,可对比研究热蒸发法制备的碳纳米线(CNW)和多壁碳纳米管(MWNT)的结构和键合,并可对比分析高取向石墨(HOPG)的 TEY 谱,结果证明非晶态碳纳米线是多壁碳纳米管生长的前驱体,在退火条件下最终形成多壁碳纳米管。采用 X 射线吸收精细结构谱研究碳纳米管虽有所报道,但不是高分辨的结果,而是低分辨,高分辨研究结果如图 3-76 所示。图中约 285 eV

和 286 eV 的特征峰是碳的 1 s 向 π^* 跃迁所产生的。类似的特征峰在 FLY 中,虽由于自身吸收稍微有些模糊但也可以观察到。这些特征直接证明出现了未饱和 C—C 键之间的反应(sp^2 键合),化学非等价碳。多壁碳纳米管中的 π^* 的跃迁比碳纳米线中的 π^* 跃迁要明显得多。图中可以看到,在287~290 eV 范围之内,碳纳米线的 TEY 显示出了强烈的特征峰,而 FLY 却被抑制。类似的特征在多壁碳纳米管的 TEY 中约 289.5 eV 处出现,但在 FLY 中没有出现。在非晶态碳中存在 C—H 键的 σ^* 共振特性,并且这些特性在碳纳米线和多壁碳纳米管中都是由于 C—H 键合引起

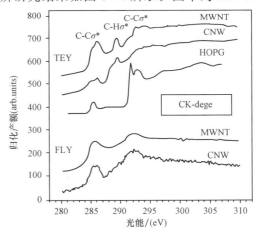

图 3-76　碳纳米线、多壁碳纳米管和高取向石墨在碳 K 边的 TEY 和 FLY 谱

的。碳纳米线的低能侧翼包含一些 sp^3 键,而在多壁碳纳米管中却完全消失。除了 TEY 中 C—H 的 σ^* 共振峰来自于残留物外,由碳纳米线转化而来的多壁碳纳米管的 NEXAFS 结果与以前观察的多壁碳纳米管结果相吻合,强烈地证明碳纳米线内包含积木式结构单元(类石墨碳),这些单元在退火的基础上最终导致多壁碳纳米管的形成。很明显,多壁碳纳米管的形成和石墨化并没有在碳纳米线的形成阶段发生,直到进一步地退火后才得以实现,否则,其 HRTEM 也能显示出如碳纳米线的 HRTEM 图像中所示的表面附近的晶格条纹。

(2)纳米线/管取向研究。

用同步光的线性极化研究 NEXAFS 谱与入射角度(入射光与样品表面的夹角)的关

系可以鉴别纳米线/管的取向。若 NEXAFS 不依赖于角度,则表明是多晶体,没有择优取向,相反是单晶体,具有择优取向。研究多壁碳纳米管的生长机理,可采用此方法证明碳纳米线内前驱体的局部取向,如其 π^* 轨道是局部排列取向并正交于 C—H 的 σ^*。由于同步光是水平线性极化光,所以 π^* 的跃迁强度与 π^* 轨道相对于极化矢量的方向有着非常密切的关系。因此,如果纳米线样品中 π^* 轨道相对于入射光子束为局部排列取向,那么样品相对于入射光子的旋转将显示出可测量的角度依赖关系。C—C 或 C—H 的 σ^* 轨道正交于 π^* 轨道,则显示相反的趋势。在 TEY 和 FLY 中碳纳米线的 NEXAFS 谱的角度关系中发现,随着角度从垂直入射向切向入射变化,π^* 共振峰强度逐渐减小,而 C—Hσ^* 的变化趋势与之相反。掠射角处观察到 C—Hσ^* 的强度证明在类石墨基片中出现 C—H。在 FLY 中 30°角时出现的 C—H 特征也可能是由于在掠射角处表面灵敏度的增加而引起的。这种影响应该是不怎么明显的,因为最多存在局部排列取向的样品。因此,碳纳米线中的多壁碳纳米管积木式结构单元可能具有位于苯基和类石墨基片(sp^2 键合)之间某处的一种结构。

(3)纳米线/管的缺陷、旋度研究。

纳米线/管中的缺陷、旋度等可以通过 X 射线吸收谱中峰的变化反映出来。采用 TEY 和 FLY 记录的碳 K 边的 NEXAFS 谱可研究碳纳米管的旋度和缺陷。通过对高取向石墨 TEY 记录的碳 K 边 NEXAFS 谱的角度关系与体内纳米管 TEY 和 FLY 记录的 NEXAFS 谱的角度关系对比,以及类金刚石、高取向石墨的碳 K 边 NEXAFS 谱与碳纳米管的高、低分辨碳 K 边 NEXAFS 谱的对比,发现碳纳米管中出现的 284.5 eV 和 290.5 eV 两个新的特征峰,并证明是由碳纳米管层的旋度和局部缺陷产生的,如图 3-77 所示。图(b)中出现的 285.5、288.5 和 291.5 eV 三个峰分别对应于 C 的 1s 到 C—Cπ^*、C—Hσ^*、C—Cσ^* 的特征峰,其中 C—Hσ^* 峰只出现在碳纳米管的 TEY 谱中,而在 FLY 和高取向石墨中没有出现,如图(a)、(c)所示。这意味着 C—H 和碳纳米管的表面有关。以前,在非晶态碳样品中也观察到类似的 C—Hσ^* 特征峰。在图(d)的碳纳米管高分辨光谱中出现的 290.5 eV 峰是由缺陷所产生的。由于在纳米管的形成过程中需要石墨基片的旋转和卷曲,因而 π^* 轨道将受到较大的旋度影响,这将导致能级的分裂。这种影响只有在纳米管中才产生,在石墨和 C_{60} 中都没有观察到,实际上在纳米线中也观察不到。在多壁碳纳米管的 TEY 图中 290.5 eV 处也隐约可以看到微小的耸肩峰出现,而在碳纳米线的 TEY 图中却看不到,此现象与 HRTEM 观察到的结果相吻合。

(4)硅纳米线掺杂分布研究。

通过 NEXAFS 探测深度的研究,可以确认元素磷的位置究竟是存在于线的表面还是存在于核中,及其化学键合状态。这是因为总电子产额 TEY 收集的是电子信号,是从样品表面发出的,对样品的表面敏感;而荧光产额 FLY 收集的是声子信号,是从样品内部发出的,对样品的体内敏感。对激光烧蚀法制备的磷掺杂硅纳米线(P - SiNW)进行 NEXAFS 研究,测量了 Si 和 P 的 K 边不同的吸收常数,包括从 1s 轨道到 3p 轨道以及更高的 p 特征能态(探测导带中未占据态密度)的偶极跃迁,因此 Si 和 P 的 K 边 NEXAFS 可以提供本质的、化学的和取样深度灵敏度等信息。对比本征样品和经不同浓度 HF 刻蚀 5 min 后的 Si 和 P 的 K 边 NEXAFS 谱分析后发现,随着刻蚀浓度的增加,在 TEY 和

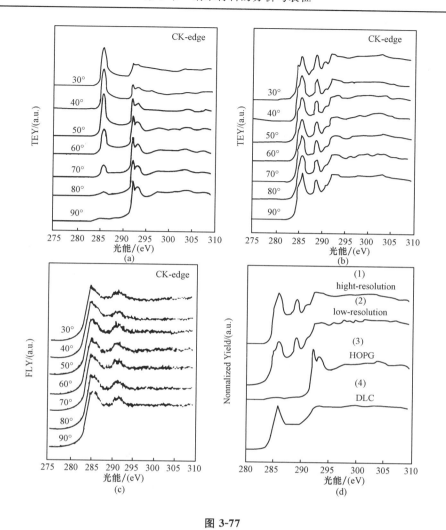

图 3-77

(a)(b)分别为高取向石墨和碳纳米管在碳 K 边的 TEY NEXAFS 谱；
(c)为其相应的 FLY 谱；(d)为碳纳米管的高分辨(1)和低分辨(2)以及高取向石墨
(3)和类金刚石(4)在碳 K 边的 NEXAFS 谱的对比图

FLY 谱中，1847 eV 处的二氧化硅峰的强度显著减小，而在 1840 处硅峰逐渐变为主要的特征峰。经过足够的刻蚀后，Si－O 特征峰几乎完全被 Si 的特征峰所取代。在高 K 空间，P－SiNW 在硅 K 边的 XAFS 光谱显示的双重线变得模糊不清。这意味着长程有序的降低且与纯 Si(100)片相比，除了在更高能量振动稍微有些不匹配(压缩)之外，其振动方式基本相同。这些结果证明除了平均原子间距稍微变长之外，晶状硅位于 P－SiNW 核中。原子间距的变长与更大的替代物 P 的出现相吻合，同时证明 P－SiNW 的核中存在 P。进一步对比 HF 处理过的样品在硅 K 边的 TEY 谱和在磷 K 边的 FLY 谱，发现如果除去 2153 eV 峰(以 2144 eV 处红磷特征峰为参照线)，两光谱的共振基本类似。这可以定性地证明：P－SiNW 中的 P 取代大部分的四面体位，与在硅 K 边观察到的局部结构微小膨胀相吻合。2153 eV 峰的能量与氧化磷的能量基本相同，是由 P－SiNW 中位于氧化物与硅纳米线核界面处的 $P_2O_5 - SiO_2$ 相产生的,这说明在氧化层中也存在 P。

(5)本征硅纳米线研究。

对硅纳米线的表征在传统上主要采用 XRD、Raman、EDS 和 HRTEM,这些方法显示硅纳米线一般具有两个特征:一是都含有量子限制的纳米尺寸数量级的天然硅结构,二是它们经常包裹着二氧化硅外壳层。同样,采用 X 射线吸收谱可以很好地鉴定硅纳米线具有以上两种普遍特征。通过 X 射线吸收谱可对比研究 TEY 记录的硅纳米线、HF 刻蚀的硅纳米线、硅(100)、在空气中被氧化的多孔硅和 SiO_2(石英)在 Si 的 K 边 X 射线吸收近边光谱。结果发现硅纳米线的 NEXAFS 谱中展现的 Si 和 SiO_2 共振峰类似于暴露于环境中的 Si(100)所展现的 Si 和 SiO_2 共振峰,只不过其 SiO_2 的峰强因更大的表面积和表面硅原子(氧化物中)与体内硅原子(纳米线中)之比而大幅度地增加,如图 3-78 所示。在 1844 和 1860 eV 处,分别测量了与 Si 和 SiO_2 相关的跃迁边,检测结果表明测量的 SiO_2 与 Si 的比值约为 2/5,比 HRTEM 所预计

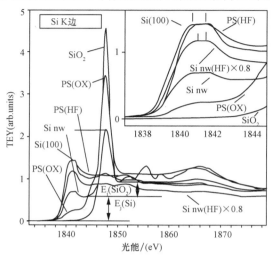

图 3-78　硅纳米线(本征和 HF 刻蚀)、多孔硅(本征和 HF 刻蚀)、硅片和石英在硅 K 边的 TEY XANES 谱,插入图为放大的跃迁边图

的比值 1/4～1/3 要大。此明显的差别是意料中的事情,因为与被氧化物层包裹的 Si 相比,TEY 对表面氧化物的灵敏度更高。经 HF 刻蚀后,硅纳米线谱中的氧化物峰消失,这些说明二氧化硅是包裹在外层。进一步对比硅纳米线、HF 刻蚀的硅纳米线、硅(100)的 FLY 和 HF 刻蚀前后硅纳米线的 TEY,发现除了跃迁边明显蓝移外,刻蚀前的硅纳米线 FLY 显示了强度较弱的 SiO_2 特征峰,而刻蚀后硅纳米线的 FLY 与纯 Si(100)片的 FLY 完全相同,因 FLY 对表面和体内都敏感。同时可以看到相对于 Si(100),刻蚀前后的硅纳米线 FLY 的跃迁边有明显的蓝移,这些说明纳米晶体硅位于硅纳米线的核中,蓝移是一种量子行为,是纳米材料的特征。采用类似的方法可以证明硅纳米线是由纳米尺寸的晶体硅和氧化物外层组成的纳米材料。这些结果与 HRTEM 等证明结果吻合得非常好,更好地体现出了 HRTEM 等不能体现的纳米体系的量子效应特征,这就是 XAFS 的优越之所在。

3.4.5　俄歇电子能谱(AES)

1925 年,Pierre Auger 发现了俄歇电子,但由于俄歇电子的信号很弱,一直到 1967 年在采用了微分锁相技术使俄歇电子能谱获得了很高的信背比后,才开始出现了商业化的俄歇电子能谱仪,并发展成为一种研究固体表面成分的重要分析技术。1969 年,Palmberg 等引入了筒镜能量分析器(cylindrical mirror analyser,CMA),使得俄歇电子能谱的信背比获得了很大改善。现在的俄歇电子能谱仪广泛采用同轴电子枪的 CMA 能量

分析器,并采用电子束作为激发源。随着微电子技术的发展,俄歇电子能谱仪已发展为具有很高微区分辨能力(10 nm)的扫描俄歇微探针(scanning auger microprobe,SAM)。

俄歇电子能谱可以分析除氢、氦以外的所有元素,现已发展成为表面元素定性、半定量分析、元素深度分布分析和微区分析的重要手段。新型俄歇电子能谱仪具有很强的微区分析能力和三维分析能力。其微区分析直径可以小到 10 nm,大大提高了在微电子技术及纳米技术方面的微分析能力。此外,俄歇电子能谱仪还具有很强的化学价态分析能力,不仅可以进行元素化学成分分析,还可以进行元素化学价态分析。俄歇电子能谱分析是目前最重要和最常用的表面分析和界面分析方法之一,尤其适合于纳米薄膜材料的分析,在金属、半导体、电子材料和陶瓷材料、薄膜材料等研究方面具有重要作用。

AES 具有很高的表面灵敏度,其检测极限约为 10^{-3} 原子单层,采样深度为 $1 \sim 2$ nm,比 XPS 还要浅,更适合于表面元素定性和定量分析,同样也可以应用于表面元素化学价态的研究。配合离子束剥离技术,AES 还具有很强的深度分析和界面分析能力,常用来进行薄膜材料的深度剖析和界面分析。此外,AES 还可以用来进行微区分析,且由于电子束束斑非常小,具有很高的空间分辨率,可以进行扫描和在微区上进行元素的选点分析、线扫描分析和面分布分析,因此,在纳米材料,尤其是在纳米薄膜材料和纳米器件等研究领域具有广泛的应用。

3.4.5.1　俄歇电子能谱的原理

当具有足够高能量的粒子(光子、电子或离子)与一个原子碰撞时,原子内层轨道上的电子被激发出后,在原子的内层轨道上产生一个空穴,形成了激发态的正离子。这种激发态的正离子是不稳定的,必须通过退激发而回到稳定态。在此激发态离子的退激发过程中,外层轨道的电子可以向该空穴跃迁并释放出能量,而该释放出的能量又可以激发同一轨道层或更外层轨道的电子使之电离而逃离样品表面,这种出射电子就是俄歇电子。俄歇电子的跃迁过程可用图 3-79 来描述,其跃迁过程的能级图见图 3-80。从图上可见,首先外来的激发源与原子发生相互作用,把内层轨道(W 轨道)上的一个电子激发出去,形成一个空穴。外层(X 轨道)的一个电子填充到内层空穴上,释放能量,促使次外层(Y 轨道)的电子激发发射出来而变成自由的俄歇电子。

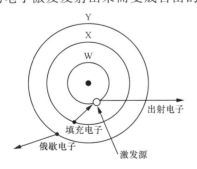

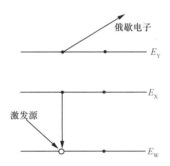

图 3-79　俄歇电子的跃迁过程　　　　　图 3-80　俄歇电子的跃迁过程能级图

俄歇跃迁所产生的俄歇电子可以用跃迁过程中涉及的三个原子轨道能级的符号来标记,如图 3-79 和 3-80 所示的俄歇跃迁所产生的俄歇电子可被标记为 WXY 跃迁。其中激发空穴所在的轨道能级标记在首位,中间为填充电子的轨道能级,最后是激发俄歇电子的轨道能级,如 C KLL 跃迁,表明在碳原子的 K 轨道能级(1s)上激发产生一个空穴,然后外层的 L 轨道能级(2s)的电子填充 K 轨道能级上的空穴,同时外层 L 轨道能级(2p)上的另一电子激发发射。

3.4.5.2 俄歇电子能谱仪的结构

图 3-81 是俄歇电子能谱仪的方框图,从图上可见俄歇电子能谱仪主要由快速进样系统、超高真空系统、电子枪、离子枪、能量分析系统以及计算机数据采集和处理系统等组成。由于俄歇电子能谱仪的许多部件与 XPS 的相同,下面仅对电子枪进行简单介绍。

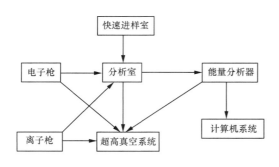

图 3-81 俄歇电子能谱仪结构框图

在俄歇电子能谱仪中,通常采用的有三种电子束源,包括钨丝、六硼化镧灯丝以及场发射电子枪,其中目前最常用的是六硼化镧灯丝的电子束源。该灯丝具有电子束束流密度高、单色性好以及高温耐氧化

等特性。现在新一代的俄歇电子能谱仪较多地采用场发射电子枪,其优点是空间分辨率高、束流密度大,缺点是价格昂贵、维护复杂、对真空度要求高。而电子枪又可分为固定性电子枪和扫描式电子枪两种。扫描式电子枪更适合于俄歇电子能谱的微区分析。

3.4.5.3 俄歇电子能谱的实验技术

(1)样品的制备技术。

俄歇电子能谱仪对分析样品有特定的要求,在通常情况下只能分析固体导电样品。经过特殊处理,也可以分析绝缘体固体。粉末样品原则上不能进行俄歇电子能谱分析,但经特殊制样处理也可以进行一定的分析。由于涉及样品在真空中的传递和放置,待分析的样品一般都需要经过一定的预处理,主要包括挥发性样品的处理、表面污染样品及带有微弱磁性的样品等的处理。

对于含有挥发性物质的样品,在样品进入真空系统前必须清除掉挥发性物质,一般可以通过对样品进行加热或用溶剂清洗等方法。如含有油性物质的样品,一般依次用正己烷、丙酮和乙醇超声清洗,然后红外烘干,才可以进入真空系统。对于表面有油等有机物污染的样品,在进入真空系统前必须用油溶性溶剂,如环己烷、丙酮等清洗掉样品表面的油污,最后再用乙醇清洗掉有机溶剂,为了保证样品表面不被氧化,一般采用自然干燥。而对于一些样品,可以进行表面打磨处理。

由于俄歇电子带有负电荷,在微弱的磁场作用下,也可以发生偏转。当样品具有磁性时,由样品表面出射的俄歇电子就会在磁场的作用下偏离接收角,最后不能到达分析器,得不到正确的 AES 谱。此外,当样品的磁性很强时,还存在导致分析器头及样品架磁化的危险,因此,绝对禁止带有强磁性的样品进入分析室。对于具有弱磁性的样品,一般可以通过退磁的方法去掉样品的微弱磁性,然后就可以像正常样品一样分析。

(2)离子束溅射技术。

在俄歇电子能谱分析中,为了清洁被污染的固体表面和进行离子束剥离深度分析,常常利用离子束对样品表面进行溅射剥离。利用离子束可定量控制剥离一定厚度的表面层,然后再用俄歇电子谱分析表面成分,这样就可以获得元素成分沿深度方向的分布图。作为深度分析用的离子枪,一般使用 $0.5 \sim 5$ keV 的 Ar 离子源,离子束的束斑直径在 $1 \sim 10$ nm 范围内,并可扫描。依据不同的溅射条件,溅射速率可从 $0.1 \sim 50$ nm/min 变化。为了提高分析过程的深度分辨率,一般采用间断溅射方式。为了减少离子束的坑边效应,应增加离子束/电子束的直径比。为了降低离子束的择优溅射效应及基体效应,应提高溅射速率和缩短每次溅射间隔的时间。离子束的溅射速率不仅与离子束的能量和束流密度有关,还与溅射材料的性质有关,所以给出的溅射速率是相对于某种标准物质的相对溅射速率,而不是绝对溅射速率。也有的俄歇电子能谱仪使用液态金属离子枪,一般用铯源或镓源,该类离子枪的优点是束流密度大、溅射速度高以及离子束直径小等。

(3)样品荷电问题。

对于导电性能不好的样品,如半导体材料、绝缘体薄膜,在电子束的作用下,其表面会产生一定的负电荷积累,这就是俄歇电子能谱中的荷电效应。样品表面荷电相当于给表面自由的俄歇电子增加了一定的额外电场,使得测得的俄歇动能比正常的要高。在俄歇电子能谱中,由于电子束的束流密度很高,样品荷电是一个非常严重的问题。有些导电性不好的样品,经常因为荷电严重而不能获得俄歇谱。但由于高能电子的穿透能力以及样品表面二次电子的发射作用,对于一般在 100 nm 厚度以下的绝缘体薄膜,如果基体材料能导电的话,其荷电效应几乎可以自身消除。因此,对于普通的薄膜样品,一般不用考虑其荷电效应。对于绝缘样品,可以通过在分析点(面积越小越好,一般应小于 1 mm)周围镀金的方法来解决荷电问题。此外,还有用带小窗口的 Al、Sn 和 Cu 箔等包覆样品等方法。

(4)采样深度。

俄歇电子能谱的采样深度与出射的俄歇电子的能量及材料的性质有关,一般定义俄歇电子的采样深度为俄歇电子平均自由程的三倍,所以根据俄歇电子的平均自由程可以估计出各种材料的采样深度。一般对于金属为 $0.5 \sim 2$ nm、无机物为 $1 \sim 3$ nm、有机物为 $1 \sim 3$ nm。从总体上看,俄歇电子能谱的采样深度比 XPS 的要浅,更具有表面灵敏性。

3.4.5.4　俄歇电子能谱的分析及在纳米材料方面的应用

俄歇电子能谱可以用来研究固体表面的能带结构、态密度等。俄歇电子能谱还常用来研究表面物理化学性质的变化,如表面吸附、脱附以及表面化学反应。在材料科学领域,俄歇电子能谱主要应用于材料组分的确定、纯度的检测,特别是薄膜材料的生长。俄歇电子能谱在物理学、化学、材料学以及微电子科学等方面具有着重要应用。

(1)定性分析。

由于俄歇电子的能量仅与原子本身的轨道能级有关,所以与入射电子的能量无关,也就是说与激发源无关。对于特定的元素及特定的俄歇跃迁过程,其俄歇电子的能量具有特定性。由此,可以根据俄歇电子的动能来定性分析样品表面物质的元素种类。该定性分析方法可以适用于除氢、氦以外的所有元素,由于每个元素会有多个俄歇峰,定性分析的准确度很高。因此,AES 技术是适用于对所有元素进行一次全分析的有效定性分析方法,主要是利用与标准谱图相比的方法,这对于未知样品的定性鉴定非常有效。

俄歇电子能谱的定性分析是一种最常规的分析方法,也是俄歇电子能谱最早的应用之一,一般利用 AES 谱仪的宽扫描程序收集 20～1700 eV 动能区域的俄歇谱。为了增加谱图的信背比,通常采用微分谱来进行定性鉴定。对于大部分元素,其俄歇峰主要集中在 20～1200 eV 的范围内,对于有些元素则需利用高能端的俄歇峰来辅助进行定性分析。此外,为了提高高能端俄歇峰的信号强度,可以通过提高激发源电子能量的方法来获得。进行定性分析时,通常采取俄歇谱微分谱的负峰能量作为俄歇动能,进行元素的定性标定。在分析俄歇电子能谱图时,有时还必须考虑样品的荷电位移问题。一般来说,金属和半导体样品几乎不会荷电,因此不用校准。但对于绝缘体薄膜样品,有时必须进行校准,通常以 C KLL 峰的俄歇动能为 278.0 eV 作为基准。在离子溅射的样品中,也可以用 Ar KLL 峰的俄歇动能 214.0 eV 来校准。在判断元素是否存在时,应用其所有的次强峰进行佐证,否则应考虑是否为其他元素的干扰峰。

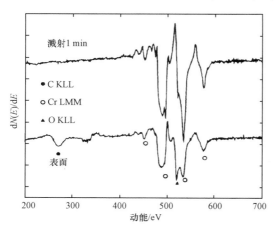

图 3-82　纳米铬薄膜表面清洁前后 AES 能谱的检测结果

纳米薄膜尤其纳米器件,表面的清洁程度对纳米材料的性能有很大影响。通过俄歇电子能谱可以实时定性监测样品的表面清洁程度。图 3-82 为磁控溅射制备的纳米铬薄膜表面清洁前后的俄歇谱。从图可看出在纳米薄膜的原始表面上,除有 Cr 元素存在外,还有 C、O 等污染杂质存在,在经过 Ar 离子溅射清洁后,其表面的 C 杂质峰基本消失。样品表面的 C 并不是在制备过程中形成的,而是在放置过程中吸附大气中的物质引起的污染。但氧的特征俄歇峰即使在溅射清洁很长时间后,仍有小峰存在。该结果表明有少量 O 存在于制备的 Cr 薄膜层中,可能是与靶材的纯度或薄膜样品制备过程中的真空较低有关,而不仅仅是表面污染。

(2)表面元素的半定量分析。

从样品的表面出现的俄歇电子强度与样品中该原子的浓度有线性关系,因此可以利用这一特征进行元素半定量分析。俄歇电子的强度不仅与原子的多少有关,还与俄歇电子的逃逸深度、样品的表面光洁度、元素存在的化学状态以及仪器状态有关。因此,AES 技术一般不能给出所分析元素的绝对含量,仅能提供元素的相对含量。此外,还需注意的是,虽然 AES 的绝对检测灵敏度很高,可以达到 10^{-3} 原子单层,但它是一种表面灵敏的分析方法,对于体相检测灵敏度仅为 0.1% 左右,其表面采样深度为 1.0～3.0 nm,提供的是表面上的元素含量,与体相成分会有很大差别。最后,还应注意 AES 的采样深度与材料性质和激发电子的能量有关,也与样品表面与分析器的角度有关。事实上,在俄歇电子能谱分析中几乎不用绝对含量这一概念,所以应该明确 AES 仅是一种半定量分析结果,即相对含量而不是绝对含量。

俄歇电子能谱的定量分析方法很多,主要包括纯元素标样法、相对灵敏度因子法以及

相近成分的多元素标样法。最常用和实用的方法是相对灵敏度因子法,该方法的定量计算可以用下式进行:

$$c_i = \frac{I_i/S_i}{\sum\limits_{i=1}^{i=n} I_i/S_i}$$

式中 c_i 是第 i 种元素的摩尔分数浓度,I_i 是第 i 种元素的 AES 信号强度,S_i 是第 i 种元素的相对灵敏度因子,可以查询手册获得。

在定量分析中必须注意的是 AES 给出的相对含量也与谱仪的状况有关,这是因为不仅各元素的灵敏度因子不同,AES 谱仪对不同能量的俄歇电子的传输效率也是不同的,并会随着谱仪的污染程度而改变。当谱仪分析仪器受到严重污染时,低能端俄歇峰的强度大幅度下降。AES 仅提供表面 1~3 nm 厚的表面层信息,样品表面的 C、O 污染以及吸附物的存在也会严重影响定量分析结果。由于俄歇能谱各元素的灵敏度因子与一次电子束的激发能量有关,因此,俄歇电子能谱的激发源能量也会影响定量结果。

(3)元素深度分布分析。

AES 的深度分析功能是俄歇电子能谱最有用的分析功能,一般采用 Ar 离子束进行样品表面剥离的深度分析方法。该方法是一种破坏性分析方法,会引起表面晶格的损伤、择优溅射和表面原子混合等现象。但当其剥离速度很快和剥离时间较短时,以上效应就不太明显,一般可以不用考虑。

Ar 离子束进行样品表面剥离的深度分析方法的分析原理是先用 Ar 离子把表面一定厚度的表面层溅射掉,然后再用 AES 分析剥离后的表面元素含量,这样就可以获得元素在样品中沿深度方向的分布。由于俄歇电子能谱的采样深度较浅,所以俄歇电子能谱的深度分析比 XPS 的深度分析具有更好的深度分辨率。由于离子束与样品表面的作用时间较长时,样品表面会产生各种效应,为了获得较好的深度分析结果,应当选用交替式溅射方式,并尽可能地降低每次溅射间隔的时间。此外,为了避免离子束溅射的坑效应,离子束/电子束的直径比应大于 100 倍以上,这样离子束的溅射坑效应基本可以不予考虑。离子的溅射过程非常复杂,不仅会改变样品表面的成分和形貌,有时还会引起元素化学价态的变化。此外,溅射所产生的表面粗糙也会大大降低深度剖析的深度分辨率,一般随着溅射时间的增加,表面粗糙度也随之增加,使得界面变宽。目前解决该问题的方法是旋转样品以增加离子束的均匀性。

纳米薄膜一般由多层纳米膜组成,纳米膜的厚度对材料性能有重要影响。通过俄歇电子能谱的深度剖析,可以获得多层膜的厚度。由于溅射速率与材料的性质有关,这种方法获得的薄膜厚度一般是一种相对厚度。但在实际过程中,大部分物质的溅射速率相差不大,或者通过基准物质的校准,可以获得薄膜层的厚度。这种方法对于薄膜以及多层膜比较有效。对于厚度较厚的薄膜可以通过横截面的线扫描或通过扫描电镜测量获得。图 3-83 是在单晶 Si 基片衬底上制备的纳米 TiO_2 薄膜光催化剂的俄歇深度剖析谱。从图上可看出 TiO_2 薄膜层的溅射时间约为 6 min,离子枪的溅射速率为 30 nm/min,可以获得 TiO_2 薄膜光催化剂的厚度约为180 nm,这与 X 射线荧光分析的结果(182 nm)很吻合。

(4)表面元素的化学价态分析。

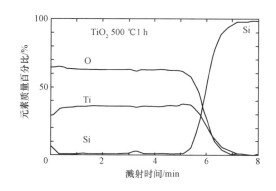

图 3-83　AES 测定 TiO₂ 薄膜光催化剂的厚度

虽然俄歇电子的动能主要由元素的种类和跃迁轨道所决定,但由于原子内部外层电子的屏蔽效应,芯能级轨道和次外层轨道上电子的结合能在不同的化学环境中不一样,有一些微小的差异。这种轨道结合能上的微小差异可以导致俄歇电子能量的变化,这种变化就称作元素的俄歇化学位移,这取决于元素在样品中所处的化学环境。一般来说,由于俄歇电子涉及三个原子轨道能级,其化学位移要比 XPS 的化学位移大得多,利用这种俄歇化学位移就可以分析元素在该物种中的化学价态和存在形式。

由于俄歇电子能谱的分辨率低以及化学位移的理论分析的困难,俄歇化学效应在化学价态研究上的应用未能得到足够重视。随着俄歇电子能谱技术和理论的发展,俄歇化学效应的应用也受到了重视,甚至可以利用这种效应对样品表面进行元素的化学成像分析。与 XPS 相比,俄歇电子能谱虽然存在能量分辨率较低的缺点,但却具有 XPS 难以达到的微区分析的优点。此外,某些元素的 XPS 化学位移相当小,难以鉴别其化学环境的影响,但它们的俄歇化学位移却相当大,显然后者更适合于表征化学环境的作用。同样在 XPS 中产生的俄歇峰,其化学位移也比相应 XPS 结合能的化学位移要大得多。因此,俄歇电子能谱的化学位移在表面科学和材料科学的研究中具有广泛的应用。

俄歇电子能谱在薄膜的固体化学反应研究上也有着重要作用。金刚石颗粒是一种重要的耐磨材料,经常包覆在金属基底材料中用作切割工具和耐磨工具。为了提高金刚石颗粒与基底金属的结合强度,必须在金刚石表面进行预金属化。图 3-84 是金刚石表面镀铬样品的俄歇深度分布图。从图上可看出在金刚石表面形成了很好的金属 Cr 层,Cr 层与金刚石的界面虽有一定程度的界面扩散,但并没有形成稳定的金属化合物相。在高真空中经高温热处理后,其俄歇深度剖析图发生了很大变

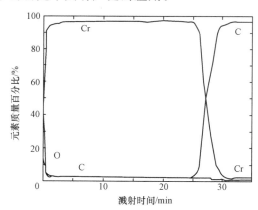

图 3-84　Cr/金刚石原始薄膜的俄歇深度分布

化,热处理后在 Cr/C 界面上发生了固相化学反应,并形成了两个界面化学反应产物层,表面层为 CrC,而中间层为 Cr₃C₄。图 3-85 是热处理后样品不同深度处的俄歇线形谱。从 Cr LMM 俄歇线形上可以知道在界面层上的确发生了化学反应并生成了新的物相 CrCₓ。但从该线形还是难以分辨出 CrC 和 Cr₃C₄ 物相,但从 Cr MVV 谱可见 CrC 与 Cr₃C₄ 物相的俄歇动能还是有微小的差别,从 C KLL 俄歇线形上可见界面反应确实形成了金属碳化物。

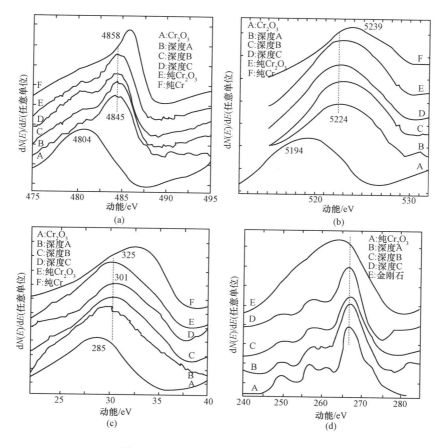

图 3-85 不同深度处 Cr 的俄歇线形谱

(a)LM$_1$M$_2$；(b)LM$_3$M$_4$；(c) MVV；(d) KLL

（5）微区分析。

微区分析也是俄歇电子能谱分析的一个重要功能，可以分为选点分析、线扫描分析和元素面分布分析三个功能，这种功能是俄歇电子能谱在微电子器件研究中最常用的方法，也是纳米材料研究的主要手段。

①选点分析。

俄歇电子能谱由于采用电子束作为激发源，其束斑面积可以聚焦到非常小。从理论上说，俄歇电子能谱选点分析的空间分辨率可以达到束斑面积大小。因此，利用俄歇电子能谱可以在很微小的区域内进行选点分析。微区范围内的选点分析可以通过计算机控制电子束的扫描，在样品表面的吸收电流像或二次电子像图上锁定待分析点。对于在大范围内的选点分析，一般采取移动样品的方法，使待分析区和电子束重叠。这种方法的优点是可以在很大的空间范围内对样品点进行分析，选点范围取决于样品架的可移动程度。利用计算机软件选点，可以同时对多点进行表面定性分析、表面成分分析、化学价态分析和深度分析，这是一种非常有效的微探针分析方法。

图 3-86 为纳米 Si$_3$N$_4$ 薄膜经 850 ℃快速热退火处理后表面不同点的俄歇定性分析

图。从表面定性分析图上可见,在正常样品区,表面主要有 Si、N 以及 C 和 O 元素存在。而在损伤点,表面的 C、O 含量很高,而 Si、N 元素的含量却比较低,此结果说明在损伤区发生了 Si_3N_4 薄膜的分解。

②线扫描分析。

在研究工作中,不仅需要了解元素在不同位置的存在状况,有时还需要了解一些元素沿某一方向的分布情况,俄歇线扫描分析能很好地解决这一问题,线扫描分析可以在微观和宏观的范围内进行($1\sim600\ \mu m$)。俄歇电子能谱的线扫描分析常应用于表面扩散研究、界面分析研究等方面。

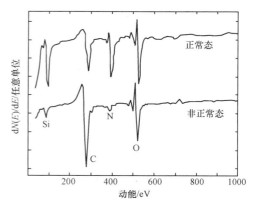

图 3-86　Si_3N_4 薄膜表面损伤点的俄歇能谱定性分析谱

Ag‑Au 合金超薄膜在 Si(111)面单晶硅上的电迁移后样品表面的 Ag 和 Au 元素的线扫描分布图见图 3-87。横坐标为线扫描宽度,纵坐标为元素的信号强度。从图上可看出,虽然 Ag 和 Au 元素的分布结构相同,但可见 Au 已向左端进行了较大规模的扩散,这表明 Ag 和 Au 在电场作用下的扩散过程是不一样的。此外,其扩散具有单向性,取决于电场的方向。由于俄歇电子能谱的表面灵敏度很高,线扫描是研究表面扩散的有效手段。同时,对于膜层较厚的多层膜,也可以通过对截面的线扫描获得各层间的扩散情况。

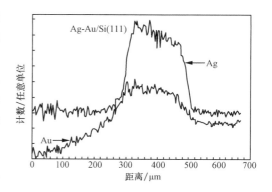

图 3-87　典型的俄歇线扫描分布图

③元素面分布分析。

俄歇电子能谱的面分布分析也可称为俄歇电子能谱元素分布的图像分析,它可以把某个元素在某一区域内的分布以图像的方式表示出来,就像电镜图像一样,只不过电镜图像提供的是样品表面的形貌像,而俄歇电子能谱提供的是元素分布像。结合俄歇化学位移分析,还可以获得特定化学价态元素的化学分布像。俄歇电子能谱的面分布分析适合于微型材料和技术的研究,也适合表面扩散等领域的研究。在常规分析中,由于该分析方法耗时非常长,一般很少使用,当把面扫描与俄歇化学效应相结合,还可以获得元素的化学价态分布图。

3.4.6　核磁共振(NMR)光谱

NMR 是交变磁场与物质相互作用的一种物理现象,最早于 1946 年被 Bloch 和 Purcell 等用实验所证实。核磁共振的发现具有十分重要的意义,不仅为量子力学的基本原理提供了直接验证,而且为多个学科领域的研究提供了一种不可或缺的分析与测量手段。由于这项重大发现,他们共同分享了 1952 年的诺贝尔物理学奖。最初的核磁共振技术主要用于核物理方面,现今已被化学、食品、医学、生物学、遗传学以及材料科学等领域广泛采用,已经成为在这些领域开展研究工作的有力工具。在以往的半个世纪中,NMR技术经历了几次飞跃,1945 年发现了 NMR 信号,1948 年建立了核磁弛豫理论,1950 年发现了化学位移和耦合直到 1965 年诞生了傅里叶变换谱学,迎来了 NMR 的真正繁荣期。

目前,NMR 技术已经成为研究高分子链结构的主要手段,对聚合物的构型、构象分析,立体异构的鉴定和序列分布,支化结构的长度和数量,共聚物和共缩聚物组成的定性、定量以及序列结构测定等均有独到之处。核磁共振技术主要有两个学科分支,即核磁共振波谱和核磁共振成像。核磁共振波谱技术是基于化学位移理论发展起来的,主要用于测定物质的化学成分和分子结构。核磁共振成像技术诞生于 1973 年,它是一种无损测量技术,可以用于获取多种物质的内部结构图像。

3.4.6.1　NMR 的基本原理

核磁共振是指原子核在外磁场作用下,在能级之间共振跃迁的现象。原子核磁性的大小一般用磁矩 μ 表示,μ 具有方向性,$\mu = \nu h I$,其中 h 是普朗克常数,I 为自旋量子数,简称自旋。旋磁比 ν 实际上是原子核磁性大小的度量,ν 值大表示原子核的磁性强,反之亦然。在天然同位素中,氢原子核(质子)的 ν 值最大(42.6 MHz/T),因此检测灵敏度最高,这也是质子首先被选择为 NMR 研究对象的重要原因之一。

当把有磁矩的核($I \neq 0$)置于某磁场中时,该原子核在磁场的行为就好似陀螺的运动,即拉莫尔进动。其频率由下式决定:$\omega = 2\pi\nu$,式中 ω 为角频率,ν 为拉莫尔进动频率。当外加射频场的频率与原子核的拉莫尔频率相等时,处于低能态的核便吸收射频能,从低能态跃迁到高能态,此即核磁共振现象。没有自旋的原子核($I=0$)没有磁矩,这类核观察不到 NMR 信号,如 14C、16O、32S 等,$I = 1/2$ 的原子核是 NMR 中研究得最多的核,如1H、13C、19F 和 15N 等。原子核的角动量通常称为核自旋,是原子核的一个重要特性。由于原子核由质子和中子组成,质子和中子是具有自旋为 1/2 的粒子,它们在核内还有相对运动,因而具有相应轨道角动量。所有核子的轨道角动量和自旋角动量的矢量和就是原子核的自旋,原子核自旋角动量 P_I 遵循量子力学的角动量规则,其大小为:$P_I = [I(I+1)]^{1/2} h I$,I 是核自旋量子数。原子核自旋在空间给定 Z 方向上的投影 P_{IZ} 为:$P_{IZ} = m_I h$,$m_I = I, I-1, \cdots, -I+1, -I$,其中 m_I 称为磁量子数。实验发现所有基态原子核的自旋都满足下面的规律:偶 A 核的自旋为整数,其中偶偶核(质子数和中子数都是偶数)的自旋都为零,奇 A 核的自旋都是半整数。核子是费米子,因此核子数 A 为偶数的原子核是玻色子,遵循玻色-爱因斯坦统计;核子数 A 为奇数的原子核是费米子,遵守费米-狄拉克统计。原子核磁矩原子核是一个带电系统,而且有自旋,所以应该具有磁矩。和原子磁矩相似,原子核磁矩 μ_I 和原子核角动量 P_I 有关系式:$\mu_I = \mu_N g_I [I(I+1)]^{1/2} \mu Z = m_I \mu_N g_I$,其中 g_I 称为原子核的朗德因子,$\mu_N = eh/(2m_p) = 5.0508 \times 10^{-27}$ J/T,称作核磁子。质子质量 m_p 比电子质量 m_e 大 1836 倍,所以核磁子比玻尔磁子小 1836 倍,可见原子核的磁相互作用比电子的磁相互作用弱得多。这个弱相互作用正是原子光谱超精细结构的来源。核磁共振由于原子核具有磁矩,当将被测样品放在外磁场 B_0 中,则与磁场相互作用而获得附加能量。$W = -\mu_I \cdot B_0 = -m_I \mu_N g_I B_0$,$m_I$ 有 $2I+1$ 取值,即能级分裂成 $2I+1$ 个子能级,根据选择定则 $\Delta m_I = \pm 1$,两相邻子能级间可以发生跃迁,跃迁能量为 $\Delta E = \mu_N \cdot$

g_1B_0。若其能级差 ΔE 与垂直于磁场方向上的电磁波光子的能量相等,则处在不同能级上的磁性核发生受激跃迁,由于处在低能级上的核略多于处在高能级上的核,故其结果是低能级的核吸收了电磁波的能量 h'' 跃迁到高能级上,这就是核磁共振吸收,频率 $\nu = \mu_N g_1 B_0 / h$ 称为共振频率。

3.4.6.2　NMR 技术的实验装置

实现核磁共振可采取两种途径,一种是保持外磁场不变,而连续地改变入射电磁波频率,另一种是用一定频率的电磁波照射,而调节磁场的强弱。图 3-88 为核磁共振装置示意图,采用调节入射电磁波频率的方法来达到核磁共振。样品装在小瓶中,并置于磁铁两极之间,瓶外绕有线圈,通有由射频振荡器输出的射频电流。于是,由线圈向样品发射电磁波,调制振荡器的作用是使射频电磁波的频率在样品共振频率附近连续变化,当频率正好与核磁共振频率吻合时,射频振荡器的输出就会出现一个吸收峰,这可以在示波器上显示出来,同时由频率计即刻读出这时的共振频率值。

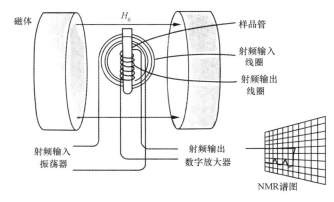

图 3-88　核磁共振装置示意图

核磁共振谱仪是专门用于观测核磁共振的仪器,主要由磁铁、探头和谱仪三大部分组成。磁铁的功能是产生一个恒定磁场,探头置于磁极之间,用于探测核磁共振信号,谱仪是将共振信号放大处理、显示和记录下来。随着核磁共振技术的发展,已研制出各种类型的核磁共振仪。

3.4.6.3　NMR 技术的应用

(1)在分子结构测定中的应用。

核磁共振技术是测定分子结构的有效工具,现在已经测定了万余种有机化合物的核磁共振图。对分子结构的测定,包括对有机化合物绝对构型的测定和对复杂化合物结构的解析。应用核磁共振技术测定有机化合物的绝对构型,主要是测定 R 和(或)S 手性试剂与底物反应产物的 1H 或 13C NMR 化学位移数据,得到 Δ 值与模型比较来推断底物手性中心的绝对构型。有的情况下,要做更多的谱才能确定一个分子的结构。对复杂化合物结构解析是核磁共振技术最为主要的应用,利用这项技术可以获得化合物丰富的分子结构信息,广泛应用于天然产物的结构解析。

(2)在有机合成反应中的应用。

核磁共振技术在有机合成中不仅可对反应物或产物进行结构解析和构型确定,在研究合成反应中的电荷分布及其定位效应、探讨反应机理等方面也有着广泛应用。核磁共振谱能够精细地表征出各个 H 核或 C 核的电荷分布状况,通过研究配合物中金属离子与配体的相互作用,从微观层次上阐明配合物的性质与结构的关系,对有机合成反应机理的研究主要是通过对其产物结构的研究和动力学数据的推测来实现。另外,通过对有机反应过程中间产物及副产物的辨别鉴定,可以研究有关有机反应历程及考察合成路线是否可行等问题。

（3）在定量分析和分子量测定中的应用。

核磁共振谱峰的面积（积分高度）正比于相应质子数,这不仅可用于结构分析,同样可用于定量分析。用 NMR 定量分析的最大优点就是不需要引进任何校正因子或绘制工作曲线,NMR 可以用于多组分混合物分析、元素分析、有机物中活泼氢及重氢试剂的分析等。

（4）在高分子化学中的应用。

聚合物固体宽谱线 NMR 可以提供有关结晶度、聚合物取向、玻璃化温度等有关信息,还可以通过研究聚合反应过程 NMR 谱线宽度的变化,了解反应过程中正在生长的聚合物链的活动度变化,从而获得有关聚合反应动力学方面的信息。聚合物液体高分辨 NMR 可以提供的聚合物的信息有:①聚合物类型的鉴定;②有关聚合物链的异构化信息;③通过 13C - NMR 谱可以分别研究不同单元组的序列分布、交替度和不同反应条件下聚合过程链活动度变化等聚合物微观结构信息。

3.4.7　电子自旋共振（ESR）光谱

ESR 自 20 世纪 40 年代问世以来,已经被广泛运用于研究生命科学、化学、物理学中,特别在研究聚合物、有机物的自由基聚合、交联、光降解等反应时更具有独特的优越性,ESR 具有直接、迅速得到谱图及灵敏度高等特点。

3.4.7.1　基本原理

电子自旋共振技术亦称电子顺磁共振技术,是研究电子塞曼能级间的直接跃迁,研究对象为具有未成对电子的顺磁性物质。把被研究的磁性物质放在几千或上万高斯的恒定外磁场 H 中,由于被研究的磁性物质产生的能级分裂受外磁场控制,通过观察试样对射频能量的吸收来探索物质结构。将自由电子放于外磁场 H 中,由于具有未成对电子的分子存在自旋磁矩 $\mu = \pm \frac{1}{2} g\beta$（$\beta$ 为玻尔磁子,$\beta = \frac{eh}{2m_e c}$,$g$ 为朗德因子,m_e 为电子质量,c 为光速）,其磁矩 μ 与磁场 H 存在相互作用,其能量为 $E = \mu H$,因此,电子的两个自旋方向在外磁场 H 中所对应的两个能量为 $E_1 = \frac{1}{2} g\beta H$ 和 $E_2 = -\frac{1}{2} g\beta H$,其能量差 $\Delta E = E_1 - E_2 = g\beta H$,此能量差为塞曼能级差。因为一个孤立电子在外磁场 H 中的进动角频率 $\omega = \gamma H = \frac{ge}{2m_e c} H$（$\gamma$ 为旋磁比,$\gamma = \frac{ge}{2m_e c}$）,所以塞曼能级差等于进动频率为 ω 的光量子 ωh,$\omega = \frac{ge}{2m_e c} H$,$h = g\beta H$,又塞曼能级差 $\Delta E = h\nu$,则 $h\nu = h\beta H$,此式即为发生磁共振的条件。实际测试时,在垂直于恒定磁场 H 的方向上加上频率为 M 的电磁波,并且满足 $h\nu = h\beta H$,则

处在 E_1 和 E_2 能级的电子将发生受激跃迁,结果是有一部分低能级 E_2 中的电子吸收了电磁波能量跃迁到高能级 E_1 中,这就是电子自旋共振现象。

3.4.7.2 电子自旋共振技术

由 $h\nu=h\beta H$ 可知产生 ESR 信号必须具备两个条件:一是静磁场 H,以产生塞曼分裂;二是与磁场 H 垂直、频率为 M 的交变磁场。ESR 波谱仪可采用交变场、波长312 cm、频率为 915 GHz 的微波。测量 ESR 波谱时,将样品放入样品管,插入样品腔中,使样品位于微波磁场的最强位置,调节放大倍数,调制幅度以及微波功率,使之达到最佳值。由测试得到的 ESR 谱图可以获得许多信息,如波谱参数 g 因子及超精细耦合常数 α,还可以通过所得的谱图计算出运动相关时间(τ_c),峰-峰间的线宽,并且由谱图的线形可以推知物质所处状态。由于不同的自由基其 g 因子及超精细耦合常数 α 不同,因而不同的 ESR 谱图反映不同物质的信息。

3.4.7.3 ESR 的应用实例

自旋标记 ESR 波谱技术自20世纪60年代中期出现以来,已在生物、化学领域的研究中得到广泛应用,近十几年来更发展到研究高聚物在固/液界面上的吸附。目前使用的一些金属缓蚀剂、阻垢剂为蜷曲型高聚物,如果将自旋标记化合物接枝到这些高聚物分子上去,由于这些自旋标记物的分子量远小于缓蚀剂、阻垢剂的分子量,因而接枝对缓蚀剂、阻垢剂在金属、垢物表面的作用影响很小,这样固着于金属或垢物表面的片断与指向溶液片断在动态特性上的差别与吸附层结构均可由 ESR 波谱的相关时间(τ_c)及线形变化反映出来,所以能从分子水平研究缓蚀剂、阻垢剂的作用。聚乙二醇(PEG)属于一种蜷曲型高聚物,具有一定阻垢、缓蚀性能,可用作阻垢剂的重要成分,采用自旋标记物,将2,2,5,5—四甲基—3—羧酸—吡咯烷氮氧自由基接枝在 PEG 末端,以悬浮于水中的 Al_2O_3 粉末、活性碳粉、$CaCO_3$ 粉作吸附剂,通过测量标记的 PEG(PEG-L)在 Al_2O_3 粉末、活性碳粉、$CaCO_3$ 粉上的 ESR 波谱,PEG-L 在溶液中吸附前、后及在粉末上的相关时间(τ_c)发生了很大变化,同时 PEG-L 吸附在这些粉末上的线形也与在溶液中的线形大为不同,由此推知 PEG-L 在这些粉末表面形成了一种平展的分子吸附层,并具有中等吸附强度和吸附覆盖度。

3.4.8 原子发射光谱(AES)及原子吸收光谱(AAS)

3.4.8.1 原子发射光谱

这是一种利用原子或离子在一定条件下受激发射的特征光谱来研究物质化学组成的分析方法。根据激发机理不同,原子发射光谱有三种类型:①原子的核外光学电子在受热能和电能激发下而发射的光谱,通常所称的原子发射光谱法是指以电弧、电火花和电火焰(如 ICP 等)为激发光源来得到原子光谱的分析方法。以化学火焰为激发光源来得到原子发射光谱的,专称为火焰光度法。②原子核外光学电子受到光能激发而发射的光谱,称为原子荧光。③原子受到 X 射线光子或其他微观粒子激发使内层电子电离而出现空穴,较外层的电子跃迁到空穴,同时产生次级 X 射线即 X 射线荧光。

通常情况下,原子处于基态,基态原子受到激发跃迁到能量较高的激发态。激发态原子不稳定,平均寿命为 $10^{-10}\sim10^{-8}$ s。随后激发原子就要跃迁回到低能态或基态,同时释放出多余的能量。如果以辐射的形式释放能量,该能量就是释放光子的能量。因为原子核外电子能量是量子化的,因此伴随电子跃迁而释放的光子能量就等于电子发生跃迁的两能级的能量差。根据谱线的特征频率和特征波长可以进行定性分析,常用的光谱定性分析方法有铁光谱比较法和标准试样光谱比较法。

原子发射光谱的谱线强度 I 与试样中被测组分的浓度 c 成正比,据此可以进行光谱定量分析。光谱定量分析所依据的基本关系式是 $I=ac^b$,式中 b 是自吸收系数,a 为比例系数。为了补偿因实验条件波动而引起的谱线强度变化,通常用分析线和内标线强度比对元素含量的关系来进行光谱定量分析,称为内标法。常用的定量分析方法是标准曲线法和标准加入法。

原子发射光谱分析的优点是:① 灵敏度高,许多元素绝对灵敏度为 $10^{-13} \sim 10^{-11}$ g;② 选择性好,许多化学性质相近而用化学方法难以分别测定的元素,如铌和钽、锆和铪、稀土元素,其光谱性质都有较大差异,用原子发射光谱法可很容易地实现各元素的单独测定;③ 分析速度快,可进行多元素同时测定;④ 试样消耗少(毫克级),适用于微量样品和痕量无机物组分分析,广泛用于金属、矿石、合金和各种材料的分析检验。

3.4.8.2　原子吸收光谱

AAS 是利用气态原子可以吸收一定波长的光辐射,使原子中外层的电子从基态跃迁到激发态的现象而建立的。由于各种原子中电子的能级不同,将有选择性地共振吸收一定波长的辐射光,这个共振吸收波长恰好等于该原子受激发后发射光谱的波长,由此可作为元素定性分析的依据,而吸收辐射的强度可作为定量的依据,AAS 现已成为无机元素定量分析应用最广泛的一种分析方法。

原子吸收光谱法具有检出限低、准确度高(相对误差小于 1%)、选择性好(即干扰少)及分析速度快等优点。在温度吸收光程、进样方式等实验条件固定时,样品产生的待测元素相基态原子对作为光源的该元素的空心阴极灯所辐射的单色光产生吸收,其吸光度 (A) 与样品中该元素的浓度 (C) 成正比。即 $A=KC$,式中 K 为常数。据此,通过测量标准溶液及未知溶液的吸光度,又已知标准溶液浓度,可作标准曲线,求得未知液中待测元素浓度。该法主要适用于样品中微量及痕量组分分析。

3.4.9　穆斯堡尔谱(Mossbauer)

穆斯堡尔效应是原子核对 γ 射线的无反冲共振吸收现象,此效应自 1957 年发现以来,激起的研究热情至今不衰,它不仅在理论上具有深刻的意义,还有着广泛的应用价值。

3.4.9.1　穆斯堡尔效应

1956 年,27 岁的德国学者穆斯堡尔在研究 γ 射线共振吸收问题时,在总结、吸收前人的研究基础上指出将发射和吸收 γ 光子的原子核置于晶格束缚之中,当发射和吸收 γ 光子时,由所在晶格来承担全部反冲,而原子核本身不受反冲的影响,这时所观察到的就是无反冲共振吸收。这种原子核无反冲发射和共振吸收 γ 射线的现象被称为穆斯堡尔效应。凡是有穆斯堡尔效应的原子核都简称为穆斯堡尔核。目前,发现具有穆斯堡尔效应的化学元素(不包括铀后元素)只有 42 种,80 多种同位素的 100 多个核跃迁,尤其是尚未发现比钾元素更轻的含穆斯堡尔核素的化学元素。大多数要在低温下才能观察到,只

有 ^{57}Fe 的 1414 keV 和 ^{119}Sn 的 23.87 keV 核跃迁在室温下有较大的穆斯堡尔效应的几率。对于不含穆斯堡尔原子的固体,可将某种合适的穆斯堡尔核人为地引入所要研究的固体中,即将穆斯堡尔核作为探针进行间接研究,也能得到不少有用信息。

3.4.9.2 穆斯堡尔谱的产生

固体中的原子可以实现 γ 光子的无反冲共振吸收,当无反冲 γ 射线经过一吸收体时,如果入射 γ 光子能量与吸收体中的某原子核的能级间跃迁能量相等,这种能量的 γ 光子就会被吸收体共振吸收。若要测出共振吸收的能量大小,必须发射一系列不同能量的 γ 光子,与穆斯堡尔原子核跃迁能量相应的 γ 光子显著地被共振吸收,透过后为计数器所接收的光子数明显减少,而能量相差较大的 γ 光子则不被共振吸收,透射 γ 光子计数较大,这种经吸收后所测得的 γ 光子数随入射 γ 光子的能量变化关系就称为穆斯堡尔谱。

通过测量透过吸收体的 γ 光子计数,所得到的穆斯堡尔谱称为透射穆斯堡尔谱。如果测量由吸收体散射后的 γ 光子计数得到的穆斯堡尔谱,称为散射穆斯堡尔谱(或背散射穆斯堡尔谱),即吸收体共振吸收后处于激发状态,再向基态跃迁时发射出 γ 射线,又称二次 γ 光子。共振吸收时,发射出二次光子数目最多。图 3-89 是穆斯堡尔透射实验和散射

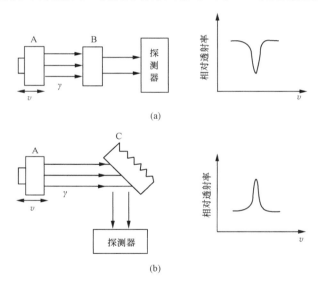

图 3-89

(a) 穆斯堡尔透射实验示意图;(b) 穆斯堡尔散射实验示意图

实验的示意图,图中 A 是穆斯堡尔源,B 是共振吸收体,C 是共振散射体。在透射穆斯堡尔谱中,因吸收发生共振时透过计数率最小,所以形成倒立的吸收峰。在散射谱中,由于共振吸收时发射二次光子数目最多,所以穆斯堡尔谱是正立的峰。对于一些简单的谱,有时对谱图进行定性分析就可获得不少有价值的信息,但对于一些复杂物相的谱,必须将实验谱拟合为一系列理论谱线的叠加,才能由谱得出有价值的信息。

3.4.9.3 穆斯堡尔效应的应用

由穆斯堡尔效应得到的穆斯堡尔谱线宽 Γ 与核激发态平均寿命所决定的自然线宽 Γ_n 在同一数量级,因而具有极高的能量分辨率。以 ^{57}Fe 核 1414 keV 的跃迁为例,自然线

宽 Γ_n 为 4.6×10^{-9} eV,能量分辨率为 10^{-13} 的量级。原子发射和吸收光谱的能量分辨在理想情况下也只能达到 10^{-8} 的量级,因此它是研究固体中超精细相互作用的有效手段。目前已广泛地应用于物理学、化学、材料科学、物理冶金学、生物学和医学、地质学、矿物和考古等许多领域,已发展成为一门独立的波谱学,即穆斯堡尔谱学。

穆斯堡尔效应涉及固体中核激发态和基态能级间的共振跃迁,因此核的能级结构决定着谱形状及诸参量,而共振核的能级结构又决定于核所处的化学环境,所以穆斯堡尔谱能极为灵敏地反映共振原子核周围化学环境的变化,由它可以获得共振原子的氧化态、自旋态、化学键的性质等有关固体微观结构的信息。穆斯堡尔谱能方便地确定某种固体(含穆斯堡尔核)是否为非晶态,这是因为晶态固体的穆斯堡尔谱参量都有确定数值,共振谱线很尖锐,而非晶态固体由于穆斯堡尔谱参量是连续或准连续分布的,因而共振谱线较宽。

图 3-90 和图 3-91 分别显示了非晶态的 $Fe_{75}P_{15}C_{10}$ 和晶态的 $Fe_{75}P_{15}C_{10}$ 的穆斯堡尔谱,可以看出两者有显著不同。穆斯堡尔谱在固体的磁性研究中可用来确定磁有序化温

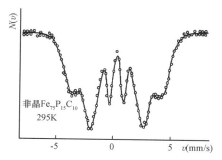

图 3-90　非晶态 $Fe_{75}P_{15}C_{10}$ 在 295K 时的穆斯堡尔谱

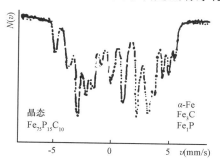

图 3-91　晶态 $Fe_{75}P_{15}C_{10}$ 在 295K 时的穆斯堡尔谱

度、磁有序化类型,即固体是铁磁性还是反铁磁性或是亚铁磁性,分析磁性离子在各亚晶格间的分布,研究磁结构或自旋结构。在微晶和非晶态固体的研究中特别有用,因为在这些情况下研究固体的结构常用的 X 射线衍射技术已不敏感。在微晶研究方面穆斯堡尔谱可以提供磁性微晶的弛豫过程、磁各向异性能常数、微晶的大小及其分布等方面的信息。穆斯堡尔谱可用于固体的相变研究,确定相变温度。对复杂物相可以进行定性或定量的相分析,对未知物相,可作为"指纹"技术进行鉴别,含有同一穆斯堡尔原子的不同物相,一般说来它们的谱线不同,只要它们的超精细量中有一个显著不同,就可很容易地区分开。当有了一系列已知物相的谱参数以后,就可以将穆斯堡尔谱作为"指纹",鉴定复合物中含有哪些物相。由各自共振谱线的积分强度,可定量或半定量确定物相在复合物相中的比例,单一物相在发生相变时,若其中含有穆斯堡尔原子,则穆斯堡尔参数在相变点将有不连续的变化,据此可确定相变温度。

穆斯堡尔谱具有如下优点:①设备、测量过程简单;②可同时提供多种物理和化学信息;③分辨率、灵敏度高,抗扰能力强及对样品无破坏;④研究对象可以是导体、半导体或绝缘体,试样可以是晶态或非晶态材料,薄膜或固体的表层也可以是粉末、超细小颗粒,甚至是冷冻的溶液。然而该方法由于只有有限数量的核有穆斯堡尔效应,且许多还必须在

低温下进行,使它在应用上受到限制。事实上,目前只有^{57}Fe 和^{119}Sn 等少数的穆斯堡尔核得到了充分应用。

3.5 纳米材料的粒度分析

由于颗粒形状通常很复杂,难以用一个尺度来表示,所以常用等效粒度的概念。不同原理的粒度仪器依据不同的颗粒特性作等效对比。如沉降式粒度仪是依据颗粒的沉降速度作等效对比,所测的粒径为等效沉速粒径,即用与被测颗粒具有相同沉降速度的同质球形颗粒的直径来代表实际颗粒的大小。激光粒度仪是利用颗粒对激光的散射特性作等效对比,所测出的等效粒径为等效散射粒径,即用与实际被测颗粒具有相同散射效果的球形颗粒的直径来代表这个实际颗粒的大小。当被测粒径为球形时,其等效粒径就是它的实际粒径。大多数情况下粒度仪所测的粒径是一种等效意义上的粒径。

根据颗粒的大小可分为纳米颗粒、超微颗粒、微粒、细粒、粗粒等。随着纳米技术的发展,纳米材料的颗粒分布以及颗粒大小也是纳米材料表征的重要指标。在粒度分析中,其研究的颗粒大小一般在 1 nm～10 μm 尺寸范围,图 3-92 是粒度划分以及尺度范围。

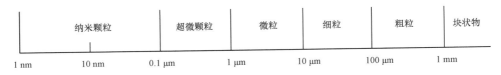

图 3-92 材料颗粒度的划分

3.5.1 粒度分析方法

目前,纳米材料粒度分析主要有几种典型方法,分别是电镜统计观察法、高速离心沉降法、激光粒度分析法和电超声粒度分析法等,其中激光粒度分析法按其分析原理的不同,又划分为激光衍射法和激光动态光散射法。激光衍射法主要针对微米和亚微米级颗粒,激光散射法主要针对纳米颗粒的粒度分析。电超声粒度分析法是近年出现的粒度分析方法,主要针对高浓度体系的粒度分析。

3.5.1.1 电镜观察法

一次颗粒的粒度分析主要采用显微镜观察法,可采用 SEM、TEM、STM、AFM 等方式进行观测,可以直接观察颗粒的大小和形状,但有可能会有较大的统计误差。由于显微镜观察法是对样品局部区域的观测,所以在进行粒度分布分析时,需要多幅图像的观测,通过软件分析可得到统计的粒度分布。显微镜法得到的一次粒度分析结果一般很难代表实际样品颗粒的分布状态,对一些在强电子束轰击下不稳定,甚至分解的纳米颗粒以及制样困难的生物和微乳等样品则很难得到准确结果。因此,显微镜法一次粒度检测结果通常作为其他分析方法结果的比较。

3.5.1.2 激光粒度分析法

目前,在颗粒粒度测量仪器中,激光衍射式粒度测量仪已得到了广泛应用,具有测量精度高、测量速度快、重复性好、可测粒径范围广及可进行非接触式测量等特点。

（1）激光粒度分析原理。

激光是一种电磁波，可绕过障碍物，并形成新的光场分布，称为衍射现象。例如平行激光束照在直径为 D 的球形颗粒上，在颗粒后可得到一个圆斑，称为 Airy 斑。Airy 斑直径 $d = 2.44\lambda f/D$，λ 为激光波长，f 为透镜焦距，由此可计算颗粒大小 D，如图 3-93 所示。

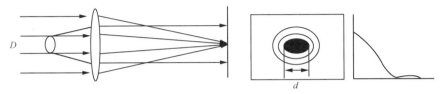

图 3-93　激光衍射法示意图

激光粒度分析仪的工作原理基于夫朗和费（Fraunhofer）衍射和米（Mie）氏散射理论，颗粒对于入射光的散射服从经典的米氏理论。Mie 散射理论认为颗粒不仅是激光传播中的障碍物，而且对激光有吸收部分透射和辐射作用，由此计算的光场分布称为 Mie 散射。Mie 散射适用于任何大小的颗粒，Mie 散射对大颗粒的计算结果与夫朗和费衍射基本一致。通常所说的激光粒度分析仪是指利用衍射和散射原理的粒度仪。夫朗和费衍射只是严格米氏散射理论的一种近似，适用于被测颗粒的直径远大于入射光的波长时的情况。

（2）激光粒度分析仪装置。

激光粒度仪是利用激光所特有的单色性、聚光性及容易引起衍射现象的光学性质制造而成的。激光衍射式粒度测量仪一般由激光源、检测器等组成。一般采用激发波长为 632.8 nm 半导体激光器的单色光作为激光源。当分散在液体中的颗粒受到激光的照射时，就会产生衍射现象。该衍射光通过付氏透镜后，在焦平面上形成靶心状的衍射光环，衍射光环的半径与颗粒大小有关，衍射光环光的强度与相关粒径颗粒的多少有关。通过放置在焦平面上的环形光电接受器阵列，就可以接收到激光对不同粒径颗粒的衍射信号或光散射信号，如图 3-94 所示。将光电接受器阵列上接受的信号经 A/D 转换等变换后传输给计算机，再用夫朗和费衍射理论和 Mie 散射理论对这些信号进行处理，就可以得到样品的粒度分布。

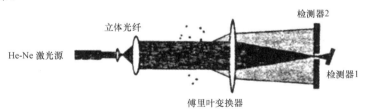

图 3-94　激光粒度分析仪器结构图

激光粒度分析技术目前主要采用 Franbother 原理进行粒度及粒度分布分析。针对不同被测体系粒度范围，又可具体划分为激光衍射式和激光动态光散射式粒度分析仪两种。从原理上讲，衍射式粒度仪对粒度在 5 μm 以上的样品分析较准确，而动态光散射粒度仪则对粒度在 5 μm 以下的纳米、亚微米颗粒样品分析较准确。

当一束波长为 λ 的激光照射在一定粒度球形小颗粒上时,会发生衍射和散射两种现象,通常当颗粒粒径不小于 10λ 时,以衍射现象为主,当粒径小于 10λ 时,则以散射现象为主。目前的激光粒度仪多以 $500\sim700$ nm 波长的激光作为光源,因此,衍射式粒度分析仪对粒径在 5 μm 以上的颗粒分析结果非常准确,而对于粒径小于 5 μm 的颗粒则采用了一种数学上的米氏修正,所以它对亚微米和纳米级颗粒的测量有一定误差,甚至难以准确测量。而散射式激光粒度分析仪则直接对采集的散射光信息进行处理,因此,它能够准确测定纳米级颗粒,而对粒径大于 5 μm 的颗粒来说,散射式激光粒度仪则无法得出正确的测量结果。

在利用激光粒度仪对纳米体系进行粒度分析时,必须对被分析体系的粒度范围事先有所了解,否则分析结果将不会准确。另外,激光粒度分析的理论模型是建立在颗粒为球形、单分散条件上的,而实际中被测颗粒多为不规则形状并呈多分散性。因此,颗粒的形状、粒径分布特性对最终粒度分析结果影响较大,而且颗粒形状越不规则,粒度分布越宽,分析结果的误差就越大。激光粒度分析法具有样品用量少、自动化程度高、快速、重复性好并可在线分析等优点。缺点是这种粒度分析方法对样品的浓度有较大限制,不能分析高浓度体系的粒度及粒度分布,分析过程中需要稀释,从而带来一定误差。

3.5.1.3　沉降法粒度分析

沉降法粒度分析方法是通过颗粒在液体中的沉降速度来测量粒度分布的方法,主要有重力沉降式和离心沉降式两种光透沉降粒度分析方式,适合纳米颗粒分析的主要是离心分析方法。

颗粒在分散介质中会由于重力或离心力的作用发生沉降,其沉降速度与颗粒的大小和重量有关。颗粒大的沉降速度快,颗粒小的沉降速度慢,在介质中形成一种分布。颗粒的沉降速度与粒径之间的关系服从 Stokes 定律,即在一定条件下,颗粒在液体中的沉降速度与粒径的平方成正比,与液体的黏度成反比。对于较粗样品,可以选择较大黏度的液体作介质来控制颗粒的沉降速度。对于较小的颗粒,由于沉降速度很慢,常用离心手段来加快细颗粒的沉降速度。由于实际颗粒的形状绝大多数都是非球形的,不可能用一个数值来表示它的大小,因此和其他类型的粒度仪器一样,沉降式粒度仪所测的粒径也是一种等效粒径,叫做 Stokes 直径。Stokes 直径是指在一定条件下与所测颗粒具有相同沉降速度的同质球形颗粒的直径。当所测颗粒为球形时,Stokes 直径与颗粒的实际直径是一致的。目前的沉降式粒度仪大都采用重力沉降和离心沉降相结合的方式。这样就较好地发挥了重力沉降和离心沉降的优点,满足了对不同粒度范围的要求。

沉降式仪器具有如下特点:①操作、维护简便,价格较低;②连续运行时间长,有的可达 12 h 以上;③运行成本低、样品少、介质用量少及易损件少;④测试范围较宽,一般可达 $0.1\sim200$ μm;⑤测试时间较短,单次测量时间一般在 10 min 左右;⑥对环境的要求不高,在通常室温下即可运行。

离心沉降方式是用来测量超细样品的,以水为介质时的测量范围约 $0.1\sim8$ μm 之间,圆盘离心粒度仪的测试下限甚至可达到 0.04 μm。常用的沉降法存在着检测速度慢(尤其是对于小粒子)、重复性差、对非球形粒子误差大、不适合于混合物料(即粒子密度必须一致才能较准确)、动态范围窄等缺点。

3.5.1.4　电超声粒度分析法

电超声粒度分析法是一种较新的粒度分析方法,粒度测量范围为 5 nm～100 μm。它的分析原理较为复杂,简单地说,当声波在样品内部传导时,仪器能在一个宽范围超声波频率内分析声波的衰减值,通过测得的声波衰减谱,计算出衰减值与粒度的关系。分析中需要粒子和液体的密度、液体的黏度、粒子的质量分数等参数,对乳液或胶体中的柔性粒子还需要粒子的热膨胀参数。这种独特的电超声原理优点在于它可测量高浓度分散体系和乳液的特性参数(包括粒径、ζ-电势位等),不需要稀释,避免了激光粒度分析法不能分析高浓度分散体系粒度的缺陷,且精度高,粒度分析范围更宽。

3.5.2　粒度分析的样品制备

在粒度分析过程中,样品制备非常重要,直接影响测量结果的准确性,主要影响因素有取样方式、分散介质和分散剂等。

取样是通过对少量样品测量来代表大量粉体粒度分布状况的,因此要求取样具有充分的代表性。为了克服粉体样品发生离析现象对分析结果的影响,总的原则是:①在物料移动时取样;②采用多点取样,在不同部位、不同深度取样,每次取样点不少于 4 个,将各点所取样混合后作为粗样;③取样方法要固定,分析样品一般全部放到烧杯等容器中制成悬浮液,悬浮液的量一般不少于 60 mL。经分散、搅拌后要转移出一部分到样品槽中做测量用。缩分悬浮液所用工具最好是用具有多方向进样功能的取样器(可用注射器改制),将悬浮液充分搅拌后从其中部缓缓抽取适量注入样品槽中。

分散介质是指用于分散样品的液体,粒度分析需要把粉体样品制备成悬浮液试样,所以选择合适的分散介质很重要。首先所选定的介质要与被测物料之间具有良好的亲和性,其次要求介质与被测物料之间不发生溶解,再次沉降介质应纯净,无杂质,最后应使颗粒具有适当的沉降速度。常用的沉降介质有水、水与甘油的混合物、乙醇、乙醇与甘油的混合物等,其中甘油是增黏剂,用来增大介质的黏度,以保证较粗的颗粒沉降在层流区内。

为了将试样与分散介质混合制成一定浓度的悬浮液,并使团聚分离,颗粒呈单体状态均匀分布在液体中,一般需要添加分散剂。常用的分散剂有六偏磷酸钠、焦磷酸钠等。使用时先将分散剂溶解到介质中,浓度一般在 0.2% 左右,分散剂浓度过高或过低都会对分散效果产生负面影响。当用乙醇、苯等有机溶剂作沉降介质时,通常不用加分散剂,一般采用超声分散和搅拌等促进颗粒的分散。

3.5.3　粒度分析在纳米材料中的应用实例

3.5.3.1　TiO$_2$ 纳米光催化剂颗粒的分布研究

在纳米材料的制备过程中,尤其是利用溶胶—凝胶法制备纳米材料均存在一次粒子的聚集问题,所以如何表征纳米材料的颗粒度以及分布对于纳米材料的研究非常重要。TiO$_2$ 是一种具有广泛应用前景的光催化剂,其活性与其颗粒大小以及晶粒大小有着直接的关系。一般来说只有形成纳米晶的 TiO$_2$ 才具有高的光催化活性。因此,研究纳米TiO$_2$ 光催化剂粉体的聚集状态以及颗粒分布对光催化剂的研究具有指导作用。图 3-95

（a）显示的是工业 T25 TiO₂ 纳米粉体光催化剂的粒度分布图。从图上可看出纳米 TiO₂ 的大部分粒子分布在 1000～3000 nm，主要集中于 2000 nm，即使最小的颗粒也达到了 184 nm。该结果说明合成的纳米 TiO₂ 已经发生了二次聚集，形成了颗粒较大的二次颗粒，这对其光催化活性的提高是不利的。因此，在 T25 纳米光催化剂的使用过程中，需要对 T25 进行再分散处理。通过对 T25 进行酸化分散处理后，即可以获得颗粒较小的纳米溶胶。图 3-95（b）是在不同 pH 值溶液的分散处理后的 TiO₂ 颗粒分布图。从图上可看出，随着 pH 值的降低，颗粒分布变窄，且颗粒直径也大幅度下降。当 pH 值为 0.91 时，其最小粒径为 40 nm，基本与 T25 产品的 50 nm 指标一致。

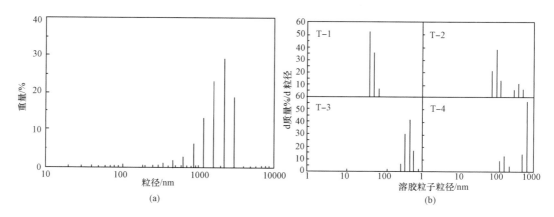

图 3-95　T25 纳米 TiO₂ 粉体光催化剂处理前后的粒度分布

（a）分散处理前；（b）分散处理后

3.5.3.2　石墨颗粒的粒度分析

通过离心沉降法、激光衍射及激光散射三种方法可系统分析石墨颗粒的大小分布特性，其结果见图 3-96。从三种不同方法的分析结果来看，平均粒度及粒度分布存在着很大差别，其中平均粒度采用激光散射法、高速离心沉降法及激光衍射法所测结果依次逐渐增大。激光散射法测得粒度完全小于 1 μm，与电镜结果差异最大，对粒度在 1 μm 以下的颗粒分析精度高，但无法得到大颗粒的光信息，忽略了大颗粒存在的事实，因此所得到的平均粒度结果不完全，分析结果偏小。结合电镜结果，可以认为选择这种方法分析不合理，数据不具有代表性。激光衍射法则对粒径在 1 μm 以上的颗粒有较高的分析精度，由于 1 μm 以下的颗粒光衍射信息较少，仪器则丢掉了大量小颗粒光信息，所以此种方法分析出来的亚微米、纳米颗粒含量较少。另外，由于石墨为片状颗粒，长、宽、高比例差别极大，随着颗粒的运动与翻转，颗粒处于不同空间位相时提供的光信息就有很大的不同，仪器对粒度的分析将出现很大的差异。通常数量极少的大颗粒存在时，就会使粒度分析结果向大颗粒偏移，因此，衍射法测量的粒度结果最大。离心沉降法所测粒度是等效球均粒径，即相当于将一个石墨片折合成等质量的石墨球对待，因此该方法在对像石墨这样的不规则形状颗粒进行分析时，分析结果较激光衍射法分析结果小，粒度分布要窄。

从上述三种方法对片状超细石墨的粒度分析结果可以得出以下结论：①微纳分散体系的粒度分析很复杂，需要了解所测颗粒的性质、粒度范围以及所使用分析仪器的原理及

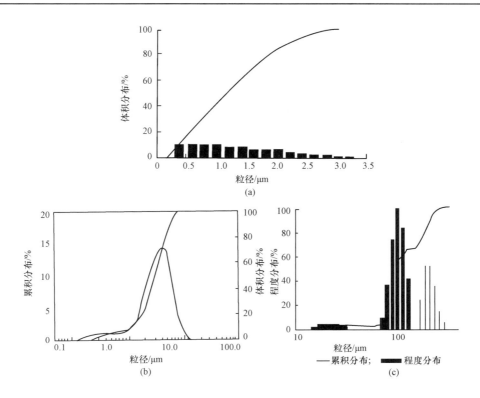

图 3-96　三种不同粒度分析方法获得的石墨颗粒分析结果
（a）高速离心沉降法；（b）激光衍射法；（c）激光散射法

针对性，选择适合的分析方法、仪器才能得到合理结果；②对多分散、不规则形状颗粒的粒度及粒度分布分析，不同的分析原理将导致不同的分析结果，分析数据时应将各种分析结果结合起来综合评判；③良好的分散条件是得出准确粒度分析结果的前提。

3.5.3.3　多酸淀粉复合物纳米颗粒

多酸复合物具有生物活性和药物作用，但由于其毒副作用比较大，难以单独使用。通过多酸化合物与淀粉的结合，可以克服其毒副作用的缺点。图 3-97 是合成的多酸复合物颗粒的粒度分布图，从图可看出多酸复合物的颗粒分布在 20～100 nm，平均粒径约 50 nm。

3.5.3.4　光子相关光谱技术分析纳米颗粒

通过光子相关光谱（PCS）法可以测量粒子的迁移速率，而液体中的纳米颗粒以布朗运动为主，其运动速度取决于粒径、温度和黏度等因素。在恒定温度和黏度条件下，通过光子相关光谱法测定颗粒的迁移率就可以获得相应的颗粒粒度分布图（图 3-98）。此外，PCS 技

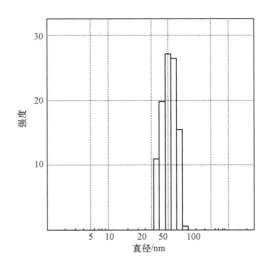

图 3-97　多酸复合物的颗粒分布

术还可以获得有关聚合物吸附表层厚度、溶解率和颗粒形状改变等附加信息。

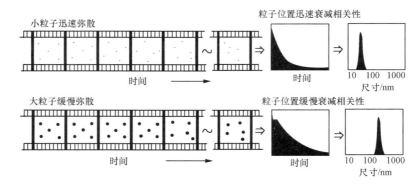

图 3-98 光子相关光谱技术示意图

聚丙烯酰胺是一种高分子材料,可能应用于许多工业部门,如污水净化的絮凝剂、陶瓷浆料添加剂、分散剂以及药物添加剂等。在这些方面的应用中,主要使用聚丙烯酰胺的部分水解产物,形成高分散的纳米颗粒,而这些纳米颗粒的大小和分布直接影响其应用性能。图 3-99 是水解聚丙烯酰胺溶液的粒度分布图。从图可以看出聚丙烯酰胺在水中部分水解,形成了粒度较小的颗粒,其颗粒大小分布为 0.5～50 nm,但其平均分布为 3.6 nm。

3.6 纳米材料的电学分析

许多半导体纳米材料具有优异的电学性能,在纳米电子器件等领域具有广泛的应用前景。本节以半导体硅纳米线为例较详细地介绍半导体纳米材料

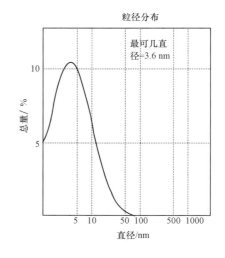

图 3-99 水解聚丙烯酰胺溶液的粒度分布图

在电学方面的分析。微电子器件中应用最广泛的半导体材料硅是间接带隙半导体,禁带宽度窄,仅有 1.12 eV,发光效率很低,不能应用于光电器件,而硅纳米线本身就是一种硅材料,易与现有的硅微电子工业相兼容。已有人观测到硅纳米线具有单电子效应及库仑阻塞效应,其电学特性主要由线的尺寸、几何结构及表面特性所决定,如果能用硅纳米线制备出实用的纳米电子器件,将使硅技术的应用从微电子学领域扩展到纳米电子学领域,对未来电子器件及整个电子领域的发展将会产生重要影响。虽然目前电子蚀刻工艺限制了纳米电子器件的小型化,但是硅电子器件的小型化一直是人们的追求目标。通过制备不同掺杂类型的硅纳米线,可以控制单晶硅纳米线中的载流子类型(电子、n 型,空穴、p型)及其浓度并制备出硅纳米线纳米场效应晶体管,也可复合 p 型和 n 型硅纳米线,例如交叉数列建立 p-n 结来制备半导体器件。另外,用掺杂为 n 型和 p 型的硅纳米线制备的纳米二极管和纳米三极管也显示了良好的整流及放大特性。因此,硅纳米线在基础研究和应用方面都有很好的应用前景。

3.6.1　载流子浓度与迁移率

载流子浓度和迁移率是半导体材料最基本的电学特性。掺杂硅纳米线的电阻率很低,所以通过掺杂可提高硅纳米线的载流子浓度。高载流子浓度对半导体能带有重要影响,从而对半导体光吸收边附近的吸收特性有若干重要的影响(主要是带尾的形成,伯斯坦-莫斯漂移和能带重整化),最终导致带隙随载流子浓度变化。研究发现随着硅纳米线直径的减少其能带宽度增加,直径为 7 nm 的硅纳米线的能带宽度为 1.1 eV,而直径降至 1.3 nm 时其能带宽度增至 3.5 eV。哈佛大学的 Cui 等报道了本征及掺杂硅纳米线的载流子迁移率的研究结果。图 3-100 为硅纳米线的 I-V 曲线,其中图 3-100(a)中的曲线分别为栅极电压 $V_g = -30, -20, -10, 0, 10, 20$ 和 30 V 时对应的 I-V 曲线,图 3-100(b)中的曲线分别为 $V_g = -20, -10, -5, 0, 5, 10, 15$ 和 20 V 时对应的 I-V 曲线。通过以下公式可以估算出硅纳米线的载流子迁移率,$dI/dV_g = \mu(C/L^2)V$,其中 μ 为载流子迁移率,C 为电容,L 为硅纳米线的长度。电容 C 可以通过公式 $C \approx 2\pi\varepsilon\varepsilon_0 L/\ln(2h/r)$ 得出,其中 ε 为介电常数,h 为硅纳米线中硅氧化物层的厚度,r 为硅纳米线的半径。从图

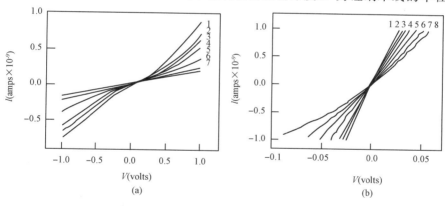

图 3-100　硅纳米线的 I-V 曲线

(a)直径 70 nm 的本征硅纳米线的 I-V 曲线;(b)直径 150 nm 的掺杂硅纳米线的 I-V 曲线

中可估算出本征及硼掺杂硅纳米线的斜率 dI/dV_g 分别为 2.13×10^{-11} 和 9.54×10^{-9},所以本征及硼掺杂硅纳米线的载流子迁移率分别为 5.9×10^{-3} cm²/(V・s)和 3.17 cm²/(V・s),后者的数值与掺杂浓度为 10^{20} cm³ 的体硅的载流子迁移率相近。虽然硅纳米线的载流子迁移率很低,但是作者预测其迁移率随掺杂浓度的增加而减小,这可能是由于小直径硅纳米线的散射增强引起的。另外,Au 和 Zn 在晶体硅内可作为散射中心及 p 型掺杂元素,也可以减少载流子迁移率。对采用直径 10~20 nm 的硅纳米线制成的 FET 的载流子迁移率进行研究后认为,热退火和表面钝化过程可以增加 FET 载流子迁移率。载流子迁移率是电子穿越材料容易程度的量度标准,载流子迁移率的增加会提高晶体管的工作频率,证明硅纳米线 FET 可以作为构造单元用于纳米电子器件中。

3.6.2　场发射特性

场发射是利用肖特基效应,将指向导体表面的强电场(即所谓的提拉电场)作用于导

体的表面,使其表面势垒降低、变窄,当势垒的宽度窄到可以与电子波长相比拟时,电子的隧道效应开始起作用,部分高能电子就可顺利地穿透表面势垒进入真空。评价材料的场发射特性的性能指标主要包括阈值场强、场发射电流密度、场发射电流稳定性、场增强因子等指标。

场发射材料在真空微电子和场发射显示领域中具有广阔的应用前景,对硅纳米线的场发射研究对于开发新一代场发射材料有着十分重要的意义。对本征硅纳米线的场发射特性研究认为场发射特性与硅纳米线的直径密切相关,随着直径的减少,场发射特性逐渐增强,对硅纳米线进行氢离子处理以除去氧化物外层可以增加场发射的均匀性。图 3-101(a)为阳极-阴极距离(d)为 $10\sim90~\mu m$ 时所测得的硅纳米线的 I-V 曲线。随着 d 值的增大,硅纳米线的发射电流升至约 $5~\mu A$ 时,其所加电压也从零增到了一定数值。研究估计电场中发射出 $0.01~mA/cm^2$ 电流密度对应的阈值场强为 $13~V/\mu m$。d 值接近 $10~\mu m$ 时其阈值场强大约为 $32~V/\mu m$,这表明 d 值为零时其阈值场强不可能为零。为了研究尺寸对硅纳米线的场发射性能的影响,对不同直径的硅纳米线进行了场发射表征[图 3-101(b)]。平均直径分别为 $10~nm$(直径分布 $7\sim12~nm$)、$20~nm$(直径分布 $18\sim22~nm$)及

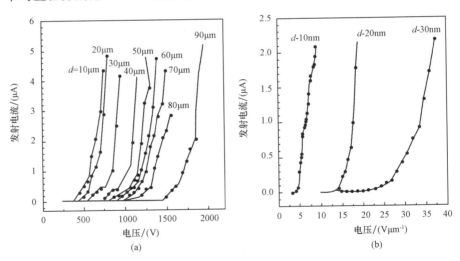

图 3-101　本征硅纳米线的场发射特性
(a)电极与样品的距离 d 值不同时硅纳米线的 I-V 特性;
(b)不同直径硅纳米线的电流-电场特性

$30~nm$(直径分布 $27\sim32~nm$)的硅纳米线的阈值场强分别为 4.5、13 及 $23~V/\mu m$,以上结果说明硅纳米线的直径对其场发射特性具有很重要的影响,随着硅纳米线直径的减小其阈值场强随之减小。硅纳米线序列的场发射特性也是人们感兴趣的研究内容之一,对平均直径约 $50~nm$ 的硅纳米线阵列的场发射特性研究表明,在电场中发射出$0.01~mA/cm^2$电流密度对应的阈值场强为 $14~V/\mu m$,低于报导的平均直径约 $30~nm$ 硅纳米线的研究结果,这可能是由硅纳米线的生长尖端及其定向生长引起的。

对硼掺杂硅纳米线的场发射特性测量表明,在电场中发射出 $0.01~mA/cm^2$ 电流密度对应的阈值场强为 $6~V/\mu m$,低于相同直径的本征硅纳米线的阈值场强($9~V/\mu m$)。采

用传统的 Fowler-Nordheim（FN）理论分析了硼掺杂硅纳米线的场发射特性（图 3-102），研究认为所有具有不同样品与阳极探头距离的 FN 曲线几乎都落在窄的区域，同时有相似的 y 截距值，说明纳米线分布均匀。对场发射也进行了稳定性测试，初始场强电流密度为 $110\ \mu A/cm^2$，并记录了工作电压和样品与阳极探头距离相同时 3 h 内场发射电流密度的变化数值，从这些记录数值中没有观察到电流密度有明显的下降趋势，其波动幅度在 ±15% 以内。因此，硼掺杂硅纳米线比传统光滑的本征硅纳米线有更好的场发射特性，经过硼掺杂可能改变了纳米硅晶本身的场发射性能，同时纳米线中的纳米粒子形态引起了场发射强度的增强。以上都说明掺杂硅纳米线在场发射器件中极有应用潜力。

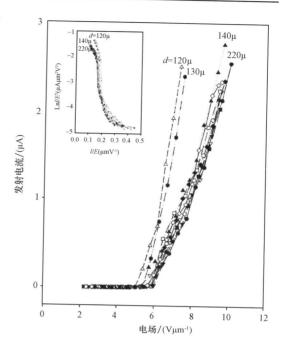

图 3-102　不同电极与样品距离的硼掺杂硅纳米线的电流与电场特性及其 FN 曲线

3.6.3　电子输运特性

电子输运是一维纳米材料的重要特性之一，哈佛大学的 Cui 等首先测量了本征硅纳米线及硼、磷掺杂硅纳米线的电子输运特性，其中硼掺杂硅纳米线属于 p 型半导体，磷掺杂硅纳米线属于 n 型半导体。通过对记录在零栅极电压（$V_g=0$）时的 $I-V$ 曲线分析可知本征硅纳米线的电阻系数为 $3.9\times10^2\ \Omega\cdot cm$，当 V_g 为正电压时，电阻系数减小，为负电压时，电阻系数增加。少量硼掺杂硅纳米线在 $V_g=0$ 时电阻系数为 $1\ \Omega\cdot cm$，比本征硅纳米线的测量值低两个数量级。硼重掺杂硅纳米线的电阻系数仅为 $6.9\times10^{-3}\ \Omega\cdot cm$，且此值与 V_g 值无关。少量磷掺杂硅纳米线的 $I-V$ 曲线为非线性，说明在电极与硅纳米线为非理想接触，与硼掺杂硅纳米线所测得的结果相反，估计在 $V_g=0$ 时的电阻系数为 $2.6\times10^2\ \Omega\cdot cm$；磷重掺杂硅纳米线的 $I-V$ 曲线为线性，电阻系数为 $2.3\times10^{-2}\ \Omega\cdot cm$，与 V_g 值无关。低电阻系数和 V_g 函数关系说明通过磷掺杂硅纳米线也可以得到高载流子浓度。以上结果表明硼和磷可以大幅度改变硅纳米线的电导率，并且电导率的变化与 V_g 值无关。对 Au 或 Zn 催化制备的直径 15～30 nm 的硅纳米线的电子输运测量表明其为 p 型半导体，750 ℃ 时对硅纳米线进行退火增加了纳米线的电导率，这可能是由于 Au 和 Zn 的掺杂及接触电阻的减小引起的。香港城市大学的马多多等在 *Science* 上撰文报道了直径 1～7 nm 的硅纳米线并证实了小直径的硅纳米线具有量子限制效应。他们用 HF 酸去除了硅纳米线表面的氧化层，用扫描隧道显微镜（STS）测量了小直径硅纳米线的 $I-V$ 特性，结果表明隧道电导率与硅纳米线表面电子局部态密度成正比，因为偏压被限制在 2 V 以内，只有小范围表面局部态密度可以通过。

　　无论从理论还是从应用的角度考虑,硅纳米线都是一种具有独特优异特性的新型半导体材料。由于硅纳米线制备技术的发展,有关硅纳米线的电学特性的研究也得到了较大发展,主要表现在场发射特性及电子输运特性等方面。掺杂技术是硅在当今微电子领域广泛应用的重要基础,从目前的研究结果来看,对硅纳米线的微观结构进行 p 型或 n 型半导体掺杂已成为可能,今后的方向在于提高掺杂精度,实现浓度的可控调节。另外,硼或磷掺杂硅纳米线的电导率可以在几个数量级的范围内变化,并由栅极电压控制,这种电学性能可以满足不同的电路设计及功能元件的需要。目前的场发射阵列技术已发展到接近实际应用的阶段,制备具有高束填充密度的大面积场发射器阵列至关重要,研究表明有尖锐端部的纳米管或纳米线是一类可望应用于冷阴极场发射器件的材料,用有序硅纳米线阵列来制备场发射器件也具有重要的研究意义。硅纳米线最终实现应用在很大程度上取决于精确控制或良好调节它们的尺寸、化学组分、表面性质、相纯度以及晶体结构的能力。

第4章
纳米材料的发展规划及产业化前景

4.1　世界纳米材料的研发战略及发展前景

  21世纪是一个难得的富有挑战性的世纪,世界各国都在积极开展纳米科学技术的研究。目前,纳米科学技术发展水平与20世纪50年代的计算机技术相当。纳米科学技术的发展将对许多方面的技术产生广泛而重要的影响。纳米科技已在国际间形成研究开发的热潮,世界各国都将发展纳米科技作为国家科技发展战略的一部分,纷纷投入巨资用于纳米科技和材料的研究开发。因此,必须加倍重视纳米科学技术的研究,注意纳米科学技术与其他领域的交叉,加速知识创新和技术创新,为21世纪经济的发展奠定雄厚基础。

  人类历史上的任何科学发现,都没有像纳米科学技术这样受到各国政府的如此重视,并做出如此快速的战略和战术上的反应。各国(地区)制定了相应的发展战略和计划,指导和推进纳米科技和纳米材料的发展,将支持纳米技术和材料领域的研究开发作为21世纪技术创新的主要驱动器,这在历史上是绝无仅有的。纳米科技和材料展现了其广阔的发展前景和趋势,推动国民生产和社会发展,保障国家安全和造福人民。当前世界上已有近100个国家和地区从事纳米科技的研究开发活动,各国对纳米科技的投资增长加快,已从1997年的4.32亿美元增加至2002年的21.74亿美元。当然,各国的情况不同,规划有异,各有侧重,但共同的根本目的是在21世纪推进、保持经济繁荣,保证国家安全。各国提出的政府发展纳米科学技术的战略目标和具体战略部署,标志着世界进入了全面推进纳米科学技术发展的新阶段。

4.1.1　纳米材料的研发战略、投入及产出

4.1.1.1　纳米材料的研发战略

  在富有挑战性的新世纪,世界各国特别是发达国家都对富有战略意义的纳米科学技术领域予以足够的重视,都从战略的高度部署纳米科学技术的研究,目的是提高未来十年乃至二十年在国际竞争中的地位。从各国对纳米科学技术的部署来看,发展纳米材料及其科学技术的战略是:①以未来的经济振兴和国家实力的需求为目标,牵引纳米科学技术的基础研究、应用开发研究;②组织多学科的科技人员交叉创新,做到基础研究、应用研究并举,重视技术集成;③重视发展技术改造传统产品,提高高技术含量,同时部署纳米材料和纳米技术在环境、能源和信息等重要领域的应用,实现跨越式发展。发展纳米科学技术

存在科学理论、科学方法、科技创新等难点。以国家目标为导向,纳米器件的研制和集成是纳米科学技术的核心,纳米材料的制备和研究是工作重点,用体制创新推动技术创新,使纳米科学技术的产业化得到健康的发展。

纳米材料及其科学技术发展的主要内容包括纳米材料、纳米器件和纳米结构的检测与表征。在当前纳米科学技术概念中,人们似乎忽视了纳米尺度的表征与检测,但是此项工作是纳米科学技术的研究与发展、理论和实验的重要基础。纳米尺度是如此小,没有重要的工具和系统的表征、检测,纳米科学技术的研究只能是一句空话,伪纳米产品也会乘虚而入。纳米器件的研究水平和应用程度标志着一个国家纳米科学技术的总体水平,与信息产业及社会、经济、国防的关联度很大,需要大量的投入。纳米区域性质的探测、表征是纳米材料和纳米器件研究与发展的实验基础和必要条件,应在重视基础和应用研究的同时,兼顾与产业化的结合,避免对纳米科学技术的一些认识误区,杜绝炒作、抓住机遇、发挥优势、突出特色。要加强研究基地的建设,改善基础设施条件,增加科技专项的投入,同时要十分重视知识产权的保护。

4.1.1.2 全球纳米科技的投入持续攀升

纳米技术作为引领下一代技术发展的主导技术,其巨大的潜在利益和发展前景受到了世界的广泛关注,也引起了各国的激烈竞争。近年来,纳米研发投入一路攀升,研发成果不断涌现。就整体研发实力而言,美国和日本一路领先,德国和韩国紧随其后,中国、印度、俄罗斯等发展中国家则迅速追赶,进步显著。

表 4-1 是 2005—2006 年全球纳米技术研发投资情况。2006 年,全球纳米技术研发投资达到了 124 亿美元,较之 2005 年增长了约 13%,其中政府投入 64 亿美元,与 2005 年的 59 亿美元相比,增长了 9%。在政府投入中,美国联邦政府和各州政府共投入 17.8 亿美元,仍位居榜首,然后是日本和德国,分别投入 9.75 亿美元和 5.63 亿美元。私营部门的纳米研发投资呈迅速增长之势,2006 年,全球企业的纳米研发投资达到 53 亿美元,较 2005 年增长了 19%。位居第一的美国企业和位居第二的日本企业分别投入 19.13 亿美元和 17 亿美元。在私营部门的研发投入方面,大多数发展中国家都相当落后,不过这一状况正在改变之中,一些国家出现了强劲增长。例如,如果按照购买力平价计算,中国企业的纳米技术研发投资估计已达 11.65 亿美元,较 2005 年增长了 68%;2006 年更多名字中含有"纳米"一词的新企业获得了资助。

表 4-1　2005—2006 年全球纳米技术研发投资情况

	政府投资	企业投资	风险资本	全球总投资
2005 年(亿美元)	59	44.5	6.4	109.9
2006 年(亿美元)	64	53	7	124
增长率(%)	9	19	10	13

4.1.1.3 全球纳米科技的产出大幅增长

据世界知名纳米技术研究咨询公司 Lux Research 的研究报告称,1995—2006 年在纳米科学和工程领域发表论文最多的国家是美国,共有 413 万多篇;中国第二,共 215 万多篇,仅在 2006 年中国就发表了论文 6000 篇,是位居第三的日本的两倍多。另据经合组织

2007 年发布的《科学技术与工业记分牌》,1999—2004 年,就"化学合成""超导和量子计算""纳米材料和纳米器件"三个研究领域而论,在被引用频次较高的"核心论文"中,美国所占的比例最大,欧盟十五国次之,东盟十国加上中日韩三国位居第三,不过其成绩主要出自中国。纳米技术领域的发明成果也日益显著,在 1995—2004 年的 10 年中,纳米技术 PCT 专利申请量大幅增长,年均增长率为 24.2%,是 PCT 所有专利申请量增长率的两倍。2004 年,美国占纳米技术 PCT 专利的份额最大,达 40.3%,其次是欧盟,占 26.4%,日本占 19%,德国占 10%。2002—2004 年,在所有经合组织成员国中,有 0.9% 的 PCT 专利申请与纳米技术有关。美国、日本、爱尔兰、波兰和新加坡占纳米技术专利申请总量的份额均高于其在所有 PCT 专利申请总量中所占的份额。

目前,纳米技术领域的知识产权呈现出五个明显趋势。一是专利申请内容集中于纳米基础组元、纳米材料和工具。美国专利商标局接到的专利申请主要涉及纳米级结构、纳米器件、纳米工具、纳米材料和仪器系统及其控制以及纳米技术方法。二是由于纳米技术的应用范围很广,因此出现了多个行业申请同一项纳米技术创新专利的趋势。三是由于多年来公共资金占了纳米技术研发支出的大部分,因此大学和公共研究机构拥有很大一部分关键性纳米技术专利。据估计,大学拥有 70% 的关键纳米技术专利。1980 年以前,全世界的大学每年只获得 250 项纳米技术相关专利,2003 年这个数字提高了 16 倍,达到 3993 项。四是草药中的自然物质的相关专利申请不断增加。例如,中国研究人员曾将传统中草药成功分解到了纳米级,并获得了 900 项专利,美国和欧洲也都曾授予类似专利。五是纳米技术的专利申请表明,目前纳米技术的应用主要是在纳米电子学、能源和人类卫生保健三个方面。随着电子产品微型化趋势的发展,纳米电子技术专利成为纳米专利申请中的重头戏。另外,纳米技术在解决当前能源问题上最具发展前景,2005 年该领域的专利申请量是 2000 年的 3 倍。在能源领域的纳米技术专利中,日本、韩国和中国占据主导地位,这方面的美国专利有 70% 是日本机构申请的。在卫生保健方面,纳米技术主要应用于化妆品和营养品,在这方面获得专利最多的依次是欧洲、美国、中国和俄罗斯。

4.1.2　主要国家纳米前瞻/部署的共性

近年来,纳米科技飞速发展,各国针对纳米技术的研发计划也发生了较大变化。在对获取的主要国家纳米科技发展部署或前瞻的相关信息进行分析后发现,虽然国情不同,但各国制定的纳米科技发展前瞻/部署却呈现出一定的共性特征:(1)对纳米技术的信心普遍增强,投资力度普遍加大。例如:韩国在"第 4 次纳米技术综合发展计划"中将政府对纳米技术的研发投入从 2014 年的 5313 亿韩元增加到 2025 年的 8800 亿韩元,占政府研发总投入的比重从 3% 提升至 4%;核心科研人员数量和相关企业数量均大幅增加,韩国在纳米领域的核心科研人才数量已经从 2001 年的 1100 人增加到 2014 年的 8548 人。(2)将纳米技术列入促进国家经济发展和解决关键问题的关键技术领域,在能源的存储和转换及生物医药的靶向治疗等领域尤其受到重视。(3)研发重心由最初单一的纳米材料制备和功能调控转向纳米材料的应用和商业化,纳米技术研究走向了新的阶段。例如,美国的纳米纤维素商业化项目,将"纳米纤维素作为酶的固定化载体及其在抗菌包装中的应用"和"纳米纤维素材料用于食品保存"等方向作为其商业化投资方向。(4)通过公共研发平台、产业园区等,促进产学研合作及与其他领域的融合,从"提案"到"产业化"的时间大为缩短。就我国来说,有位于北京的国际性纳米技术学术据点——国家纳米科学中心,苏州也建成了大型产官学工业园区——苏州纳米科技协同创新中心;日本也在 2012 年开始实施文部科学省主导的"纳米科技基础平台项目"。(5)开展 EHS(环境、健康、安全)和 ELSI(伦理、限制、社会课题)研究以及国际标准和规范(ISO、IEC)的制定,促进纳米技术新型产业被社会接受。(6)重视纳米技术的基础教育和高等教育。在纳米技术的基础教育方面,韩国已经完成了以纳米技术为基础的高等教育英文教科书;美国和韩国的大学还开设了包含纳米技术的本科课程;美国和中国台湾地区也加大了对教科书的修订和教师培训计划,用于构建以纳米科技为基础的理科方面的 K12 教育体系。

4.1.3　主要国家纳米前瞻/部署研究方向比较

主要国家纳米科技发展前瞻或部署中的重点研究方向既具差异,也具共性。所涉及的研究方向按照生物、环境、能源、器件与制造、测量、仪器设备、标准与安全等 7 个领域进行比较分析。

(1)生物领域。英国偏重于生物纳米技术的产业化,如建立纳米纤维的生产平台,纳米工厂的设计等;中国较重视碳纳米材料的生物应用及具有免疫应答的生物医用材料的开发;澳大利亚偏重于人体仿生纳米器件的研究;印度希望利用纳米粒子开发抗虫害植物品种。俄罗斯、德国、韩国及欧盟等把纳米植入材料作为重要的研究方向;美国、俄罗斯、澳大利亚、日本及印度等把纳米药物的靶向输送列为重点支持方向;美国、日本、德国等高度重视医学成像领域的应用。

(2)环境领域。欧盟和德国将 CO_2 的捕获和利用作为重要研究方向;英国更为关注纳米材料对环境的毒性研究;日本将放射性物质的去除技术作为其战略方向之一;韩国较为重视大气净化纳米催化剂研究;中国较为重视极端环境材料的研发;此外,美国、俄罗斯、英国、澳大利亚、日本等高度重视纳米材料水处理技术。

(3)能源领域。美国在纳米储能材料领域较为重视锂电池固体聚合物电解质、热自发电池等的研发,在纳米发电材料领域较为重视多孔固体氧化物燃料电池电解质及光伏发电增强材料的研发;欧盟重视柔性电池、轻型电存储及储氢系统的研发以及发展包括渗透能发电在内的新型可再生能源;俄罗斯较为重视太阳能电池、重型陶瓷磁铁及替代能源材料的研发;英国将研发重点放在了钙钛矿型电池模块化上;日本强调对高温超导输送电的研究;韩国主要部署了柔性电极、智能窗户及隔热元件等研究方向;澳大利亚较为重视安全动力电池和太阳能电池的研发;中国较为重视热电材料和长续航动力电池的研究。

(4)器件与制造领域。美国、俄罗斯和欧盟都将纳米传感器的研发列为其战略研究方向;美国和中国都很重视芯片的研发;欧盟和中国都将柔性智能器件、非易失性存储器列入研究方向;美国较为重视软物质制造技术;俄罗斯较为重视基于忆阻器的电子元件;欧盟较为重视基于石墨烯的集成电路、等离子体光开关及晶体管的研发;中国较为重视极低功耗器件和电路、3D 打印、硅基太赫兹技术等。

(5)测量领域。美国关注异质材料的表征;欧盟重视选择性单分子探测;俄罗斯强调原子分辨率的材料表面成像系统;中国将重点研发具有极限分辨能力的表征和测量技术。

（6）仪器设备领域。欧盟和韩国在柔性显示器方面均有战略部署。美国、德国、欧盟、韩国、澳大利亚等重视功能探测器/传感器（如分子探测器、光电探测器、感应传感器）研究。欧盟较为重视利用太赫兹技术的相关器件的研发；德国则较为重视危险物质探测和救援人员防护设备的研发；俄罗斯较为重视对纳米机器人的研究；中国将纳米绿色印刷和纳米刻蚀作为重要的研究方向。

（7）标准与安全领域。美国强调了对石墨烯的监管及其对基因等的影响；德国重视应用纳米技术时的必要保护措施及对食品材料的创新研究；韩国提出要研究感染性生物物质检测与监测；中国更为重视纳米领域应用的重要标准和检测技术。美国、德国、韩国、中国关于纳米标准与安全领域的战略部署均涉及纳米材料的生物安全技术研究。

4.1.4　中国纳米材料及其科技发展规划

我国是世界上少数几个从 20 世纪 90 年代就开始重视纳米材料研究的国家之一,在纳米材料及其应用、隧道显微镜分析和单原子操纵等方面已经与国际水平相接近,在某些领域内甚至达到了世界先进水平。中国科学院院长、国家纳米科学中心主任白春礼此前就曾指出,中国的纳米科研已逐步进入了国际主流方向,单是中科院系统,就有 30 多个研究所从事该领域的研发,还不包括上百所高校以及 600 多家企业。而在宏观领域,纳米技术也一直被公认为是推动中国经济实现跨越式发展的大好机遇之一。在 2006 年国务院颁布的《国家中长期科学和技术发展规划纲要》中就明确提出,纳米科学是未来 15 年内基础科研的四个主要方向之一,涉及纳米技术相关的重点研发项目就有纳米电子学和纳米生物学的核心技术、发展亚微米尺度上的微纳电子机械系统等等。

4.1.4.1　发展纲要

2001 年初,国家成立纳米科学技术指导委员会,负责组织协调全国纳米科学技术的研究开发力量,制定有关发展规划。2001 年 7 月,国务院批准了"国家纳米科学技术发展纲要",至此,我国的纳米科学技术发展规划框架已经形成。在国家积极促进纳米科学技术发展的同时,地方政府亦高度重视纳米科学技术在本地的应用。据不完全统计,全国有一半的省市将纳米材料纳入本省发展规划。从事纳米科学技术生产和应用的企业如雨后春笋般在全国出现。根据发展纲要,我国的近中期目标是纳米材料及其应用,中远期目标是纳米器件及其应用。

我国纳米科学技术发展存在的主要问题是我国对纳米科学技术发展的经济支持力度不大,大部分研究工作主要集中在硬件条件要求不太高的研究领域,高、精、尖的研究不多;缺乏宏观调控、力量分散;不适当的炒作对纳米科学技术产生消极的影响,对纳米科学技术发展产生了误导等。为此,2003 年春,国家纳米科学中心揭牌成立。这是国家将投入 2.5 亿元,以中国科学院为依托,由中国科学院纳米科学技术中心、北京大学、清华大学等单位为最初发起单位组建的,它将有望解决一些零散问题。国家纳米科学中心将边筹备边建设,在建设中还将采取灵活方式吸引不同形式的投资。作为代表国家水平、公用的先进技术平台,国家纳米科学中心将重点放在前瞻性的、具有重要应用前景的纳米科学与技术基础研究上,在学科交叉、优势集成的基础上,面向国家战略需求开发高水平的研究。这个平台将向国内外开放,提供大型仪器设备,而这是国内的单个研究所或大学所无法提供的。

在十五期间,各部委分别通过国家的"973 计划"、"863 计划"和"攻关计划",基金委的重大、重点项目,教育部的振兴计划,发改委的产业化示范工程和大科学工程等对纳米科技进行了大规模的研发投入资助。2016 年科技部发布了《"十三五"国家科技创新规划》,其中分别在"国际科技重大专项"、"新一代信息技术"和"材料技术"等章节针对纳米科技做出了相关规划,如发展新材料技术方向中包含纳米材料与器件等领域的研究,将新型纳米功能材料、纳米光电器件及集成系统、纳米生物医用材料、纳米药物、纳米能源材料与器件、纳米环境材料等的研发作为重大专项进行研究部署。同年,国家发展和改革委员会发布了《"十三五"战略性新兴产业发展规划》,分别在信息、制造及新能源领域提及了纳米材料和技术的相关规划,如前瞻布局前沿新材料研发方向涉及突破石墨烯产业化应用技术,拓展纳米材料在光电子、新能源、生物医药等领域应用范围等纳米科技的相关规划。

我国相关部门制定的战略计划在不同程度上均涉及纳米技术的发展和应用,中科院和国家自然科学基金委都将纳米技术作为一个独立的研究方向对其发展做出了规划,但基金委制定的规划较偏重于纳米技术的基础研究,中科院则致力于纳米技术产业的创新。

中科院于 2013 年 11 月启动了"变革性纳米产业制造技术聚焦"战略性先导科技专项(A 类),以期该专项计划能促进长续航动力锂电池和纳米绿色印刷等产业技术的变革性创新,同时培育和推动一批核心技术在特定能源、环境与健康领域中的应用,解决若干制约国家骨干行业发展的关键技术瓶颈问题,带动新兴产业的发展;2016 年发布了《中国科学院"十三五"发展规划纲要》,将纳米技术作为使能技术融入其他各个领域中,如先进材料方向中,提及实现石墨烯和碳纳米管的规模控制制备、大幅提升纳米金属材料及二维原子晶体材料和生物医用材料的综合性能,为信息、高端装备制造、新能源和人类健康等战略性新兴产业的发展提供坚实的理论基础和技术支撑等。

国家自然科学基金委 2009 年发布了"纳米制造的基础研究"重大研究计划,以期建立纳米制造过程的精确表征与计量方法,为纳米制造的一致性与批量化提供理论基础;2016 年发布了《国家自然科学基金"十三五"发展规划》,在第四篇"学科布局与优先领域"中制定了包括纳米科学在内的 18 个学科未来 5 年的发展战略,加强和促进纳米材料的精准/可控制备及表面微结构的表征新方法,其中部分规划涉及应用领域,如能源,医药、环境等,但多数处于应用研究的最前端,离真正的商业化或者产业化还有一定距离。

4.1.4.2 发展的三大目标

中国纳米科学技术发展必须加快实现由以往跟踪为主向自主创新为主的战略转变,必须把纳米科学技术人才队伍建设放在突出位置,必须十分重视纳米科学技术基地建设,减少低水平重复,构筑高水平的公共平台。中国科学技术部在 2003 年秋初,专门组织召开国家纳米科学技术工作会议,提出了中国纳米科学技术发展的三大目标。

(1)纳米科学前沿领域。以纳米电子学、纳米尺度的加工及其组装技术、纳米生物和医学、纳米材料学等前沿理论和方法为重点,建立、完善国际先进的国家纳米科学技术发展公用平台和重点实验室系统,加强纳米科学技术信息网络和科研开发网络建设,构筑国家纳米科学技术创新体系。

(2)纳米科学技术开发及应用方面。在纳米材料的制备、纳米器件的制造工艺及装备、微型计算机和信息系统、环境和能源、医疗与卫生、生物和农业、航天和航空以及国防建设领域攻克一批重大关键技术,取得一批对未来产业有重大影响的知识产权,为纳米科学技术成果的应用与产业化奠定了技术基础。

(3)纳米科学技术骨干队伍方面。吸引多学科专家参与纳米科学技术的研究与开发,培养和引进懂科技、懂经营、懂管理的复合型人才,为纳米科学技术的产业化提供力量。为使纳米科学技术领域真正有所成就,必须造就新一代科学家,他们能够跨越传统学科进行研究,培育知道如何在学科交叉领域与他人合作的新一代研究人员,这对于纳米科学技术的未来发展至关重要。

发展纳米科学技术的第一要务就是发展人才,不仅吸引人才,更重要的是培养人才。国内目前已有多所高校及研究院开设纳米材料科学与工程学科的课程,这是纳米科学技术发展的基础性工程。纳米科学技术相关专业人才的培养将逐步规模化、系统化、高水平化,这是我国纳米科学技术发展的坚实基础和有生力量,也是我国纳米科学技术服务社会的坚实保障。

4.1.5　美国纳米材料及其科技的发展

在美国纳米技术合作局的支持下,美国纳米技术创新项目新的战略发展计划已由美国科学技术委员会纳米科学、工程技术分会发布。原美国纳米技术创新项目的战略发展计划是 2004 年 12 月制订,美国纳米技术合作局的 Clayton Teague 局长表示:为保证这一研究开发领域的活力,有必要定期调整美国纳米技术创新项目的战略发展计划。2003 年发布的 21 世纪纳米技术研究开发法案要求每三年更新一次美国纳米技术创新项目的战略发展计划。美国纳米技术创新项目建立于 2001 年,在美国纳米技术创新项目的战略发展计划中描述了纳米技术领域的发展前景和机遇,展示了在各领域中纳米技术的发展战略,发布了美国有关参与部门的研究经费数额。美国纳米技术创新项目推动了美国纳米科学领域的兴旺发展。自美国纳米技术创新项目建立以来已向 70 个研究单位和企业提供了资助,一个巨大的研究网络已经形成。在美国专利和商标局纳米技术领域注册的4800 多项专利中,很多曾得到过美国纳米技术创新项目的支持。

美国作为纳米领域的领军国家,在纳米技术不同应用方向都具备很强的研发实力。从纳米技术的 5 个主要的应用方向来看,材料作为其他所有高新技术领域的基础与先导,一直是纳米技术研发的重点。电子与器件具有巨大的市场需求,同时生物医药一直是美国的传统优势与投资重点,因此,美国在这 3 个方面的专利数量明显较高。随着材料、电子、生物等高新产业的迅猛发展,相信美国在该 3 个领域也会继续保持增长态势。

4.1.5.1　美国对纳米技术重要性的认识

2020 年 6 月,国家科学院发布了最新版美国国家纳米技术计划(简称 NNI)评估报告。报告认为医药、粮食、水、能源、微电子、通信、国防等领域的发展越来越由纳米技术创新所驱动,因此有必要继续实施 NNI。2020 年 10 月,NNI 公布了 2021 财年预算报告。报告高度肯定纳米技术的重要作用。一方面,过往对纳米技术的投资为在纳米尺度认识奠定了重要基础。纳米技术被用于开发疫苗、检测设备、防护设备等。另一方面,对纳米技术的持续投资是建立人工智能、量子信息、下一代无线通信、先进制造等未来产业的重要基础,也是在半导体和战略计算领域继续保持领先的重要基础。这些投资包括利用人工智能设计纳米材料,开发用于人工智能的纳米尺度计算硬件,使用具有原子精确性的方法制造量子器件以及可持续的纳米制造等。预算报告指出美国必须继续保持在纳米技术领域的全球领先地位,确保发现在美国、成果转化在美国。截至 2021 财年,美国联邦政府为 NNI 累计投入超过 310 亿美元。

报告建议 NNI 重塑发展愿景,并提出了 5 项关键建议。(1)NSET 和 NNI 参与机构应齐心协力面向国家优先研发领域提供基于纳米技术的解决方案。(2)NSET 和 NNCO 应加强和扩展"实验室到市场"创新生态系统,以支持纳米技术转移转化,从而增强国家竞争力。(3)NNI 应投资加强和更新纳米技术科研仪器设施,以保持国际领先,这些设施将支持基础研究、原型开发、试验和放大。(4)NSET、NNCO 和 NNI 参与机构应加大力度吸引优秀学生选择纳米技术专业,以保证世界级的人才队伍。(5)通过 NSET 和 NNCO,加强对 NNI 的协调。给予 NNCO 充足的经费和人员配置,以保证 NNI 的顺利开展。NNCO 应扩大与非营利组织的合作,建立新的政府与社会资本合作关系。

4.1.5.2　美国国家纳米技术计划

1996 年,以美国国家科学基金会为首的十几个联邦政府机构委托世界技术评估中心,对纳米粒子、纳米结构材料和纳米器件研究开发的现状和趋势,在全球范围内进行了为期三年的调研。随后,美国国家科学技术委员会设立了一个由多家联邦机构参与的纳米科学、工程与技术工作小组,在世界技术评估中心调研的基础上,拟订出美国国家纳米技术计划(简称 NNI)。2000 年 1 月 21 日,美国总统克林顿在加州理工学院正式宣布了这项新的国家计划。根据美国"21 世纪纳米技术研究与发展法案",美国国家纳米技术计划的发展战略每三年修编一次。2007 年公布的 NNI 发展战略用来更新并替代 2004 年12 月发布的第一版 NNI 发展战略。

NNI 作为一个国家计划,本身并没有经费支持科研,但是它通过成员机构来实施联邦财政预算资助的科技研发活动。不过,美国在纳米技术研发上的科技投入逐年提升,与NNI 计划实施第一年 2001 年的 4.64 亿美元相比,2007 年科技经费投入翻了近两番。相对 2007 年的小幅增长,2008 年美国在纳米技术上投入的科研经费预算又有大幅提升,达到 14.45 亿美元,年涨幅 6.7%。美国国家纳米技术计划发布后的第 1 年,有 6 家联邦机构在纳米技术的研发领域投入了大量科研经费。2007 年,25 家联邦机构以独立承担或协同合作的形式参与纳米技术相关的研发活动,其中的 13 家有与纳米技术相关的科技经费财政预算。

美国纳米技术研发科技经费主要流向美国国家科学基金会、美国国防部、美国能源部、美国健康和公众服务部国立卫生研究院、美国商务部国家标准技术研究院、美国国家航空航天局六家机构。从近三年数据来看,这六家联邦机构占了纳米科技经费的 98% 以上。在这六家联邦机构中,美国国防部和美国国家航空航天局获得的科技经费逐年小幅递减,而另外四家则逐年递增。另外,值得注意的是,美国环保总署近三年的经费也有大幅提升,这些迹象一定程度上表明了美国的纳米技术研发出现了向民用化和环保方向发展的趋势。

美国作为纳米创新战略的领先者,美国的纳米战略和研究目标更为具体。近几年,

NNI 研究组先后制定了关于碳纳米管研究、纳米纤维素商业化及纳米技术在水资源的可持续利用等使命导向型的研究计划。同时,其战略规划更致力于通过多学科融合解决一些重大挑战问题,例如 2015 年美国白宫科技政策办公室发布了《纳米技术引发的重大挑战:未来计算》项目。

2018 年以后,虽然其预算有减少的趋势,但对纳米技术计划已作了战略性预算分配。根据摩尔定律,一直在推进高性能化的半导体也已触到微型化的界限,而在不依赖摩尔定律的情况下继续追求新的半导体高性能化的"电子复兴计划"则开始起动。量子计算机研究开发迅速推进,追求量子技术整体发展的新的可能性的"国家量子计划"也开始实施。这些都是美国政府政策支持的重点。

4.1.5.3　美国国家纳米技术发展战略的四大目标

美国国家纳米技术的计划是在不久的将来能够更好地认识和控制纳米级物质,从而引发一场推动社会进步的技术和工业革命,谋求最大的公共利益。为了实现这一计划,美国国家科学技术委员会纳米科学工程技术分委员会制定了纳米技术发展的四大目标。

(1)确保并持续推进美国国家纳米技术研究和开发计划处于世界领先水平。

美国国家纳米技术发展计划旨在通过不断促进发明创新来确保美国在纳米技术研究和开发上处于世界领先水平。多种途径的研发科技投入 NNI 计划支持的研究对象可以是多种形式,包括单个研究人员、多名研究人员的联合体和研究团队、研究中心以及用户设施和网络。每一种研究对象在纳米技术发明创新中都扮演着重要角色。规划纳米技术研发的前沿领域,NNI 通过资助几个主题战略研究工作组,由该工作组聚集来自学术界、政府和产业界的专家,一起探寻纳米技术领域的发展机遇和需求,提出把握机遇和满足需求相应的方式方法,并就纳米技术发展战略提出建议,以供各联邦机构开展纳米技术研发活动时借鉴。当前引起关注的纳米技术热点方向有:传感器和纳米电子、能源、纳米物质的转移及最终归属、在医疗卫生方面的应用。由于纳米技术涉及面极广极深,NNI 支持联邦机构之间的合作研发。例如,在纳米工程材料的环境、健康和安全问题研究上,几家机构被资助进行基础研究,其他几家机构被资助进行现场检测设备的开发,还有几家机构则进行有效操作这些设备所需标准的研究,最后由政策制定和管理机构使用这些研究成果,来辅助工业和政府部门出台纳米技术研发所需的必要的安全准则。机构间的良好合作离不开领域优先发展方向相关信息的共享。NNI 要求工作组各个参与机构按优先次序列出各自研究方向下纳米技术的发展机会、挑战和需求,汇总后的优先次序表将分发给NNI 下全体参与机构。另外,社会大众也会被邀请作为观察员参与到工作组及其相关科研活动中,并就他们感兴趣或者认为重要的议题进行讨论。公众参与 NNI 计划后形成的观点也将被作为 NNI 决策程序的一个有益参考。

NNI 通过各种方法激励科学家个人、联邦机构之间的交流合作,支持科研人员在休假期间在别的联邦机构内开展目标明确且费用适中的学术交流,如有可能,也可与产业界进行类似科研人员交流。同时,NNI 还鼓励科研人员在现有科技合作协议支撑下开展国际横向合作。

(2)促进纳米新技术向商业产品和公众服务的转化。

美国纳米技术转化过程涉及支持和从事纳米科研活动以及具备将新技术商业化能力

的全部实体,这些实体包括国际、美国国家、美国各州、美国各地方从事纳米研发的组织以及各类专业团体、商业组织和其他非政府组织。NNI 为大中小的各类企业创造了一个良好的商业环境,充分发挥科研机构和企业的特长,将纳米技术孵化成商品。

美国国家纳米技术计划通过建立各类工作小组,重点加强纳米计划参与机构与产业界联系,重点加强项目向市场转化的能力。由来自政府和私营企业的代表组成的产业联络小组,负责在 NNI 研究计划和企业发展需求之间传递交换信息,目前已经有电子、林产品、化学工业和产业研究管理的产业联络小组,还将建立其他产业的联络小组。NNI 负责对项目研究方案进行论证的项目建议方案评估小组,通常包括来自企业的代表,他们的意见对于技术的产业化具有重要意义。此外,NNI 还尽量安排企业代表参加到研究中心、网络和用户设施的评估委员会中,以便于这些研究实体熟悉市场现实需求,提高市场意识。另外,美国国家纳米技术计划同时也充分利用了现有的技术市场化和商业生产机制,例如,小企业创新研究计划、小企业技术转让计划以及制造技术计划。尽管这些计划并不是专门针对纳米技术的,但是 NNI 参与机构可以提出自己感兴趣的重点发展方向,引导企业和科研机构在相应领域开展研究。

知识产权保护对于技术早期开发尤为重要。美国专利和商标局正着手提高其对纳米最新技术发明的评估能力,培养一批经验丰富的专利检查员,并在其专利分类体系中增加具体的纳米技术专利判断细则,以支撑纳米技术相关专利的判定。除了知识产权保护,美国政府还通过一些规章制度来约束纳米相关的商业行为。那些拥有纳米产品监督职责的联邦机构目前都已成为了 NNI 的积极参与者。NNI 资助这些机构进行如何将现有规章制度应用到纳米相关产品上的研究。在经济合作和开发组织、国际标准化组织和其他国际组织资助下,NNI 参与机构也正在进行纳米技术环境、健康和安全相关的战略部署及其相关准则的研究和商业化应用标准的开发。纳米材料的命名和术语、测量和表征、纳米材料操纵和处理方法相关标准的开发,有助于创造一个良好的商业环境,据此,美国公司将有途径将其产品推向国际和国内市场。联邦政府计划之外的其他工作除了领导和协调联邦政府的纳米技术研发活动,NNI 还将其他对纳米技术感兴趣的政府组织和非政府组织联合到一起,共同提升美国的竞争力,谋求更多的公众利益。

(3)加强并持续提供高素质人力资源、技能型劳动力以及推动纳米技术发展的支撑设施和工具。

在美国国家纳米技术计划的支持下,针对各种教育机构开发教育计划,包括中学、社区学院、职业技术学校和研究性大学,培养下一代的纳米技术研究员、发明家、工程师和技师等。同时,NNI 也已经建立了一系列多学科研究中心和用户设施,配备有开展纳米科学与工程研究用的现代仪器。

研究中心、用户设施和高等院校的 NNI 科技项目中包含了跨学科的教育内容、提供教师培训机会、编制纳米技术培训教程和教材。同时,NNI 还在大学、国家实验室和其他科研机构为技术人员、在校学生、研究生、博士后提供技能培训的机会,培养从事纳米技术的劳动力。通过前述的教育计划和资助项目,NNI 着力培养适合纳米产业和科研的高素质人员。NNI 在由美国劳工部资助的职业中心和其他合适的公共会场发布纳米技术信息和纳米领域的工作机会,开发培训方案,使得工人可以从事纳米技术相关的工作。在

NNI 网站上发布纳米技术相关的培训信息,根据国际标准考试成绩,对国外人力资源进行评估或技能培训。充分使用 NNI 过去几年里建成的基础设施,包括研究中心和用户设施,适用于支持原型研制和示范阶段的纳米技术研发,包括纳米制造、纳米尺度表征、合成、模拟和建模。NNI 下一阶段工作重点是让这些设施更加充分地被使用,更加容易地被来自学术机构、产业界和政府机关,特别是中小企业的研究者使用。

NNI 将帮助纳米技术研究机构加深对 NNI 下属各类用户设施所能提供的服务的了解,并帮助他们即时掌握 NNI 研究中心的各类合作机会。开发一个关于 NNI 用户设施中主要设备的数据库,并进行大力宣传推广。加强技术专家的顾问指导、交流合作、用户操作培训、设备升级,以确保仪器设施的先进性,以及在 NNI 成员机构资助的研究中心、网络和用户设施之间信息共享。

(4)提供纳米技术安全可靠发展的其他必要支撑。

美国国家纳米技术发展计划非常重视纳米技术潜在风险及其规避方法的研究,它对纳米技术研发在环境、健康、安全以及更宽泛的社会尺度上的潜在问题进行聚焦,并资助相关研究、教育和交流计划。NNI 还计划建立一个关于纳米技术社会影响的良好的通信交流渠道,这个渠道将有助于公众和 NNI 联邦机构充分掌握信息并做出决策,同时也有助于加强和投资者之间的相互信任。环境、健康和安全问题方面美国纳米技术计划启动之初,NNI 联邦参与机构即以高优先等级方式资助了纳米技术环境、健康和安全问题方面的基础研究,2007 年公布的发展战略中明确指出了今后还将继续支持这些方面更深入、更前沿的研究活动。NNI 已经进行了一次对环境、健康和安全问题相关的科技研发需求和现有此类研究活动的详尽评估,该评估由政府相关领域专家完成,评估过程中广泛采纳了 NNI 计划管理者、项目决策者和普通大众的意见以及美国研究机构参与的纳米技术环境、健康和安全问题方面的国际合作项目的研究成果。在评估基础上,NNI 还将公布工程纳米材料环境、健康和安全问题方面的科技需求以及项目指南。另外,NNI 也正在开展纳米技术环境、健康和安全问题方面的战略规划研究。NNI 计划就纳米技术环境、健康和安全问题方面研究的科技需求、项目指南和战略规划定期开展评估,并根据新的发现或者创新来判断研究方向和目标是否需要改变或调整。

(5)其他社会问题方面。

美国国家纳米技术计划资助大量有关纳米技术对道德、法制、伦理等社会问题方面的研究,以更好地理解纳米技术衍生的社会问题,并鼓励各个相关领域专家交流、公布自己的见解,同时还为社会提供推动纳米技术发展的渠道。美国国家科学基金会资助了两个研究中心,重点开展纳米技术对社会影响的相关研究。NNI 关注纳米技术对社会影响的另外一个重要方式是网络,包括网站 www.nano.gov、美国国家科学基金会资助的纳米非正规科学教育网络以及美国国立环境健康科学研究院的纳米技术系列在线研讨会,向公众展示纳米技术并进行教育和互动交流。NNI 还将继续加强媒体圆桌会议、网络在线交流等宣传方式,同时不断开发新的手段,提高公众参与度。

4.1.5.4　美国国家纳米技术计划的项目组成领域

项目组成领域(简称 PCAs)指的是一些重要学科领域。在这种学科领域划分方法中,相关的 NNI 计划和活动被予以归类,并纳入相应项目组成领域中。PCAs 提供了一个有序的框架结构,NNI各类计划、活动按照这个框架进行了分门别类的划分和组织实施。某一个项目组成领域的进展对于达到相应的 NNI 目标和实现相应的 NNI 计划都具有重要的作用。NNI 定义的项目组成领域是:基本现象及过程发现与探索纳米尺度上的物理、生物、工程科学新现象背后的基础知识,阐明与纳米结构、过程、机理相关的科学原理与工程原理。

(1)纳米材料。

寻找新型纳米材料与纳米结构材料,深入了解纳米材料在纳米尺度范围内以及界面之间的各种性质,设计与合成可控的、具有特定性质的纳米结构材料。纳米器件及系统利用纳米科学与工程原理制造新的器件和系统,或者改进现有器件和系统,包括利用纳米材料和纳米结构材料来改善性能或者得到新的功能,为了实现这一目标,相应科研活动必须是在纳米尺度上进行,但器件及系统本身并不一定限制在纳米尺度范围之内。

(2)纳米测量技术、设备及标准。

开展先进纳米技术研究与商业化所需工具的研发,包括用于表征、测量、合成和材料、结构、器件及系统设计的下一代仪器设备,同时也包括了与制定标准相关的研发活动,这些标准涵盖了术语、原材料、表征、测试与生产制造。

(3)纳米制造。

实现纳米尺度上的材料、结构、器件与系统批量化、稳定化、低成本的制造,包括超微型自上而下方法及更复杂的自下而上或自组装方法的研发与集成。

(4)纳米研发设施。

建立用户设施,配置主要仪器及其他相关活动,发展、支持或增强国家的科学基础设施,以保障纳米科学、工程、技术的研发活动顺利进行,包括了正在运行的用户设施与网络资源。

(5)环境、健康与安全问题。

开展研究以了解纳米技术研发对环境、健康和安全的冲击和影响,以及研究相应的风险评估、风险管理和减轻风险的方法。

(6)教育和社会问题。

开展与教育相关的活动,例如编写适用于学校、研究生计划、技术培训与公众科普的纳米技术相关教材,包括教育服务扩大化和社会化,对纳米技术所产生的广泛社会影响(包括社会、经济、劳动力、教育、伦理与法律问题)进行评估与定量研究。

根据《21 世纪纳米技术研究与开发法案》,NSET 设置了项目组成领域,作为 NNI 研究活动的分类框架,同时也是投资框架。截至 2020 年底,有 5 个项目组成领域,分别为:纳米技术联合计划(Nanotechnology Signature Initiative),基础研究,纳米技术使能的应用、器件和系统,基础设施和仪器,环境、健康和安全。其中,纳米技术联合计划是 NNI 组织多个机构联合攻关的重大研究计划。

为加快纳米技术发展、更好支撑国家优先领域和创新战略,白宫科技政策办公室和 NNI 参与机构遴选出若干条件成熟的重要领域,计划通过紧密的、目标导向的跨机构合作加快实现重大科技突破,纳米技术联合计划由此诞生。2010 年,首批启动了 3 个项目,分别是"用于太阳能收集和转化的纳米技术"、"可持续的纳米制造"和"面向 2020 年及以后的纳米电子学"。2012 年,设立了"纳米技术知识基础设施"和"用于传感器的纳米技术和用于纳米技术的传感器"2 个项目。2015 年底,"用于太阳能收集和转化的纳米技术"项目结束。2016 年,设立"利用纳米技术实现水资源可持续利用"项目。2019 年底"纳米技术知识基础设施"项目结束。2020 年底,"面向 2020 年及以后的纳米电子学"项目结束。

4.1.5.5　纳米科学技术的发展措施

美国科学院针对"国家纳米计划"的实施和进展情况进行了评估,充分肯定重点研究、重大项目实施、科研单位积极参与合作方面所表现的重要作用,并制定出美国未来纳米科学技术的发展措施。

(1)进一步加强组织和管理。

成立独立的常设纳米科学与技术咨询委员会,由不同学术背景的工业和学术界领导人组成,包括科学、技术、社会学和研究科学方面。在资助政策、战略、项目目标和管理程序等方面,向成员单位提供建议。促进各研究部门之间更多的信息交流,促进具有发展潜力和深远影响的交叉学科的研究。纳米科学与技术实际上在每个工业领域都有潜在的应用前景,将是推动未来经济发展的最主要因素之一。

(2)制订更加具体的行动计划。

该计划阐明短期(5～10 年)、中期(6～10 年)、长期(10 年以上)的目标和方向。强调长期目标是商业化实验室成果,使其服务于社会。确定纳米科学技术研究成为商业应用的项目,审定每个研究主题和重大项目的预期研究成果以及实现这些目标的计划时间表和审核标准。

(3)对纳米科学技术给予长期、连续资助。

对于能够真正带来革命化的科学,需要给予持之以恒的支持,以最终实现可能带来的益处和实际应用。尽管对于一些特别的新思想进行长期的资助会有风险,可是只要在这些资助中有一小部分取得成功,就会取得重大突破,这些突破足以补偿其他一些失败的投资。

(4)支持纳米科学技术和生物学交叉的研究工作。

纳米生物学和生物医学正显示出越来越重要的作用。细胞的生命过程是固有的纳米现象,开发建造类似细胞那样能够进行复杂运行的微型器件和系统,必须克服跨学科合作可能存在的诸多障碍,保障这一工作的顺利开展。

(5)研制纳米科学技术研究需要的新型仪器。

历史上,许多重要的科学进步都是在有了合适的研究工具以后才出现的。开发能够定量研究纳米级现象的工具,使得研究人员虚拟地检测物质的特性和合成路径,设计更加有效、更廉价的实验,以及引导各不同学科的研究人员使用相类似的计算方法,研制在纳米尺度下进行模拟、调控、制作、标定和探测的分析仪器。

(6)进一步加强跨学科研究。

纳米科学和技术涉及的领域包括生物学、物理学、化学、材料科学、机械工程和电工学。纳米计划涉及的领域和影响较宽,由于跨学科研究是解决纳米科学技术复杂问题所必经的途径,因此要不断增加跨学科研究团体。从新材料的开发到量子计算,从细胞微生物到国家安全,各机构在纳米科学和技术研究方面有必要建立实质性合作。

（7）鼓励和培养国内外的工业合作。

随着其他国家不断加强纳米科学技术方面的国际合作,美国将继续努力成为国际合作伙伴,不仅要在纳米科学技术发展中保持国际领先地位,而且要在商业化进程方面也保持同样的领先地位。为加速国家纳米计划研究成果的商业化,需要建立相应的机制,协调和推动富有区域性竞争的纳米科学技术研究中心的建立。纳米科学技术发展最终意味着工业竞争力的提高,随着新技术和产品从实验室向市场的转移,纳米科学技术发展将以经济成就来衡量,因此必须建立加速纳米科学技术转化为商业经济活动的机制。

（8）建立评估体系。

制定测评标准以评估国家纳米计划在实现目标和方向上的效果。可测评的内容包括质量、相关性、生产力、资源和研究结果应用化等。

基于NNI 20多年的实施经验和纳米科技界的需求,新版战略规划提出以下重要措施。

在组织研发方面,（1）设立国家纳米技术挑战（National Nanotechnology Challenges）项目,以调动纳米科技界和其他各界的力量,合作应对全球性重大问题（例如,治疗流行疾病、应对全球气候变化、提供清洁水、提高粮食产量）,加快提供解决方案,造福社会。（2）采取利益共同体模式（the community of interest model）在优先领域组织跨机构合作。这种模式比较灵活,可以根据研究群体的兴趣变化,快速地建立或取消。目前已在传感器、水资源可持续利用、纳米塑料三个方向建立了利益共同体,其中前两个是基于纳米技术联合计划项目。（3）在国际共同关心的领域,继续采取研究共同体（Community of Research）模式组织开展国际合作。

在加强协调方面,（1）建立与其他研究计划的战略联络机制,加强信息共享,形成研究合力。例如,NNI与国家量子计划、网络和信息技术研发项目在国家科学技术委员会微电子领导力分委员会（NSTC Subcommittee for Microelectronics Leadership）框架下,建立了战略联络机制。（2）继续在重要领域设置协调员,以加强跨机构协调和合作。除了已有的协调员,将在基础设施和教育与劳动力两个方面设立协调员。

在促进纳米技术商业化方面,（1）扩大纳米技术创业网络（Nanotechnology Entrepreneurship Network, NEN）。2019年,NNI建立了NEN以加强纳米技术商业化。NEN通过播客、研讨会等线上线下定期活动,分享纳米技术商业化实践案例和过程体会,为纳米技术创业者提供人脉和资源支持。（2）利用产业与区域联络机制（Industry and Regional Liaison）,加强商业群体和区域创新系统的参与。例如,通过制造业扩展合作关系项目分布在全国的站点和制造业美国（Manufacturing USA）的16个研究所加快技术优先领域的商业化。（3）针对纳米技术研发所需的仪器、设施价格昂贵问题,加强实体基础设施和数字基础设施的建设和供给,特别是与私营行业合作研发并提供技术研发后期所需的原型制造设施。

我国在纳米技术研发方面居于世界先进水平。以2021年11月颁发的2020年度国家科学技术奖励为例,获得国家自然科学奖一等奖的两项成果"纳米限域催化"和"有序介孔高分子和碳材料的创制和应用"全部属于纳米技术领域,此外还有"单壁碳纳米管的可控催化合成"、"新型纳米载药系统克服肿瘤化疗耐药的应用基础研究"和"特种光电器件的超快激光微纳制备基础研究"等纳米技术领域研究获得二等奖。在基础设施方面,我国拥有上海同步辐射光源等重大科研基础设施,正在建设纳米真空互联实验站(二期),拥有国家纳米科学中心、纳米技术及应用国家工程研究中心等一大批高水平科研机构以及北京纳米科技产业园、苏州纳米城等多个高水平产业化基地。在人才队伍方面,我国拥有一支高素质高产的纳米研究队伍,在这一过程中,不仅形成了一批具有世界领跑水平的研究团队和领军人物,而且培养了大量具有先进纳米技术知识和技能的劳动力。

我国在纳米技术商业化方面相对不足,一些有很好产业化前景和应用潜力的研究成果不能很好地通过国内企业转产。我国在与产业发展和人类健康密切相关的纳米安全性研究相对薄弱,对纳米科技的伦理学和社会影响研究不够重视。不过这两方面的问题在我国不是纳米技术独有,而是普遍存在于科技领域。

因此,如何更好地推动科技成果转移转化,如何加强科技伦理、安全研究是摆在我国科技管理者、政策研究者面前的重要课题。一方面需要借鉴包括美国在内的国外成功经验,另一方面需要结合我国实际提出符合国情的具有可操作性的政策建议,从而将我国纳米技术基础研究优势转化为纳米技术产业竞争胜势。

4.1.6　日本纳米材料及其科技的发展

在日本政府第二个和第三个科学技术基本计划中,纳米技术与材料都被确定为国家级优先发展的领域之一,并且在第三个科学技术基本计划中更加强调了支持科技研发在各学科间和不同领域的融合,着重强调基础研究和应用研发。此外,综合科学技术会议还出台了纳米技术和材料领域的技术目标:①用于下一代信息通信系统的纳米设备和纳米材料;②环境材料和节能材料;③用于新医疗技术和生物材料的纳米生物学;④制造、分析、仿真等基本技术;⑤具有创新功能的新材料。2001—2005 年日本纳米技术与材料领域国家研发预算分别为 849 亿日元、911 亿日元、946 亿日元、935 亿日元、971 亿日元,实际预算还包括生命科学和信息等领域与纳米技术相关的研究技术的附加预算。在这些计划项目中,纳米技术支持计划、知识集群计划、城市区域创新技术和先进研究合作、21 世纪 COE(重点科研基地)工程以及纳米技术虚拟实验室都是为了促进跨学科研究及产业界、学术界和政府间的协作,是这一领域政策所特有的。经济产业省主要负责对纳米技术商品化的支持工作,经济产业省及其附属研发管理机构新能源产业技术综合开发机构已经在过去几年里开展了大量调查,分析日本纳米技术产业的优势、发展状况、市场机遇、发展路线以及其他相关问题。

为了研究推进商业化和产业化的具体措施,综合科学技术会议于 2002 年 12 月在重点领域推进战略专门调查委员会内,设立了一个推进纳米技术和材料研发的计划小组,该小组还特别制定了有关纳米级药物输送系统(DDS)、医学纳米设备、结构材料和纳米制造/测量的战略。在 2003 财政年度的科技预算中,综合科学技术会议提出经济复兴研发计划以构建新一代产业基础。

日本通产省 2001 年制定了"纳米材料计划"(NMP),每年经费 3500 万美元,为期 7 年(2001—2007 年),由政府部门、政府研究机构、大学和产业界联合研究,旨在为产业界建立集研究开发新的纳米功能材料和教育功能于一体的纳米技术材料研究开发平台。通产省 2001 年还制定并实施了"下一代半导体技术开发计划",开发 50~70 nm 的下一代半导体处理基础技术,政府每年投资 6000 万美元。日本"先进技术的探索研究计划"涉及许多有关纳米粒子、纳米结构、纳米生物学和纳米电子学等方面的探索性研究,项目研究期限定为五年,均由政府出资,五年间政府对项目的平均资助金额为 1600 万美元。每个项目通常由 15~25 名科学家和技术人员组成,分为三个研究小组。该计划鼓励国内外的产业界、大学和研究机构合作研究,目前已完成了许多项目。

2005 年初,经济产业省根据三个特别委员会(纳米技术政策研究委员会、基础政策工作组和社会影响工作组)的建议形成了国家纳米技术战略报告,并提出纳米技术面临的重大挑战:①纳米技术将在原子和分子水平上丰富生活质量,例如将出现超轻和超强的小型化、耐磨、高灵敏度和高精确度的装置如卡片大小的电视电话和耐磨超小的医疗装置。②纳米技术能够创造出一个安定又安全的社会,即高灵敏度、高度选择性和小型化的测试监控系统(纳米传感器、纳米滤波器),高强度、超轻的结构材料(用于运动服装、消防员制服、航空材料、建筑材料等的纳米纤维和纳米复合物),纳米卫星和用于管理/监控流量和水域边界跟踪系统的微型芯片。③纳米技术的可持续发展,通过优化/减少能源消耗(存储容量高、耗能低的产品,如利用光子和自旋特性的纳米结构高密度存储器、碳纳米管场发射显示器(CNTFED)、纳米太阳能电池、纳米光催化剂和纳米稀土金属催化剂)。④原子和分子水平的最优化生产,如用于环境监控的微型反应堆、自组装与自组织生产以及微处理技术(用于大规模精确生产的纳米压印蚀刻和纳米光刻技术)。

为了应对以上的巨大挑战,日本还提出了七条战略措施:加强解决方案/开放资源的管理,为社会影响和标准化问题构建社会环境(确保安全等),市场开拓路线图,协调创新项目解决社会问题,建立促进从基础技术到商业应用转化的系统/机制,技术/人力资源流通战略以及匹配大学研究和工业与社会的需求。

日本希望将纳米技术体系化,促进问题导向型研究。2013 年 12 月,日本科技振兴机构(JST)发表了《2013 年主要国家研究开发比较报告》,针对纳米技术的发展现状,指出日本未来的纳米技术需要长期关注生物纳米、绿色纳米及纳米电子 3 个重点方向,以期利用纳米技术"尖端化"和"融合化"的已有成果,将那些能够应对社会需求的纳米技术进一步体系化,促进问题导向型研究的发展。

4.1.6.1　日本纳米技术计划

纳米材料与技术成为日本"第 2 期科学技术基本计划"优先发展领域,该计划主要包括科学技术优先战略部署、创造和利用优秀成果的科学技术体制改革以及科学技术活动国际化。优先发展生命科学、信息通信、环境科学以及纳米技术与材料领域,有效分配研发资源,同时也要推动能源、制造技术、社会基础设施和前沿科学领域的研发。纳米技术同样也是"第 3 期科学技术基本计划"的 4 大优先研发领域之一。"第 3 期科学技术基本计划"依然重点推进 8 大领域的研究开发,纳米技术与材料依然仍是国家级优先发展的领域之一,并且还更加强调了支持科技研发在各学科间和不同领域的融合,着重强调基础研究和战略应用研发。

图 4-1 重点分析了"第 3 期科学技术基本计划"的重点研究课题和科学技术体系。日本的重点发展领域包括纳米电子领域、材料领域、纳米生物技术和生物材料领域、纳米技

术材料领域推进基础领域、纳米科学和材料科学领域等。①在纳米电子领域,重点研究课题包括新一代硅基半导体纳米电子技术开发、电子/光控制纳米电子技术、纳米级电子器件制造技术、纳米电子器件低成本化技术、实现与环境和经济和谐发展节约能源的纳米电子技术、安全纳米电子科学技术。②在材料领域,重点发展能克服能源问题、实现环境和谐型社会、安全安心社会构建、维护和加强产业竞争力的材料技术。③在纳米生物技术和生物材料领域,重点研究课题包括利用分子成像技术解释生物结构和功能、生物体内分子操作技术、以 DDS 成像技术为核心诊断治疗、超微细加工技术设备、极微量物质检测技术、高性能高安全生物友好设备、再生感应材料、应用纳米生物技术的食品等。④在纳米技术材料领域推进基础领域,重点研究课题包括创新的纳米计测和加工技术、先进量子测量加工和制造工艺技术、基于仿真设计技术的新性能发现,以及纳米技术研究与开发、纳米材料领域人力资源开发与研发环境整备等。⑤在纳米科学和物质科学领域,重点研究课题包括量子计算技术、界面性能控制机理、纳米生物系统机制、强相关电子器件的战略推进等。重点科学技术体系主要包括解决社会问题和困难的创新材料科学和技术、新一代创新科学技术、加快创新材料和技术的基础推进研究等 3 个方向的 10 个重点研究课题。

"第 4 期科学技术基本计划"重点推进绿色技术创新和生命科学技术创新,战略性综合性地强化科技创新政策,建立促进创新的新体制,环保、能源、医疗、护理、健康以及灾后恢复与重建等成为未来的经济发展支柱。该计划与纳米和材料相关的研究课题有燃料电池、功率半导体、纳米碳材料的研发,资源循环利用技术创新——如稀土替代材料创新研究等。虽然"第 4 期科学技术基本计划"对纳米技术和材料的发展力度有所弱化,但环保、能源、生命科学领域的发展都离不开纳米材料与技术的支持。

"第 5 期科学技术基本计划"(2016—2020)通过科技创新支撑四大国家目标,建立实现未来可持续增长的 4 大核心支柱,通过研发解决未来挑战,实现领先世界的"超智能社会"。要实现超智能社会,就必须加强服务平台基础技术研发,特别是纳米技术、机器人技术、传感器技术等核心优势基础技术。解决能源、粮食、医疗等领域的社会经济问题,以及开拓国际战略性科学前沿等都离不开纳米技术的发展。随着日本"第 5 期科学技术基本计划"的实施,纳米技术被定位为"具有创造新价值、核心优势的基础技术"之一。同时,基于建设超智能社会的思考,日本特别确定建设 11 个系统,将"综合型材料开发系统"列为其中之一。这些基础技术包括"构件材料·纳米技术"及"光·量子"。文部科学省决定实施"光·量子飞跃旗舰计划"等 7 个研究开发计划。2019 年,日本决定实施"为实现物联网社会的超微小传感技术开发"等 10 个研究开发计划。据总务省统计局公布,2016 年日本国家科学技术研究费为 18 兆 4326 亿日元,在特定目的使用的研究费中,"纳米技术·材料"领域为 1 兆 425 亿日元,同比增长 4.1%。

4.1.6.2　日本纳米技术发展战略

日本纳米技术战略路线的目标是实现纳米技术持续性创新,成为世界上先进的纳米技术制造国家;利用高性能纳米技术开拓更多的工业应用领域,加强日本产业的国际竞争力,并解决难度大的社会问题;在知识产权、标准化方面发挥日本的领导地位。主要的研究方向包括纳米技术研发和创新、纳米技术产品制造、高附加值纳米技术产业等。

图 4-1 "第 3 期科技技术基本计划"纳米材料领域重点研究课题和战略科学技术体系

日本政府和社会各界一直都非常重视纳米技术的发展,科学技术基本计划确立了纳米技术的重点发展方向和领域,纳米技术战略路线规划了纳米技术的发展路线,创新集群建设和官产学研合作更是促进了纳米技术向产业化和规模化发展,日本文部科学省和经济产业省为纳米技术的基础科学研究和实用化研究提供资金支持。日本纳米技术在环境与能源、健康与医疗保健、社会基础建设、信息通讯与电子产品、基础科技领域等都取得了重要的进展,为日本未来的创新发展奠定良好的基础。

4.1.7 欧洲共同体纳米材料及其科技的发展

欧洲共同体力争在纳米科技方面的国际领先地位,一方面积极创建欧洲新的纳米技术产业,另一方面,力促现有产业部门提高纳米技术能力。欧洲委员会在"纳米技术信息器件倡议 5 年计划(1999—2003 年)"中确定了三个目标:设计出超越互补金属氧化物半导体硅兼容器件性能的器件,在化学、电子学、光电子、生物学和力学等学科的基础上,设计原子或分子尺度的新型器件和系统,利用分子的特性解决专门的计算问题。欧洲科学基金会提出了于 2003 年开始实施"自组织纳米结构"五年计划,将分子自组织、与力学机制相联系的软物质或超分子研究、自组织纳米结构的功能和制备列为第一阶段的研究重点。欧洲共同体在第 6 个框架计划(2002—2006 年)中,将纳米技术和纳米科学作为七个重点发展的战略领域之一,经费为 12 亿美元,确定了具体的战略目标和重点研究领域:纳米技术和纳米科学、智能多功能材料。

(1)纳米技术和纳米科学。

将长期的跨学科研究转向了解新现象、掌握新工艺和开发研究工具,重点研究分子和介观尺度现象,自组织材料和结构,分子和生物分子力学与马达,集成开发无机、有机、生物材料和工艺的跨学科研究的新方法。

纳米生物技术的目标是支持一体化的生物和非生物体的研究,有广泛应用的纳米生物技术,如能用于加工、医学和环境分析系统的纳米生物技术,重点研究领域涉及芯片实验室,生物实体的界面,纳米粒子表面修复,先进的药物传递方式和纳米电子学。生物分子或复合物的处理、操纵和探测,生物实体的电子探测,微流体,促进和控制在酶作用基础上的细胞生长。创造材料和部件的纳米工程技术指通过控制纳米结构,开发超高性能的新的功能和结构材料,包括开发材料的生产技术和加工技术。重点研究纳米结构合金和复合材料,先进的功能聚合物材料。

在开发操作和控制器件及仪器方面计划开发分辨率为 10 nm 的新一代纳米测量和分析仪器,重点研究领域涉及各种先进的纳米测量技术,突破探索物质自组织特性的技术、方法或手段和开发纳米机械。研究纳米技术在卫生、化学、能源、光学和环境中的应用,重点研究计算模拟,先进的生产技术,开发能改性的创新材料。

(2)智能多功能材料。

高知识含量、具有新功能和改性的新材料将是技术创新、器件和系统的关键。开发的目标是了解与材料有关的复杂的物理—化学和生物现象,掌握和处理有助于试验、理论和模拟工具的智能材料。重点研究领域是设计和开发已定义特性的新结构材料,开发超分子和微观分子工程,重点是新型的高复杂性分子及其复合物的合成、探索和潜在的应用。

在技术与生产的结合方面以知识为基础的多功能材料和生物材料的运输和加工,目标是生产能构造更大结构的新型多功能"智能"材料。重点研究领域是新材料、自修复的工程材料,包括表面技术和工程技术的跨技术。对材料开发的工程支持方面的目标是在知识生产和知识使用之间架起一座桥梁,克服欧洲共同体的产业在材料和生产一体化方面的弱点,通过开发新工具,使新材料能够在稳定竞争的环境下生产。重点研究领域是优化材料设计、加工和工具、材料试验,使材料成为更大的结构,考虑生物兼容性与经济效益。

此外,欧盟近几年的纳米技术战略计划侧重于石墨烯的研发和应用上,尤其是其在能源领域的应用。2014 年 10 月,旗舰欧洲研究区域网络(FLAG—ERA)将石墨烯作为未来新兴技术进行联合跨国项目征集,研究主题涉及其在纳米流体、能源等领域的应用。2015 年 2 月,欧盟"石墨烯旗舰计划"提出了未来 10 年的石墨烯科学技术路线图。该路线图确定了包括能源转换和储存等 11 个科技领域的任务分工,并给出了研发进度时间表。

欧盟在时长 7 年的"地平线 2020 计划"（2014—2020）中确定了 3 个优先发展领域："卓越科研"、"产业领先"和"社会挑战"。在"卓越科研"领域,10 年总投资 10 亿欧元,支持"石墨烯旗舰"和"人类大脑项目",从 2018 年起实施"量子旗舰"计划。在"产业领先"领域,把在"使能产业技术领先"中作为"关键使能技术"的纳米技术和尖端材料技术置于重要地位。

4.1.8 德国纳米材料及其科技的发展

2004 年德国联邦教育与研究部（BMBF）发布了《纳米技术征服市场:德国纳米技术创新计划》,报告中提出德国纳米技术总体战略目标是:通过研究开发,开发纳米技术市场和就业潜力,资助和培养高水平的青年科学家,开展关于开发纳米技术所带来的机遇、前景和风险的社会讨论。

德国纳米技术研发经费主要来自于 BMBF 项目经费、德国联邦经济劳动部（BMWA）项目经费和各研究机构经费（表 4-2）。其中 BMBF 的研究经费从 2003 年的 8820 万欧元增加到 2005 年的 12920 万欧元（表 4-3）。投资的主要领域为纳米材料、光学技术、纳米电子学,占总经费的 84%。纳米材料方面的投资包括在纳米化学和纳米技术能力中心（CCN）上的投资。根据德国工程师协会（VDI）的统计,从 2003 年起应用研究与基础研究的投资比率约为 5：3。在纳米技术的经费投入上德国各研究机构（表 4-4）主要有德国研究基金会（DFG）、Leibniz 协会（WGL）、亥姆霍兹国家研究中心联合会（HGF）、马普学会（MPG）、夫朗霍夫学会（FHG）、CAESAR 等部门。

表 4-2　德国纳米技术经费　　　　　　　　　　　　　　　　（单位:百万欧元）

	2002 年	2003 年	2004 年	2005 年
德国联邦教育与研究部（BMBF）项目经费	73.9	88.2	123.8	129.2
德国联邦经济劳动部（BMWA）项目经费	21.1	24.5	24.5	23.7
研究机构经费	143.1	144.2	144.8	145.4

表 4-3　德国联邦教育与研究部（BMBF）纳米技术经费　　（单位:百万欧元）

	2002 年	2003 年	2004 年	2005 年
纳米材料	19.2	20.3	32.7	38.1
生产技术	0.2	0.8	2.2	2.2
光学技术	18.5	25.2	26	26
微系统技术	7	7	9.4	10.2
通信技术	4.3	4	3.6	3.4
纳米电子学	19.9	25	44.7	46.2
纳米生物技术	4.6	5.4	5	3.1
创新和技术分析	0.2	0.5	0.2	
总量	73.9	88.2	123.8	129.2

表 4-4　德国研究机构纳米技术经费　　　　　　　（单位：百万欧元）

	2002 年	2003 年	2004 年	2005 年
德国研究基金会（DFG）	60	60	60	60
Leibniz 协会（WGL）	23.7	23.6	23.4	23.5
亥姆霍兹国家研究中心联合会（HGF）	38.2	37.1	37.4	37.8
马普学会（MPG）	14.8	14.8	14.8	14.8
夫朗霍夫学会（FHG）	4.6	5.4	5.2	4.9
CAESAR	1.8	3.3	4	4.4
总量	143.1	144.2	144.8	145.4

　　除了联邦政府以外，德国的地方政府也在大量投资于纳米技术研发，其总额占联邦政府资金的 50%。为了使汽车、半导体、光学和其他特殊地方工业更具竞争力，各地正在建立一个纳米技术研究机构网络。

　　另一方面，德国将研究重点放在了对现有研究成果的有效转化上，希望借此提高德国企业的竞争力。2016 年 9 月，德国联邦内阁通过了由联邦教研部提出的《纳米技术行动计划 2020》，确定了 2016—2020 年联邦政府相关部门在纳米技术领域的合作，将纳米技术瞄准德国高新技术战略的优先任务领域（包括数字经济与社会、可持续经济和能源、智能交通等），希望进一步充分利用纳米技术的机遇和潜力，利用研究成果的有效转化提高德国企业的竞争力，通过对纳米材料的安全性研究保证纳米技术对可持续发展的贡献。

4.1.9　英国纳米材料及其科技的发展

　　英国政府的纳米技术应用分委员会咨询专家组调查了上百个科学家和发明者后，在 2002 年 6 月题为"英国纳米技术发展战略"的报告中勾画了英国纳米技术发展战略，选定了认为英国具有研究优势和产业发展机会的纳米技术领域：电子与通信、药品传递系统、生物组织工程、药物植入和器件、纳米材料，尤其是生物医学和功能界面纳米材料，纳米仪器、工具和度量以及传感器和致动器。

　　英国的纳米技术研发政策主要体现于英国贸易工业部（DTI）及其所属的科学技术办公室（OST）2002 年 6 月发布的报告《制造业的新空间：英国纳米技术战略》。此报告提出了以上六个优先领域，还提出政府行动应集中在以下方面：国家纳米技术应用战略，国家纳米技术制造中心（NNFCs），技术和应用路线图，通告、检索门户网站和网络化，培训和教育以及在国际方面促进发展和向内转移。英国政府的纳米技术研发系统主要包括英国工程和自然科学研究理事会（EPSRC）、生物技术与生物科学研究理事会（BBSRC）和医学研究理事会（MRC），主要负责基础科学领域的研究项目，英国高等教育基金委员会（HEFCE）主要负责大学和其他高等教育学院的基础设施，如建筑物和大规模设备，DTI负责纳米技术的工业化。

　　1996—2000 年，EPSRC 的纳米技术经费总量从 1000 万英镑增加到约 1300 万英镑。从 2001 年开始迅速增长，在 2003 年达到约 3600 万英镑，如果包括相关领域会更多。HEFCE 的科研投资基金（SRIF）现在处于第三阶段。从 2006 年开始两年内，将在纳米技术领域中投资 10 亿英镑。2003 年 7 月，DTI 宣布将在 6 年中投资 9000 万英镑用于微纳米技术制造计划,其中 5000 万用于合作研发,这意味着政府将要承担 25%～75% 的费用以降低特殊领域的研发风险。在 2004 年 7 月结束的首期项目投标中,DTI 采纳了 25 个项目,投资 1500 万英镑。此外,还将 4000 万英镑拨给微纳米技术网络(MNT network)的资本项目(capital projects),其中第一期和第二期综合计划(共 11 个项目)拨款 2500 万英镑,用于以下研究领域:微纳米设备的制造和集成、纳米颗粒和新材料、生物纳米技术、特征描述和计量。2005 年 2 月 25 日启动了第三期计划,研究领域是生物纳米技术、微流体应用中心和碳基电子学。

英国由于脱欧将影响到包括纳米技术、材料科学领域在内的科学技术整体的工作。英国决定从 2017 年起建立产业战略挑战基金,而且,2016 年商务·能源·产业战略部继续进行研究基础设施的投资,到 2021 年决定投资 58 亿英镑。英国的纳米技术、材料科学技术战略的基础是于 2010 年发起的英国纳米技术战略。该战略一方面反映国民、产业界、学界的需求,另一方面大力支援作为新兴技术、使能技术的纳米技术的发展,促进其利用。2014 年,在关于科学技术创新战略中,英国将纳米技术和尖端材料设定为领导世界的 8 项重要技术之一。

4.1.10 法国纳米材料及其科技的发展

法国科研部于 2004 年 12 月 16 日公布了纳米科学和纳米技术国家计划,并重新制定了给予纳米科学和纳米技术研究网络(R3N)三年拨款的计划,每年 7000 万欧元,三年总计 2.1 亿欧元,2004 年以前为每年 3000 万欧元。经费主要用于支持纳米科学和纳米技术平台、基础纳米科学研究联合研究项目和企业、学术界和政府的研发项目。R3N 将计划产生一个科技平台,使公立研究所与私有公司间的伙伴关系达成最佳的学术上或技术性计划的选择。

新成立的国家研究署已于 2005 年 1 月正式开始运作,第一个计划的重点就是纳米科学及纳米技术,目的是聚集、整合及扩大目前的研究工作,同时准备在格勒诺布尔(Grenoble)建立微电子纳米技术研究开发中心。2005 年 5 月,法国原子能委员会和法国科研中心(CNRS)联合成立纳米和微技术信息观测中心,目的是紧密追踪这一领域的最新发展,希望此举可以使法国迅速成为世界纳米技术研究领域的"佼佼者",这一机构的信息将对法国大学等其他研究机构公开。目前该中心关注的纳米和微技术应用领域分别是分子电子、生物、材料、光学元器件、微能量供应和纳米元器件等。

法国科研中心主要从事纳米科学的基础研究,在约 40 个物理实验室和 20 个化学实验室中开展了纳米粒子和纳米结构材料研究。各类研究团体的纳米技术活动都日益增加,研究重点为分子电子学、大间隙半导体和纳米磁学、催化剂、纳米滤光器、治疗难题、农业化学,甚至包括可塑性混凝土用水泥。据估计,该中心将其预算的 2%(约 4000 万美元)用于纳米科学和纳米技术计划,资助 60 个实验室的 500 名研究人员。国家微纳技术网络(RMNT)主要从事纳米技术的应用研究,RMNT(成立于 1999 年 2 月,从 1999 年到 2004 年间由 740 个企业、学术界和政府组织组成)从 146 个应用项目中采纳了 59 项研发计划。投资总量有 5000 万欧元来自公共资金,1.5 亿欧元来自私有资金,人力消耗为 1069 人/年。公共资金来自法国科研部、工业部、国防部和国家创新署(ANVAR),用于支持中小企业。若以纳米科学的著作发表量来排名,法国目前在全球排名第五;若以纳米技术领域的经费投资来排名,在欧洲法国落后于德国排名第二。

2007 年法国纳米科学与技术计划基础研究六大主题如下:

(1)纳米器件。

该主题覆盖信息科学技术领域所必不可少的部分,包括计算、存储、通信等方面。该主题的工作内容不仅包括研究、制造纳米器件,还要研究器件的结构组成。

(2)微纳米系统。

该主题主要包括实现微纳米系统新组装和封装技术方法、微纳米系统器件集成创新技术、3D 集成、密度集成、微纳米系统的信息或物质连接和流通、微纳米系统内部的连接问题、纳米连接、微纳米系统内部与物质循环有关的物理方法和问题、微射流和纳米射流基础研究、微纳米系统内部与场或力控制有关的物理方法和问题等内容。

(3)纳米生物学和纳米生物技术。

该主题主要包括纳米级单一生物分子和个体化生物分子连接的实验与研究,利用功能化纳米粒子、纳米探测器开发生物体外或体内的纳米级分析过程以及生物分子纳米载体和具备生物学用途的纳米传感器的设计与制造等内容。

(4)建模与仿真。

数字建模与仿真可对纳米物体和运作复杂的纳米系统进行虚拟实验,也可对新物理现象做理论预测,在将实验数据进行对比的基础上加深对现象的理解。

(5)纳米仪器与计量学。

这一类的重点是支持开发新的高性能测量设备,或分析与观测新技术。不仅要确定纳米器件制作的新规则,还要确定对观察、测量、性能表征等方法及其相关、可靠、可重复的动态行为进行系统研究的新规则。

(6)纳米材料。

这方面的计划要承担纳米材料或纳米结构材料的设计、制作和表征等工作。特别关注点包括通过原子到原子、分子到分子组装获得纳米器件,功能化纳米材料,适合制造纳米器件结构的材料,这种纳米器件能够集成几种功能,通过间接相互作用,促使几种特性起作用。

法国于 2009 年汇集推出"国家研究创新战略",与此相关,同年为推进纳米技术的创新,制定实施"纳米创新"计划。为加速纳米技术产业化,法国设立了纳米技术综合中心,2009 年分配预算 7000 万欧元。2013 年 7 月,制定高等教育研究法,在研究开发领域制定了名为"(研究·技术转移·创新的战略议程)法国—欧洲 2020"的基本战略。其中提出纳米电子学、纳米材料、微纳米流体工程为优先领域。

4.1.11　韩国纳米材料及其科技的发展

韩国国家纳米科技政策的第 1 阶段(2001—2010)采取追赶战略,重点在于人才培养和纳米技术研发的基础设施的建设,确保了国际上的纳米技术领域的竞争力,使韩国成为纳米技术的一流国家,争取达到全球的前 5 名;第 2 阶段是赶超战略,韩国要成为纳米技术产业化的全球领导者,用纳米技术引领未来产业技术的发展。2010 年以后,韩国政府逐渐重视纳米安全性的研究和政策的制定。

通过长期的稳定支持,韩国纳米科技政策取得了巨大的成功,到 2001—2015 年的纳米专利 55 453 件(数据下载日期为 2015 年 8 月 2 日)。纳米技术专利数据分析结果显示,美国、韩国、日本和中国是全球纳米专利的主要申请国家。韩国紧随美国之后,位列第 2,超过了日本、中国等,申请专利 11 343 件,占比 20%。三星电子、韩国先进科技学院等是纳米技术的领跑者,专利获得者中名列前 2 名。韩国国家纳米科技政策的出发点是通过纳米技术来实现制造业的创新,提升未来产业竞争力,培育新兴产业,创造就业机会,推动社会、经济的可持续发展。

《第二期国家纳米技术路线图(2014—2025)》指出,其目标通过以下 3 大战略来具体实施。第一大战略,成熟度较高的纳米技术领域首先实现产业化。具体包括了以下 7 大战略领域:3D 纳米电子材料,应用在物联网(IOT)领域的环境纳米传感器技术,食品安全纳米传感器,功能性纳米纤维,不使用或者尽量少用贵金属的催化用纳米材料,不使用或者尽量少用稀有元素的纳米材料,低能源消耗的水处理系统。第二大战略,石墨烯材料与技术。主要包含 3 大块内容:①尽快建立石墨烯原材料供应体系,保证石墨烯原材料的供应。②尽快实现应用石墨烯材料的产品的早期产业化。③建立以企业为主导的产学研有机协作、交流系统。第三大战略,支持企业的技术研发以及成果转移转化。从政府的角度支持企业的技术研发以及成果转移转化,这个也是重要的政策方向。包含 3 方面内容:①是对优秀纳米技术的研发企业提供匹配性支持。②组织相关高校、研究所以及企业的相关专家,为企业目前还没有解决的或很难解决的相关技术难题的攻关方面提供重点支持。③支持建设自动化和智能化的纳机电系统(NEMS)等平台,以服务于技术转移和产业过程。

韩国在继续重视战略性纳米技术基础研究的前提下,强调促进纳米技术产业化,以促进国家战略技术目标的实现。2016 年 4 月,韩国国家科学技术审议会公布了由未来创造科学部、教育部、环境部等 10 个部委联合制定的《第 4 次纳米技术综合发展计划(2016—2020 年)》,在未来 5 年将重点推进以创新为主导的纳米产业化;开展战略性的纳米技术基础研究,实现纳米技术领域的政府投资体系化;充实纳米技术创新基础,保障纳米技术安全管理体系,建设创新支持信息系统等政策,促进五大国家战略技术目标(信息技术融合型新兴产业、未来发展动力、整洁便利环境、健康长寿、安全放心的社会)的实现。届时,韩国的技术水平有望将达到美国的 100% 或 92%,在这个过程中培育 12 000 名高级纳米人才,纳米产业全球领先,纳米技术产品的市场份额达到 12%,建立 1000 家与纳米技术关联的风险企业。纳米技术公共研究开发投资,2013 年以后与 2012 年以前相比成倍增长,年增长金额超过 5 亿美元。2017 年 3 月,韩国又发布了"2017 年度纳米技术发展实施计划"。2018 年,韩国政府以合同的形式与相关的 10 个部门制作发表了《第 3 次国家纳米技术地图》(2018—2027),就韩国未来社会"便利而快乐地生活"、"与地球一起生活"和"健康而安全地生活"的三大目标,选定了"用纳米技术实现目标的 30 项未来技术"。

4.1.12　其他国家纳米材料及其科技的发展

除了以上国家外,其他国家也已经认识到纳米技术将给社会经济带来的巨大影响,为了不错过纳米技术的发展机会,许多国家也行动起来,出台发展战略,加大科研投入,赶上全球纳米技术发展浪潮。2007 年可以说是俄罗斯的"纳米年",纳米技术发展得到了俄政府强有力的支持,成为优先发展领域。2007 年 4 月,俄罗斯总统普京批准了俄罗斯纳米技术发展战略,并在国情咨文中倡导发展纳米技术产业。俄政府 6 月成立了"政府纳米技术委员会",由第一副总理伊万诺夫直接领导。7 月公布《俄罗斯纳米技术集团公司联邦法》,宣布成立面向纳米技术产业化发展的纳米技术集团公司,并向该公司拨款 1300 亿卢布(约 53.06 亿美元)。8 月出台《2008—2010 年纳米基础设施发展》联邦专项计划,投入152.46 亿卢布(约 6.22 亿美元)的巨额资金,统一国内资源,建设国家纳米科研公共平台,系统发展纳米技术产业。俄罗斯科学院也成立了纳米技术委员会,协调纳米科技基础研究工作。俄政府还计划在 2008—2010 年在 32 所高校建设研究与教育中心,培养纳米科技人才。

2007 年 11 月,印度政府批准了印度科技部的"国家纳米技术计划"。该计划总投资100 亿卢比,为期五年,内容包括人力资源开发、项目研究、卓越中心和科技孵化器建设、纳米技术商业化开发等。印度政府还宣布将在班加罗尔、加尔各答和莫哈利建立三个纳米技术研究中心,每个研究中心投资 10 亿卢比,位于班加罗尔的纳米技术研究中心已于2007 年 11 月开工兴建。

2006 年 4 月,南非政府出台了"南非纳米技术战略",提出加强基础研究并培养高科技产业人才,从而提高南非未来的竞争力并改善人民生活。根据该战略,未来三年中南非政府将向纳米技术领域投资 4.5 亿兰特。2007 年,南非科技部根据南非纳米技术战略完成了纳米技术十年执行计划。此外,南非还在全国范围内开展了公众科普计划,为纳米技术战略的实施创造有利环境。

为推动纳米技术服务于泰国经济和社会发展,泰国政府在《2006—2013 年泰国科技发展战略规划》的框架下,2006 年专门出台了《2006—2013 年国家纳米技术政策和战略规划》。规划提出,到 2013 年,纳米技术研发投资至少要达到 1000 泰铢,培养纳米技术研究人员 2000 名以上,获得专利 300 项以上,发表学术论文 1000 篇以上。

巴西非常重视纳米技术发展,从 2001 年开始制定了纳米技术发展计划,支持本国纳米技术与产业发展,近年来取得了很大的发展。2012 年,巴西科技与创新部(2011 年巴西"科技部"更名为"科技与创新部")进一步制定了较为系统的纳米技术创新发展战略和部署,由科技创新、农业、国防、工业、教育、环境、资源与能源、卫生各部委共同参与建立了"纳米技术联合委员会",总体负责国家纳米技术发展规划、管理、评估、预算和国际合作等工作,推动纳米技术发展,并确立了纳米材料、纳米器件与系统、纳米生物技术等主要的发展方向。聚集了国内几十家相关实验室,建立了"国家纳米技术联合实验室体系(Sis-NANO)",作为推进纳米技术与产业发展的平台。同年,巴西国家科技发展理事会发布了《2012—2015 年科学、技术与创新国家发展规划》,纳米技术被列为了科技创新优先领域。2013—2014 年,巴西共计投入了 4.4 亿雷亚尔资金用于纳米技术研发与创新。同时,巴西政府继续扩大"纳米科学与技术合作网络"的规模与范围,截至 2014 年,巴西共建立了28 个"纳米科学与技术合作网络",包括了 26 家科研机构(国家纳米技术联合实验室体系所涉及的 26 个实验室)、52 所大学以及 2500 名科研人员,逐渐形成了自身的纳米技术研发体系。

澳大利亚希望借助纳米技术来解决重大挑战性问题。2012 年,澳大利亚科学院发布报告《澳大利亚国家纳米技术研究战略》,提出要实现纳米驱动的经济发展,需将纳米技术的研发机遇与国家的重大挑战性问题衔接,利用纳米技术,以达到临界研究规模的多学科攻关,进而找出这些重大问题的解决方案。其中重大挑战性问题中纳米技术可发挥的作用有:改进社区健康、提供饮用水、修复环境、发展清洁能源、保卫国家安全,以及振兴澳大利亚的制造业等。

在纳米尺度上对物质进行影像、测量、建模和操纵的能力正在形成一系列切实影响到我们经济和日常生活的新技术。纳米科学、工程和技术正使一些新材料和新应用在诸多领域成为可能。要实现这种可能性,需要连续不断的科学研究和创新。尽管美国曾经并且现在依然还是纳米技术研发领域的领先者,但是他们并不认为这种领先优势将一成不变。因此,美国政府坚持通过执行其国家级的纳米技术发展计划来保持美国在纳米技术研发上的领先优势。通过学习和借鉴美国在纳米技术上的战略规划和布局,将有助于我国纳米技术的发展,缩小我国在高新技术领域与国外先进水平的差距,推动我国的科技进步、经济建设和社会发展。

4.2　纳米材料的产业化前景

4.2.1　纳米技术产业化蓄势待发

纳米技术是 20 世纪 80 年代末期诞生并正在崛起的新兴学科,它的发展加深了人们对于物质构成和性能的认识,将给材料、制造业、信息、生物和医学科技等领域带来革命性变化。因此世界各国(地区)纷纷将纳米技术的研发作为 21 世纪技术创新的主要驱动器,相继制定了发展战略和计划,推进本国纳米科学向纳米技术及产业化的方向发展。目前,世界上已有 60 多个国家制定了纳米技术发展战略,除欧、美、韩、日、等发达国家以外,巴西、俄罗斯等金砖国家也制定了一系列纳米技术发展计划,推动本国纳米技术与产业的发展。

纳米技术本质上是跨学科领域,它不断向信息技术、生物技术、新材料、医学、能源、环境等领域渗透和融合,并取得了重大进步。经过 20 年的研发,纳米技术正在完成从实验室到市场的转化,其商业化应用在全球范围内迅速展开。2006 年,全球纳米技术产品的销售额已经超过 500 亿美元,这些产品加权平均价格比同类常规产品高出约 11%。据 Lux 报告预测,未来几年全球纳米技术市场将持续快速增长,2014 年将达到 2.6 万亿美元,占全部制成品总价值的 15%。

纳米技术广阔的市场前景和社会经济效益,极大地激发着各国政府和产业界的研发热情。为了抢占纳米技术的产业化先机,各国纷纷加大支持力度,推动研究成果向产品和服务转化,变科技优势为经济优势。在纳米技术研发与商业化方面,美国一直处于领先地位。美国《21 世纪纳米技术研究开发法》要求商务部利用国家技术信息服务中心建立一个与纳米技术研究商业化相关的信息交换站,以促进纳米技术的商业化活动。此外,还成立两个新的研究中心,一是成立美国纳米技术防备中心,加强纳米技术应用相关的预期问题研究;二是成立纳米材料制造中心,指导和协调相关制造技术研究,并开发向美国制造业转让技术的机制。美国产业界对发展纳米技术热情不减,在通用电气公司,发展纳米科技与研发替代能源一样享有最高优先权。保洁公司将纳米科技视为一个"卓有成效的领域",默克和吉利德等制药公司 2006 年实现了纳米合成药物高达 30 多亿美元的销售额。由于普遍看好纳米技术前景,纳米科技风险投资在美国已经形成热潮,纳米科技风险企业如雨后春笋般涌现。截至 2006 年 9 月,美国已有 121 家风险投资机构对纳米技术的初创公司投资。

日本在纳米技术商业化方面也一直走在世界前列,特别是在 IT 电子、医疗医药、材料加工和能源环境四大产业领域。日本经济产业省 2006 年发布的一份报告预测,到 2030 年日本的纳米技术及相关产品市场将达到 26.26 万亿日元,比 2005 年高出近 10 倍。目前,日本已建有 4 个纳米技术卓越中心、4 个纳米技术智能集群、4 个共用纳米技术中心。企业界是日本发展纳米技术的主力军,它们除了加大纳米技术研发投入,还纷纷斥巨资建立纳米技术研究所或专门生产纳米材料的分公司,并和大学、科研院所广泛开展纳米技术合作研发。在关西地区,已有上百家企业联合了 16 所大学及国立科研机构,还建立了"关西纳米技术推进会议",大力促进纳米技术的研发和产业化。

欧盟"第七框架计划(2007—2013 年)"双倍追加了纳米科研经费,尤其是对以工业应用为导向的纳米电子研究给予特别支持,努力建立一条从创造、转移、产品化到使用的较完整的知识链。欧盟委员会主要从三个方面加强纳米科研成果的转化:一是加强产业界、科研机构、高校以及财政部门之间的相互配合,确保纳米科研成果转化为安全可靠的产品;二是积极制定市场和国际贸易标准,为公平竞争、风险评估等提供先决条件;三是加强知识产权保护,吸引创新资金并使其取得回报。欧盟委员会为此而采取的具体措施有:组织经验交流大会,推广纳米科技产业化的最佳模式,为企业与科研机构、高等院校之间达成相关成果转化协议提供便利条件,加大企业参与欧盟纳米科研项目的力度,支持纳米科技标准前期研究,建立纳米科技专利监督体系,理顺在欧盟及国外的专利申请程序。

德国、法国、英国、俄罗斯和中国也都非常重视纳米技术的商业化应用。目前德国大约有 600 家公司从事纳米技术产品的开发和应用,从业人员达 5 万人,几乎所有大型化工企业都生产纳米材料。法国设立了"国家微纳技术网络计划",目的是建立公共部门与企业之间的伙伴关系、催生一批能满足经济发展的工业项目,并促进新企业的创立和发展。英国工程学和物质科学研究理事会每年都投入 4000 万英镑用于推动纳米技术的发展,原贸工部在六年中共投入了 9000 万英镑促进纳米技术研发成果商业化。俄罗斯前总统普京亲自倡导本国发展纳米技术产业,俄政府还于 2007 年 7 月宣布成立专门面向纳米产业化的纳米集团公司,并向该公司拨款 1300 亿卢布。中国对纳米科技成果转化和产业化一直实行政策倾斜,在很多重大科技计划中都予以重点保证。截至 2007 年底,中国已正式出台纳米技术标准 15 项,设立纳米科技企业 323 家,建有 31 条纳米材料生产线,纳米材料已应用在纺织、塑料、陶瓷、涂料、橡胶等部门,并逐渐扩展到电子、精细化工、电力、环保、能源和医药等工业领域。

4.2.2 纳米技术风险研究受到重视

为了保证纳米技术健康持续地发展并更好地实现商业化应用,近两年来,德国、英国、法国和美国等很多国家都加强了对纳米技术负面影响的研究。2006年,德国联邦教研部和产业界合作,在2006—2008三年内共同为Nano Care计划投入了760万欧元,开展工业化生产纳米颗粒对人体健康和环境影响的研究。英国科学技术理事会建议政府在未来十年每年至少投资500万至600万英镑进行纳米材料的毒物学、卫生和环境影响研究。据统计,截至2006年底,美国国家科学基金会、环保局、全国安全生产和职业保护委员会已联合投入2200万美元,用于资助65个关于"纳米科技对人体健康和环境影响"的研究项目。欧盟加强了在纳米技术领域的立法,要求所有新的纳米技术在应用于消费品生产以前都要接受安全性评估,保证纳米技术在尊重伦理、尊重环境的条件下健康发展。正如中国"973"纳米材料首席科学家张立德教授所讲,纳米技术发展到今天已经进入了一个新的阶段,纳米技术尤其是纳米材料的发展更为理性,更为正确。在纳米技术应用中,人们已经开始关注它可能带来的负面效应。

利用纳米技术造福人类的同时,如何评估其安全性并降低潜在的风险,已经成为各国政府和科学界高度关注的一个重要研究内容。主要存在以下三方面的问题:首先,关于纳米科技风险的伦理、社会理论较少,当前主要成果集中在纳米毒性、纳米科技管理、纳米技术伦理讨论等领域;其次,新兴科技风险治理本来就难度极大,而其中的纳米技术又呈现出涉及和渗透面非常广泛、边界不清的特点,极具特殊性,因此对纳米技术风险治理更具挑战;最后,在认识上,统一的"纳米伦理治理"尚未形成,用以真正规约纳米技术发展,管理纳米科技良性发展的指导性意见也尚未形成。当前,关于纳米科技风险的研究仍为"单兵作战"模式,从相关数据库检索整理发现,伦理、社会领域的风险研究尚未形成规模,哲学层次的反思尤其欠缺,如已有研究仍主要将纳米技术的风险视为众多风险之一,即要么视为未来风险的一种进行呼吁,要么视为当前风险的一种进行"边发展、边纠错",以科技重大风险视角来理解和研究纳米技术风险已迫在眉睫。

纳米科技的发展面临失控的危险,原因如下。

(1)当下人类文明已有的伦理及法律已落后于当前科技尤其是纳米技术的发展,以纳米技术为代表的高科技发展对传统伦理和法律带来的挑战已迫使人们必须对其进行彻底的反思,以期能尽快形成相关伦理规范和治理法规。

(2)由于纳米技术本身的不确定性,各国虽对纳米技术出台了相应的发展指导方针,却很少有国家出台针对纳米技术威胁的相应预防和补偿措施。

(3)纳米技术及其相关应用,已经深入到人们生活的方方面面,面对政府防控机制的缺失,出现判断失误(尤其在面临高复杂性的纳米科技)而延误防治的可能性正逐步加剧,再加上与之相关的立法不足甚至是立法空白,更导致纳米技术的风险防控乏力,从而很难实现有效的规约和风险治理。

4.2.3 中国纳米材料产业化现状及前景

4.2.3.1 中国纳米材料的研发力分布

中国政府对纳米材料及纳米技术的研究一直给予高度重视,国家和各地方通过"国家攻关计划""863 计划""973 计划"的实施,积极投入力量和资金,使中国纳米的研发水平获得了很大发展。中国纳米材料和纳米技术的研究,已初步形成以各具特色的两大纳米研发中心(北方中心和南方中心)为核心,辐射四周的格局。

北方纳米研究开发中心以北京为中心,包括中科院的纳米科技中心、化学所、物理所、金属所、化冶所、感光所、半导体所,以及北京大学、清华大学、北京建材科研院、北京钢铁研究总院、北京科技大学、北京化工大学、北京理工大学、天津大学、南开大学、吉林大学等。南方纳米研究开发中心以上海为中心,包括中科院的冶金所、硅酸盐所、原子核所、固体物理所、上海技术物理所,以及上海交通大学、复旦大学、同济大学、华东理工大学、华东师范大学、中国科技大学、浙江大学、南京大学、山东大学等单位。除上述两大中心外,西北的西安交通大学、西北工业大学,兰州的兰州大学,西南的成都电子科技大学、四川大学,以及中南的湖南大学、中南大学、武汉大学、华中科技大学等,也在该领域有所建树。北方中心的主要研究领域包括纳米碳管、纳米磁性液体材料、纳米半导体、纳米隐身材料、高聚物纳米复合材料、纳米界面材料、纳米功能涂层、纳米材料的制备技术、纳米功能薄膜。南方中心则在纳米医学、纳米电子、纳米微机械、纳米生物、纳米材料、纳米材料制备与应用及产业化等领域,具有较强的优势。

从地域分布上分析,约 80% 的纳米研发力量集中在经济较发达的华东和华北地区。但表面上相对集中,实际仍很分散,比如以上海为中心的南方纳米研究开发中心,有相当一部分的研究力量又分散在合肥、南京等地,尚未形成规模优势。从系统分布上分析,纳米研发的主要力量集中在高等院校和中国科学院系统,这两部分的科研力量占整个中国纳米研发力量的 90% 以上。另外,也有部分企业介入了纳米材料及技术的研发领域,但力量薄弱(约占 5%),而且层次不高。

从人员结构上分析中国现有纳米材料及纳米技术的研究人员共有万人以上,其年龄结构比较合理,学历背景也非常过硬,70% 以上的纳米科研人员拥有硕士以上学位,拥有博士、高级职称的约占 30%,拥有硕士、中级职称的约占 40%。从研究的领域分析现有纳米材料的研究,主要以金属和无机物非金属纳米材料为主,占 80% 左右,高分子和化学合成材料也是一个重要方面。但在较低层次的纳米材料领域,集中了一半以上的研发力量,而在纳米电子、纳米生物医药方面,则力量薄弱。从研究的成果分析,十年来,中国纳米基础理论的研究人员在国内外学术刊物上共发表有关纳米材料和纳米结构的论文 2400 篇,其中发表在《自然》和《科学》等世界顶级学术杂志上的论文几十篇,影响因子在 6 以上的学术论文有数百篇,被 SCI 和 EI 收录的文章占整个发表论文的 59%,绝大多数高等院校的纳米项目经费不超过 100 万元。

值得欣喜的是,随着企业越来越多的介入,尤其是风险投资的兴起,中国纳米研究机构已经开始越来越多地注意与市场结合,不仅在研究经费支持方面开拓了渠道,也为科研体制的改革进行了有益探索,一些民营研究所和公司制运作的研究机构也应运而生。

4.2.3.2　纳米研发的科技经费来源分析

根据 1990—2000 年中国纳米科技的资金投入强度统计,纳米研发经费呈逐年增长态势,其中,国家自然科学基金的资助投入占 70% 以上,实行产学研相结合的社会企业资助投入则增长较快。在过去的十多年里,纳米基金项目保持平稳增长趋势,年平均增长率在

20％～30％,2000 年批准的纳米基金项目明显增多。1990—2000 年间,至少有 536 个题目带有"纳米"字样的项目,在 1999 年和 2000 年中,科学基金新批准和资助的在研纳米基金项目,总经费达 8000 万元左右。基础研究起步较早的领域是纳米材料和纳米化学领域。根据对 20 所高等院校和 14 家科研单位正在研究的纳米项目的抽样比较分析,绝大多数正在研发的项目,研发时间仅在一年左右,属于启动阶段。

4.2.3.3 中国纳米材料及技术专利现状

1985—2000 年,中国超细材料、纳米技术领域已公开的专利数共 1024 项,其中已授权专利的 465 项,占 45.4％,公开尚未授权的 559 项,占 54.6％。在所有 1024 项超细材料和纳米技术领域的专利中,涉及纳米材料领域已经公开的专利数共有 582 项,其中已授权 107 项,占 18.4％,公开尚未授权的 475 项,占 81.6％。从申报的数目分析纳米材料和超细材料领域的专利总数比较相近,但纳米材料已获得授权的专利数,远远低于超细材料,仅为其 1/3。在"已公开尚未授权"的专利中,纳米材料又远远高于超细材料,超过其5.65 倍。

从申报的时间分析大致可分为三个阶段:1985—1990 年为初期介入阶段,这个阶段专利数量少,发展速度缓慢。1990—1998 年是快速发展阶段,这个阶段专利数量快速增长,1997—1998 年达到发展的相对高峰。随后,主要因为近两年申请的专利尚未到公开期,呈现出骤降现象,这与中国纳米材料的发展步伐基本一致。20 世纪 80 年代中后期,中国纳米材料刚刚起步。1992—1997 年,国家加大了纳米材料和纳米技术研发力度,各研究院校纷纷涉足纳米领域,纳米材料和纳米技术取得长足进展。1997 年以后达到巅峰。

从申报的主体分析在所有涉及纳米材料领域的 582 项专利中,由大学及科研院所申报的有 366 项,占 62.9％。由企业申报的有 154 项,占 26.5％。由个人申报的有 62 项,占 10.6％。在所有 1024 项超细材料和纳米技术领域专利中,国外来华申请的专利共 166项,占 16.2％,这部分专利以个人申请为主,其中纳米材料的专利申请远远多于超细材料,比例约为 10︰2。由以上可见,高等院校及科研机构依然是推动中国纳米材料与纳米技术研究发展的主力军。

从切入的领域分析在所有 1024 项超细材料和纳米技术领域专利中,涉及材料的专利数量多达 827 项,占 80.8％,居绝对优势地位;电子类 28 项,占 2.7％;医药类 41 项,占4.0％;其他 128 项,占 12.5％。以上说明对纳米材料研究的力度较大,而纳米电子学及纳米医药学的研究力量相当薄弱。涉及超细材料与纳米材料制备技术的专利共 528 项,占 51.6％,涉及超细材料与纳米材料制备装置的专利共 241 项,占 23.5％,而且主要以超细材料的制备装置为主,涉及超细材料与纳米材料应用技术的专利共 276 项,占 26.9％。

4.2.3.4 中国纳米科技成果的转化途径

中国纳米科技成果的转化方式主要有技术转让、技术入股以及自行生产等,但产业化率普遍较低,不足 20％。造成这种现象的主要原因,一是技术成果本身不具备产业化条件,二是由于信息不通,造成科研成果转化的渠道不畅通,缺少资金的有力支持。

如果将中国纳米产品的成熟程度按中试、批量生产和规模化生产划分,明显呈剧烈递减态势。研究开发和规模化生产的距离较大,大量成果在实验室小试已经完成,大约只有

5％的实验室成果最终能够转化为规模化生产。根据对高等院校和 14 家科研单位较为成熟的纳米项目的抽样比较分析:这些较成熟项目的平均研发时间为 3.12 年,已成功转让或着手进行转化工作的约为 1/30。在被抽样统计的 54 个项目中,希望通过"技术转让"方式转化的项目约占 1/2,希望通过"技术入股"方式转化的项目约占 1/3,而希望"自行组织生产"的项目只有约 10％。但在已成功转让或着手进行转化工作的 18 个项目中,实现技术入股的占 55％,实现技术转让的占 28％,着手自行组织生产的占 17％,显示科研人员的主观愿望与实际存在一定的差距。技术入股和技术转让两种方式正好换位,既反映出实施项目转化的公司一般都希望与科技发明人员形成长久合作的关系,同时也反映出现在一般企业后续科研力量的缺乏。

4.2.3.5　中国纳米企业的基本概况

从地域分布分析目前已形成以北京(包括北京、天津、东北等地区)、上海(上海、浙江、山东、江苏、安徽等地区)、深圳(包括深圳、广州、福建等地区)为中心的三大纳米材料及纳米技术产业带。经济实力雄厚的华东、华北及华南地区的纳米材料企业,占全国纳米企业的 80％左右。从企业类型分析主要分为纳米材料应用型企业和纳米材料生产型企业两类。纳米材料生产型企业主要从事各种纳米粉体的生产,全国共有这类生产型企业 30 家,占所有纳米企业的 15％,大都分布于上海、浙江、江苏、广东、山东等地。由于纳米粉体应用范围很广,主要侧重于各种纳米粉体应用的纳米应用型企业分布也较为广泛,但集中在北京、上海、浙江、江苏、广东、山东、安徽等地的有 200 多家,约占整个纳米企业的 84％左右。

从成立时间分析目前 323 家从事纳米材料业务的纳米企业中,有一半以上成立于 1995 年以后。许多 1995 年以前成立的纳米企业,实际上也是在 1998 年、1999 年前后,从其他或相关行业转入纳米材料的开发生产的。2000 年则是中国纳米材料企业骤增的一年,而且绝大多数就是为纳米产业而"生"的。从企业性质分析各种性质的企业对纳米材料及纳米领域均有所涉足,但主要还是以有限责任公司形式出现。值得注意的是,最早涉足纳米材料开发生产领域的,有不少是民营和私营企业,其中不少还投入了巨资,国有和集体企业投资纳米则大都出于将其作为改造传统产业的极好途径。另外,外来资本也开始抢夺中国的纳米"大蛋糕"。

从人员结构分析,就企业员工人数而言,50 人以下的小规模企业占 70％,就科研人员占员工总数的比例而言,超过 5％以上的占 75％左右,显示中国纳米材料企业大都科技含量较高,符合高科技公司的特征。从资产规模分析,注册资本在 5000 万以下的占 90％左右,1000 万的占 65％,说明大多数纳米企业尚属初创期。对全国各地 69 家纳米及其应用企业(京沪地区 13 家,南方地区 5 家,华东地区 23 家,东北地区 4 家,华北地区 10 家,中西部地区 14 家)进行抽样分析表明从 1 亿元以上至 500 万元以下,呈明显递减趋势。总资产超过 1 亿元占 8.7％,大都是运用纳米技术对其原有传统产业进行改造的企业,也有相对成立较早的纳米企业,0.5 亿～1 亿元的占 13.0％,3000 万～5000 万元的占 17.4％,1000 万～3000 万元的占 18.8％,500 万～1000 万元的占 20.30％,总资产在 500 万元以下的也占据了相当比例,为 21.7％。从产品种类分析目前中国已建立了纳米材料生产线数百条,生产的产品大多集中于纳米氧化物、纳米金属粉末、纳米复合粉体等,纳米半导体、硅、纳米铁酸钡、钛酸泌、铁酸锌等也相继研制成功,具备了小批量生产能力,单一粉体的应用已在全国展开。

纳米材料的主要应用领域有纺织、塑料、陶瓷、涂料、橡胶等,而其主要也是用于产品的表面改性。从资产效益分析中国近几年纳米材料产业的资金投入强度逐渐增长,但产出效益并未同步增长。在被抽样比较的 69 家纳米及其应用企业中,1999 年和 2000 年的主营收入大都只在 5000 万元以下,1999 年为 51.85%,2000 年为 42.22%,主营收入逾亿元的企业,大都是老的传统企业,其主要利润来源也并非纳米产品。净利润则大部分处于100 万元以下的微利状态,1999 年为 47.62%,2000 年为 39.39%;经营亏损的企业所占比例也不在少数,1999 年为 23.81%,2000 年为 15.15%。

4.2.3.6 涉足纳米材料领域的模式分析

根据对已公告的 48 家涉足纳米领域的上市公司的初步分析,可以大致将其涉足纳米领域的方式分为四种模式。

(1)试探性投资模式

采用这一模式的上市公司,大都带有明显的种子期风险投资的色彩,或者以下属企业或投资组建的风险投资公司,试探性地涉足纳米领域。或者与专业从事纳米研发生产的科研院所联合设立纳米研究所,资助并借以渗入最前沿的纳米技术和产品领域,但这一方式的投资额一般都不超过 500 万元。

(2)试验性投资模式

采用这一模式的上市公司,要么直接参股或控股已拥有技术和产品的现有纳米公司,要么与拥有技术或产品的公司或技术方发起设立新的纳米公司。这类投资有一些明显特征:一是上市公司的投资额一般在 1000~3000 万元之间,带有一定试验性质,二是上市公司一般都相对控股,有时是几家上市公司联合投资,三是所涉足或新成立的纳米公司一般都有明确的产品,而且一般都是按照可在创业板上市的模式进行构建的。

(3)直接投资模式

采用这一模式的上市公司,一般拥有很强的传统主业,希望通过投资纳米来改造自己的传统产业。其中,青岛海尔、美菱电器、小鸭电器三家上市公司在纳米家电领域展开的激烈竞争,尤为引人注目。而一些房地产开发公司等,则采用了创建纳米技术园区的办法,既盘活了存量资产,又借以介入纳米领域,一些投资纳米获得初步成功的上市公司,也逐步拓展到纳米基地的创建。

(4)孵化嫁接模式

采用这一模式的上市公司,大都是通过与大股东之间的关联交易,涉足纳米领域并化解风险。或者由控股股东先期投入纳米项目,孵化成熟后再转给上市公司,或者采用与控股股东联合投资的方式,我中有你,你中有我。还有不少上市的控股或参股大股东已经涉足纳米领域,为上市公司涉足纳米提供了诸多便利。

4.2.3.7 中国纳米产业存在的问题和制约因素

(1)科研缺乏亮点,信息沟通缺乏。据调研,中国有一半以上的省市把"纳米技术及纳米材料"列为地方发展重点。一些地方忽视市场因素及当地的客观条件,一哄而上,结果造成低水平重复和资源浪费。在此次调研回收的 211 份调查问卷中,认为制约中国纳米材料产业发展的主要因素是"市场需求"的占 41.23%。

另外,中国从事纳米材料和纳米技术研究的人员,分属不同的行业、部门,条块分割,由于信息交流不畅,从事纳米科研的人员缺乏相互交流,更缺乏与一线企业的交流与合作,纳米应用研究力量分散、重复的现象严重。企业间应用成果壁垒森严,难以推广,也致使不少低水平重复,重点不突出,阻碍了整体优势的发挥。科研经费不足,专业人才缺乏。调查结果显示制约中国纳米材料产业发展的主要因素是"资金支持",占 100%,而中国传统分门别类教育体制培养的"专业人才",也远远不能适应拥有多学科知识复合型纳米研发人才的需要。据测算,为推动中国纳米材料产业的发展,近期就至少需要 1 万名复合型纳米科研人员,人才缺口非常明显,纳米经营管理人才更是缺乏。

(2)成果先天不足,转化接口不畅。与高水平纳米科技论文形成鲜明反差的是,中国的纳米材料产业化并不理想。虽然已建立了数百条纳米材料和技术的生产线,但产品主要集中在纳米粉体的制备方面,生产规模一般在年产百吨左右。另外,纳米科研与产业化的接口并不畅,科研院所往往认识不到或者力不从心去独立完成从实验室研制一直做到实施产业化这一复杂的工程化、系统化工作,往往是"试管烧杯"的成果一出来,就匆忙"交货",没有潜心于后续的应用开发和技术支持,科研成果成熟度不够,先天不足,与企业产业化的接口十分靠前。而绝大部分企业都是生产型的,缺乏持续创新和应用开发能力,只能接受非常成熟的技术,其接受成果的是产业化链条中十分靠后的阶段。二者接口的差异,导致纳米技术成果不能顺利实现转化。

(3)产权意识淡薄,行业标准缺乏。中国纳米材料技术近几年有了突破性的发展,专利数量也有所增加,但知识产权意识在科学界尤其是开发应用领域仍然淡薄。另外,纳米行业标准和技术规范缺乏,也有少数科研工作者缺乏科学精神和科技道德,不是真正沉下心来深入地研究和解决科学难题,只做了很少工作,就开始热衷于炒作纳米概念、炒自己的"成果",拿一些低水平"科技成果"甚至只是一些概念性的东西四处合作、重复转让,造成初级产品过剩,浪费了社会整体资源。一些生产微米材料的企业,在其产品性能、用途完全没变的情况下,贴上纳米标签,摇身一变成了纳米材料企业,误导纳米概念。甚至还有一些企业在投入少量资金注册了纳米材料公司或纳米材料应用公司后,就开始在经营业绩上做文章,蓄意编造是专门从事纳米科研、生产和应用的实力企业的假象,最终达到圈资、骗政策的目的。

此外,我国发展纳米材料产业存在的问题还包括:企业规模较小而分散,行业内企业以中小企业为主,占比达到 80%,未形成集聚效应;科技成果转化批量效应尚未显现,科技成果转化为现实生产力的比例仍较低,尚缺乏有效的科技成果批量转化机制。此外,对北京、上海、天津等大城市来说,人工和土地成本高、生态环境脆弱、资源相对不足,这也是推动纳米材料产业不得不面临的问题。

4.2.3.8　发展纳米产业的对策建议

随着我国对纳米科技的持续政策支持和研发投入,北京、苏州、上海等国内主要纳米科技产业基地的许多研究成果已展现出巨大的产业化前景。例如,碳纳米管触摸屏、电池用碳纳米管导电浆料、绿色印刷、印刷电子、纳米抛光液、纳米传感器等产品在多个行业实现规模化生产;传染性疾病快速检测、组织工程修复材料、纳米化药物研发不断推进,纳米技术应用于生物医学前景良好；纳米技术在催化领域的应用取得重大突破，一批重要催化剂实现产业化。将国内主要纳米科技产业基地以纳米技术的应用市场作为牵动研究开发的方向，提高效率和资金利用率，实现科学突破和技术的切实应用是纳米技术研究的最终目标。因此，要做好以下五点措施。

（1）制订发展规划，确定切入点，坚持"有所为，有所不为"。国家应对纳米基础研究有整体规划，应根据国家产业发展战略和发展目标，制订全国纳米材料产业的发展规划。按照市场需求，确定国家近、中期纳米材料技术的开发重点，集中力量优先研究、开发和发展具有自主知识产权、市场潜力大、技术可行的项目和对未来有重大影响的关键领域。各省市地区应该结合自身的资源优势，选择科研院校、企业，根据国内急需的产品，在各自分散研究的基础上，有系统地进行协调，形成地方特色。

（2）建立创新体系，吸引多元投资。国家应鼓励科研单位、高等院校与生产企业共建纳米材料技术创新基地、开放式研究开发中心等，对共性关键技术进行联合攻关，建立以企业为主体、产学研结合的纳米材料创新体系，加速纳米材料研究开发与产业化步伐。另外，应重视以政府政策资金为导向，建立多元投资融资体系，吸引风险投资及民间投资，使其大规模地介入纳米材料产业并和科技界融合。同时，鼓励纳米科技型企业在资本市场上融资，加速纳米成果的转化和产业推进。

（3）抓好人才培养，强化专利保护，以人为本，把纳米科技人才队伍建设放在突出位置。设立纳米科技专业的新课程，培养拥有多学科背景的纳米人才，采取切实措施，从国外引进优秀的纳米人才。开展 MBA 教育，培训技术型市场策划及营销人员，通过安排项目和基地建设，培养和锻炼一支具有综合能力、创新能力、懂科技、会经营、善管理的纳米科技帅才。同时，注重纳米技术的原始创新，强化专利保护意识，提高知识产权在企业发展中的重要作用。

（4）加强监管：①建立纳米技术研究和生产的标准和规范，保护研究人员和工人的健康和安全，避免纳米材料对外部环境的泄漏和扩散；②加强纳米商品的上市审批和市场监管，限制对健康和环境有污染风险产品的上市和流通，避免次生灾害的发生；③加强纳米技术成果的保护，避免纳米技术被不法分子窃取和滥用；④加强国际合作，共同打击纳米技术的滥用行为。

（5）加强防范：①充分利用纳米技术的灵敏性，研制纳米危险品的监测和预警设备；②在充分掌握纳米材料入侵人体和环境机理的基础上，研制出相应的防护系统和处置系统；③密切关注纳米技术研究进展和产业化趋势，研判纳米技术产业化水平。

此外，纳米科技产业应符合高新技术产业的发展定位，纳米科技产业发展应结合当前经济社会发展的现实需求和未来产业发展的长远需求，把促进纳米科技产业的发展作为培育国家战略性新兴产业的一个重要切入点，力争把中国主要纳米科技产业基地打造成为我国纳米技术创新中心、纳米产品高端制造中心和纳米标准制定中心。

我国在纳米技术商业化方面相对不足，一些有很好产业化前景和应用潜力的研究成果不能很好地通过国内企业转产。我国在与产业发展和人类健康密切相关的纳米安全性研究相对薄弱，对纳米科技的伦理学和社会影响研究不够重视。不过这两方面的问题在我国不是纳米技术独有，而是普遍存在于科技领域。

　　因此,如何更好地推动科技成果转移转化,如何加强科技伦理、安全研究是摆在我国科技管理者、政策研究者面前的重要课题。一方面需要借鉴包括美国在内的国外成功经验,另一方面需要结合我国实际提出符合国情的具有可操作性的政策建议,从而将我国纳米技术基础研究优势转化为纳米技术产业竞争胜势。

参考文献

［1］刘焕彬，陈小泉. 纳米科学与技术导论［M］. 北京：化学工业出版社，2006.

［2］徐国财. 纳米科技导论［M］. 北京：高等教育出版社，2005.

［3］袁哲俊. 纳米科学与技术［M］. 哈尔滨：哈尔滨工业大学出版社，2005.

［4］汪信，刘孝恒. 纳米材料化学［M］. 北京：化学工业出版社，2005.

［5］Liu K，Nogues J，Leighton C，et al. Fabrication and thermal stability of arrays of Fe nanodots［J］. Appl Phys Lett，2002，81：4433-4435.

［6］Kong X Y，Ding Y，Yang R S，et al. Single-crystal nanorings formed by epitaxial self-coiling of polar nanobelts［J］. Science，2004，303：1348-1351.

［7］白春礼. 中国的纳米科技研究［J］. 中国科技产业，2001，4(9)：8-11.

［8］裘晓辉，白春礼. 中国纳米科技研究的进展［J］. 前沿科学，2007，1(1)：6-10.

［9］Mcdonald S A，Konstantatos G，Zhang S G，et al. Solution-processed PbS quantum dot infrared photodetectors and photovoltaics［J］. Nat Mater，2005，4(2)：138-142.

［10］Wang S Y，Chen S C，Lin S D，et al. InAs/GaAs quantum dot infrared photodetectors with different growth temperature［J］. Infra Phys Technol，2003，44(5)：527-532.

［11］Mehta M，Deuter D，Melnikov A，et al. Focused ion beam implantation induced site-selectrive growth of InAs quantum dots［J］. Appl Phys Lett，2007，91(12)：3108.

［12］Watanabe K，Koguchi N，Ishige K，et al. high-quality GaAs quantum dots grown using a modied droplet epitaxy technique［J］. J Korean Phys Soc，2001，38(1)：25-28.

［13］Heyn C，Stemmann A，Schramm A，et al. Faceting during GaAs quantum dot self-assembly by droplet epitaxy［J］. Appl Phys Lett，2007，90(20)：3105.

［14］王忆峰. 量子点制备方法的研究进展［J］. 红外，2008，29(11)：1-7.

［15］Liu H I，Maluf N I，Pease R F W. Oxidation of sub-50 nm Si columns for light emission study［J］. J Vac Sci Technol B，1992，10(6)：2846-2850.

［16］Namatsu H，Horiguchi S，Nagase M，et al. Fabrication of one-dimensional nanowire structures utilizing crystallographic orientation in silicon and their conductance characteristics［J］. J Vac Sci Technol B，1997，15(5)：1688-1696.

［17］Wada Y，Kure T，Yoshimura T，et al. Polycrystalline silicon "slit nanowire" for possible quantum devices［J］. J Vac Sci Technol B，1994，12(1)：48-53.

［18］裴立宅，唐元洪. 硅纳米线的制备与生长机理［J］. 材料科学与工程学报，2004，22(6)：922-928.

［19］ Lee S T, Wang N, Lee C S. Semiconductor nanowires: synthesis, structure and properties ［J］. Mater Sci Eng A, 2000, 286: 16-23.

［20］ Ali D, Ahmed H. Coulomb blockade in a silicon tunnel junction device ［J］. Appl Phys Lett, 1994, 64(16): 2119-2120.

［21］ Leobandung, Guo L, Wang Y, et al. Observation of quantum effects and Coulomb blockade in silicon quantum-dot transistors at temperature over 100 K ［J］. Appl Phys Lett, 1995, 67(7): 938-940.

［22］ Lee S T, Zhang Y F, Wang N, et al. Semiconductor nanowires from oxides ［J］. J Mater Res, 1999, 14(12): 4502-4507.

［23］ Wagner R S, Ellis W C. Vapor-liquid-solid mechanism of single crystal growth ［J］. Appl Phys Lett, 1964, 4: 89-90.

［24］ Morales A M, Lieber C M. A laser ablation method for the synthesis of crystalline semiconductor nanowires ［J］. Science, 1998, 279(15): 208-211.

［25］ Feng S Q, Yu D P, Zhang H Z, et al. The growth mechanism of silicon nanowires and their quantum confinement effect ［J］. J Cryst Growth, 2000, 209(2): 512-517.

［26］ Yu D P, Lee C S, Bello I, et al. Synthesis of nano-scale silicon wires by excimer laser ablation at high temperature ［J］. Solid State Commun, 1998, 105(4): 402-407.

［27］ Zeng X B, Xu Y Y, Zhang S B, et al. Silicon nanowires grown on a pre-annealed Si substrate ［J］. J Cryst Growth, 2003, 247(9): 12-16.

［28］ Liu Z Q, Pan Z W, Sun L F, et al. Synthesis of silicon nanowires using AuPd nanoparticles catalyst on silicon substrate ［J］. J Phys Chem Solids, 2000, 61(2): 1171-1174.

［29］ Nataphan S, Daniel E R. Temperature dependence of the quality of silicon nanowires produced over a titania-supported gold catalyst ［J］. Chem Phys Lett, 2003, 377: 377-383.

［30］ Liu Z Q, Xie S S, Zhou W Y, et al. Catalytic synthesis of straight silicon nanowires over Fe containing silica gel substrates by chemical vapor deposition ［J］. J Cryst Growth, 2001, 224(3): 230-234.

［31］ 冯孙齐, 俞大鹏, 张洪洲, 等. 一维硅纳米线的生长机制及其量子限制效应的研究 ［J］. 中国科学（A 辑）, 1999, 29(10): 921-926.

［32］ 张亚利, 郭玉国, 孙典亭. 纳米线研究进展(1)：制备与生长机制 ［J］. 材料科学与工程, 2001, 19(1): 131-136.

［33］ Yang Y H, Wu S J, Chiu H S, et al. Catalytic growth of silicon nanowires assisted by laser ablation ［J］. J Phys Chem B, 2004, 108: 846-852.

［34］ Givargizov E I. Periodic instability in whisker growth ［J］. J Cryst Growth, 1975, 31: 20-30.

［35］ Givargizov E I. Fundamental aspects of VLS growth ［J］. J Cryst Growth, 1973, 20: 217-226.

［36］ Yu D P, Lee C S, Bello I, et al. Synthesis of nano-scale silicon wires by excimer laser ablation at high temperature ［J］. Solid State Commun, 1998, 105: 402-407.

［37］ Sinha S, Gao B, Zhou O. Synthesis of silicon nanowires and novel nano-dendrite structures ［J］. CP544, Electronic Preperties of novel materials-molecular nanostructures, edited by Kuzmany H, et al. American Institute of Physics, 2000: 431-436.

[38] Hofmann S, Ducati C, Neill R J, et al. Gold catalyzed growth of silicon nanowires by plasma enhanced chemical vapor deposition [J]. J Appl Phys, 2003, 94(9): 6005-6013.

[39] Ozaki N, Ohno Y, Takeda S. Silicon nanowhiskers grown on a hydrogen-terminated silicon {111} surface [J]. Appl Phys Lett, 1998, 73(25): 7300-7302.

[40] Wu Y, Cui Y, Huynh L, et al. Controlled growth and structures of molecular-scale silicon nanowires [J]. Nano Lett, 2004, 4(3): 432-436.

[41] Hsu J F, Huang B R. The growth of silicon nanowires by electroless plating technique of Ni catalysts on silicon substrate [J]. Thin Solid Films, 2006, 514: 20-24.

[42] Yasseri A A, Sharma S, Kamins T I, et al. Growth and use of metal nanocrystal assemblies on high-density silicon nanowires formed by chemical vapor deposition [J]. Appl Phys A, 2006, 82: 659-664.

[43] Abed H, Charrier A, Dallaporta H, et al. Directed growth of horizontal silicon nanowires by laser induced decomposition of silane [J]. J Vac Sci Technol B, 2006, 24(3): 1248-1253.

[44] Chen Y Q, Zhang K, Miao B, et al. Temperature dependence of morphology and diameter of silicon nanowires synthesized by laser ablation [J]. Chem Phys Lett, 2002, 358: 396-400.

[45] Yu D P, Bai Z G, Ding Y, et al. Nanoscale silicon wires synthesized using simple physical evaporation [J]. Appl Phys Lett, 1998, 72: 3458-3460.

[46] 俞大鹏. 纳米硅量子线的发光特性研究 [J]. 材料科学与工程, 2000, 18(z2): 569-571.

[47] Holmes J D, Johnston K P, Doty R C, et al. Control of thickness and orientation of solution - grown silicon nanowires [J]. Science, 2000, 287(5): 1471-1473.

[48] Tang Y H, Zhang Y F, Wang N, et al. Si nanowires synthesized from silicon monoxide by laser ablation [J]. J Vac Sci Technol B, 2001, 19(1): 317-319.

[49] Wang N, Tang Y H, Zhang Y F, et al. Nucleation and growth of Si nanowires from silicon oxide [J]. Phys Rev B, 1998, 58(24): R16024.

[50] Zhang Y F, Tang Y H, Wang N, et al. Silicon nanowires prepared by laser ablation at high temperature [J]. Appl Phys Lett, 1998, 72(15): 1835-1837.

[51] Wang N, Zhang Y F, Tang Y H, et al. SiO_2-enhanced synthesis of Si nanowires by laser ablation [J]. Appl Phys Lett, 1998, 73(26): 3902-3904.

[52] Zhang Y F, Tang Y H, Lam C, et al. Bulk-quantity Si nanowires synthesized by SiO sublimation [J]. J Cryst Growth, 2000, 212(20): 115-118.

[53] Tang Y H, Zhang Y F, Peng H Y, et al. Si nanowires synthesized by laser ablation of mixed SiC and SiO_2 powders [J]. Chem Phys Lett, 1999, 314(12): 16-20.

[54] 裴立宅, 唐元洪, 张勇, 等. 氧化物辅助生长硅纳米线 [J]. 材料工程, 2005, 50(6): 54-58.

[55] Ma D D D, Lee C S, Au F C K, et al. Small-diameter silicon nanowire surfaces [J]. Science, 2003, 299(5): 1874-1877.

[56] Lee S T, Wang N, Zhang Y F, et al. Oxide-assisted semiconductor nanowire growth [J]. MRS Bull, 1999, 24(4): 36-42.

[57] Zhang Y F, Tang Y H, Wang N, et al. One-dimensional growth mechanism of crystalline silicon nanowires [J]. J Cryst Growth, 1999, 197(9): 136-140.

［58］ Cheng S W，Cheung H F. Role of electric field on formation of silicon nanowires ［J］. J Appl Phys，2003，94(2)：1190-1194.

［59］ Zhang Y F，Tang Y H，Lee C S，et al. Laser ablation behavior of a granulated Si target ［J］. J Mater Sci Lett，1999，18：122-125.

［60］ 唐元洪，裴立宅. 掺杂硅纳米线的光电特性 ［J］. 中国有色金属学报，2004，14(S1)：398-403.

［61］ Tang Y H，Sun X H，Au F C K，et al. Microstructure and field-emission characteristics of boron-doped Si nanparticle chains ［J］. Appl Phys Lett，2001，79(11)：1672-1675.

［62］ Tang Y H. Synthesis and characterization of silicon and related nanowires ［D］. City University of Hong Kong，2000，6.

［63］ Zhang Z，Fan X H，Xu L，et al. Morphology and growth mechanism study of self-assembled silicon nanowires synthesized by thermal evaporation ［J］. Chem Phys Lett，2001，337：18-24.

［64］ Shi W S，Peng H Y，Zheng Y F，et al. Synthesis of large areas of highly oriented，very long silicon nanowires ［J］. Adv Mater，2000，12：1342-1346.

［65］ Zhou J F，Li Z L，Chen Y F，et al. Large-scale array of highly oriented silicon-rich micro/nanowires induced by gas flow steering ［J］. Solid State Commun，2005，133：271-275.

［66］ Lew K K，Redwing J M. Growth characteristics of silicon nanowires synthesized by vapor-liquid-solid growth in nanoporous alumina templates ［J］. J Cryst Growth，2003，254：14-22.

［67］ Lu M，Li M K，Kong L B，et al. Silicon quantum-wires arrays synthesized by chemical vapor deposition and its micro-structural properties ［J］. Chem Phys Lett，2003，374：542-547.

［68］ Lu M，Li M K，Kong L B，et al. Synthesis and characterization of well-alligned quantum silicon nanowires arrays ［J］. Composites：Part B，2004，35：179-184.

［69］ Li M K，Wang C W，Li H L. Synthesis of ordered Si nanowire arrays in porous anodic aluminum oxide templates ［J］. Chin Phys Lett，2001，46(21)：1792-1796.

［70］ 力虎林，王成伟，李梦轲. 用模板法制备取向 Si 纳米线阵列 ［J］. 科学通报，2001，46(14)：1172-1176.

［71］ Niu J J，Sha J，Yang D R. Silicon nanowires fabricated by thermal evaporation of silicon monoxide ［J］.Phys E，2004，23：131-134.

［72］ Li C P，Sun X H，Wong N B，et al. Ultrafine and uniform silicon nanowires grown with zeolites ［J］. Chem Phys Lett，2002，365：22-26.

［73］ Teo B K，Li C P，Sun X H，et al. Silicon-silica nanowires，nanotubes，and biaxial nanowires：Inside，outside，and side-by-side growth of silicon versus silica on zeolite ［J］. Inorg Chem，2003，42：6722-6728.

［74］ Christiansen S，Schneider R，Scholz R，et al. Vapor-liquid-solid growth of silicon nanowires by chemical vapor deposition on implanted templates ［J］. J Appl Phys，2006，100：084323.

［75］ Hanrath T，Korgel B A. Supercritical fluid-liquid-solid (SFLS) synthesis of Si and Ge nanowires seeded by colloidal metal nanocrystals ［J］. Adv Mater，2003，15(5)：437-440.

［76］ Lu X M，Hanrath T，Johnston K P，et al. Growth of single crystal silicon nanowires in supercritical solution from tethered gold particles on a silicon substrate ［J］. Nano Lett，2003，3(1)：92-99.

［77］ Shah P S，Hanrath T，Johnston K P，et al. Nanocrystal and nanowire synthesis and dispersibility in supercritical fluids [J]. J Phys Chem B, 2004, 108: 9574-9587.

[78] Zhang R Q, Lee S T, Law C K, et al. Silicon nanotubes: Why not? [J]. Chem Phys Lett, 2002, 364(3): 251-258.

[79] Li B X, Cao P L. Silicon nanorings and nanotubes: a full-potential linear-muffin-tin-orbital molecular-dynamics method study [J]. J Mol Sturct Theochem, 2004, 679(2): 127-130.

[80] Kang J W, Byun K R, Hwang H J. Twist of hypothetical silicon nanotubes [J]. Modelling Simul Mater Sci Eng, 2004, 12(4): 1-12.

[81] Fagan S B, Barierle R J, Mota R, et al. Ab initio calculations for ahypothetical material: Silicon nanotubes [J]. Phys Rev B, 2000, 61(15): 9994-9996.

[82] Fagan S B, Mota R, Baierle R J, et al. Stability investigation and thermal behavior of a hypothetical silicon nanotube [J]. J Mol Struct Theochem, 2001, 539(8): 101-106.

[83] Zhang M, Kan Y H, Zang Q J, et al. Why silicon nanotubes stably exist in armchair structure? [J]. Chem Phys Lett, 2003, 379(6): 81-86.

[84] 裴立宅, 唐元洪, 张勇, 等. 硅纳米管的研究进展 [J]. 材料导报, 2005, 19(专辑 IV): 92-95.

[85] Kang J W, Hwang H J. Hypothetical silicon nanotubes under axial compression [J]. Nanotechnology, 2003, 14(3): 402-408.

[86] Byun K R, Kang J W, Hwang H J. Atomistic stimulation of hypothetical silicon nanotubes under tension [J]. J Korean Phys Soc, 2003, 42(5): 635-646.

[87] Tang J, Qin L C, Sasako T, et al. Compressibility and polygonization of single-walled carbon nanotubes under hydrostatic pressure [J]. Phys Rev Lett, 2000, 85(9): 1887-1889.

[88] Yakobson B I, Campbell M P, Barbec C J, et al. High strain rate fracture and C-chain unraveling in carbon nanotubes [J]. Comp Mater Sci, 1997, 8(3): 341-348.

[89] Lu J P. Elastic properties of carbon nanotubes and nanoropes [J]. Phys Rev Lett, 1997, 79(7): 1297-1300.

[90] Geifert G, Kohler T, Urbassek H M, et al. Tubular structures of silicon [J]. Phys Rev B, 2001, 63(8): 193409.

[91] Sha J, Niu J J, Ma X Y, et al. Silicon nanotubes [J]. Adv Mater, 2002, 14(17): 1219-1221.

[92] Jeong S Y, Kim J Y, Yang H D, et al. Synthesis of silicon nanotubes on porous alumina using molecular beam epiaxy [J]. Adv Mater, 2003, 15(14): 1172-1176.

[93] Mu C, Yu Y X, Liao W, et al. Controlling growth and field emission properties of silicon nanotubes arrays by multistep template replication and chemical vapor depostion [J]. Appl Phys Lett, 2005, 87(3): 113104.

[94] Menon M, Andriotis A M, Froudakis G. Structure and stability of Ni-encapsulated Si nanotube [J]. Nano Lett, 2002, 2(4): 301-304.

[95] Hu J Q, Bando Y, Liu Z W, et al. Synthesis of crystalline silicon tubular nanostructures with ZnS nanowires as removable templates [J]. Angew Chem Int Ed, 2004, 43(5): 62-66.

[96] Saranin A A, Zotov A V, Kotlyar V G, et al. Ordered arrays of Be-encapsulated Si nanotubes on Si (111) surface [J]. Nano Lett, 2004, 4(8): 1469-1473.

[97] Singh A K, Kumar V, Briere T M, et al. Cluster assembled metal encapsulated thin nanotubes of

silicon [J]. Nano Lett, 2002, 2(11): 1242-1248.

[98] Chen Y W, Tang Y H, Pei L Z, et al. Self-assembled silicon nanotubes grown from silicon monoxide [J]. Adv Mater 2005, 17(5): 564-567.

[99] 裴立宅. 一维硅基纳米材料的水热制备与表征 [D]. 湖南大学博士论文, 2006, 9.

[100] Tang Y H, Pei L Z, Chen Y W, et al.Self-assembled silicon nanotubes under supercritically hydrothermal conditions [J]. Phys Rev Lett, 2005, 95(11): 116102.

[101] Chaieb S, Nayteh M H, Smith A D, et al. Assemblies of silicon nanoparticles roll up into flexible nanotubes [J]. Appl Phys Lett, 2005, 87(12): 062104.

[102] Crescenzi M D, Castrucci P, Scarselli M, et al. Experimental imaging of silicon nanotubes [J]. Appl Phys Lett, 2005, 86(7): 231901.

[103] Castrucci P, Scarselli M, Crescenzi M D, et al. Silicon nanotubes: Synthesis and characterization [J]. Thin Solid Films, 2006, 508: 226-230.

[104] Hu J, Bando Y, Liu Z, et al. The first template-free growth of crystalline silicon microtubes [J]. Adv Func Mater, 2004, 14(6): 610-614.

[105] Chen H B, Lin J D, Yi J, et al. Novel silicon nanotubes [J]. Chin Chem Lett, 2001, 12(12): 1139-1140.

[106] Yamada S, Fujiki H. Experimental evidence for nanostructural tube formation of silicon atoms [J]. Jpn J Appl Phys, 2006, 45(31): L837-L839.

[107] Gerung H, Boyle T J, Tribby L J, et al. Solution synthesis of germanium nanowires using a Ge^{2+} alkoxide precursor [J]. J Am Chem Soc, 2006, 128: 5244-5250.

[108] Maeda Y, Tsukamoto N, Yazawa Y, et al.Visible photoluminescence of Ge microcrystals embedded in SiO_2 glassy matrices [J]. Appl Phys Lett, 1991, 59: 3168-3170.

[109] Nguyen P, Ng H T, Meyyappan M. Growth of individual vertical germanium nanowires [J].Adv Mater, 2005, 17(5): 549-553.

[110] Bostedt C, Van Buuren T, Willey T M, et al. Strong quantum-confinement effects in the conduction band of germanium nanocrystals [J]. Appl Phys Lett, 2004, 84: 4056-4058.

[111] Melnikov D V, Chelikowsky J R.Absorption spectra of germanium nanocrystals [J]. Solid State Commun, 2003, 127: 361-365.

[112] Takagahara T, Takeda K.Theory of the quantum confinement effect on excitons in quantum dots of indirect-gap materials [J]. Phys Rev B, 1992, 46: 15578-15581.

[113] Rossetti R, Hull R, Gibson J M, et al.Hybrid electronic properties between the molecular and solid state limits: Lead sulfide and silver halide crystallites [J]. J Chem Phys, 1985, 83: 1406-1410.

[114] Heath J R, LeGoues F K.A liquid solution synthesis of single crystal germanium quantum wires [J]. Chem Phys Lett, 1993, 208(2-4): 262-268.

[115] Hanrath T, Korgel B. Nucleation and growth of germanium nanowires seeded by organic monolayer-coated gold nanocrystals [J]. J Am Chem Soc, 2002, 124(7): 1424-1429.

[116] Hanrath T, Korgel B A. Crystallography and surface faceting of germanium nanowires [J]. Small, 2005, 1(7): 717-721.

[117] Wu Y, Yang P.Melting and welding semiconductor nanowires in nanotubes [J]. Adv Mater, 2001,

13(7)：520-523.

[118] Hanrath T，Korgel B A. Chemical surface passivation of Ge nanowires [J]. J Am Chem Soc，2004，126：15466-15472.

[119] Tuan H Y，Lee D C，Hanrath T，et al. Germanium nanowire synthesis：An example of solid-phase seeded growth with nickel nanocrystals [J]. Chem Mater，2005，17：5705-5711.

[120] Lu X M，Fanfair D D，Johnston K P，et al. High yield solution-liquid-solid synthesis of germanium nanowires [J].J Am Chem Soc，2005，127：15718-15719.

[121] Gerung H，Boyle T，Tribby L J，et al. Solution synthesis of germanium nanowires using a Ge^{2+} alkoxide precursor [J]. J Am Chem Soc，2006，128：5244-5250.

[122] Zaitseva N，harper J，Gerion D，et al. Unseeded growth of germanium nanowires by vapor-liquid-solid mechanism [J]. Appl Phys Lett，2005，86：053105.

[123] Zhang Y F，Tang Y H，Wang N，et al. Germanium nanowires sheathed with an oxide layer [J]. Phys Rev B，2000，61(7)：4518-4521.

[124] Dailey J W，Taraci J，Clement T，et al. Vapor-liquid-solid growth of germanium nanostructures onsilicon [J]. J Appl Phys，2004，96(12)：7556-7567.

[125] Wang D，Dai H. Low-temperature synthesis of single-crystal germanium nanowires by chemical vapor deposition [J]. Angew Chem Int Ed，2002，41：4782-4786.

[126] Lauhon L J，Gudiksen M S，Wang D，et al. Epitaxial core-shell and core-multishell nanowire heterostructures [J]. Nature(London)，2002，420：57-61.

[127] Kamins T I，Li X，Williams R S，et al.Growth and structure of chemically vapor deposited Ge nanowires on Si substrates [J]. Nano Lett，2004，4(3)：502-506.

[128] Tutuc E，Guha S，Chu J O. Morphology of germanium nanowires grown in presence of B_2H_6[J]. Appl Phys Lett，2006，88：043313.

[129] Mathur S，Shen H，Sivakov V，et al. Germanium nanowires and core-shell nanostructures by chemical vapor deposition of $[Ge(C_5H_5)_2]$ [J]. Chem Mater，2004，16：2449-2456.

[130] Coleman N R B，Ryan K M，Spalding T R，et al. The formation of dimensionally ordered germanium nanowires within mesoporous silica [J]. Chem Phys Lett，2001，343：1-6.

[131] Han W Q，Wu L J，Zhu Y M，et al. In-situ growth of crystalline Ge nanowires by using nanotubes as template [J]. Microsc Microanal，2005，11(suppl 2)：1506-1507.

[132] 叶好华，叶志镇，黄靖云，等.氧化铝模板法制备 Ge 纳米线 [J]. 半导体学报，2003，24(2)：172-176.

[133] Mei Y F，Li Z M，Chu R M，et al. Synthesis and optical properties of germanium nanorod array fabricated on porous anodic alumina and Si-based templates [J]. Appl Phys Lett，2005，86：021111.

[134] Gu G，Burghard M，Kim G T，et al. Growth and electrical transport of germanium nanowires [J]. J Appl Phys，2001，90(11)：5747-5752.

[135] Omi H，Ogino T. Self-assembled Ge nanowires grown on Si(113) [J]. Appl Phys Lett，1997，71(15)：2162-2165.

[136] Duan X F，Huang Y，Cui Y，et al. Indium phosphide nanowires as building blocks fonanoscale e-

lectronic and optoelectronic devices [J]. Nature, 2001, 409: 66-69.

[137] Huang M H, Mao S, Feick H, et al. Room-temperature ultraviolet nanowire nanolasers [J]. Science, 2001, 292: 1897-1899.

[138] Hulteen J C, Patrissi C J, M iner D L, et al. Changes in the shape and optical properties of gold nanoparticles contained within alumina membranes due to low temperature annealing [J] J. Phys Chem B, 1997, 101: 7727-7731.

[139] Calandra P, GoffrediM, L iveriV. T. Proposed mechanism for the ultrasound-induced formation of nanorods and nanofibers in AOT [J]. Colloid Surf A, 1999, 160: 9-13.

[140] Busbee B D, Obare S O, Murphy C J. An improved synthesis of high-aspect-ratio gold nanorods [J]. Adv Mater, 2003;15 (6): 413-416.

[141] Swami A, Kumar A, Selvakannan P R, et al. Highly oriented gold nanoribbons by the reduction of aqueous chloroaurate ions by hexadecylaniline Langmuir monolayers [J]. Chem Mater, 2003, 15 (1): 17-19.

[142] Rao C N R, Kulkarni G U, Thomas P J, et al. Films of metal nanocrystals formed at aqueous-organic interfaces [J]. J Phys Chem B, 2003, 107:7391-7395.

[143] Fullam S, Cottell D, Rensmo H, et al. Carbon nanotube templated self-assembly and thermal processing of gold nanowires [J]. Adv Mater, 2000, 12(19):1430-1432.

[144] Govindaraj A, Satishkumar B C, Nath M N, et al. Metal nanowires and intercalated metal layers in single-walled carbon nanotube bundles [J]. Chem Mater, 2000, 12(1):202-205.

[145] Tian M L, Wang J G, Kurtz J, et al. Electrochemical growth of single-crystal metal nanowires via a two-dimensional nucleation and growth mechanism [J]. Nano Lett,2003, 3(7): 919-923.

[146] Zhang X Y, Zhang L D, Lei Y, et al. Fabrication and characterization of highly ordered Au nanowire arrays [J]. J Mater Chem, 2001, 11: 1732-1734.

[147] Jana N R, Gearheart L, Murphy C J. Wet chemical synthesis of silver nanorods and nanowires of controllable aspect ratio [J]. Chem Commun, 2001: 617-618.

[148] Jiang X, Xie Y, Lu J, et al. Oleate vesicle template route to silver nanowires [J]. J Mater Chem, 2001, 11(7): 1775-1777.

[149] Sun Y G, Xia Y, N. Large-scale synthesis of uniform silver nanowires through a soft, self-seeding, polyol process [J]. Adv Mater, 2002, 14(11): 833-837.

[150] Xiong Y, Xie Y, Wu C, et al. Formation of silver nanowires through a sandwiched reduction process [J]. Adv Mater, 2003, 15(5): 405-408.

[151] Sun Y G, Gates B, Mayers B, et al. Crystalline silver nanowires by soft solution processing [J]. Nano Lett, 2002, 2(2) :165-169.

[152] Liu S, Yue J, Gedanken A. Synthesis of long silver nanowires from AgBr nanocrystals [J]. Adv Mater, 2001, 13(9): 656-658.

[153] Zhou Y, Yu S H, Wang C Y, et al. A Simple hydrothermal route to large-scale synthesis of uniform silver nanowires [J]. Adv Mater, 1999, 11(10): 850-852.

[154] Rao C N R, Satishkumar B C, Govindaraj A, et al. Nanotubes [J]. Chem Phys Chem, 2001, 2: 78-105.

[155] Sun X Y, Xu F Q, Li Z M, et al. Cyclic voltammetry for the fabrication of high dense silver nanowire arrays with the assistance of AAO template [J]. Mater Chem Phys, 2005, 90: 69-72.

[156] Zhang S H, Xie Z X, Jiang Z Y, et al. Synthesis of silver nanotubes by electroless deposition in porous anodic aluminium oxide templates [J].Chem Commun, 2004, 9: 1106-1107.

[157] Shi Y, Li H, Chen L Q, et al. Obtaining ultra-long copper nanowires via a hydrothermal process [J]. Sci Technol Adv Mater, 2005, 6: 761-765.

[158] Liu Z P, Yang Y, Liang, et al. Synthesis of copper nanowires via a complex-surfactant-assisted hydrothermal reduction process [J]. J. Phys Chem B, 2003, 107(46): 12658-12661.

[159] Chen C L, Lou Z S, Chen Q W. A novel way for preparing cu nanowires [J]. Chem Lett, 2005, 34 (3): 430-431.

[160] Chang Y, Lye M L, Zeng H C. Large-scale synthesis of high-quality ultralong copper nanowires [J]. Langmuir, 2005, 21(9): 3746-3748.

[161] Zhang Z, Dai S, Blom DA, et al. Synthesis of ordered metallic nanowires inside ordered mesoporous materials through electroless deposition [J]. Chem Mater, 2002, 14(3): 965-968.

[162] Gao T, Meng G, Zhang J, et al. Template synthesis of Y-junction metal nanowires [J]. Appl Phys A, 2002, 74: 403-406.

[163] Prinz G A. Magnetoelectronics [J]. Science, 1998, 282(5394): 1660-1663.

[164] Whitney T M, Jiang J S, Searson P C, et al. Fabrication and magnetic properties of arrays of metallic nanowires [J]. Science, 1993, 261(1864): 1316-1319.

[165] Li F, Metzger R M, Doyle W D. Influence of particle size on the. magnetic viscosity and activation volume of -Fe manowires in alumite films [J]. IEEE Trans Magn, 1997, 33(5): 3715-3717.

[166] Bao J C, Tie C Y, Xu Z, et al. Template synthesis of an array of nickel nanotubules and its magnetic behavior [J]. Adv Mater, 2001, 13(21): 1631-1633.

[167] Fert A, Piraux L. J. Magnetic nanowires [J]. Magn Magn Mater, 1999, 200: 338-358.

[168] Bao J C, Tie C Y, Xu Z, et al. An array of concentric composite nanostructures of zirconia nanotubules/cobalt nanowires: preparation and magnetic properties [J]. Adv Mater, 2002, 14 (1): 43-47.

[169] Azzaroni O, Schilardi P L, Salvarezza R. C. Templated electrodeposition of patterned soft magnetic films [J]. Appl Phys Lett, 2002, 80: 1061-1063.

[170] White R L, New R M H, Pease R F W. Patterned media: A viable route to 50 Gbit/in^2 and up for magnetic recording? [J]. IEEE Trans Magn, 1996, 33: 990-995.

[171] Routkevitch D, Tager A A, Haruyama J, et al. Nonlithographic nano-wire arrays: fabrication, physics, and device applications [J]. IEEE Trans Electron Dev, 1996, 43(10): 1646-1658.

[172] Yang S G, Zhu H, Yu D L, et al. Preparation and magnetic property of Fe nanowire array [J]. J Magn Magn Mater, 2000, 222: 97-100.

[173] Xiong Y J, Xie Y, Li Z Q, et al. Complexing-reagent assisted synthesis of α-Fe and γ-Fe$_2$O$_3$ nanowires under mild conditionsy [J]. New J Chem, 2003, 27: 588-590.

[174] Wang X W, Fei G T, Wu B, et al. Structural stability of Co nanowire arrays embedded in the PAAM [J]. Phys Lett A, 2006, 359: 220-222.

[175] Bao J H, Xu Z, Hong J M. Fabrication of cobalt nanostructures with different shapes in alumina template [J]. Scripta Mater, 2004, 50: 19-23.

[176] Jin C G, Liu W F, Jia C, et al. High-filling, large-area Ni nanowire arrays and the magnetic properties [J]. J Cryst Growth, 2003, 258: 337-341.

[177] Ji G B, Chen W, Tang S L, et al. Fabrication and magnetic properties of ordered 20 nm Co – Pb nanowire arrays [J]. Solid State Commu, 2004, 130: 541-545.

[178] Qin D H, Peng Y, Cao L, et al. A study of magnetic properties: Fe_xCo_{1-x} alloy nanowire arrays [J]. Chem Phys Lett, 2003, 374(5-6): 661-666.

[179] Fei X L, Tang S L, Wang R L, et al. Fabrication and magnetic properties of Fe – Pd nanowire arrays [J]. Solid State Commu, 2007, 141: 25-28.

[180] Chaure N B, Coey J M D. Fabrication and characterization of electrodeposited $Co_{1-x}Cr_x$ nanowires [J]. J Magn Magn Mater, 2006, 303(1): 232-236.

[181] Gao T R, Yin L F, Tian C S, et al. Magnetic properties of Co – Pt alloy nanowire arrays in anodic alumina templates [J]. J Magn Magn Mater, 2006, 300: 471-478.

[182] Zhang Z T, Blom D A, Gai Z. High-yield solvothermal formation of magnetic CoPt alloy nanowires [J]. J Am Chem Soc, 2003, 125: 7528-7529.

[183] Hu H N, Chen H Y, Yu S Y, et al. Fabrication and magnetic properties of Co_xPd_{1-x} composite nanowire [J]. J Magn Magn Mater, 2006, 299: 170-175.

[184] Qian C, Kim F, Ma L, et al. Solution-phase synthesis of single-crystalline iron phosphide nano-rods/nanowires [J]. J Am Chem Soc, 2004, 126: 1195-1198.

[185] Xue D S, Shi H G. The fabrication and characteristic properties of amorphous $Fe_{1-x}P_x$ alloy nanowire arrays [J]. Nanotechnology, 2004, 15: 1752-1755.

[186] Zhang W G, Li W X, Zhang L. et al. Electrodeposition of ordered arrays of multilayered Cu/Ni nanowires by dual bath technique [J]. Acta Phys Chim Sin, 2006, 22(8): 977-980.

[187] Guo Y G, Wan L J, Zhu C F, et al. Ordered Ni-Cu nanowire array with enhanced coercivity [J]. Chem Mater, 2003, 15: 663-667.

[188] Liang H P, Guo Y G, Hu J S, et al. Ni-Pt multilayered nanowire arrays with enhanced coercivity and High remanence ratio [J]. Inorg Chem, 2005, 44(9): 3013-3015.

[189] Xue D S, Fu J L, Shi H G. Preparation and magnetic properties of $Fe_{0.88-x}Co_xP_{0.12}$ amorphous nanowire arrays [J]. J Magn Magn Mater, 2007, 308: 1-4.

[190] Saedi A, Ghorbani M. Electrodeposition of Ni – Fe – Co alloy nanowire in modified AAO template [J]. Mater Chem Phys, 2005, 91: 417-423.

[191] Ishii S, Sadki E S, Ooi S, et al. Superconducting properties of lead nanowires fabricated by electrochemical deposition [J]. Physica C, 2005, 426: 268-272.

[192] Wang Y L, Jiang X C, Herricks T, et al. Single crystalline nanowires of lead: large-scale synthesis, mechanistic studies, and transport measurements [J]. J Phys Chem B, 2004, 108: 8631-8640.

[193] Horne F D M, Michottea S. Fabrication and physical properties of Pb/Cu multilayered superconducting nanowires [J]. Appl Phys Lett, 2005, 86: 152510-152512.

[194] Jin C G, Jiang G W, Liu W F, et al. Fabrication of large-area single crystal bismuth nanowire ar-

rays [J]. J Mater Chem, 2003, 13: 1743-1746.

[195] Yu H, Gibbons P C, Buhroand W E. Bismuth, tellurium, and bismuth telluride nanowires [J]. J Mater Chem, 2004, 14: 595-602.

[196] Zhang Y, Li G, Wu Y, et al. Antimony nanowire arrays fabricated by pulsed electrodeposition in anodic alumina membranes [J]. Adv Mater, 2002, 14(17): 1227-1230.

[197] Li L, Li G H, Zhang Y, et al. Pulsed electrodeposition of large-area, ordered Bi1-x-Sbx nanowire arrays from aqueous solutions [J]. J Phys Chem B, 2004, 108: 19380-19383.

[198] Jin C G, Xiang X Q, Jia C, et al. Electrochemical fabrication of large-area, ordered Bi_2Te_3 nanowire arrays [J]. J Phys Chem. B, 2004, 108: 1843-1847.

[199] Jin C G, Zhang G Q, Qian T, et al. Large-area Sb_2Te_3 nanowire arrays [J]. J Phys Chem B, 2005, 109: 1430-1432.

[200] Zhao A W, Meng G W, Zhang L D, et al. Electrochemical synthesis of ordered CdTe nanowire arrays [J]. Appl Phys A, 2003, 76: 537-539.

[201] Chang S S, Yoon S O, Park H J, et al. Akira Sakai Luminescence properties of Zn nanowires prepared by electrochemical etching [J]. Mater Lett, 2002, 53(6): 432-436.

[202] Chang S S, Park H J, Yoon S O, et al. Large-scale fabrication of high-purity and uniform Zn nanowires by thermal evaporation [J]. Appl Surf Sci, 2000, 158: 330-333.

[203] Li L, Yang Y W, Huang X H, et al. Fabrication and characterization of single-crystalline ZnTe nanowire arrays [J]. J Phys Chem B, 2005, 109: 12393-12398.

[204] Kyungtae K, Moonjung K, Sung M. Pulsed electrodeposition of palladium nanowire arrays using AAO template [J]. Mater Chem Phys, 2006, 96(2-3): 278-282.

[205] Yu S F, Welp U, Hua L Z, et al. Fabrication of palladium nanotubes and their application in hydrogen sensing [J]. Chem Mater, 2005, 17(13): 3445-3450.

[206] Hsu Y J, Lu S Y. Vapor-solid growth of Sn nanowires: Growth mechanism and superconductivity [J]. J Phys Chem. B, 2005, 109: 4398-4403.

[207] Borgströ M M T, Zwiller V, Müller E. Optically bright quantum dots in single nanowires [J]. Nano Lett, 2005, 5(7): 1438-1443.

[208] Pettersson H, Trägárdh J, Persson A I, et al. Infrared photodetectors in heterostructure nanowires [J]. Nano Lett, 2006, 6(2): 228-232.

[209] Bauera J, Gottschalcha V, Paetzelta H, et al. MOVPE growth and real structure of vertical-aligned GaAs nanowires [J]. J Cryst Growth, 2007, 298: 625-630.

[210] Piccin M, Bais G, Grilloa V, et al. Growth by molecular beam epitaxy and electrical characterization of GaAs nanowires [J]. Physica E, 2007, 37: 134-137.

[211] Tomioka K, Mohan P, Noborisaka J, et al. Growth of highly uniform InAs nanowire arrays by selective-area MOVPE [J]. J Cryst Growth, 2007, 298: 644-647.

[212] Noborisaka J, Motohisa J, Fukui T. Catalyst-free growth of GaAs nanowires by selective-area metalorganic vapor-phase epitaxy [J]. Appl Phys Lett, 2005, 86: 213102-213104.

[213] Bhuniaa S, Kawamuraa T, Fujikawab S, et al. Free-standing and vertically aligned InP nanowires grown by metalorganic vapor phase epitaxy [J]. Physica E, 2004, 21: 583-587.

[214] Hiruma K，Yazawa M，Katsuyama T，et al. Growth and optical properties of nanometer-scale GaAs and InAs whiskers [J]. J Appl Phys，1995，77(2)：447-462.

[215] Tang C C，Bando Y，Liu Z W，et al. Synthesis and structure of InP nanowires and nanotubes [J]. Chem Phys Lett，2003，76：676-682.

[216] Lyu S C，Zhang Y，Ruh H，et al. Synthesis of high-purity GaP nanowires using a vapor deposition method [J]. Chem Phys Lett，2003，367：717-722.

[217] Bhunia S，Kawamura T，Watanabe Y，et al. Metalorganic vapor-phase epitaxial growth and characterization of vertical InP nanowires [J]. Appl Phys Lett，2003，83(16)：3371-3373.

[218] Johanssona J，Karlssonb L S，Svensson C P T，et al. The structure of ＜111＞ B oriented GaP nanowires [J]. J Cryst Growth，2007，298：635-639.

[219] 郑伟涛. 薄膜材料与薄膜技术 [M]. 北京：化学工业出版社，2008.

[220] 曾令可. 纳米陶瓷技术 [M]. 北京：化学工业出版社，2006.

[221] 高廉. 纳米陶瓷 [M]. 北京：化学工业出版社，2002.

[222] 蔡苇，贾碧，陈刚，等. 纳米复相陶瓷的制备方法综述 [J]. 重庆科技学院学报(自然科学版)，2006，8(3)：29-32.

[223] 史册，邵光杰，胡婕，等. 钙钛石型复合氧化物纳米块体的研究进展 [J]. 材料导报，2008，22(8)：39-43.

[224] 魏霖，陈哲，严有为. 块体金属基纳米复合材料的制备技术 [J]. 特种铸造及有色合金，2006，26(7)：420-424.

[225] 李安敏，张喜燕，赵新春，等. 纳米晶金属块体材料制备技术与力学性能研究进展 [J]. 材料导报，2007，21(4)：111-116.

[226] 黄惠忠. 纳米材料分析 [M]. 北京：化学工业出版社，2006.

[227] 裴立宅. 一维硅基纳米材料的水热制备与表征 [D]. 湖南长沙：湖南大学博士学位论文，2006.

[228] Tang Y H，Pei L Z，Lin L W，et al. Preparation of silicon nanowires by hydrothermal deposition in silicon substrates [J]. J Appl Phys，2009，105(4)：044301.

[229] 何黎平. 几种新鲜生物样品的环境扫描电镜观察 [J]. 电子显微学报，2003，22(6)：669-670.

[230] 王中林 主编，曹茂盛，李金刚，译. 纳米材料表征 [M]. 北京：化学工业出版社，2005.

[231] 朱永法. 纳米材料的表征与测试技术 [M]. 北京：化学工业出版社，2006.

[232] 倪星元，沈军，张志华. 纳米材料的理化特性与应用 [M]. 北京：化学工业出版社，2006.

[233] 进藤平贺，大辅贤二. 材料评价的高分辨电子显微方法 [M]. 北京：冶金工业出版社，1998.

[234] 冯方，张爱华，朱静. 定量会聚束电子衍射：I. 研究动态 [J]. 电子显微学报，2007，26(2)：90-96.

[235] Tanaka M，Tsuda K，Terauchi M，et al. A new 200 kV Omega-filter electron microscopy [J]. J Microsc-Oxford，1999，194(1)：219-227.

[236] He J H，Wu T H，Hsin C L，et al. Beaklike SnO$_2$ nanorods with strong photoluminescent and field-emission properties [J]. Small，2006，2(1)：116-120.

[237] Pei L Z，Zhao H S，Tan W，et al. Low temperature growth and characterizations of single crystalline CuGeO$_3$ nanowires [J]. CrystEngComm，2009，11(8)：1696-1701.

[238] 肖晓玲，代明江，周克崧，等. 电子能量损失谱及其在纳米多层膜研究中的应用 [J]. 真空科学与技术学报，2007，27(6)：540-544.

[239] Sun X H，Li C P，Wong W K，et al. Formation of silicon carbide nanotubes and nanowires via re-action of silicon（from disproportionation of silicon monoxide）with carbon nanotubes [J]. J Am Chem Soc，2002，124：14464-14471.

[240] Wang J C，Feng S Q，Yu D P. High-quality GaN nanowires synthesized using a CVD approach [J]. Appl Phys A，2002，75(6)：691-693.

[241] Bae S Y，Seo H W，Park J，et al. Porous GaN nanowires synthesized using thermal chemical vapor deposition [J]. Chem Phys Lett，2003，376：445-451.

[242] Xu B S，Yang D，Wang F，et al. Synthesis of large-scale GaN nanobelts by chemical vapor deposi-tion [J]. Appl Phys Lett，2006，89：074106.

[243] Hu J Q，Baodo Y，Liu Z W. Synthesis of gallium-filled gallium oxide-zinc oxide composite coaxial nanotubes [J]. Adv. Mater.，2003，15(12)：1000-1003.

[244] Wang Y，Lee J Y，Zeng H C. Polycrystalline SnO₂ nanotubes prepared via infiltration casting of nanocrystallites and their electrochemical application [J]. Chem. Mater.，2005，17（15）：3899-3903.

[245] Ma R Z，Bando Y，Sasaki T. Directly rolling nanosheets into nanotubes [J]. J. Phys. Chem. B，2004，108(7)：2114-2119.

[246] 白春礼. 扫描隧道显微术及其应用 [M]. 上海：上海科学技术出版社，1992.

[247] 王琛，白春礼. 表面科学中的电子隧道效应 [M]. 湖北武汉：华中师范大学出版社，1998.

[248] 白春礼，田芳，罗克. 扫描力显微术 [M]. 北京：科学出版社，2000.

[249] Ma D D D，Lee C S，Au F C K，et al. Small-diameter silicon nanowier surfaces [J]，Science，2003，229(21)：1874-1877.

[250] Wang N，Tang Y H，Zhang Y F，et al. Si nanowires grown from silicon oxide [J]. Chem Phys Lett，1999，299(2)：237-242.

[251] 黄俊逸，徐新颜. 生命科学用原子力显微镜之原理与应用 [J]. 自然杂志，2007，29(5)：278-282.

[252] 张晓清，卜庆珍，裴晓琴，等. 原子力显微镜在生物领域中的应用 [J]. 微生物学通报，2008，35(4)：595-601.

[253] 刘艳鸣，杨力，王红兵，等. 原子力显微镜在细胞生物学中应用的现状 [J]. 分析仪器，2007，3：5-8.

[254] 鲍海飞，李昕欣，张波，等. 基于原子力显微镜的微纳结构力学测试系统 [J]. 机械强度，2007，29(2)：223-227.

[255] 唐元洪. 硅纳米线及硅纳米管 [M]. 北京：化学工业出版社，2006.

[256] Pei L Z，Zhao H S，Tan W，et al. Single crystalline ZnO nanorods grown by a facile hydrothermal process [J]. Mater Charact，2009，60(9)：1063-1067.

[257] Canham L T. Silicon quantum wire array fabrication byelectrochemical and chemical dissolution of wafers [J]. Appl Phys Lett，1990，57：1046-1048.

[258] Takagi H，Ogawa H，Yamazaki Y，et al. Quantum size effects on photoluminescence in ultrafine particles [J]. Appl Phys Lett，1990，56：2379-2380.

[259] Zhang Y F，Tang Y H，Peng H P，et al. Diameter modification of silicon nanowires by ambient gas [J]. Appl Phys Lett，1999，75(13)：1842-1844.

［260］Qi J F，White J M，Belcher A M，et al. Optical spectroscopy of silicon nanowires ［J］.Chem Phys Lett，2003，372：763-766.

［261］Bai Z G，Yu D P，Wang J J，et al. Synthesis and photoluminescence properties of semiconductor nanowires ［J］. Mater Sci Eng B，2000，72：117-120.

［262］Yu D P，Lee C S，Bello I，et al.Synthesis of nano-scale silicon wires by excimer laser ablation at high temperature Solid State Commun，1998，105(6)：403-407.

［263］冯孙齐，俞大鹏，张洪洲，等. 一维硅纳米线的生长机制及其量子限制效应的研究 ［J］. 中国科学 （A 辑），1999，29(10)：921-926.

［264］Nihonyanagi S，Kanemitsu Y. Efficient indirect-exciton luminescence in silicon nanowires ［J］. Physica E，2003，17：183-184.

［265］Bhattacharya S，Banerjee D，Adu K W，et al. Confinement in silicon nanowires：Optical properties ［J］. Appl Phys Lett，2004，85(11)：2008-2010.

［266］Zhou X T，Zhang R Q，Peng H Y，et al. Highly efficient and stable photoluminescence from silicon nanowires coated with SiC ［J］. Chem Phys Lett，2000，332：215-218.

［267］Lyons D M，Ryan K M，Morris M A，et al. Tailoring the optical properties of silicon nanowire arrays through strain ［J］. Nano Lett，2002，2(8)：811-816.

［268］裴立宅，唐元洪，陈扬文，等. 一维硅纳米材料的光学特性 ［J］. 人工晶体学报，2006，2，35(1)：36-41.

［269］郭沁林. X 射线光电子能谱 ［J］. 物理，2007，36(5)：405-411.

［270］文美兰. X 射线光电子能谱的应用介绍 ［J］. 2006，20(8)：54-56.

［271］Suzuki S，Watanabe Y，Ogino T，et al. Electronic structure of carbon nanotubes studied by photoelectron spectromicroscopy ［J］. Phys Rev B，2002，66：035414.

［272］He P，Shi D L，Lian J，et al.Plasma deposition of thein carbonfluorine films on aligned carbon nanotube ［J］. Appl Phys Lett，2005，86：043107.

［273］Launois P，Marucci A，Vigolo B，et al. Structural characterization of nanotube fibers by X-ray scattering ［J］. J Nano Nanotechnol，2001，1：125-129.

［274］Rao A M，jorio A，Pimenta M A，et al. Polarized Raman study of aligned multiwalled carbon nanotubes ［J］. Phys Rev Lett，2000，84：1820-1823.

［275］Anglaret E，Righi A，Sauvajol J L，et al. Raman study of orientational order in fibers of single wall carbon nanotubes ［J］. Phys B，2002，323：38-41.

［276］Gommans H H，Alldredge J W，Tashiro H，et al. Fibers of aligned single-walled carbon nanotubes：polarized Raman spectroscopy ［J］. J Appl Phys，2000，88：2509-2513.

［277］Duesberg G S，Loa I，Burghard M，et al. Polarized Raman spectroscopy on isolated single-wall carbon nanotubes ［J］. Phys Rev Lett，2000，85：5436-5439.

［278］Sham T K，Naftel S J，Kim P S G，et al. Electronic structure and optical properties of silicon nanowires：A study using X-ray ecited optical luminescence and X-ray emission spectroscopy ［J］. Phys Rev Lett，2004，70：045313.

［279］Sun X H，Sammynaiken R，Naftel S J，et al. Ag nanostructures on a dilicon nanowire template：preparation and X-ray absorption fine structure study at the Si K-ege and Ag $L_{3,2}$-edge ［J］. Chem

Mater，2002，14：2519-2524.

[280] Tang Y H，Zhou X T，Hu Y F，et al. A soft X-ray absorption study of nanodiamond films prepared by hot-filament chemical vapor deposition [J]. Chem Phys Lett，2003，372：320-322.

[281] Li J，Furuta T，Goto H，et al. Theoretical evaluation of hydrogen storage capacity in pure carbon nanostructures [J]. J Chem Phys，2003，119：2376-2380.

[282] Liu C，Fan Y Y，Liu M，et al. Hydrogen storage in single-walled carbon nanotubes at room temperature [J]. Science，1999，286：1127-1130.

[283] Tang Y H，Zhang P，Kim P S，et al. Amorphous carbon nanowires investigated by near-edge-x-ray-absorption-fine-structures [J]. Appl Phys Lett，2001，79：3773-3775.

[284] Abbas M，Wu Z Y，Zhong J，et al. X-ray absorption and photoelectron spectroscopy studies on graphite and single-walled carbon nanotubes：Oxygen effect [J]. Appl Phys Lett，2005，87：051923.

[285] Petaccia L，Goldoni A，Lizzit S，et al. Electronic properties of clean and Li-doped single-walled carbon nanotubes [J]. J Elec Spec Rel Phen，2005，144：793-796.

[286] Ajayan P M. Carbon nanotubes：a new graphite architecture [J]. Condensed Matter News，1995，4：9.

[287] Hou P X，Xu S T，Ying Z，et al.Hydrogen adsorption/desorption behavior of multi-walled carbon nanotubes with different diameters [J]. Carbon，2003，41：2471-2475.

[288] Li X S，Zhu H W，Ci L J，et al. Hydrogen uptake by graphitized multi-walled carbon nanotubes under moderate pressure and at room temperature [J]. Carbon，2001，39：2077-2081.

[289] Tang Y H，Sham T K，Jurgensen A，et al. Phosphorus-doped silicon nanowires studied gy near edge x-ray absorption fine structure spectroscopy [J]. Appl Phys Lett，2002，80：3709-3711.

[290] Sun X H，Sammynaiken R，Naftel S J，et al. Ag Nanostructures on a silicon nanowire template：preparation and X-ray absorption fine structure study at the Si K-edge and Ag $L_{3,2}$-edge [J]. Chem Mater，2002，14：2519-2526.

[291] Chen Y W，Tang Y H，Pei L Z，et al. Self-assembled silicon nanotubes grown from silicon monoxide [J]. Adv Mater，2005，17(5)：564-567.

[292] Tang Y H，Zhang P，Kim P S，et al. Amorphous carbon nanowires investigated by near edge x-ray absorption fine structures [J]. Appl Phys Lett，2001，79：3773-3775.

[293] Tang Y H，Sham T K，Hu Y F，et al. Near-edge X-ray absorption fine structure study of helicity and defects in carbon nanotubes [J]. Chem Phys Lett，2002，366：636-641.

[294] 王东云. 核磁共振技术及应用研究进展 [J]. 科技信息，2008，27：353-354.

[295] 王逗. 核磁共振原理及应用 [J]. 现代物理知识，2005，5：50-51.

[296] 陈彬，孔继烈. 天然产物结构分析中质谱与核磁共振技术应用新进展 [J]. 化学进展，2004，16(6)：863-870.

[297] 严宝珍. 核磁共振在分析化学中的应用 [M]. 北京：化学工业出版社，1995.

[298] 邓姝皓，李国希，旷亚非，等. 电子自旋共振技术在金属腐蚀与防护中的应用 [J]. 腐蚀与防护，2000，21(2)：51-54.

[299] 金永君. 穆斯堡尔谱法及其应用 [J]. 物理与工程，2004，14(5)：49-51.

[300] 裴立宅，唐元洪，张勇，等．硅纳米线的电学特性 [J]．电子器件，2005，28(4)：949-953．

[301] 徐国财．纳米科技导论 [M]．北京：高等教育出版社，2005．

[302] 倪星元，沈军，张志华．纳米材料的理化特性与应用 [M]．北京：化学工业出版社，2006．

[303] 姜桂兴．世界纳米科技发展态势分析 [J]．世界科技研究与发展，2008，30(2)：237-240．

[304] 郑骥．美国纳米技术发展战略及 2008 年计划 [J]．新材料产业，2008，10(3)：56-61．

[305] 冯瑞华，张军，刘清．主要国家纳米技术战略研究计划及其进展 [J]．科技进步与对策，2007，24(9)：213-216．

[306] 林世渊．台湾的"纳米科技计划"及其产业化促进政策 [J]．福建论坛·经济社会版，2003，11：15-18．

[307] 高群服．台湾推出"纳米科技计划"[J]．海峡科技与产业，2003，16(2)：15-16．

[308] 袁哲俊．纳米科学与技术 [M]．哈尔滨：哈尔滨工业大学出版社，2005．

[309] 刘焕彬，陈小泉．纳米科学与技术导论 [M]．北京：化学工业出版社，2006．

[310] 周瑞发，韩雅芳，陈祥宝．纳米材料技术 [M]．北京：国防工业出版社，2003．

[311] 马小娥．材料科学与工程概论[M]．北京：中国电力出版社，2009．

[312] 刘欣伟，林伟，苏荣华，等．纳米材料在隐身技术中的应用研究进展[J]．材料导报，2017，31(02)：134-139．

[313] 孙梅青，丁占林，王洪，等．新型纳米材料在疾病预防控制领域的应用[J]．环境与健康杂志，2018，279(09)：90-93．

[314] 党阿磊，方成林，赵塱，等．新型二维纳米材料 MXene 的制备及在储能领域的应用进展[J]．材料工程，2020，48(04)：1-14．

[315] 任红轩．转变纳米科技发展模式迎接纳米科技产业新挑战[J]．新材料产业，2012，8(04)：21-24．

[316] Lee T，Lim J，Park K，et al. Peptidoglycan-Binding Protein Metamaterials Mediated Enhanced and Selective Capturing of Gram-Positive Bacteria and Their Specific，Ultra-Sensitive，and Reproducible Detection via Surface-Enhanced Raman Scattering[J]. ACS Sensors，2020，5(10)：3099-3108．

[317] Seong H，Higgins S G，Penders J，et al. Size-Tunable Nanoneedle Arrays for Influencing Stem Cell Morphology，Gene Expression and Nuclear Membrane Curvature[J]. ACS Nano，2020，14(8)：5371-5381．

[318] 司黎明，董琳，徐浩阳，等．2020 生物超材料热点回眸[J]．科技导报，2021，39(01)：185-191．

[319] 徐建富，陈学军，唐慧，等．纳米技术与国家安全[J]．国防科技，2017，38(03)：45-50．

[320] 沈永才，徐菲，吴义恒，等．类石墨烯硫族化合物纳米材料及其在能源领域中的应用[J]．材料导报，2016，30(11)：136-142．

[321] 潘原，贾蓉蓉，李景锋，等．Ni_2P 纳米材料的可控合成及催化性能研究进展[J]．材料导报，2014，28(17)：15-23．

[322] 陈丹丹．近红外聚合物量子点的设计制备及活体荧光成像研究[D]．吉林大学博士论文，2017，6．

[323] 姜杰，李士浩，严一楠，等．氮掺杂高量子产率荧光碳点的制备及其体外生物成像研究[J]．发光学报，2017，38(12)：1567-1574．

[324] 李昌恒，黄正勇，李剑，等．基于激光诱导石墨烯电极的摩擦纳米发电机[J]．高电压技术，2021，47(06)：2033-2040．

[325] 张超星,边文越,王海名,等.世界主要国家纳米科技发展前瞻/部署分析研究[J].中国科学院院刊,2017,32(10):1142-1149.

[326] 纳米科技:中国已成为研发前沿大国,人工智能将助力其发展[J].今日科技,2019,7(10):5-7.

[327] 丁琪,李明熹,杨芳,等.含银微纳米复合材料在生物医学应用的研究进展[J].中国材料进展,2016,35(001):10-16.

[328] 袁雅君,周武源,吴叶青.世界主要国家纳米技术、材料科学发展动向分析[J].杭州科技,2021,5(01):60-64.

[329] 冯瑞华.日本纳米科技发展政策分析[J].新材料产业,2017(10):30-34.

[330] 陈红光,闵国全,施利毅.韩国纳米科技发展政策研究及启示[J].新材料产业,2017,9(06):5-7.

[331] 李润虎.纳米技术的风险问题及对策研究[J].工程研究-跨学科视野中的工程,2020,12(04):380-387.

[332] 赵丽红,朱小山,王一翔,等.纳米技术的潜在风险研究进展[J].新型工业化,2015,5(01):59-66.

[333] 李依檬,刘熙,吴添舒.零维碳基纳米材料细胞毒性效应的研究进展[J].中国环境科学,2021,41(09):4402-4414.

[334] 李春艳,刘星亮,肖艳芬.纳米材料在体育工程中的应用及其生物安全性研究[J].浙江体育科学,2011,33(05):99-102.

[335] 闫勇江.纳米材料在体育工程中的应用及其生物安全性研究[J].粘接,2019,40(06):57-59.

[336] 焦健,杜鹏.我国纳米科技产业发展现状研究——基于技术维度视角[J].产业与科技论坛,2020,19(01):12-13.

[337] 刘锐.纳米材料应用现状及发展趋势[J].石化技术,2018,25(08):294-295.

[338] 任庆云,王松涛,王志平.纳米材料的特性[J].广东化工,2014,41(03):82-84.

[339] 梁敏.纳米材料的特性及其在水处理工业中的应用[J].化工时刊,2015,29(07):37-39.

[340] 沈琳.纳米材料毒性和安全性研究进展[J].山东工业技术,2015,6(16):215-217.

[341] 张莉,程晓宇,刘洪霞.农业纳米技术应用分析与展望[J].农业展望,2018,14(05):63-67.

[342] 尹桂林,陈俊琛,何丹农.巴西纳米技术政策及发展初探[J].未来与发展,2015,39(06):25-28.

[343] Sandhya Mishra, Chetan Keswani, P. C. Abhilash, et al.Integrated Approach of Agri-nanotechnology: Challenges and Future Trends[J]. Frontiers in Plant Science,2017,8(4):55-59.

[344] 赵婷婷.一维纳米材料的制备、表征及应用[J].广州化工,2014,42(20):24-26.

[345] 曾洪亮,王秋香,温业成,等.石墨烯制备方法的研究进展[J].炭素技术,2021,40(05):8-13.

[346] 原梅妮,向丰华,郎贤忠,等.石墨烯的制备方法与工艺研究进展[J].兵器材料科学与工程,2015,38(01):125-130.

[347] 王贝贝,张珍军.二维纳米材料的制备[J].现代盐化工,2017,44(03):12-64.

[348] 林潇羽,王璟.二维过渡金属硫族化合物纳米材料的制备与应用研究进展[J].化学学报,2017,75(10):979-990.

[349] 田春,唐元洪.硅纳米管的各种制备方法[J].材料导报,2021,35(S2):38-45.

[350] 李巍,杨子煜,侯仰龙,等.二维磁性纳米材料的可控合成及磁性调控[J].化学进展,2020,32(10):1437-1451.

[351] 朱成瑶,王园园,王万杰.二维非层状过渡金属氧化物的制备及研究进展[J].微纳电子技术,2020,57(10):823-834.

[352] 汪艳秋,仲兆祥,邢卫红.三维金属氧化物纳米材料的研究进展[J].化工学报,2021,72(05): 2339-2353.

[353] 赵冬梅,李振伟,刘领弟,等.石墨烯/碳纳米管复合材料的制备及应用进展[J].化学学报,2014,72 (02):185-200.

[354] 薛美霞,王睿,田娅,等.准一维纳米结构 $BiFeO_3$ 的研究进展[J].山东陶瓷,2018,41(05):10-14.

[355] 段理,樊小勇,李东林.准一维 ZnO 纳米材料及器件的研究进展[J].材料导报,2011,25(11): 16-20.

[356] Zhang, Hua. Ultrathin Two-Dimensional Nanomaterials[J]. Acs Nano, 2015, 9(10):9451-69.

[357] Shang Y , Hasan M K , Ahammed G J , et al. Applications of Nanotechnology in Plant Growth and Crop Protection:A Review[J]. Molecules, 2019, 24(14):16-48.

[358] Mohammad,Shahid,Vipul, et al. Nanotechnology and Agriculture:A review[J]. Journal of Pure & Applied Microbiology, 2016, 10(2):1055-1060.

[359] Eaton, Michael, A, et al. Nanomedicine:Past, present and future - A global perspective[J]. Biochemical & Biophysical Research Communications, 2015,22(08):15-23.

[360] Elham F. Mohamed.Nanotechnology:Future of Environmental Air Pollution Control[J]. Environmental Management and Sustainable Development,2017,6(2):55-63.

[361] 赵诚,吴子华,谢华清,等.不同制备条件对硅纳米线的形貌和反射率影响[J].上海第二工业大学学报,2020,37(01):50-58.

[362] 闫石.同步辐射在纳米材料与纳米技术中的应用[J].新材料产业,2017(06):44-51.

[363] 乔治,陈刚.同步辐射原位 X 射线散射技术在纳米与能源材料中的应用[J].中国材料进展,2021, 40(02):105-111.

[364] 刘云鹏,盛伟繁,吴忠华.同步辐射及其在无机材料中的应用进展[J].无机材料学报,2021,36 (09):901-918.

[365] 毕拉力·木乎提江,阿力甫江·扎依提.同步辐射光源及其特点[J].新疆师范大学学报(自然科学版),2015,34(04):53-58.

[366] 周利民,王兴亚,张立娟,等.纳米气泡的同步辐射研究进展[J].中国科学:物理学力学天文学, 2021,51(09):53-65.

[367] 赵毅鑫,彭磊.煤纳米孔径与分形特征的同步辐射小角散射[J].科学通报,2017,62(21): 2416-2427.

[368] 李时磊,王沿东,王胜杰,等.同步辐射技术在核材料研究中的应用[J].中国材料进展,2021,40 (02):120-129.

[369] 钟俊,孙旭辉.纳米材料的同步辐射研究[J].物理,2012,41(04):227-235.

[370] 袁清习,邓彪,关勇,等.同步辐射纳米成像技术的发展与应用[J].物理,2019,48(04):205-218.

[371] 吕斌,郭旭,高党鸽,等.钙钛矿量子点的制备、应用及其在皮革工业中的应用展望[J].中国皮革, 2021,50(11):44-54.

[372] 胡德巍,唐安江,唐石云,等.硅纳米线的制备及应用研究进展[J].人工晶体学报,2020,49(09): 1743-1751.

[373] 闫金定.我国纳米科学技术发展现状及战略思考[J].科学通报,2015,60(01):30-37.

[374] 边文越.美国国家纳米技术计划做出重要调整[J].科学观察,2022,24(01):1-9.

[375] 熊书玲,孟浩,谢祥生. 基于专利和论文分析的我国纳米技术研究进展[J]. 高技术通讯,2021,31(09):1001-1010.

[376] 焦健,杜鹏. 国际纳米科技产业的发展趋势研究[J]. 产业创新研究,2019,7(10):36-37.

[377] 何志军,慕霞霞,姜宇,等. 微波辅助制备纳米金属氧化物材料现状及发展趋势[J]. 化学世界,2021,62(10):590-597.

[378] 丁彬,斯阳,洪菲菲,等.静电纺三维纳米纤维体型材料的制备及应用[J].科学通报,2015,60(21):1992-2002.

[379] Du B, Ri H, Pak J. Analysis on the process and the development elements of nanotechnology industrialization [C] International Conference on Public Management and Intelligent Society (PMIS). 2021.

[380] Mauter M S, Zucker I, F Perreault, et al. The role of nanotechnology in tackling global water challenges[J]. Nature Sustainability, 2018, 1(4):166-175.

[381] 程国峰,黄月鸿,杨传铮. 同步辐射 X 射线应用技术基础 [M]. 上海:上海科学技术出版社, 2009.

[382] 程国峰,杨传铮. 纳米材料的 X 射线分析 [M]. 北京:化学工业出版社,2019.